中国经济伦理学年鉴

CHINESE ECONOMY ETHICS YEARBOOK

(2019)

王小锡 主编

南京师范大学出版社

图书在版编目(CIP)数据

中国经济伦理学年鉴. 2019 / 王小锡主编. —南京：南京师范大学出版社，2021.6

ISBN 978-7-5651-4879-8

Ⅰ. ①中… Ⅱ. ①王… Ⅲ. ①经济伦理学—中国—2019—年鉴 Ⅳ. ①B82—053

中国版本图书馆 CIP 数据核字(2021)第 094946 号

书　　名	中国经济伦理学年鉴(2019)
主　　编	王小锡
责任编辑	刘娟娟
出版发行	南京师范大学出版社
地　　址	江苏省南京市玄武区后宰门西村 9 号(邮编:210016)
电　　话	(025)83598919(总编办)　83598412(营销部)　83373872(邮购部)
网　　址	http://press.njnu.edu.cn
电子信箱	nspzbb@njnu.edu.cn
照　　排	南京凯建文化发展有限公司
印　　刷	江阴金马印刷有限公司
开　　本	787 毫米×960 毫米　1/16
印　　张	25.25
字　　数	445 千
版　　次	2021 年 6 月第 1 版　2021 年 6 月第 1 次印刷
书　　号	ISBN 978-7-5651-4879-8
定　　价	115.00 元
出 版 人	张志刚

中国经济伦理学年鉴
(2019)

编辑说明

为了全面系统地展示我国经济伦理学的发展历程，总结我国经济伦理学学科建设和学术研究的成就，促进国内国际的学术交流，由教育部人文社会科学重点研究基地中国人民大学伦理学与道德建设研究中心和南京师范大学共建的经济伦理学研究所决定编辑出版从2000年起的《中国经济伦理学年鉴》(以下简称《年鉴》)。

《年鉴》的内容主要包括学者介绍、特稿、论文摘要、著作简介、伦理学前沿、学术活动和主要课题等。《年鉴》主要反映当年度我国经济伦理学的发展状况，设置了"特稿""伦理学前沿"栏目，并介绍国外经济伦理学相关中译本著作。尽管我们力图通过与学界同仁的共同努力，使《年鉴》以较为完美的形态出现在读者面前。但是，《年鉴》的编写工作琐碎繁杂，疏漏之处在所难免，恳请读者和学界同仁谅解。

《年鉴》学者介绍按姓氏笔画排序，其他学术信息按时间先后排序。

为便于《年鉴》编辑工作的顺利开展，我们请有关专家学者在每一年的1月底之前将前一年发表的论文(1000—1500字)、著作(2000字左右)、主要课题、学术活动等参照《年鉴》的出版格式，发送至编辑部邮箱。自2014年起，我们在中国人民大学、湖南师范大学、清华大学、中南大学、东南大学、湖北大学、首都师范大学、上海师范大学、华中师范大学、中南财经政法大学等伦理学重点研究单位设立了特约编辑，相关学校的各位专家学者可将学术信息发给本单位特约编辑，由他们整理后一并发送至编辑部邮箱。

《年鉴》的编纂得到学界同仁的真诚关注和大力支持，许多作者主动帮助收集和提供相关资料；《年鉴》的编纂过程中，博士生芮雅进、杨伟荣、焦金磊、江勇和硕士生思杨、马腾飞、倪萍、史文娟、唐爽、王丽莎、王紫娟、卫鹤雯、杨丽巧、杨筱筱、易书凡、雍坦、罗婷、张梦、张政、张熊、吕奕敏、王颖、蒋丽佳、王培、王昕昀、王文静、付文芳、赵凯等同学协助责任编辑做了大量的工作，《年鉴》的出版有他们的辛劳；《年鉴》的编纂与出版得到江苏省优势学科建设工程和南京师范大学出版社的大力支持，对此，我们表示由衷的谢意！

《中国经济伦理学年鉴》编辑部邮箱：zhgjjllxnj@163.com。

CONTENTS

学者名录

学者介绍

王艳，江苏赣榆人。法学博士，南京大学哲学系博士后（2012—2015），台湾辅仁大学高级访问学者（2016），安徽师范大学马克思主义学院教授、博士生导师，安徽省高校人文社科重点研究基地安徽师范大学马克思主义研究中心研究员，兼任中国教育伦理学会常务理事、安徽省伦理学会常务理事、中国青年伦理学会理事等，现为安徽省省级精品线下开放课程“马克思主义伦理学”负责人、国家级精品课程“马克思主义伦理学”核心成员。主要从事伦理学原理、应用伦理学、道德教育理论与实践研究。先后主持国家社科基金项目“伦理共识研究”、教育部人文社科项目“道德教育中的悖论现象研究”、中国博士后科学基金项目“当代西方道德悖论研究的历史与逻辑”、安徽省哲学社会科学规划项目“安徽好人现象的伦理研究”等国家级、省部级科研项目及其他各级各类科研项目近二十项，主持安徽省高等学校省级质量工程项目、安徽省高校思想政治理论课教学方法改革“择优推广”项目等教学研究项目多项。

出版学术专著《道德教育悖论现象研究》一部，主编、参著《现实关切的学理回应：“思想道德修养与法律基础”疑问与解答》《让青春不再纠结：思想咨商的示例与理路》等学术著作多部；在 A&HCI 来源期刊《哲学与文化》及《哲学动态》《道德与文明》《伦理学研究》《江海学刊》《齐鲁学刊》等刊物发表学术论文二十余篇，其中多篇被中国人民大学书报资料中心出版的二次文献刊物《伦理学》全文转载或索引收录。曾获安徽省教学成果奖一等奖（2019）、安徽省教学成果奖三等奖（2012）、安徽师范大学文津学者（2019）、安徽师范大学年度科研人物（2018）、安徽师范大学优秀博士学位论文(2011)、安徽师范大学优秀学位论文指导教师(2019)、安徽师范大学青年教师基本功大赛二等奖(2015)、安徽师范大学优秀教学奖三等奖(2012)、第十三届全国高校青年德育工作者论坛优秀论文(2009)等荣誉称号。

卞绍斌,江苏连云港人。现为东南大学人文学院哲学与科学系教授、博士生导师、系主任,东南大学道德发展研究院副院长,江苏省高端智库"道德发展智库"、江苏省高校"公民道德与社会风尚协同创新中心"研究员,吉林大学哲学博士,加拿大皇后大学哲学系联合培养博士,美国布朗大学哲学系、纽约州立大学奥尔巴尼分校哲学系访问学者,兼任中国伦理学会理事、中华德国哲学学会常务理事、中国康德学会副秘书长。主持国家社科基金青年项目、一般项目各一项,教育部哲学社会科学研究后期资助重大项目一项,省社科规划研究课题三项。作为子课题负责人参与国家社科基金重大招标项目三项,曾获国家博士后特别资助、加拿大研究专项奖。出版学术专著一部,在《哲学研究》《哲学动态》《学术月刊》《马克思主义与现实》等期刊发表四十余篇高质量研究成果,十多篇论文被《中国社会科学文摘》《人大复印资料》《中国社会科学网》全文转载,产生了良好的学术反响。曾获江苏省社会科学研究优秀成果一等奖、三等奖各一项,江苏省高校哲学社会科学研究优秀成果三等奖两项,2019 年被评为江苏省社科英才。

长年立足于规范论视角的伦理思想史、政治思想史、康德哲学、德国古典哲学、唯物史观及当代政治哲学研究,以扎实的文本解读和学术前沿意识关照重大现实课题,着力探询人类根本价值和共同体建构的思想精神资源。

付长珍，山西曲阜人。2001 年获哲学博士学位，2009 年晋升教授。现为华东师范大学哲学系教授、博士生导师；《华东师范大学学报（哲学社会科学版）》常务副主编，《华东师范大学学报》英文刊（*ECNU Review*）主任编辑；教育部人文社科重点研究基地中国现代思想文化研究所研究员，国家社科基金重大项目“伦理学知识体系的当代中国重建”首席专家。兼任中国伦理学会常务理事，上海市伦理学会秘书长、青委会主任。曾在美国宾夕法尼亚大学（2010—2011）、迈阿密大学（2016—2017）、德国耶拿大学（2008）等地做访问研究。2012 年入选上海市浦江人才计划。主要从事中国伦理思想史和比较伦理学研究，发表中英文论文七十余篇，有《宋儒境界论》《华夏文明剖视》等论著数种。近年来，以“做中国伦理学”为旨趣，致力于探求贯通中西传统的当代中国伦理学转型与创新，开掘儒家情感伦理学的世界哲学意义，引起了国际同行的关注，在学术界产生了积极影响。

在既往的研究中，主要从三个向度思考中国伦理学知识体系的重建问题，即历史考察、理论建构和方法论反思，努力做到“史”“思”结合，史论相契。研究成果主要集中在“儒家境界论知识体系”“中国现代伦理话语形态”“做中国伦理学：理论与方法”等方面。以德性、公正、劳动等关键概念为中心，以观念史研究为进路，围绕德性与社会公正、个体伦理发育、劳动与核心价值观等问题，深入探察中国现代社会转型中的价值观变革与伦理话语形态更迭，从伦理学知识体系建构的视角，做出“明变、求因和评估”。

什么是中国伦理学的核心问题意识？当代中国伦理学应该体现什么样的价值理念，呈现为何种知识形态？实现传统伦理学创造性转化和创新性发展的理论基点在哪里？在西方伦理话语为主导的世界哲学格局中，中国伦理学应该如何从“回应西方”转向“建构自身”？中国伦理学如何在世界性百家争鸣的舞台上为人类文明做出更大贡献？这些问题构成了其持续探索当代中国伦理话语和知识体系建构的学术情结和不竭动力。

李明建,江苏沭阳人。哲学博士,宿迁学院法政学院院长、教授,江苏高校“青蓝工程”优秀教学团队(宿迁学院思想政治理论课教学团队)负责人(2020),宿迁学院首批学术带头人,宿迁学院道德文化研究院负责人,宿迁学院道德文化科研创新团队负责人。江苏省第五期“333高层次人才培养工程”第三层次培养对象(中青年学术技术带头人)、江苏省第十三批“六大人才高峰”高层次人才培养人选、江苏高校“青蓝工程”中青年学术带头人培养对象(2017)、江苏高校“青蓝工程”优秀青年骨干教师培养对象(2016)、江苏省高校优秀青年思想政治理论课教师“领航·扬帆”计划培养对象(2018)、宿迁市“千名拔尖人才培养工程”第一层次培养对象。兼任中国伦理学会经济伦理学专业委员会理事、江苏省社科联理事、江苏省中共党史学会理事、江苏省邓小平理论研究会理事。曾获江苏省高校优秀共产党员、全省普通高校教科研先进个人、宿迁市劳动模范、宿迁市“杰出青年”、宿迁市新长征突击手等荣誉称号。曾获博士研究生国家奖学金、江苏省高校思想政治理论课教学比赛优秀奖、宿迁市第八届哲学社会科学成果三等奖、宿迁学院教学成果奖特等奖。主持国家社科基金青年项目“伦理视角下的‘新生活运动’研究”。主持完成江苏省社科基金项目“民国时期伦理思想转型研究”、江苏省教育科学“十二五”规划项目“生态文明建设背景下大学生环境道德教育研究”、江苏省教育科学“十三五”规划课题“叶圣陶实践性德育思想与学生道德践行品格和能力的培养研究”、江苏省高校哲学社会科学基金项目“民国时期伦理思想的演变及当代启示研究”、江苏省高校哲学社会科学基金项目“社会转型时期道德能力培养问题研究——以90后大学生为例”等科研项目。出版专著《生活的“革命”:道德建设的范式和路向转换——“新生活运动”的伦理研究》(上海三联书店2017年版),主编教材两部,在《伦理学研究》《道德与文明》等期刊发表论文四十余篇。

沈永福，安徽宿松人。教授、博士生导师，首都师范大学马克思主义学院副院长，兼任北京高校中国特色社会主义理论研究协同创新中心（首都师范大学）常务副主任、北京市伦理学会副秘书长、首都师范大学社会文化史研究中心研究员、北京市委讲师团宣讲专家。本科毕业于安徽师范大学思想政治教育专业，硕士毕业于南京师范大学马克思主义与思想政治教育专业，博士毕业于中国人民大学伦理学专业，博士后出站于首都师范大学历史学博士后流动站。先后于安徽财经大学、安徽太湖县政府、首都师范大学等单位工作。

主要研究方向为伦理学原理，兼及中国传统文化与思想政治教育，近年来主持和参与国家社科基金重大项目、一般项目共六项，省市级项目多项，出版专著《道德意志论》等，在《新华文摘》《光明日报》《红旗文稿》等报刊发表学术论文四十余篇，获省市级奖励多次。入选北京市青年社科理论人才“百人工程”、北京市“青年拔尖人才”。

张振，安徽临泉人。法学博士、教授、博士生导师，现任南京师范大学人文社会科学研究院院长。俄罗斯科学院哲学所高级访问学者，兼任中国列宁思想研究会副秘书长、中国政治学学会理事、中国经济伦理学会理事、国家社科基金项目通讯评议专家。先后被评为江苏省“青蓝工程”优秀青年骨干教师、江苏省第七期“五个一批”人才、江苏省“青蓝工程”中青年学术带头人。

长期从事政党伦理特别是中国共产党执政伦理、中国共产党执政理论与实践、马克思主义政党的领导学说等问题的教学和研究工作，对执政基础、执政伦理、中国共产党意识形态话语权、党的全面领导等问题展开了较为系统的研究。在学界较早地提出建设“服务型政党”的命题。主持国家社科重大转重点项目“新时代健全党的全面领导制度的逻辑及实践方略研究”(2020)一项、国家社科一般项目“新时代坚持和加强党的全面领导的多重逻辑和实践路径研究”(2018),主持省社科基金重点项目三项、省部级一般项目三项,并参与多项国家社科重大项目、重点项目的研究工作。

出版学术著作《中国共产党执政伦理建设研究》(上海三联书店2017年版)、《中国伦理学60年》(参著)、《中国伦理学70年》(参著),在《当代世界与社会主义》《马克思主义与现实》《社会主义研究》《伦理学研究》《江苏社会科学》等期刊发表论文四十余篇,多篇文章被中国人民大学复印资料《中国共产党》、《新华文摘》或国内主流理论网全文转载、论点摘编。学术成果获得江苏省第十五届哲学社会科学优秀成果二等奖,获得厅局级一等奖两项、二等奖两项。

谢惠媛,广东江门人。北京航空航天大学马克思主义学院教授、博士生导师、学科带头人;清华大学道德与宗教研究院研究员,北京市哲学社会科学研究基地研究员;北京市优秀教师,北京青年英才;教育部学位与研究生教育发展中心评议专家,CSSCI期刊审稿专家;两度获国家留学基金委资助于芝加哥大学哲学系、墨尔本大学哲学系及应用哲学与公共伦理中心访问。曾获北京市第十三届哲学社会科学优秀成果奖等多个省部级奖项,中国伦理学会第二届学术成果奖、优秀论文奖等。主持国家社科基金项目两项、省部级课题逾十项,获北京航空航天大学首届拔尖人才项目资助。刊发中文学术论文逾六十篇、英文学术论文四篇,其中多篇被《人大复印资料》《中国社会科学文摘》转载;出版《善恶抉择》等著作四部,参编论著及教材五部。

CONTENTS

目录

特稿

论文摘要

著作简介

伦理学前沿

论文简介

著作简介

学术活动

主要课题

特稿

人的需要的伦理审视

唐凯麟

习近平总书记指出:“让人民过上好日子,是我们一切工作的出发点和落脚点。我们将坚持在发展中保障和改善民生,不断满足人民日益增长的美好生活需要。”同时他也反复强调要引导人们“向往和追求讲道德、尊道德、守道德的生活”。这里就提出了人的需要和道德之间的重要关系问题。正确认识和把握这个问题,对于我们正确理解“美好生活”的科学内涵具有重要的现实意义和理论意义。

一

人的需要是和人的本性、本质有着内在关联的,可以说,一个人有什么样的需要,他就是一个什么样的人。

德国古典哲学家黑格尔指出,人是由他的一连串行为构成的。这就是说,人的本性、本质乃是通过他的一连串的行为活动呈现出来的。那么人的行为活动的内在动因或驱动力是什么呢?不是别的,就是人的需要。恩格斯指出,“人们已经习惯于以他们的思维,而不是以他们的需要来解释他们的行为(当然,这些需要是反映在人脑中的,是被意识到的)”。在马克思主义看来,正是由于人的需要才显示出人的本性、本质,“人的需要即人的本性”。因此,当我们要回答人是什么的时候,首先要关注的是人有什么样的需要以及人怎样来满足自身的需要。而人的需要是十分复杂而多样的,不同时代的人有不同的需要,同一时代的人其需要也是千差万别的。那么,到底什么样的需要对人来说才是必需的、现实的?哪些需要对于发展人的本性、丰富人的本质才是应当的、合理的?这就需要我们进入道德领域,对其进行伦理审视。

事实上,伦理学作为一门研究社会道德现象的学问,乃是各个时代的伦理学家们在特定的社会历史条件下,面对着人们特殊的生存境遇,对生命的尊严、生活的意义和人生的价值的一种理论反思，是人们对什么是“好生活”、什么是“健康人格”的一种观念上的顶层设计和价值建构。伦理学的使命就是要通过对一些特殊的范畴，诸如善与恶、义务与良心、荣誉与耻辱、幸福与节操等的考察和阐发来告诉人们：人们需要什么，不需要什么；哪些需要才是重要的，应该用什么样的方式来满足这些需要；如何来抵制和消除那些不现实、不合理甚至是有害的、虚幻的需要及其满足方式的诱惑，从而使自己活得有尊严、有价值。因此，尽管不同时代的伦理学说都深深地打上了那个时代的历史的、阶级的烙印，有着这样或那样的局限性，但健康的、有生命力且能够成为人类精神财富积累成分的伦理学学说，都应该奠定在对人的需要的科学分析和现实把握的基础上，应该能够为促进人的自由全面发展和精神完善提供道义的支撑和价值导向。中国特色社会主义伦理学更应该把“人们对美好生活的需要”作为一个基础性的范畴，纳入自身的理论体系之中，渗透在对各种道德问题的分析之内，努力揭示需要的道德维度和德性基础。

二

既然人的需要是和人的本性、本质内在关联着的，人有什么样的需要，他就是什么样的人，那么，对于每一个具体的人来说，如何对待和选择自己的需要？怎样来实现和满足自己的需要？就是一个必须认真对待、理性思考的重大而严肃的问题。所以马克思曾经指出，吃、喝、性行为等等，固然也是真正的人的机能。但是，如果使这些机能脱离了人的其他活动，并使它们成为最后的和唯一的终极目的，那么，在这种抽象中，它们就是动物的机能。很显然，马克思这里提出的是在对待需要的问题上，深藏着一个如何做人、做什么样的人的问题。

首先，需要的本质就其主体方面而言，乃是人区别于动物的根本标志，是人的本质力量的确证。人的需要的本质是什么？各个学科都对其做出了自己的界定，如果从哲学伦理学的视域来考察需要的本质，那么可以说，所谓需要乃是人对外部世界的一种特殊的摄取状态，它一方面表明人对外部世界的一种客观的、必然的依赖关系，另一方面也表明人具有能动地改造、获取和享有外部世界的“本质力量”。很显然，人需要吃、喝、拉、撒，他就依赖外部的自然界。但人在需要中对相应的外部对象的依赖性和动物是有着本质不同的。动物只能消极地适应外部对象，而人则可以能动地去改造、获取和享用他所需要的外部对象，使之来满足自身的需要。这就是说，人的需要不仅把人和动物本质地区别开来，成为人对外部世界的一种特殊的摄取状况，而且它也是人的“本质力量”的一种确证。因此，对于人来说，如何选择自己的需要和确定需要的对象，不仅有一个可能性的问题，更有一个正当性和合理性的问题，因为正是它确证了你的本质力量，彰显着你是什么样的人。

其次，需要就其形成而言，只有“社会创造的需要”才能真正成为人的需要。需要作为人对外部世界的一种客观的、必然的依赖关系，其产生有两种途径：一种是由自然形成的，一种是由社会形成的。因为人“天生是社会动物”，他既有自然属性又有社会属性。前者决定了他和动物一样有对食、住、行等生存或生理的需要；后者则决定了他有和动物根本不同的社会需要，例如有学习文化、人际交往和发展自我、超越自我、创造新我的需要等。人的需要虽然就其形成来说有这两种不同的途径，但是从根本上说都是“社会创造的需要”。因为在社会存在及其不断发展的条件下，哪怕最初纯粹是一种生理的自然的需要，也会逐渐地、必然地越来越失去其自然的色彩。例如吃喝，在原始先民那里纯粹是为了充饥果腹，可是到了后来人们越来越不能满足于这种起码的需求，越来越讲究营养的搭配，追求色、香、味俱全，追求美食、美器和美境统一等，形成各民族和地区自己特有的饮食文化。这就证明，人的任何需要只有进入“社会创造的需要”的范围，才能成为人的实际需要。所谓“社会创造需要”就是社会生产和社会关系创造的，因而它也必然体现着人们的道德关系，要受到一定的社会道德规范的制约和评价。

最后，就需要的满足方式而言，不同的满足方式具有不同的道德评价和道德价值。马克思说：“人的需要是同满足需要的手段一同发展的，并且是依靠这些手段发展的。”马克思这里讲的“满足需要的手段”，首先是指社会的扩大再生产。马克思这里讲的“依靠这些手段发展的”，实际上是说生产决定需要。我们知道，任何生产只能在一定的社会生产关系中并通过社会生产关系才能进行。因此人的需要的满足过程也是和人们社会关系的生产和再生产过程联系在一起的。从再生产过程来看，生产为需要的满足提供实在的对象，这里就必须引入生产资料所有制的问题；分配按一定的社会规律把人需要的对象加以分配，这种社会规律就是一定经济关系的本质联系，是生产资料所有制关系的实现；交换依照个人的需要把已分配的东西加以再分配也是受经济关系制约的；消费作为直接满足个人需要的方式，这个过程的经济方面如消费关系的矛盾、消费的构成、水平和发展趋势，以及社会消费力的合理组织等，无不是同社会生产关系紧密相关的。

所以,处于不同社会关系体系中或处于同一社会关系体系中不同地位和作用的人的需要,其社会效应是极为不同,甚至是完全对立的。有的人的需要是符合社会发展规律的,因而能对社会生产和发展产生积极的促进作用,而有的人的需要则只能起到消极的阻碍甚至破坏作用。马克思就指出,在资本主义社会,“每个人都力图创造出一种支配其他人的、异己的本质力量,以便从这里找到自己本身的利己需要的满足”。在现代西方发达国家中,在所谓“消费道德”的蛊惑下,一些人的需要完全被扭曲,造成了一种病态的消费心理,在所谓“体面的消费”口号下,一些人变成了消费狂,希图把尽可能多地去消费社会的财富看作是人生的最高目的,因而造成了“在物质生活的富饶和精神生活的沙漠”中不能自拔的社会现实。

总之,如果说,利益不过是对人的相对稳定恒常需要的一种自觉表达,那么既然我们肯定“利益是道德的基础”,我们也就没有理由离开道德来谈论人的需要,否则只会使需要被扭曲、被异化,以致成为奴役人的异己力量。因此在今天,我们必须清醒地认识到,人们对“美好生活的需要”首先应该是也必须是一种“讲道德、尊道德、守道德的生活”需要。离开了这种基本的规定性,生活就无所谓“美好”可言,需要也不可能是真正的人的需要。

三

应该指出的是,人的需要和道德的内在联系并不是抽象的、超历史的,不是任何类型的道德都能保证人的需要的合理性、现实性和道义性。道德经历了人类原始社会的酝酿、萌芽到文明社会的形成以后,也是随着历史的发展、社会的变迁而不断变化发展的,不同的历史时代和社会发展的不同形态与阶段,有着不同的道德。

我们知道,人是从动物长期进化而来的。人和社会是同时产生、不可分割的。人总是处在一定社会关系中的个人,而社会则是人赖以存在的特殊形式。这就决定了任何时代任何人首先都是一个“个体的存在物”,这是由每个人的自然机体所决定了的,每个人都是他自己不是别人。但是任何人又都是生活在一定社会共同体中的,是一种“社会的存在物”,所以马克思指出:人是一种“只有在社会中才能独立的动物”。人就是把矛盾着的两个方面内在于自身的一个矛盾体。

人存在的这种矛盾性表明人的需要也是二重性的。作为一个“个体存在物”,人有维持其个体生存和发展的需要,就是我们通常讲的个人利益,普列汉诺夫曾经指出,个人利益是一个科学的事实,不是一条道德的戒律。

但人作为一个“社会的存在物”，又有维持社会共同体的生存和发展的需要，这就是我们通常讲的社会共同利益。这种需要或利益不管你自觉与否也是客观的、必然的。所以任何时代、任何人都始终必须面对如何对待和处理内在于自身的个人需要或利益同社会共同体的需要或利益的关系问题。这个问题也就是道德得以产生和对人的需要或利益必须进行道德调节的最深层、最基础的根源。

需要强调的是，人存在的需要或利益的上述二重特点及其相互关系，总是历史的具体的，在不同的历史时代，有着不同的社会内容、性质和发展方向。因为“个人是什么样的，取决于他们进行生产的物质条件”。在原始社会，由于个人和社会还没有分化，个人还天然地融合在原始群体（原始群、氏族、部落）之中，因而人的二重存在还处于天然纯朴的原始同一之中，这时人的二重需要或利益也没有分化，而是直接地融合在一起的。可是随着私有制的出现、阶级的产生，造成了人们之间的分裂和对抗，因而人的原始同一及其二重需要或利益的天然融合也随之分解了。于是，与人作为“个人的存在”相适应的个人需要或利益，便转变成了私有者的私人利益，形成了私有的观念，这就使得与人作为“社会的存在物”相适应的社会共同需要或利益只有通过阶级的对立和斗争才能曲折而隐晦地表现出来。与此相适应的，社会主流的道德观念或者是否认个人利益的合理性，维护那种打“社会共同利益”的旗号而实际上是少数占统治地位的阶级的“虚幻的共同体”的利益，例如奴隶社会、封建社会的整体主义的道德就是其集中表现；或者是否定社会共同利益的实在性，维护占统治地位剥削阶级的个人利益为旨归的道德，例如资本主义社会的利己主义。无论是传统社会的整体主义还是近现代资本主义社会的利己主义，虽然产生之初都有其历史的合理性，也在历史发展的一定阶段上产生过某种积极的作用，但历史发展到今天，它们都已经成为腐朽道德了。

社会主义制度的确立，开辟了人的发展的新方向，也使人的道德生活进入了一个崭新的阶段。因此，中国特色社会主义道德建设的重要使命就是要建立和健全各种有效的制度和机制，培育和践行社会主义核心价值观，积极地引导和促进人们自觉地把个人的需要或利益同社会的共同需要或利益有机地结合起来，真正实现两者的和谐共生、相互促进、协调发展、共同提高。只有这样，我们才能把“不断满足人民日益增长的美好生活需要”和“向往和追求讲道德、尊道德、守道德的生活”真正统一起来，并使之成为全社会占主导地位的生活逻辑。实践证明，否认这两者统一，把两者分割开来或对立起来,在理论上都是错误的,在实践中都是有害的。它们或者会陷入单纯的物质主义窠臼,或者会成为一种纯粹空洞的道德说教。只有实现上述的统一,才能使实现中华民族伟大复兴中国梦的奋斗过程真正成为促进人的自由全面发展的历史过程,使“以人民为中心”成为一面光辉的旗帜,飘扬在祖国的山河大地。

(载《光明日报》2019 年 08 月 05 日)

中国传统伦理学的特点

宋希仁

一、中华民族究竟有没有自己的伦理学

本文需要先讨论一个问题：在中华民族几千年的文化发展史上，究竟有没有自己的伦理学？长期以来流传一种说法，大意是中国本无伦理学。伦理学是日本从 ετησs 这个希腊文翻译过来的，原意是风俗、习惯的意思（英语中的 Ethics 相当于品德学）。笔者认为，这样的说法是有违历史事实的。

一般说来，具有实践特性的学科都以一定的社会生活领域为研究对象，并在此基础上圈定相对稳定的知识范围。所以，理解一门学科，关键要看它研究的社会生活领域究竟是什么，而不能单从名称出发去简单理解。

应该说中华民族自古就有自己的伦理学，只是它的表述方式有自己的特色。有关这类问题的思考和讨论，早在先秦时代就有了明白的表达，即“人伦之理”。汉代开设的“大学”“小学”教育，虽然是按适学年龄划分教育阶段，但就其教育内容和宗旨来说，它不仅是祖传的伦理道德礼仪教育之学，而且作为“治国理政和育人之道”就是学习并践行伦理、道德、礼仪的伦理学或品德学。朱熹在作《经筵讲义》时，确切说明：“古之为教者，有小子之学，有大人之学。”所谓“大人之学”，主要是“穷理、正心、修己、治人之道”；所谓“小子之学”，就是“洒扫、应对、进退之节，礼乐、射御、书数之文”。前者是学道，即穷理治世，后者是学文字和应对礼节。虽然所学内容和学问层次颇为悬殊，但都在伦理、道德和礼仪的范围之内。古代设立学校以教天下之人，小学是大学的基础，大学则要培养如荀子所说的“成人”——“生乎由是、死乎由是，夫是之谓德操。德操然后能定，能定然后能应，能定能应夫是之谓成人”。“成人”就是有觉悟能担当的成熟的人。教育的主要目的，是除去偏于个人物欲之蔽的脾性，复其善性而尽其人伦之理的理性。不难理解，所谓“大学之道”，其主旨就是使人从小到大，逐步通晓并践行“人伦之理和为人之道”。这“人伦之理和为人之道”，就是中国几千年传承下来的伦理学或道德哲学（宋明时期的伦理道德之学已成熟为独特的中国哲学）。

在古代中国，我们的先贤曾把圣人的言论、所学汇集起来称之为经典，如早期由孔子、孟子讲学记录汇编而成的《论语》和《孟子》。在他们之后出

现的许多传世经典,也都有这个特色。如战国时代荀子的著作,就是结合当时社会生活的实际,本着“修身、齐家、治国、平天下”的宗旨,对治国理政、人伦道德和礼仪文明分别讨论。这种把伦理道德和礼仪融入现实的社会生活领域展开讨论,是中国特有的探讨“道”的一种方式。

荀子在《解蔽篇》中对“道”有一段精彩的论述:“夫道者体常而尽变,一隅不足于举之。曲知之人,观于道之一隅,而未之能识也。故以为足而饰之,内以自乱,外以惑人。”曲解地论道,限于一隅之见,便不能提高对道的认识。不仅自己思虑会乱,若是用来处事还会蛊惑别人,危害事业,造成严重后果。所以,荀子接着就强调“衡”的作用:“何谓衡? 曰:道。”(注:道,谓礼义)这个“衡”既指恒定的价值目标,又指根本的判断标准,而用“衡”的关键在于“治心”。“心不知道则不可道而可非道”,“心知道然后可道。可道然后能守道以禁非道。以其可道之心取人,则合于道人而不合于不道之人矣”。那么,“心何以知? 曰:虚一而静”。“心未尝不藏也,然而有所谓虚;心未尝不满也,然有所谓一。心未尝不动也,然有所谓静”,“未得道而求道者,谓之虚一而静”。所以,中心在于“治心之道”。对心应导之以理,养之以情,不为物所引,则能定是非,决疑惑。而“治心之道”就在于“辟耳目之欲”,做到自强、自忍、自律。

《荀子》全书原是一个没有分章的整体,直到唐代的登仕郎守嘉善谢氏校本,才划分出了不同的篇名,设了劝学、修身、不苟、荣辱、非相、非十二子、仲尼、儒效、王制、富国、王霸、君道、臣道、致士、议兵、强国、天论、正论、乐论、解蔽、正名、礼论、宥坐、子道、性恶、成相、法行、哀公、大略、尧问以及君子和赋等篇。这种分类大体是按照当时社会治理、文化发展和教育需求制定的。可以说,这是一种具有中国特色的伦理学学科建制方式。中华文化最为长久、深固的当数伦理文化。因为它蕴含着中华民族命运共同体的精神。

那么,这个“人伦之理”的源头在哪里呢?《周易・序卦传》有说法:“有天地然后有万物生,有万物然后有男女,有男女然后有夫妇,有夫妇然后有父子。有父子然后有君臣,有君臣然后有上下,有上下然后礼仪有所错。”有了家庭夫妇之序,有了父母子女长幼之序,而后有了子子孙孙,就有了伦辈、秩序。即,有男女夫妻之伦序,父母子女之伦序,以至于有祖祖辈辈延续之伦序。所谓人伦主要就是指家庭、家族成员之间的血缘辈分、亲疏、位次关系或顺序。古语有“伦类以为理”之说,讲的就是一旦有人伦关系就有自然且必然的伦序之理。由于亲情、血缘和辈分的关系,就自然形成了亲情、辈分的秩序，就存在着养育和爱慈、友恭的关系。人伦的宗类，是起自先祖的宗祖谱系，所以有“先祖者类之本也”，“凡祖者创业传世之所自来也”。祖有始祖或先祖，自先祖以下的辈分、顺序、位次就是传统文化本义的“人伦”，其本根就是先祖。再向上追索祖先之祖先，推之至极，即被尊为祖神（立庙祭祀祖神之由来）。再者，人伦本身就有自然的先后、本末、秩序之理。关系之理也就是关系之道，这是自然而然的辈分、顺序、秩序。这也就是中华伦理所说的“理即道也，道即理也”，两者是一而二，二而一的，有合也有分。“道存则国存，道亡则国亡”，“至道大形，隆礼至法则国有常”。

随着历史的发展，祖先延续下来的谱系漫长而日益复杂化，极度扩大了人和人之间的关系。但无论怎样复杂、扩大，犹如自然界之万物大化，仍然是有规律可循的。所不同的是人伦秩序不但是自在的，而且是从自在到自为的，是始终有精神在主导着的活的伦理秩序、能动的行为关系、自为的自觉的秩序。这种秩序是一种需要用抽象力才能理解的对象。正如道家《化书》所述：“道在天地间不可见，可见者化而已；化在天地间不可见，可见者形而已。”犹如人们看四季更迭，只能看到春暖花开了—绿树成荫了—秋凉叶落了—雪落冰冻了这些可感现象，却无法知道四季变化的内在规律。这其中抽象出来的逻辑就是：道—化—形即自然大化的秩序。它是人与自然统一的宇宙自然之法，是人与自然相异相参的必然之理。正如荀子所说：“天行有常，不为尧存，不为桀亡。应之以治则吉，应之以乱则凶。”

那么，中国古代人伦的实存状况又如何呢？唐《通典》和元《通考》都有相应的记载。以元代马瑞临《通考》为例：“黄帝经土设井，以塞争端，立步制亩，以防不足。使八家为井，井开四道而分八宅，凿井于中。”于是实存的人伦秩序就形成了如下的景象：“一则不泄地气，二则无费一家，三则同风俗，四则齐巧拙，五则通财货，六则存亡更守，七则出入相同，八则嫁娶相媒，九则无有相贷，十则疾病相救。”形成了如下的社会存在：“性情可得而亲，生产可得而均。”于是就有了象形字“倫”：这个象形字很像一幅墨笔速写画，形显实隐，字中深藏着人伦实情和民俗。这大概就是初民的伦常秩序（古称“彝伦”也称“常伦或常秩”）。本来，按男女两性和亲情来说，家庭是以爱和血缘为纽带的。对于个人关系和行为来说，爱、情感、欲望的作用固然是生命的根基，但仅有这方面是不够的。家庭成员之间的交往联系，更需要有理性的主导，要有自觉地对情感和意志的自制。

与这种状况相联系的，还有邦国在黄帝治下对地界和行政治理的规划:“一井为邻,邻三为朋,朋三为里,里五为邑,邑十为都,都十为师,师七为州。夫始分之于井则地著,计之于州则数详,迄乎夏殷未易其制。”相应的还设有大小官位和吏制。这也是仁政治世、防治暴君污吏的一个重要的伦理制度建设。这幅图景所体现的,正是一种农业社会的伦理关系和伦理秩序的形态。在这里,伦理精神和礼法制度就自然且必然地产生了、融合了,并且具有中华民族的特色。

《荀子·礼论篇》有言:“人生而有欲,欲而不得,则不能无求,求而无度量分界,则不能不争。争则乱,乱则穷。先王恶其乱也,故制礼义以分之,以养人之欲,给人之求。使欲必不穷乎物,物必不屈于欲,两者相持而长,是礼之所起也。”荀子的主张主要有四点:一是要肯定人生的欲求及其应得所求,要满足人的物质欲望和需求;二是要有度量分界,贵贱有等、长幼有差、贫富轻重皆有称;三是要欲必不穷乎物,物必不屈于欲,使欲望和物质两者相辅相成;四是要有法、有规矩,培养法礼、足礼的有方之士和有方之民。荀子是“性恶论”者,却看到了善恶矛盾,以善制恶,不愧是儒法兼治的思想家。

二、“伦理的造诣”就是中国古代统称的“德法”

在中国传统伦理文献中一般是礼法德法并称。例如,《大戴礼记解诂·卷八》中讲,“圣德”不仅包括天法与德法,其实质为德法,所以有“德法者,躬行心得,垂为法象也”。遵行伦理道德和礼义之心而外化为法象,则成为能理德法的人,能理法者为有能(曰廉能),能成德法者为有功(曰国功)。对治国理政来说,必须要严法,无严法国不治,无德法而专以刑法御民,则民心走,国必亡。因为亡德法,民心无所法循,迷惑失道,上必以为乱无道;苟以为乱无道,刑罚必不克,成其无道,上下俱无道。所以,德法亦是治国之本。

孔孟荀三人都重视礼,因为“礼者,法度之通名”。大别为官制、刑法、仪式,以及道德规范。具体类分比较烦琐,礼有三百或三千种之多,具体包括冠、婚、丧、祭、聘、餐之规,以及揖让进退、饮食起居之礼节等。如何把握和践行礼?一言以蔽之,就是把握两个字:一个“义”字,一个“敬”字。当然,要根据时间、地点、条件,依不同情况采取适当的礼仪。这就是黑格尔所说的“法”的形式。所谓“法”的本意是指“理念的精神之自我规定,规定即法”。理念在其不断外化的过程中,不断地特殊化、实在化,与其所化之客体同一而成为实在的规定,即概念及其定在。礼仪规范都是一种定在的形式。

德是什么？中国古代儒家认为，“得道于己之谓德”，“以道率身之谓德”；道家认为，“道能自守之谓德”。这里所说的“得道于己”“以道率身”“道能自守”，都意味着个人要做出行为选择。个人的德行、品德或操守是个人选择的结果。“善不积不足以成名，恶不积不足以灭身。而人之所行，各在其取舍”。道德上的选择是决定应该做什么，不应该做什么的选择，是明善恶、知荣耻的选择。做出正确的选择当然须有必要的知识和理智。一般说来，道德原则、规范只是价值导向和普遍性规定，至于在具体情况中如何去把握，还要靠个人的慎思、明辨和抉择，所谓“义有去就之谓礼，礼有变通之谓智”，“礼秉规持范，必有疑滞，故授之以智”。就国家的道德建设来说，固然要有道德规范的制定和宣传，但是如果没有人民意志规定的法律，没有个人道德感的萌发和践行，那些有关社会公德、公民道德、家庭美德的规范，就不能落到实处，不能形成普遍的实存的道德行为风尚，就无异于纸上谈兵。

道德行为选择是个人的，而且从特殊情况来说只有个人意志才能最终做出抉择。这种能力和权利是别人所不能代替、不能剥夺的，正如不能把自己的良心转让给别人一样，必须由个人对自己的行为选择负责。正因为这样，道德行为才能被认为是自觉的、自主的，否则，道德行为选择就难以同法律行为或其他强制性行为相区别。

道德选择的意志自由和责任直接关系到人的内在良心。这种内在的良心，是主体的主观意志摆脱了个人狭隘性的束缚而达到了对他人、对社会利益和共同意志的反思，也就是在内心中达到了特殊性与普遍性、个人利益与他人利益、个人意志与共同意志的统一。这种自我确信地反思，就是黑格尔所说的主体内部的“绝对的自我确信（Gewissheit），是特殊性的设定者，规定者和决定者，也就是他的良心（Gewissen）”。现实的人要求有特殊性的现实内容，而且人们对这种特殊性的要求有自己的权利。个人自我决定的意志就是一条对自己的法则，因而也就是主体的权利，这就是道德权利。这种权利，犹如孔子所说“三军可夺帅也，匹夫不可夺志也”。亦如荀子所说“口可劫而使墨云，形可劫而使诎申，心不可劫而使易意。是之则受，非之则辞。故曰：心容其择也，无禁心自见”。

中国的道德传统，一向重视修身践行。中国传统道德讲“德者，得也”，不只是说在认识上得到了知识，更重要的是指在践履操行上的得到并做到。看一个人是否有德，不在于他懂得多少道德知识，能背出多少道德规范，而在于他能否知荣知耻，慕荣祛耻，尊重相关的道德规范践履行动；不在于他口头上说得多么高尚,而在于他在日常生活和工作中,在家庭生活、职业生活和社会政治生活中的道德践行。荀子说:“不闻不若闻之,闻之不若见之,见之不若知之,知之不若行之。学至于行之而止矣。”

在中国传统哲学中,宋明思想家们尤其强调知行合一的修德工夫。朱熹明确主张修德只有两件事:一是“理会”,二是“践行”。他认为知先行后,知行相须,以行证知:“欲知知之真不真,意之诚不诚,只看做不做如何。真个如此做底,便是知至、意诚。”王阳明进一步强调,知与行就是一件事物的两个方面,“知行原是两个字,说一个工夫”,“知之真切笃实处即是行,行之明觉精察处即是知。知行工夫,本不可离”。修养和践行本是一个工夫,修养在于践行,在践行中修养,践行体现修养。正如《大学》所讲,修身、齐家、治国、平天下,把修身与齐家、治国、平天下结合起来,强调修身是本,是有道理的。

从道德治化方面来看,人如不重德性,其身不修,德才不备,何以齐家、治国、平天下? 从行为者自身来说,修身是一个自化的过程。在中国传统道德修养论中,这个“自化”过程就是主体自己改变自己、提高自己的过程。其过程包括很多环节,如自知、自思、自虑、自择、自守、自戒、自制、自行、自止、自省、自讼、自正、自信、自立、自强、自律,以至达于慎独等。在有关文献中,这些概念并没有形成思辨的逻辑体系,而是以分散的、经验性、应用性的形式表达的,因而与践行操守紧密地相联系,这正是中国传统道德修养论的特点和长处。

强调人的道德践行的内在良心,也就是强调人生的内在性原则。《孟子·告子上》有段精彩的对话:公都子问曰:“均是人也,或为大人,或为小人,何也?”孟子曰:“从其大体为大人,从其小体为小人。”曰:“均是人也,或从其大体,或从其小体,何也?”曰:“耳目之官不思,而蔽于物,物交物,则引之而已矣。心之官则思,思则得之,不思则不得也。此天之所与我者。先立乎其大者,则其小者不能夺也。此为大人而已矣。”这段对话所强调的就是人之成人的内在性原则,强调君子与小人分野的内在原因。所谓“大体”是指心,所谓“小体”是指耳目等感官。引申其义,“大体”为思仁尊义之心,“小体”为纵恣情欲之心。人心是人的主宰,失去心的主宰人就要受役于物欲、情欲而失去理性和仁义原则。

孟子所讲的道理,概括起来就是强调要用理性所确立的道义原则,遵从做人之正道,在内心树立起道义原则。所谓“不能夺”,就是坚持原则的道义之心不动摇。如果从主体的行为活动本身来说,在由内向外的德性行为过程中，行是由心指使的，是得自于心性的。用孟子的话说，心者“形之君”“神明之主”。人的心，即精神，是身体的统治者，又是精神自身的主宰者，它可以向自己的身体行为发号施令，也可以反躬自身，内自省，内自讼，过而能改。从内在性原则的意义上说，心作为心思，作为良心，作为确定的目的，也可以说是精神活动的原则和主宰。人之成德、成人，就在于以这样的心为鹄的，以至于铸就“生乎由是，死乎由是”的伟大人格。

三、中国传统伦理思想重在道心与德心的统一

伦理思想史和人类的道德实践都证明，反映论式地理解道德，是远远不够的。如果只是这样去进行道德教育，就会把伦理学和道德教育简单化、技术化。其实，中国古代学者早就看到了其中的弊端。孔子所说的“大德不逾闲，小德出入可也”，不是对自己的，而是对别人交友时的要求。即是教人的“与人之道”，并不是“自处之道”。孔子的意思是说，与人常宽，自处常严，或“与人不求备，检身若不及”。这是修身之要道，“是故，孔子教人，罕言心性，谨之以言行，约之以笃实，而心性之功在其中矣”。

按照中国儒家的说法，伦理关系之“理”，也就是关系之“道”，“道即理”，如朱熹主张“以各有条，谓之理；人所共由，谓之道”，说明了道、伦、理相通的含义。《孟子·离娄上》说：“规矩，方圆之至也；圣人，人伦之至也。”朱熹解说上句谓：“规矩尽所以为方圆之理，犹圣人尽所以为人之道。”这里的“道、伦、理”三个观念的内在关联，似已明了。但道与德是什么关系呢？按照道家的《化书》所言：“旷然无为之谓道，道能自守之谓德，德生万物之谓仁，仁救安危之谓义，义有去就之谓礼，礼有变通之谓智，智有诚实之谓信，通而用之之谓圣。”这就是说，“智通则多变，故授之以信，信者成万物之道也”。道之由虚而实，由隐而显，由体而用，由变而常，是由道而成德的过程。从道德本身来说，这就是由道而化德，由德而显道的逻辑体现，所谓“道能自守之谓德”，就体现为个体的德操和人格。这实际上说的就是个人之德是伦理关系和习俗交往所铸成的结果。

讲社会道德的起源可以追溯到社会意识的根源，但讲道德意识的发端则要换一个角度，追溯到人的内在自我意识的发端点和成长过程。它虽然依赖于现实的人和人的具体关系，但它毕竟属于个人意识、心性发端的内在精神形态，体现为个人的自我意识、自由意志、良心选择和人格操守。按照中国传统伦理的用语就叫作与“大化”相对应的“自化”。如果是外部刺激反应，那是低等动物就具有的反应能力，如果说那是由某种神秘力量激发人脑而产生的，那是宗教迷信。人的意识发端的动因在个体的人自身，在自身的自觉意图和自为动机,如孟子所说的“意之端”或“心之端”。所谓“四端”,即恻隐之心、羞恶之心、恭敬之心、是非之心。推此四端以求四德。孟子曾提出了“造道”观念。“造道之方无他,贵其自得之也。父之所得,不可以为子之得;师之所得,不可以为徒之得”,德者得也,即自得也,谁得的归谁。

王阳明把意和心通称,在“四句教”中有“无善无恶心之体,有善有恶意之动”。他说的“意之动”,正是个体人的自由意志的心意活动。于是才有“知善知恶是良知,为善去恶是格物”的主体自觉自为的行为活动。从人的自我意识开始,发出道德意志之善心、善行或恶行。《大学》中讲“大学之道在明明德”,而明明德于国、于家、于个人,归之于一本则在于“以修身为本”。因此,《大学》之教归于一个结论:“自天子以至于庶人,一是皆以修身为本。”

自我意识、自由意志是德行的开端和能动力。最深层、隐蔽的道德意识、道德意志和人格在于慎独。“慎独”即所谓“暗室无欺”,有两义:一是在私居独处之时不作恶;二是在隐微幽曲之地无恶念,在人自身内部最深藏的方寸之地只有良心而无邪念。按《大学》之教,那就是“知止”而后能定,能静,能安,能虑,能得之心正意诚、近道达善的工夫。朱熹说:“所谓诚其意者,毋自欺也。如恶恶臭,如好好色,此之谓自谦,故君子必慎其独也!”

智慧也是个人内在精神和意志力量。古中国哲学家把“智仁勇”称为“三达德”,古希腊哲学家把智慧也放在勇敢、节制和正义三德之前,强调智慧对塑造完人的重要意义。从直观的思维,发展到理论思维,再到高级的理论思维,是一个人的智慧能力发展的不同维度。思维程度越高、越丰富,人越聪明;思维方式简单、片面的人,不会是聪明的人。智力虽然不属于美的范畴,但心灵结构的完整,即是心灵美的一个必要的构成部分。一个愚傻痴呆的心灵,不能说是美的心灵和高尚的精神。

心灵美的根本意义,在于心术的善良和智慧,在于人格的淳朴和正派。中国古代讲“道心”。《尚书・大禹谟》有“人心惟危,道心惟微”之说。“人心”“道心”,都是一个心。发于“形气”之自然叫人心;发于义理之人为就是“道心”。宋明理学重视义理,认为人心在还不知道义理之时,常有不正和偏邪,而得道于心之后,就能辨微明理,守正谨度。所以,心是道德的灵魂、意志是道德成长的基地。方寸之地,义理之大,正是内在的充实之美。这里的关键就是“知其道”,心不知道,就不可能成为“道心”,不能为道。如果说,我们对人生实存的自在状态,赋予人生的主观感悟的意义,那么,对人生的理想自为状态的自觉性，就会提升到社会伦理实体的高度，从而使其具有普遍的社会客观性和历史性深度。

四、“德化礼仪”的中国传统道德建设

在中国传统道德史上有没有道德建设？回答当然是肯定的。如果没有道德建设，何以留下几千年的道德传统？今天我们又何以继承优秀的道德传统呢？汉代名臣贾谊在《治安策》中曾说，道德礼法“非天之所为，人之所设也。夫人之所设，不为不立，不植则僵，不修则坏”。这里所说的“为”“植”“修”，实际上讲的就是当时所进行的道德建设。

中国道德文明发展几千年，不论甲骨金文、竹木字刻，还是经史子集、官府文书，都记载着许多伦理思想、道德规范、圣人箴言和德行事迹。其中凝结着丰富的道德生活体验，记载着民间活动和各界杰出人士的事迹。当然，传统的道德建设经验不同程度地打着历史的烙印，体现着不同历史阶段的统治阶级政治意志；有国家发展、兴隆和鼎盛时期的道德建设成果，也有国家分裂和衰败时期的道德建设教训。总的说来有许多有价值的道德建设思想，是我们今天仍然需要认真研究和借鉴的。

中国传统道德建设经验很多，其中有一条重要的可以说是基本的经验，即社会道德价值导向规范化、制度化。道德反映一定社会的经济、政治、文化、伦理秩序和民族精神，表现为向善的理想、愿望和要求。这种要求或价值导向，是作为精神的东西产生的，虽然具有一定社会内容，但却没有感性的实在性，它本身还只是“虚”的精神，而要把这种虚的精神变为“实”，即变为人民的德行和群体、社会的良好风尚，还需要有由虚变实的中介，要有一定的手段、方法、措施，使之落到实处，变成现实。“虚以受善，实以固执”，如荀子所说：“百姓晓然皆知修上之法，像上之志而安乐之。于是有能化善、修身、正行，积礼义、尊道德，百姓莫不贵敬，莫不亲誉，然后赏于是起矣。”接受善的道理可以虚，但践行道德、建设道德则必须落实。只有落到实处，才能坚定不移地执行。中国古代的经验是把没有规定性的向善精神化为具有一定规定性的纲纪、原则、礼仪，以及各种特殊规定等。这样，比较抽象的原则、规范就有了比较具体的、确定的、可操作的规定。但是对具体的道德行为来说，纲纪、原则的规定还是一般、笼统的规定，行动起来有时遇到特殊情况，还会无所适从。于是又有许多依据各种特殊情况制定的特殊指导方法，进一步做出更为具体可行的操作规定。

正由于风俗是自由的自然，因而，一个社会的风俗就是这个社会的时代精神，就是这个社会用以判断善恶是非的直接价值标准——这个社会的善恶是非从风俗中获得直接具体规定。黑格尔在谈到义务及其具体规定性时曾说过:“一个人必须做些什么,应该尽些什么义务,才能成为有德的人,这在伦理性的共同体中是容易谈出的:他只需做在他的环境中所已指出的、明确的和他所熟知的事就行了。”社会风气是伦理实体的精神表现。在这个意义上,做所处共同体中所熟知的、做社会风俗所要求的,就是善。

这样,“一个社会的风俗就是这个社会的时代精神”就有实然、应然两种不同的理解。其一,在实然的意义上指称:看一个社会具有什么样的社会精神(面貌),只要看这个社会的社会风俗即可。其二,在应然的意义上指称:一个社会中具有生命力、代表未来方向的时代精神,只有成为这个社会的风俗,才能成为真实的。不具有时代精神的社会风尚习俗,注定失却存在的理由,注定要从历史上消失。同样,一个游离于社会风尚习俗之外的时代精神,也很难说是真实的时代精神。只有成为社会风尚习俗、存在于人们日常生活之中的时代精神,才是真实的、长远的。

风俗习惯的文明变迁,离不开教育。教育不仅是理智理性的知识教育,更是一种实践理性的生活教育。这种生活教育贯穿于日常生活的每一个方面、每一个环节,通过日常生活中的多方面、多环节的反复,形成一种稳定的记忆,成为稳定的性格特征与行为方式。

教育在改变社会风俗习惯中的作用机制基本有二:其一,激发、唤醒主体对善的渴望及其人生理想,形成善的精神习惯。主体对善的内在渴望,使主体不仅能够获得成人的方向,而且还能够获得战胜既有危害人性健康生长因素的力量。其二,通过规范塑造与示范引领,使主体形成好的行为习惯。由于我们主要是在移风易俗的主题下关注社会风俗习惯变迁,我们关注的重点是生活教育,在社会普遍意义上,只要形成恶习的那些客观条件还存在,恶习就会再生和泛化。风俗习惯的形成或矫正,既不能没有先进分子的示范引领,也不能没有法制规范的强制,这个强制是最基本的行为规范要求。示范引领是疏与生,法制规范是堵与禁,二者配合一体,方可促成社会习惯、风尚习俗的定向转变。一个社会的主导价值、精神风貌、风俗习惯,总须加以引导,才能走向更加文明的境地。一种不加引导、顺其自然的社会,其精神难免流俗。只有作为社会良心的先进分子处于社会精神的引领地位,这个社会才有可能形成浩然正气,富有蓬勃向上的生命力。

(载《光明日报》2019 年 07 月 08 日)

改革的道德价值

李建华

改革开放已走过千山万水，但仍需跋山涉水，我们的使命更光荣、任务更艰巨、挑战更严峻、工作更伟大，因而更需要对改革的道德价值的认同。

习近平总书记在庆祝改革开放40周年大会上的讲话中强调："改革开放铸就的伟大改革开放精神，极大丰富了民族精神内涵，成为当代中国人民最鲜明的精神标识。"这充分表明，改革开放给当代中国的精神解放和精神铸造之意义是伟大而深远的，其中必然蕴含了道德革新和伦理转型的重大意义。

然而，在改革与道德的关系上，理论界一直存在"无关论"与"代价论"的纠结甚至混乱，有意或无意地淡化或否定改革开放的道德价值（道义性），对此必须要有明确的伦理立场及理论回应，才能真正使改革开放精神这一当代中国共产党人的精神结晶和当代中国人民的精神标识，成为改革开放再出发的强大精神动力。

一、改革需要正确的道德价值导向

改革就其实质而言，是社会制度的自我完善和发展，而不是社会制度的"革命"或重新选择，是在既定社会制度不变的前提下体制、机制与政策的创新，并通过这种创新以求实现生产力与生产关系、经济基础与上层建筑之间的协调发展。中国40多年的改革更是其制度的自我更新，其目的是改变束缚生产力发展的经济体制，建立充满生机和活力的社会主义市场经济体制，并在此基础上推进政治体制及其他方面的改革，以实现社会主义现代化的历史要求。

利益是道德的基础，更是社会伦理关系本质的集中体现，道德与利益不可分，这是马克思主义的基本观点。改革作为一种调整社会利益关系的手段或方式，并非原本或可以做到"价值中立"的，并非道德"价值无涉"，相反，改革的目标与过程、手段与结果，都体现了特定的价值追求。换言之，改革本身就是一种价值选择的行为，从而体现善与恶的性质。正因为如此，我们党才有"该改的、能改的我们坚决改，不该改的、不能改的坚决不改"的政治站位与道德判断力。偏离正确道德价值导向的改革，不但会使改革本身沦为基于个人利益或行业本位、单位本位的"乱来"，而且会从根本上动摇社会主义社会和谐利益关系的根基。

中国的改革是从经济改革起步的,而在经济改革过程中,深受西方新自由主义经济学派的影响。新自由主义强调对市场的自由放任与政策、绝对私有化等观点,在经济学中一直占主导地位并被世界各国所推崇,无论是西方资本主义国家的私有化浪潮、俄罗斯的“休克疗法”,还是拉美国家以“华盛顿共识”为基础的经济改革,遵循的都是新自由主义经济学主张。新自由主义在反对国家干预的同时,也反对道德的“介入”,认为市场就是一切、自私利己就是动力、效率就是最大价值。这种基于新自由主义的“道德无关论”或“道德有害论”,给改革过程的社会道德生活带来了严重的负面影响。

社会主义改革所坚持的正确道德价值导向就是以人民为中心,不断实现人民对美好生活的向往。为中国人民谋幸福、为中华民族谋复兴,是中国共产党人的初心和使命,也是改革开放的初心和使命。我们的改革必须以最广大人民根本利益为一切工作的根本出发点和落脚点,坚持把人民拥护不拥护、赞成不赞成、高兴不高兴作为评价改革是否成功的道德标准。这就需要在未来的改革中,更加尊重人民主体地位,尊重人民群众在实践活动中所表达的意愿、所创造的经验、所拥有的权利、所发挥的作用,充分激发蕴藏在人民群众中的创造伟力,更加着力解决人民群众所需所急所盼,让人民共享经济、政治、文化、社会、生态等各方面发展成果,有更多、更直接、更实在的获得感、幸福感、安全感,不断促进人的全面发展、全体人民共同富裕。

二、不宜夸大改革的道德代价

正确认识改革的道德价值,还涉及“代价论”问题。所谓“代价论”,就是认为虽然改革开放是正确的,并且取得了令世界惊讶的奇迹,但也付出了惨重的道德代价,并且这种代价是无法弥补的。代价论又有“必要代价论”与“无必要代价论”之分。前者认为实行改革开放、发展市场经济,付出一定的道德代价是必须的、值得的、必要的;后者认为改革开放以来经济发展了,但道德却退步了,出现了严重滑坡,这不值得也没有必要。道德代价论特别是“无必要代价论”成为淡化甚至反对改革开放的重要借口或理由,因为在一个具有深厚德治主义文化传统的国度,道德具有某种天然的绝对性和至上性。

这里实际上涉及两个问题:一是改革是否真的付出了道德代价;二是如果真是付出了道德代价是否值得。前者关涉社会历史发展与道德进步的关系,后者关涉如何看待市场经济的道德负效应。关于社会历史发展与道德进步的关系，历来存在历史主义与伦理主义两种不同的立场和方法。伦理主义以抽象的人性论为基础，认为存在一种可以超越历史的绝对善，由此才可以把对人的价值的确认、人的尊严提到一个绝对重要的地位，同时也试图为动荡不安的世界提供一个永恒不变的道德价值标准。如果基于这种伦理主义的立场，认为改革开放以来，随着市场经济的发展导致了道德退步或付出了道德代价，就是理所当然。当年卢梭就批判过科学技术带来的道德退步，他认为，科技进步导致了私有制产生，私有制使人类天然的善良本性趋于了败坏，包括聚财的狂热使所有人产生了损害他人的念头。

我们所要秉持的是历史唯物主义立场。历史唯物主义认为，道德作为一种思想意识存在，是社会关系的反映，是由一定的社会经济基础所决定的，没有脱离社会历史的抽象不变的人性和伦理主义，也没有永恒不变的善恶观念，道德的发展与历史的发展基本上是同步的，即便出现所谓的历史与道德的“二律背反”，也只能从历史进程中去寻找答案，不存在“必要之恶”。诚如恩格斯所说，“我们拒绝想把任何道德教条当做永恒的、终极的、从此不变的伦理规律强加给我们的一切无理要求，这种要求的借口是，道德世界也有凌驾于历史和民族之上的不变的原则”。

从这种历史主义立场看，是改革开放和市场经济推动了中国社会的道德进步。道德进步不但有质的标准，也有量的标准。其质的标准主要是看这个社会在倡导和实施的道德原则是什么样的，虽然我们社会中有很多不尽如人意的地方，如腐败、不讲信用等，但改革开放以来一直坚持的是集体主义原则和社会主义道德规范体系。道德进步量的标准就是我们所倡导的道德实施程度和我们的信仰程度，目前大多数人还是坚信我们所倡导的社会主义道德。由此看来，我们的道德并没有退步，而是进步了。

一般说来，当新旧经济关系更替之时，新的社会道德必将取代旧道德而居于主导地位。在人类道德史上，一切道德上的兴衰起伏、进退消长，从根本上说总是导源于社会经济关系的变革。改革开放以来确实出现了诸多道德负效应，需要我们正确认识。一是负效应的可能与必然。改革开放和市场经济所带来的道德负效应和我们的道德只存在可能性关系，不存在必然性关系，道德问题不是市场经济的必然结果，而是一些可能性的结果。二是道德负效应的内生与外生。市场经济带来的道德负效应不完全是内生的，是由于市场经济环境或体制不健全而外在产生的，如贪图享乐等风气是封建残余所遗留下来的，而不是市场经济带来的。三是道德负效应的现在与隐在。市场经济带来的道德负效应更多的是一种隐性存在,没有现在我们所估量的那么危险,很多东西可能还是一种隐在的状态,这就需要我们提高防范道德风险的能力。

三、在改革开放再出发中彰显道德价值

改革开放铸就伟大改革开放精神,同样也彰显改革的道德价值,这些道德价值是全方位的,如革故鼎新的超越价值、敢为人先的创新价值、脚踏实地的务实价值、直面难题的担当价值等等。改革开放再出发意味着改革广度的再拓展、改革深度的再挖掘、改革难度的再增加,同时也意味着更加需要彰显改革的道德价值。

道德的功能更加需要由协调转向进取。道德不但有协调性功能,也有进取性功能,由单一的协调性道德转向以进取性道德为主是改革再出发的现实需要。在自然经济条件下,道德关系主要是两条线型:一条是纵向型,以忠孝来调节君臣父子的关系,尊卑贵贱;另一条是横向型,以仁、义、礼、智、信等规范来调节同辈、同僚、同族、亲友等的关系。所以,在中国传统社会就产生出大量的"三从四德""三纲五常"等协调性的道德规范。相反,在改革开放、实施社会主义市场经济条件下,人的等级观念和人身依附关系被解构,我们更多地追求自由、平等、自尊、自爱,不但要做好人,还要做能人,所倡导的道德是热情、勇敢、勤奋、乐观、坚定、自信、自尊自爱、自由平等这类进取性的。在此基础上,道德的功能也发生了很大变化,不再简单被动地去协调利益矛盾,而是激励人和个体,包括每一个社会组织自身的发展,由此就构成了新时代的道德精神。

道德的评价更加需要由动机转向效果。尽管在道德评价上动机论和效果论都有其理论思维的缺陷,但效果论无论如何都比动机论要客观,因为人的动机是无法直观的,并且动机和行为之间有很大的差异。在动机和效果不统一的情况下,进行道德评价应该以效果为主。以效果来分析效果而不是以动机来分析效果,这是人对自己的认识负责,更是对社会历史负责,因为人们的认识能认识到的就是效果,内心是直观不到的。过去我们的道德评价依据侧重动机,主要看态度,态度问题是根本问题,导致无过必是功,进而导致了无功便是德,培植了大量通过讲假话、写假日记来证明自己态度好的人。在今天,少空谈、拒假话,灭虚势、讲效率,重实效、看结果,应该成为一种全新的道德风尚。

道德的选择更加需要由社会设定转向个人自主。自由是道德的前提,没有自由选择也就无所谓道德,这是道德哲学最基本的设定。在自然经济条件下，人与人之间、人与共同体之间都是依赖性关系，人的第一社会角色都是社会所设定的，这样就限制了人们进行真正道德选择的自由，所以服从就是最高的道德。而在现代市场经济社会和民主法治社会，人们会遵从自我意识，自由意志不再被社会规范完全包容或宰制，而是个人自主来选择自己的行为，自己对自己的行为负责，所以自主意识、责任意识成为现代伦理精神的基本要素。

道德人格塑造更加注重从君子型转向强者型。中国传统社会历来都是信奉君子型人格，如忠臣、孝子、节妇、义友等。君子型道德人格的最大特点是守成、遵规、克己。相反，改革开放型社会是一个强者型的社会，市场经济运行机制的最大特点就是为强者准备了一份丰厚的礼品。强者型人格代表的是披荆斩棘、扫除障碍、杀出血路的人格。这表明，在我国发展的道路上虽然阻力很大，改革开放每推进、深化一步都相当艰难，这就需要具有一种披荆斩棘的精神，即扫除障碍、杀出血路的革命精神。改革是要以自我革命推动社会革命，既要通过自我革命以革除自身肌体的“病毒”，也要通过社会革命以革除社会弊端。这样的改革才能真正触及问题的本质，才能真正既改造主观世界，也改造客观世界。这是一种“杀出一条血路”的强者精神，在中国强起来的过程中弥足珍贵。

改革开放是我们党的一次伟大觉醒，正是这个伟大觉醒孕育了我们党从理论到实践的伟大创造；改革开放是中国人民和中华民族发展史上一次伟大革命，正是这个伟大革命推动了中国特色社会主义事业的伟大飞跃。改革开放已走过千山万水，但仍需跋山涉水，我们的使命更光荣、任务更艰巨、挑战更严峻、工作更伟大，因而更需要对改革的道德价值的认同。

（载《中国教育报》2019 年 04 月 13 日理论版）

论道德与资本的逻辑关系

王小锡

我在已经发表的系列著作和文章中,从不同角度阐述了道德资本的存在依据、道德作为资本的基本特点和价值增值作用、道德资本的实践与评估指标、道德资本与资本尤其是与马克思的资本概念的区别与联系等,同时对学界同仁提出的相关质疑给予了学术回应。[①] 现就道德与资本的逻辑关系做探讨,试图进一步说明,道德与资本的关系是客观存在的,而且,社会主义条件下的资本运行一定内含着包括道德在内的精神资本。忽视道德资本将是经济活动中的短视、弱视行为。

一、资本的本性与道德力量互为支撑

资本的本性是为了获取更多的利润,这并非就意味着它与科学意义上的道德相悖。就资本一般意义上来说,它是指投入生产过程并能带来更多利润的物质和精神条件,是一种能使价值增值的能力。事实上,资本投入生产过程要获得最佳、更多利润,在不变资本一定的情况下要依靠劳动者作用的发挥,即靠活劳动创造新的价值。而活劳动者不只是作为劳动主体的躯体而已,它必然包括劳动者的文化水平、技术能力、道德觉悟等,其中作为资本精神要素的人的道德觉悟决定着资本的理性度、运行特质及其运行效果。所以说,道德与资本共存,资本需要道德,且道德价值因资本的顺畅运动而凸显。

事实上,在资本投入生产并发挥作用的过程中,道德起着引导、协调、监督的作用,离开了道德的特殊作用力,"资本一般"意义上的资本就无法充分展示。这就是说,资本要成为资本或者说资本要是资本,一定离不开人的价值取向尤其是道德的作用,唯此才能明确资本的理性投资目的和投资方向。假如资本没有明确的理性投资目的和投资方向,甚至违背理性、失去理性地投资,这样的资本就是"资本特殊"或"特殊资本",很可能是"伪资本""恶资本",与我们所主张的道德是相悖的,它迟早要失去"资本一般"的价值和意义。在资本主义社会,资本从头到脚每个毛孔都滴着血和肮脏的东西,不是因为资本的本性是为了获取更多的利润,而是因为资本的本

① 参见拙作《道德资本与经济伦理》(人民出版社 2009 年版)、《道德资本论》(译林出版社 2016 年版)。

性恶性扩张，在获利过程中不仅采取了残酷的剥削手段，而且资本家无偿占有的剩余价值又作为资本投入生产过程去更进一步压榨工人。所以，离开道德的引导、协调、监督，资本的本性很可能被非理性地利用，在这种情况下，资本就是不道德的代名词。

其实，资本的本性与道德力量不仅不相抵触，而且是互为支撑的。资本投入生产过程就是为了获取更多的利润，而要实现利润的增加，资本要紧随生产过程不断地运动，即要有生产产品过程，要有销售行为过程，要有与利益相关者的利益分配和协调过程等。然而，这些获利的必经过程顺畅与否，与讲不讲道德之关系十分密切。例如，对于企业来说，用户信任度的提高和信任感的持续往往取决于产品售后服务承诺的兑现程度。尽管产品质量上乘，但是，如果售后服务不到位，企业经营者（包括企业委托销售者）就丧失了信誉，这会影响企业的社会信任度，影响产品的市场占有率，最终影响企业效益。又如，企业内外部利益相关者的利益是否公平合理，将会直接影响资本运动的流畅和效益，只要利益相关者的关系链条或利益链条脱落，那么资本运动的目的就会大打折扣。所以，资本需要道德，资本的运动需要道德的参与。而且，资本的力量和资本的效益往往不取决于企业产品的科技含量，而是取决于对用户的责任心渗透到经济行为及其产品中的程度，也即取决于作为企业核心竞争力重要因素的产品的道德含量。①

有人认为，在物欲横流、不法商人常以非法手段获得不义巨财的社会，一切绝对、终极、超越性的东西几乎已在贪婪下化为乌有，人已沦为物的工具，此时，再鼓吹将道德变为资本与手段，只会使社会愈益沉沦于迷惘之中。然而，这里的问题是，这种赚取不义之财的丑恶行为，难道是所谓的“鼓吹”道德造成的吗？这不正说明缺德经营会给社会带来严重的恶果吗？这不正说明需要用道德来引导、调整、制约人们的赚钱行为吗？难道将道德引入企业经营领域并获取更多利润或效益，就是将道德变为“工具”？其实，“道德沦为赚钱的工具”是不符合逻辑的提法，因为，已经沦为赚钱工具的所谓“道德”还是我们所理解的道德吗？这种所谓的“道德”是不法、缺德之徒恶行的“遮羞布”，是缺德行为。这正是需要我们用适应时代要求的道

① ［荷］丹尼尔·安德里森，勒内·蒂森. 没有重量的财富——无形资产的评估与运营[M]. 王成，等译. 南京：江苏人民出版社，2002：52－57.

德去谴责、制约和引导的,也是我们提出道德资本理论的真正目的之一。①

二、道德目标与资本目的相向而行

资本的目的与资本的本性相一致,即是说,资本投入生产过程就是为了获得更多利润和效益,这是毋庸置疑也是不须回避的。事实上,资本存在的价值就是赚钱甚至赚更多的钱,其本身没有问题。问题倒是资本是在什么经济制度下的资本,资本的目的是什么,资本运动中的手段又是什么等。马克思揭露的资本主义条件下的资本,其从头到脚每个毛孔都滴着血和肮脏的东西,它是不道德的代名词。社会主义条件下的资本是在公有制经济制度下坚持理性投资的资本,它可以在制度引导和约束下为正当获利而投资,为没有剥削和压迫的扩大再生产而投资。换句话说,在社会主义制度下,赚钱既是为了自身利益,也是为了社会利益,更是为了经济社会未来发展的利益。而且,资本在实现更多利润和效益的过程中,内含着人的素质随着资本的科学运动也在不断地提高和发展,这是不争的客观事实。这样的资本目的是理性的、道德的。因此,在科学理性制度引导和约束下的资本,它是社会主义的经济道德实体,即是说,这样的资本是道德的,或者说社会主义条件下的资本象征着道德。

当然,资本的本性决定了它最终要赚钱,然而,在经济社会制度尚在改革完善的过程中,在人们的思想道德觉悟还处在需要提升的过程中,换句话说,资本在运动过程中还有脱轨的危险,这就需要道德觉悟的提升和必要的道德手段的约束。这说明,资本的良性运动不仅需要道德引导,更需要道德的约束。所以理性资本与道德同在。这就是说,在社会主义条件下,不存在与道德无关的资本,也不存在与资本不融的道德。

其实,道德的目的与资本的目的是一致的,只是存在的形态和特点有区别而已。曾经有人批评我谈道德资本和道德与赚钱的逻辑关系,是亵渎了神圣的道德,并振振有词地认为,说道德也可以是资本,也可以帮助赚钱,是荒谬的理论观点。② 我始终认为,不要空谈道德觉悟或道德境界之类的道德词汇,因为,道德觉悟或道德境界不是空中楼阁,当你说某人或某个

---

① 我提出并论证的道德资本及其作用的观点,参见拙作《道德资本论》(译林出版社 2016 年版)、《道德资本与经济伦理》(人民出版社 2009 年版)。

② 针对一些对我的主张持批判态度的观点,我已经在《"道德资本"何以可能——对有关质疑的回应》(载《哲学动态》2013 年第 3 期)、《道德资本论》(译林出版社 2016 年版)等文章和著作中做了回应和反批判。

集体性主体有崇高道德觉悟或道德境界的时候，那依据是什么呢？总不能任凭某个人或某个集体性主体的代言人的口头表达，最终应该是在精神和物质效益上来说明某个人或某个集体性主体的道德觉悟或道德境界的高低，换句话说，没有良好的行为结果（成果）就无法说明某个人或某个集体性主体的道德觉悟或道德境界的高低，即使由于某个人或某个集体性主体的精神境界的宣传或影响而产生了社会精神效益，即人们的思想道德觉悟和社会道德水平提高了，但最终还是要在行动和成效中展示某个人或某个集体性主体的道德觉悟或道德境界。总之，道德觉悟和道德境界与物质效益和最终要展示物质效益的精神效益是一致的，离开这一理念谈道德的神圣、道德的觉悟和境界都只能是空谈。

可以说，在经济领域，资本的目的和道德的目的不仅一致，而且互为存在。有人说，谈道德应用于生活、道德应用于经济，即道德成了“工具”是可怕的、危险的。其实，主张道德的现实作用的发挥并不是质疑者所理解的那种“工具”，这种危言耸听的论调其实是不懂道德、不懂生活、不懂经济和经济学的不懂装懂的似是而非的废话。不要说道德应用于生活、道德应用于经济是价值理性和工具理性的统一，是客观现实，就是纯理论层面也不可能谈经济而忽视道德，谈道德而脱离经济，要是这样，那就是典型的科盲。阿马蒂亚·森指出：“就经济学的本质而言，我们不难看出，经济学的伦理学根源和工程学根源都有其自身的合理成分。但是，在这里，我们想要说明的是，由‘伦理相关的动机观’和‘伦理相关的社会成就动机观’所提出的深层问题，应该在现代经济学中占有一席重要地位。”①他进而强调说：“经济学问题本身就可能是极为重要的伦理学问题。”②既然伦理学和经济学关系这么密切（客观也是如此），那么，这两种学科一定是建立在现实的道德与经济的密切关系基础上的，故在理论和现实的研究上，提出并论证道德的经济作用、道德可以帮助获得更多利润是题中应有之义。如果在经济学中只研究抽象的、虚幻的道德，那缺乏道德行动和道德评判的经济学还有说服力吗？经济学只有更多、更明确地关注影响人类行为的伦理学思考，关注道德的实际影响和作用，才能变得更有说服力。③

有人质疑说，如果道德能帮助获得更多利润，那封建道德、资本主义道

---

①②③　[印]阿马蒂亚·森.伦理学与经济学[M].王宇，王文玉，译.北京：商务印书馆，2000：12，16，15.

德或腐朽没落道德也能帮助赚钱？这里的问题是，所有不顺应时代潮流甚或逆社会进程的道德是我们习惯理论思维中的道德吗？① 不知道持这种观点的人谈的是何种伦理学，那种把各种本质不同的道德观念混为一谈，并且把封建道德、资本主义道德或腐朽没落道德在现时代的负面作用作为否定符合社会发展进程的道德的具体的促进经济社会发展进步的理由，是违背常识的理论纠缠。说实话，在现时代，资本的理性投资需要适应时代的道德即科学道德的支撑，更需要科学道德作为精神资本去激活和引导资本的高效运动并获取更多利润和效益。

三、道德价值与资本理性目标一致

资本的投资是自由的，然而，在哪里、向何项目投资，投资的目的是什么，实现资本目的的手段是什么等，这是投资者不得不考虑的问题，至少，赚钱是投资者的资本投向引导及基本目的。所以，资本投资是有“限制”的。

当然，资本投向及其目的明确并不意味着资本是理性意义上的资本，诸如在“资本特殊”意义上的资本主义条件下的资本，尤其是作为可变资本的劳动者在受压迫、受剥削状态下创造不属于自己的新的价值，被资本家无偿占有，并成为新的更大的异己力量，这样的资本是在非理性状态下运动，所以，在赚钱的同时，必定会伤害资本尤其是可变资本本身，最终必然影响资本的生存理由和生存价值，即使会带来一定时段和一定程度的扩大再生产，但到头来一定是此起彼伏的经济危机或经济动荡，甚至是经济衰落。这当然是我们今天社会主义制度下不可能出现也不愿意看到的现象。

社会主义条件下尽管多种经济成分并存，但公有制是主体。这就决定了资本投资一定要符合社会主义制度理念和经济要求并不断趋于理性，这就一定内含道德的引导和协调，必要的时候需要道德来制约或纠正资本的非理性行为及其发展趋势。也就是说，资本需要道德，事实上，资本不能没有道德。就这一理念来看，道德是资本的不可或缺的精神要素，或者说道德是精神资本。资本唯有通过作为精神资本的道德的作用，才能实现资本运动的基本目的。

作为精神资本的道德，它不是为道德而道德，它其实也是为帮助获取

---

① 当然，严格意义上来说，“道德”是中性词，它可以是腐朽没落之道德，也可以指进步之道德，即是说，可以进行善恶评价的行为都是“道德的”行为。然而，我们的思维习惯或基本的思维定式认为，道德指的就是善德即科学的道德、进步的道德。

更多利润而存在于生产过程中。而且，在生产过程中，道德本身也是直接影响产品质量及其后来销售速度和市场占有率的重要因素。所以，在经济领域，道德的价值始终体现在资本目的的实现过程中，否则，道德就没有在经济活动中存在的理由。不过，经济活动如果忽视甚至排斥道德，那经济一定是非理性经济或畸形经济。进而言之，研究经济活动的经济学，如果不研究经济活动中客观存在的道德内涵，就一定是不完善的经济学，换句话说，道德一定在经济活动中发挥着不可或缺的重要作用，经济学必须正视之。正如罗卫东所说："作为对经济现象进行研究的经济学，它的最高境界无非是在理论上再现具体。它的逻辑体系只是现实世界的运行逻辑的影像，道德内生于经济活动这种客观的事实决定了关于某种道德观或基于某种道德的行为假定内生于经济学的事实。如果新古典经济学中的所有经济主体的选择不是基于个人利益'最大化''最优''完全竞争'等'道德'规则，而且经济学的演绎又是时刻在强化着这种选择标准的话，这个经济学体系如何可能存在。因此说经济学把道德作为外生变量和既定前提的说法是难以成立的。"①因此，道德价值一定体现在理性资本中，道德价值和理性资本或资本理性是一致的。说到底，道德也是资本。

有人认为，道德可以为资本就是让道德"待价而沽"。然而，道德可以为资本与道德"待价而沽"是一回事吗？这是很不严肃的偷换概念的做法。正如我在以往发表的著作和文章中表明的，也是本文所坚持的观点，即道德可以为资本是强调道德在资本运动中具有不可或缺、不可替代的作用，而与所谓道德"待价而沽"，完全是两种不同的含义。难道强调资本中的精神要素之精神，都是"待价而沽"吗？假如资本没有了精神尤其是缺乏精神的引导、协调、约束，那资本还能运动、还是资本吗？不要妄断道德可以是资本就是"荒谬"，就是对道德的"亵渎"。

四、结语

对"道德是什么"的问题的不同理解是产生对道德与资本关系即道德资本观不同态度的基本缘由。那么，道德是什么呢？有人认为，道德是人的精神品质，必然通过外在行为来表现，但外在行为不即是道德本身。正如帮助人是道德行为，但不能说帮助人就是道德，也不能说此人就是具有道德的人。所谓道德，即道得于心，道内化为自觉自由的意志。此处，人的自觉自由是关键。道德是精神属性，是心灵境界，是抽象的主观存在。它

① 罗卫东. 经济学归根结底是一门道德科学[J]. 浙江社会科学，2001(5).

不是实体,不是具体事物,具体存在的只是道德行为。鉴于此种观点,有人进而指出,用道德去讲应用、讲效益是“可怕的”“危险的”。以上观点是自相矛盾的违背思维逻辑的幼稚的或粗糙的观点。既然“道德是人的精神品质,必然通过外在行为来表现”,怎么又认为道德是精神的,不是具体的行动?既然道德是精神属性,是心灵境界,是抽象的主观存在,它不是实体,不是具体事物,那道德存在的依据和意义又是什么呢?难道真的像有人认为的,“道德具有绝对性和神圣性,正是它的虚化存在或抽象性”?这应该是一种谬误式表达,是对道德的主观唯心主义的一种似乎“道德崇高”意义上的概括。其实,道德和道德行为是不可分的,道德一定是在行为(现实)中的道德,离开了行为(现实)的道德,只能是虚幻的道德,而虚幻的道德是道德吗?同时,道德行为一定是一定道德意志下的行为,没有道德精神内涵的行为,无所谓道德行为,要么是不可以也不需要进行道德评价的行为,要么是不道德的行为。历史唯物主义视角下,道德当然体现为人的精神的立身处世之应当,是道德之本体,但道德也当然是依据应当的行动本身,是道德本真。前者和后者如失去逻辑关联,那还是我们今天所理解的道德吗?那道德存在的理由和价值在哪里呢?所以,“可怕的”“危险的”不是道德必须发挥特殊功能、必须作用于经济社会的发展、必须赋予行动,而是抽象的所谓“高大上”的空话连篇、不着边际的虚幻的道德。事实上,一定时代的道德精神(境界)必定是现实的理性(理想)行为的抽象,否则,道德的“神圣性”和“崇高性”又从何谈起呢?马克思曾指出:“在意识看来(而哲学意识就是被这样规定的:在它看来,正是理解着的思维是现实的人,而被理解了的世界本身才是现实的世界),范畴的运动表现为现实的生产行为(只可惜它从外界取得一种推动),而世界是这种生产行为的结果;这——不过又是一个同义反复——只有在下面这个限度内才是正确的:具体总体作为思想总体、作为思想具体,事实上是思维的、理解的产物;但是,绝不是处于直观和表象之外或驾于其上而思维着的、自我产生着的概念的产物,而是把直观和表象加工成概念这一过程的产物。整体,当它在头脑中作为思想整体而出现时,是思维着的头脑的产物,这个头脑用它所专有的方式掌握世界,而这种方式是不同于对于世界的艺术精神的,宗教精神的,实践精神的掌握的。实在主体仍然是在头脑之外保持着它的独立性;只要这个头脑还仅仅是思辨地、理论地活动着。因此,就是在理论方法上,主体,即社会,也必须始终作为前提浮现在表象面前。”[①]这里说明，思想的、精神的都是对现实的思维和理解的产物，道德尤其是符合历史发展方向的道德，一定是现实社会生活或行动基础上产生的理念，同时也一定是有着应用于现实社会生活或行动的特殊功能和作用的理念，否则，空谈道德是所谓“道学家”的无聊之举。马克思的这一思想对于我们理解道德不能不联系其功能和作用以及道德与资本的关系等有着十分重要的启迪和指导意义。

习近平总书记说：“道不可坐论，德不能空谈。”[②]空谈误德，社会主义道德的目标就是要不断促进人的素质的提高、人际关系的和谐发展，进而不断促进经济社会的发展，这就是社会主义道德存在的依据和价值。

（载《道德与文明》2019 年第 3 期）

① 马克思恩格斯文集：第 8 卷[M]. 北京：人民出版社，2009：25-26.

② 习近平谈治国理政：第 1 卷[M]. 北京：外文出版社，2014：173.

论文摘要

马克思休闲消费思想的伦理维度及其价值引领 张莉，山东社会科学，2019(1)

休闲消费不仅是一种经济行为，更是对实现人的主体性复归的伦理关照。随着人们生活品质的不断提高，休闲消费成为人们美好生活需要不可或缺的组成部分。然而，休闲消费中还面临着休闲主体认知不足、休闲供给不平衡不充分等问题。马克思休闲消费思想的伦理维度具有重要的价值引领作用，帮助人们在休闲消费中体悟新时代美好生活的本质。

一、人的主体性维度：马克思休闲消费思想伦理维度的逻辑内核

人的主体性维度内蕴着伦理精神和伦理价值，是马克思休闲消费伦理维度的内在根据和根本伦理意义所在。为走出休闲消费中只见物不见人的异化状态，马克思曾跨越经济学范畴来分析消费问题，强调应透过消费现象去把握人的主体性存在，而人的主体性又集中体现为人的需要这一原动力。

一方面，休闲消费需要是人的需要的重要构成，休闲消费需要的满足实现着对人本质的确认，是马克思休闲消费伦理精神的主旨体现。人的需要的多样性存在是人之为人的重要前提，而在多样化的需求中，隐喻着人们的休闲消费需要，这种需要高于生存需要又依赖于生存需要的满足。然而，这对资本主义社会的工人而言却是可望而不可及的。看似工人的生活消费实则是资本家的生产成本，休闲消费的缺失正是资本主义社会工人主体性缺位的集中体现。

另一方面，休闲消费需要表现为人的需要的丰富性和全面性，是实现人自由全面发展的重要条件，实现着对人主体性的进一步确认。马克思以分析劳动异化为基础将人的全面发展融入“人的本质”命题之中，强调每个人在自己的生产过程中不仅肯定自己，也实现对别人消费过程的肯定，即双重肯定了自己和另一个人的存在。休闲消费需要的满足在提升休闲消费能力过程中体现着个体性与整体性、自由性与全面性的统一，以此推进人的主体性的回归。

二、"四维"意蕴:马克思休闲消费思想伦理维度的逻辑体系

创新之维、共享之维、生态之维、幸福之维分别从人与物、人与人、人与自然、人与自我等关系维度构成了马克思休闲消费伦理维度的价值体系,并围绕实现人的主体性维度这一根本伦理旨趣,共同构成了马克思休闲消费伦理维度价值引领的内在系统。作为相对独立又彼此联系的统一体,"四维"意蕴不仅拓展了休闲消费的理论维度,而且各自拥有着价值引领功能,这种价值引领力不是相互抵消而是通过共同发力形成合力,有助于增强马克思休闲消费思想价值引领效力。

三、休闲主体"三重意识"培育:马克思休闲消费伦理维度价值引领的逻辑方略

① 实现休闲消费人本价值目标的权利意识;② 强化休闲消费中自我担当的责任意识;③ 提升休闲消费层级的审美意识。

四、休闲供给"协同联动":马克思休闲消费伦理维度价值引领的逻辑优化

休闲供给主要包括支撑休闲消费的重要客体和载体,与休闲主体意识培育共同构成了价值引领系统的作用对象,通过价值引领保障休闲消费客体与载体供给的协同联动,以优化休闲消费伦理生成与发展环境,推进休闲消费这一美好生活期待的全面实现。

① 休闲公共供给的均衡性:休闲消费客体供给的优化保障;②"闲时"与"闲钱"的充分性:休闲消费存续的载体保障;③ 休闲教育的全面性:休闲消费价值优化的载体支撑。

总之,随着人们生活品质的不断提高,休闲消费成为人们美好生活需要不可或缺的组成部分。然而,由于西方消费主义思潮的影响和我国社会历史发展条件的制约,休闲消费中还面临着休闲主体认知不足、休闲供给不平衡不充分等问题。回应这一亟待解决的现实课题,我们需要从马克思休闲消费思想伦理维度中寻找价值支撑。因为,马克思休闲消费思想伦理维度以人的主体性为逻辑内核,以"四维"意蕴为价值体系构成的价值引领系统,不仅可以单独发力也可以集中指引,从休闲主体、休闲供给载体与客体层面共同引导新时代人们的休闲消费认知及其行为选择,而且有着厚重的伦理意蕴和重大的时代价值。

21世纪以来学术界关于道德资本研究的争鸣 孟维巍、朱金瑞,伦理学研究,2019(1)

一、道德资本的含义及功能

2000年南京师范大学王小锡教授《论道德资本》一文首次对道德资本的含义、特点等进行了较为系统的阐述,认为道德是生产过程中的重要资本。道德资本从内涵上是指投入经济运行过程,以传统习俗、内心信念、社会舆论为主要手段,能够有助于带来剩余价值或创造新价值,从而实现经济物品保值增值的一切伦理价值符号;从外延上指一切有明文规定的各种道德行为规范体系和制度条例,又包括一切无明文规定的价值观念、道德精神、民风民俗等。在他看来,道德资本有三大特点,即道德资本是无形的,是人力资本的精神层面和实物资本的精神内涵;道德资本是渗透型、导向型和制约型资本;道德资本形成过程是缓慢且艰巨的。

这一崭新概念的提出引发了多方关注并在2000年至2006年间形成了第一次学术争论。此次争论主要围绕以下问题进行:一是道德与资本的关系;二是道德资本工具性与目的性之间的关系。道德资本究竟是工具性的、目的性的还是价值性的?道德资本的讨论适应了当时社会发展的需要,其时代必然性体现在道德资本对商业诚信等市场经济价值属性的强调与复归,具有十分重要的社会价值。同时,这种讨论也有利于学界对交叉学科概念的澄清,促进了经济伦理学的发展。

二、资本的道德依据

从2007年到2009年,围绕"道德与资本能否共存""资本的功能究竟有哪些"等问题学术界展开了激烈的争鸣。此次探讨的问题内涵更加深入,实践指向更为凸显,并呈现出"百花齐放、百家争鸣"的状态。一是参与阶层更加广泛,政界要人、经济学家、社会学者等多领域多学科背景人士纷纷加入,拓展了道德资本研究的学科视野,从更深层次明晰了资本与道德关系问题,为道德资本理论的发展与完善打下了良好基础。二是讨论问题更加深入,这一时期对道德资本的探索不再简单讨论资本与道德的关系,更多则是从制度建设、社会责任、伦理文化等角度展开。三是理论探讨与企业实践结合更为紧密,许多学者从商业伦理和社会实践角度出发,反思新世纪以来我国市场环境恶化、食品药品安全危机、企业诚信缺失、道德规范缺位等严重问题,指出企业社会责任缺失是"病灶"。

三、道德资本理论发展

道德资本问题经历了数次争鸣,虽然仍有学者坚持认为道德资本功能庸俗化或有导致道德工具化的危险倾向，但是大多数学者对这一问题的认识已渐趋于理性，道德资本理论已得到较广泛的学界认可。一是道德资本的属性澄清和学理分析，理论越辩越明；二是道德资本的系统性构建和实证性研究；三是道德资本理论的国内热度与国外影响。学术争鸣是推进学术研究的应有之义，服务社会是理论的生命力所在。近年来，学术界围绕道德资本研究的一次次讨论，体现着社会各界对中国经济社会发展内生动力的关心，更彰显着学术界的使命担当。我们相信，随着改革开放的深入和社会主义市场经济的发展，道德的功能会进一步拓展，作用将进一步扩大。

审美资本主义的本质厘析：资本与审美的"共谋"　林滨、吴玲，东南大学学报（哲学社会科学版），2019(1)

随着消费社会的蓬勃发展，审美景观不断涌现，审美日益成为资本主义经济发展的重要因素。中西学者共同指认 21 世纪以来的资本主义迎来了新的发展阶段——审美资本主义。审美资本主义阶段表征为商品的功能性价值与趣味性价值相结合，空间布局与景观呈现相结合，视觉体验经济兴盛；其内在机制乃是资本与审美之间的一种以资本逐利为根本目的、以想象为中间环节的"共谋"关系。在现代性意义上，资本与审美相互抵牾，但在当今时代，由于资本捕捉到人性中日益增长的对美的需求并加以利用，以及审美趣味的想象性与无限性契合了资本永无止境的自我增殖的本性，资本与审美达成"共谋"，形塑审美资本主义。从马克思的资本逻辑批判理论出发，审美资本主义既是资本主义实现自我创新、自我修复的一种重要方式，也意味着资本向自我否定、自我毁灭的深层迈进。

一、审美资本主义的主要表征：趣味性、审美性与视觉性

相较于资本主义以往的发展阶段而言，审美资本主义主要表征为一个以趣味性、审美性与视觉性为显著特点的景观社会，集中体现为：① 商品的功能性价值与趣味性价值相结合，审美价值重于使用价值。人们消费一件物品首先不在于对其物质性构成的消耗，而在于对其所指向的非物质性构成，如意义、观念等的消耗，审美的意义超出了实用的属性，商品消费由一种物质性消费演变为审美性消费。审美资本主义也因此出现了新的价值形式，即审美价值。② 空间布局与景观呈现相结合，视觉体验经济兴盛。空间既是资本生产的产物，又是资本生产的手段，由此，在审美资本主义阶段，审美价值不仅仅体现于单个商品精美、独特的外观形式，还依赖于不同商品以审美化的外观、形式、风格在空间中的排列组合,这致使商品的空间布局与景观呈现紧密结合。

二、审美资本主义的内在机制:资本如何与审美达成"共谋"

资本与审美的共谋关系,需要将其置于资本主义发展的历史进程中加以透析和把握。资本与审美的共谋关系的形成,本质上是源于资本对自我增殖的无止境追逐。资本与审美达成"共谋"的中间环节乃是想象。想象机制的运作与符号象征息息相关,关涉"审美"愉悦与意义。想象则植根于人性中古老且普遍的审美意识土壤。审美资本主义巧妙地借用或契合了人性中的审美意识和对自由的向往,通过赋予物品以趣味性,通过空间布局与景观呈现,将人对美的感受性改造成适合消费市场的需要与欲望的过程。

三、审美资本主义的辩证评价:资本主义的自我修复与自我否定

从马克思的理论出发,审美资本主义既是资本主义在当今时代实现自我创新、自我修复的一种重要方式,也是资本走向更深层的自我否定、自我毁灭的关键一步。

① 审美资本主义是资本主义自我创新、自我修复的一种方式。审美资本主义通过操纵时尚促使消费者不断缩短产品的社会寿命,提早淘汰"旧"产品,为资本赢取新的获利空间。时尚俨然成为一种隐形的剥削机制。审美资本主义因较好地解决了"供给创造需求"与资本过度积累问题而成为资本主义自我创新、自我修复的一种方式。② 审美资本主义暗示资本向自我否定、自我毁灭的深层迈进。由于艺术本身所具有的乌托邦功能和对自由的诉求,它也就理所当然地极易成为人的自由与解放的一种担当和手段,必然针对资本逻辑的宰制与物化而展开现代性的批判。在现代性的意义上,资本的越界与滥用是主体自由衰弱的根源,而审美则是主体重获自由的可能性途径,资本与审美相互抵触。相较于科学的认知——工具理性与伦理的道德——实践理性,审美带有浓厚的感性特质,因而"具有一种从垂死的、惯例的、工具化的文明的常规形式中使经验回复的广泛的热望"。

论经济的为人性 彭定光、陈新、钟立华,湖南师范大学社会科学学报,2019(1)

经济是人类所进行的获取和使用其物质生活资料的活动,具有为人性。这种为人性指的是经济是为了人及满足人的需要的,它主要表现在人与经济之间的一体性、人们在经济上的共享性及人享受幸福内容的多重性三个方面。只有如此理解,才会准确地理解经济,对经济进行准确定位,促进经济的合理健康发展。

一、经济具有为人性

首先,从经济的属人性来看,经济具有为人性。第一,经济是人的生存方式或者生活方式。人与经济是一体的,人离不开经济,经济也离不开人。人是通过其活动所获取的物质生活资料来确保自己的生存的,直接以经济作为自己的生存方式。第二,经济在其根本上是人与人之间的关系。现实经济生活中所存在的关系,就不是被简化或者被思维所抽象化了的“人”与“物”之间的关系,而是“人”—“物”—“人”之间的关系。在此关系中,“物”只是“人”与“人”之间关系的中介,它不仅确定“人”与“人”之间关系的真实内容及其经济性,而且表征着“人”与“人”之间关系的发展状况和丰富程度。其次,从经济的动力来看,经济具有为人性。作为一种人的活动,经济是在一定动力的驱动下才得以启动的。经济动力是来源于人为了实现自己的目的的,而不是由别的什么所提供的。再次,从经济的健康来看,经济具有为人性。经济的为人性是就人类的角度而言的,指的是经济是以人为目的的,是有益于而不是有损于人自身的生存发展的。

二、经济为了每个人

经济为了哪些人的问题,并不是任何人都清楚明白,即使有些人明白了,他们也未必会在现实经济生活中真心实意地去做到。在我们看来,经济是人的一种生存方式或者生活方式,表明经济是所有人的共同事业,是实现所有人的福利的方式,它不应该只为了部分人,更不应该只为了某个人,而应该为了每个人,为了整个人类的生存发展,也就是说,经济既具有共存性又具有共享性。其中,共享性表现在两个方面:一方面,经济被当作所有人所需物质生活资料的共同来源;另一方面,经济被当作人类生存发展所需的共同物质基础。前者意义上的经济被人们视为其职业来对待,后者意义上的经济被人们视为其事业来追求。这两个方面不仅应该体现在人的代内关系的处理上,而且应该体现在代际关系的处理上。

三、经济为了人的幸福

经济不仅固有为人性,注定应该为了所有人而存在,而且是人追求和实现其幸福的方式。虽然人们关于幸福的理解可能不同,对于幸福的感受千差万别,但是,由于人既具有自然属性又具有社会属性,因此,人的幸福包含着多方面的内容。从经济角度来看,它对于人的幸福的作用,并非局限于人们所普遍认为的物质生活这一方面,在幸福的其他方面,经济同样有所作为,发挥着不可替代的作用。

首先,经济为了人的物质生活。物质生活是人的全部生活中不可缺少的内容,是维持人的生命和社会存在的重要方式,也是人的幸福的一个主要内容,尽管这一意义上的幸福是起码的低层次的幸福。

其次,经济为了人生活得舒适。舒适的生活向经济提出了这样的要求:其一,经济应该符合人们的多样化的行动动机,经济就是在人们的不同选择中成为那样的经济;其二,经济提供给人的不只是简单的物质生活资料,更是这些物质生活资料本身所具有的功能或者使用价值。

再次,经济为了实现人的自由(人的全面自由发展)。与其他实现自由的方式不同,经济是在人类解决物质生活的需要与创新满足这种需要的手段之间矛盾的过程中实现人的自由的。可以这样说,经济本身就是人类提升其自由程度、实现人的自由的过程,如经济增长对于人的价值,虽然增加了人在物质生活方面的幸福,但是,更为重要的在于财富的增加扩大了人们的选择范围,增加并改善了人们应对生存环境的条件。

价值论视域中的“劳动幸福” 高惠珠,上海师范大学学报(哲学社会科学版),2019(1)

价值的实践性特质,使主观性与客观性相统一的人的幸福,必然立基于人类劳动(非异化劳动)之上。劳动是人的生存方式,劳动不仅使人的体力和智力得到发展,而且使人在劳动这一“对象化活动”中实现自己;价值的主体性特征深化了“劳动幸福”的内涵,劳动是否幸福与主体的社会认知度、主体能力、理想、信念、格局等状况息息相关;价值的关系性特征,表明价值只有在主、客体的现实关系中才存在,在外部环境的影响下,这一关系中的主体幸福感也会发生变化,并且主、客体现实关系的伦理性特征同样对“幸福感”具有重大影响。总之,在价值论视域中,“劳动幸福”是在人与世界、主体与客体的全面关系及其二者相互作用的动态发展中被思考与认定的。

一、价值范畴的基本特征

(1)价值的实践性特质。在马克思主义哲学看来,实践是人的存在方式和生活形式,实践不仅是创造财富的形式,也是实现价值思维的过程;活的价值与人的价值并不是由主体自身自动生成,也非客体本身具有,而是在主体的对象化活动(即实践)中体现,在人与对象的实践关系中实现的。

(2)价值的关系性特征。当我们克服了价值问题上的主观论与客体论,以实践为基础对事物进行价值思考时,即可发现,在价值关系中呈现的,是主、客体之间的某种关系(并非全部关系),主体(人)通过“对象性活动”(实践),在实践中生成的客体能满足主体某方面的需要,从而使之对主体具有价值。

(3)价值的主体性特征。这一“主体性”原则,换言之,就是价值具有“属人性”,离开了具体的活生生的人,评价无从产生,价值评价也无法形成。同时,这一属人性,是因人而异的,因为人是具体的、各式各样的,而价值思维是一种与主体自我相关的思维,作为人反思自身与客观世界的关系的思维,它是人的自我认识水平和自身发展状况的标志。

二、价值思维中的“劳动幸福”

(1)价值的实践性特质与劳动幸福。劳动幸福作为一个价值判断,是价值的实践特质必然引出的结论,也就是说,坚持马克思主义的价值理念,无论从理论上还是从实践上,必然主张劳动幸福论。因为在价值论视域中,人类劳动(非异化劳动)必然产生三大成果,以满足人生存和发展的物质与精神的需要。

(2)价值的主体性与劳动幸福。价值的主体性深化了劳动幸福的内涵。主体性,是价值的基本特性,价值问题关涉客体满足主体需要的可能性及满足程度。在此,什么样的主体,满足主体什么样的需要以及如何被满足,均与“劳动幸福”价值判断的深化有关。

(3)价值的关系性特征与劳动幸福。价值的关系性同样深化了“劳动幸福”的内涵。价值只有在主、客体的现实关系中才能存在,孤立的客体或主体是无所谓价值的。

三、在价值论视域中审视“劳动幸福”命题的重要意义

将“劳动幸福”在价值论视域中进行审视,具有重要的理论方法论意义。一方面,这种审视展示了从强调本体论的实体思维向强调实践的关系思维转变的重要性。关系思维是价值思维的特征,也是其基本原则,只有运用实践—关系思维,我们才能回击各种教条主义、实用主义、利己主义、功利主义“幸福观”的挑战,使“劳动幸福”理论立基于稳定、坚实的马克思主义理论基础之上。另一方面,这种审视有利于我们认清主体尺度与价值现象的联系,平等对待一切劳动。此外,就社会主义精神文明建设而言,对“劳动幸福”的价值论分析,有利于推动全社会尤其是年轻一代树立“崇尚劳动、热爱劳动”的观念,使劳动成为全体社会成员渴望参与的活动。

从慈善超市到善意经济：新框架和新预见　苗青、张晓燕，浙江大学学报(人文社会科学版)，2019(1)

慈善超市在中国已有十多年的发展历史，但存在范畴狭窄、过分依赖政府和模式固化等问题。为促进慈善超市的转型升级及慈善事业的发展，以“善意经济”这一重要概念为基础构建善意经济分析框架，根据商品形态和交易形态两个维度可归纳出社群互益、惠民公益、平台联益和网商返益四种不同的善意经济类型。运用可持续性与可复制性这两个关键指标对四种善意经济类型的发展前景和应用性进行预见，有助于促进善意经济从个案到集群的转变，形成整体效应。

一、前言

本文提出“善意经济”这一重要概念，意指以公益慈善筹资为目的、面向市场的经营活动。其中，“经济”二字强调了市场交易的重要性，因此与商业行为无关的纯志愿服务并不属于本文界定的善意经济范畴。这一概念对狭义的慈善超市进行了拓展和提升，旨在营造依靠市场、调动善款、弘扬善意的多元化善意经济格局。

二、善意经济分析框架

商业与公益相结合是善意经济的本质。该理念源于近年来新兴的社会创业理论与西方盛行的社会企业形态。社会创业理论主张非营利组织通过企业方式运营，实现财务可持续，从外部输血转变为自我造血以提高运营效率和组织绩效，从而产生可持续的社会影响。

三、研究方法

本文按照案例研究的规范及流程，选用横向多案例研究的方法。首先，本文旨在区分善意经济的不同种类及它们各自的特点和发展模式，属于“是什么”和“怎么样”的问题范畴，因此适合采用探索性的案例研究方法，这样可以更好地归纳现象特征，挖掘现象背后的潜在规律。其次，本文将善意经济分为四大类，横向对比分析更能体现出它们之间的差异，而且多案例能够体现不同的情境，从而构建更坚实的理论基础。

四、研究发现

① 社群互益类。社群互益类善意经济组织兼具二手商品和实体商店两个属性，最接近中国传统意义上的慈善超市，但并不依赖政府补贴。社群互益类善意经济组织的运营模式可归纳为“捐赠—转移”与“捐赠—变现—支持”两条路径。② 惠民公益类。惠民公益类善意经济组织同样采用了实体商店的形态，但其产品由二手商品转变为一手商品，供给种类更加

多样,对市场需求的反应也更加灵活。惠民公益类善意经济组织的运营模式可归纳为“购买—销售—支持”与“联合—参与”两条路径。③ 平台联益类。平台联益类善意经济组织与前两类不同,它实现了由线下向线上的过渡,借助互联网平台进行二手商品的捐赠和买卖。与社群互益类似,平台联益类善意经济组织的发展路径也包含“捐赠—变现—支持”。④ 网商返益类。网商返益类善意经济组织是近几年新兴的慈善种类,它将平台联益类的虚拟商店形态和惠民公益类的一手商品优势进行了融合。网商返益类善意经济组织的发展模式可总结为“购买—销售—回流”以及“购买—销售—再投资”。

五、可持续性与可复制性分析

① 社群互益类。社群互益类善意经济组织以捐赠和二手商品为基础,发展可持续性也受制于此,应当通过线上与线下宣传相结合的方式来提升公众的认知度,从而保证自身具有稳定的货源和客流。② 惠民公益类。惠民公益类善意经济组织以市场化方式运作,可持续性相对较高。科学、规范的管理制度,尤其是志愿者管理及财务管理是其可持续发展的重要保障。③ 平台联益类。在可持续性上,平台联益类善意经济组织利用互联网扩大捐赠和交易范围,保证了组织的运营及发展,但随之而来的成本问题也成为影响其可持续发展的重要因素。④ 网商返益类。网商返益类善意经济组织结合了一手商品和虚拟商店两者的优势,具有较高的盈利能力和可持续性。在此过程中,如何利用互联网解决宣传推广问题,提升营销能力至关重要。

六、总结

本文以商业与公益相结合的理念为指导,创新性地提出了一个新型的善意经济分析框架。基于商品形态和交易形态两个维度,归纳出社群互益、惠民公益、平台联益和网商返益四种不同的善意经济类型,通过案例分析揭示这四种类型的特色和发展路径,并对其可持续性及可复制性进行了分析。

儒商精神:探寻中国经济发展的文化基因　社会科学报,2019(1)

近日,由中国孔子基金会、全国经济哲学研究会、上海市儒学研究会主办,上海财经大学国际儒商高等研究院承办的“从儒学到儒商——当代儒商精神研究的时代价值和国际意义”国际学术研讨会在沪召开。

一、发挥传统儒学历史积极作用的关键环节 张雄(全国经济哲学研究会会长、上海财经大学国际儒商高等研究院院长)

传统儒学其历史积极性质的发挥,取决于现时代转换的三个关键环节:其一,精准切入当下中国现代性发育和发展的实践。这种感性活动的确定性深刻地反映在当下中国工业化、货币化、市场化以及世界交往的进程实践中,世俗化的生活实践为儒学的利他主义精神提出了诉求,同时也提出了新的问题意识。其二,赋予现代儒学精神的新内涵与外延,把现代儒学精神与传统儒学精神看成是一脉相承又彼此相区别,既看到传承的连续性,又看到当下转换的本质不同。其三,新时代的新实践,我们创新了哪些当代儒学精神的新思想、新理念。追求人类利益共同体乃至命运共同体是儒学精神当代转换的成功文本。

二、从儒商看中国文化的近代转型 李存山(中国社会科学院研究员)

中华民族自古就是以农立国,以农耕传家。春秋时期,形成了中国古代士农工商的四民结构。在四民中,士为四民之首,是中国古代社会的文化精英,成为农工商利益的代表者和文化代言人。孔子强调"士志于道而耻恶衣恶食者,未足与议也",孟子也认为"士"即"尚志","仁义而已"。在儒家学派当中,有儒而商者,比如孔子的弟子子贡,就是儒商的早期代表。但是儒与商的结合,并没有成为普遍现象。在中国古代社会,受历史发展阶段的限制,经济结构一直是以农为本,以工商为末。可见,中国文化的最高价值取向是崇尚道德、以民为本。对于商的看法的实质性转变,发生在1840年之后。中国进入了数千年未有之变局,应对变局,近代一批有识之士认识到了商业的重要性,郑观应是其中代表人物之一。郑观应主张"欲制西人以自强,莫如振兴商务","商务者,国家之元气也";他还讨论了商战问题,认为习兵战不如习商战等。他认识到了商对于国家的基础地位。在我看来,这对于中国近代重商的转化起到重要作用,真正打破了农本商末的认识。

三、开拓儒学当代复兴的新途径 梁承武(韩国艮斋学会会长)

所谓"儒商",是指儒家人士经商或商人信奉儒家思想。儒商精神根源于儒学思想的核心——五常,即仁义礼智信。儒商既具有儒家的道德观念与价值意识,也具备自强不息的创造精神。他们能够将内圣与外王相结合,将儒家的价值理想与市场的运行法则相结合,在商业活动中实践和发展传统美德。当今多元化的世界,不但需要东亚经济的崛起,更期盼根源于东亚儒家文化的儒商精神的复兴。当代儒商是以儒家思想为核心价值的企业经营管理者，在具有先进技术的同时，努力实现儒家价值理想，正所谓“士魂商才”。当代儒商应以儒家道德规范商业行为，进行内部管理，怀有文化意识、现代意识和世界意识，具备创造能力、理财能力和解决问题的能力。

四、近世时代的儒商与社会 吴震（复旦大学哲学学院教授）

将“近世中国”概念扩展到整个东亚背景下来看，在东亚历史研究过程中，一些学者认为，除了中国有近世时代之外，在东亚地区，韩国朝鲜时代、日本江户时代也步入近世时代。以日本的江户时代为例，我们可以研究当时社会对商人有什么样的看法，有哪些观念上的转变。江户时代出现了“町人”概念，町人是指离开农田，居住在街道社区，不从事农业，而从事手工业，或者更主要指从事商业贸易交往的人群。从比较文化的角度来看，日本人对待町人的态度，与中国明清时代对于商人的看法存在差异。当时日本社会对于商人非常重视和欣赏，而在中国明末清初，商业虽然有了极大发展，当时的社会文化观念里还隐存着对商人鄙视的心态。

经济化伦理学应引起我们的警惕吗？ （美）金黛如，蒋乐（整理），社会科学报，2019(1)

一、如何看待经济伦理问题

经济学是怎么看待伦理问题的？这是一个大问题。新行为伦理学(New Behavioral Ethics)是研究人类行为的“经济化伦理学”(Econoethics，这个英文术语是我发明的，用来指称新行为伦理学)，它是经济学的最新形式，即行为经济学进入伦理学领域的结果。这一新的经济化伦理学，认为不需要再用传统的哲学伦理学来研究伦理问题。我认为这是错的。2017年诺贝尔经济学奖得主、芝加哥大学教授理查德·泰勒(Richard Thaler)明确提出，所谓行为经济学，就是把心理学强力注入的经济学。这样的行为经济学家主张，如果能够考察一下对于普通人是怎么给他们选择方案的，各种选项是怎么给出的，就可以断定他们的行为和心理的趋向。他们还主张，我们应该有别于传统的标准经济学。行为经济学家在提出这种主张时，显然已经进入伦理领域。虽然关于行为经济学本身的文献数量庞大，但对这种方法进行持续和系统的伦理分析实际上是不存在的。非应用伦理学家与经济伦理学家都对这一重要的新领域的这些假设、方法和结论缄口不言。

二、经济化伦理学的基本假定

杜克大学有教授专门研究行为经济学，认为现在提出的新的经济学就是行为经济学，有别于传统的标准经济学。传统经济学认为一切都是可以计量的；新的经济学则认为，我们是无法断定的，而是需要进行实验的，这样才可以发现人背后的行为逻辑。他们通过实验的方法来断定人的选择趋向。这其实是告诉我们，在很多情况下，人们所做的选择并不是理性的，如果我们能够对于他们这样一些非理性的行为背后的逻辑有所了解的话，也许我们通过设计，让人的行为变得在伦理上更加可取。现在经济学家(行为经济学家)所做的事，已经不是传统经济学家所做的事了。他们认为，可以深入到伦理学领域，甚至认为可以比伦理学家做得更好，通过这样的新方法，可以知道人的理性、人的选择的含义。我认为，哲学家以及未来的哲学家会发现，这样的思维、这样的做法是危险的。然而，现在很少有人对经济化伦理学进行批判。因此，在这里，我要对经济化伦理学所做的研究加以批判。他们认为通过给予一些旁敲侧击，或者给予一些小的诱导，就可以使人们做出更好的理性选择。我认为这是站不住脚的。我从美德伦理学的角度进行批判。美德伦理学重点观察人们的选择和行为及其背后的动机。这一学科的一个基本观点是，人的个性实际上对其行为和选择会产生重要的影响。

在批判之前，我再把经济化伦理学的基本假定总结一下，包括以下方面：第一，把经济学和伦理学(更多和心理学)结合起来；第二，在人的行为背后，有着根植于心理学或生理学机制或逻辑上存在某种普适性的法则；第三，可以通过实验来了解这样的法则，了解的目的是让人做出更加符合伦理规范的行为；第四，通过给予某些诱导，可以实现这样的目标，即让人的行为更加符合伦理学原则。

三、对于经济化伦理学的八大批判

第一，经济化伦理学只是注重如何，而不是为何。第二，经济化伦理学误解了理性。第三，经济化伦理学依赖于某个简单狭隘的分析场域。第四，经济化伦理学中的行为选项是设计出来的，具有误导性。第五，经济化伦理学是寄生在其他的伦理思维形式之上的，也就是说，它本身缺乏独立的伦理学思考。第六，经济化伦理学依赖细小琐碎的实验，零敲碎打，缺乏系统性。第七，经济化伦理学倾向于把人的决定和行为还原为脑模块、情感系统或心理图式，而没有考虑到伦理有其自主性，这种伦理自主性或奠基于人的自由，或奠基于人的行为和实践思维的独特性质。第八，经济化伦理学只在微观上研究人的选择、决断和行为,而不认可中观或宏观因素的作用,这是激进且错误的。

既富口袋又富脑袋的“道德银行”多多益善 张登贵,光明日报,2019-01-02

“存入的是道德,取出的是贷款”,创办于2012年的浙江余姚“道德银行”又一次见诸媒体。以道德信贷为核心的“道德银行”,在余姚临山镇邵家丘村推行6年来,累计发放了超过15亿元贷款。这个拥有795户居民的村庄,面貌发生了大变化,不仅好人通过“道德银行”获得了创业所需资金,村风村貌也日新月异。村民之间纠纷少了,做好事多了,吵架、赌博等陋习,几乎绝迹。

物质与精神互相促进,口袋与脑袋同步富有,这是多么可贵的成就,多么了不起的创举。在发展经济方面,很多地方创造和积累了可观的经验和方法,比如浙江的“走过千山万水,想尽千方百计,吃尽千辛万苦,说尽千言万语”,在一些基层,干部、群众也创造了不少物质文明与精神文明两手抓、两手都硬的经验和方法。

从总体上说,在经济建设上还须继续改革创新的同时,在物质与精神、口袋与脑袋如何同步发展上,更需创造新的载体。尽管我们一再强调物质文明与精神文明“两手抓、两手都要硬”,但是现实中,一手硬一手软的问题,一直存在,有些方面表现得还非常突出,以致出现物质与精神、口袋与脑袋的较大落差。大家感觉最强烈的,就是人的素质。

不必费心上网搜索,只要出门一趟,就能遇到让人不痛快的事。公交车上,老人、孕妇站着,小青年坐着的镜头,不时可见;因为要等的人未到,有人把着门不让高铁启动;因为没买到坐票,有人占着别人座位不让;菜场里,为几角钱,竟然大打出手……一些不文明的现象普遍而又长期存在,与我们的心理期望值形成较大反差。

如果把余姚“道德银行”的成功实践,放到这样一个大背景上来考量,是不是会觉得其意义更加非凡。如果能在新的进程中,创新更多如此一举两得的载体,既能推动经济建设继续稳步前进,又能促进文明素质稳步提升,那就离真正的现代化强国越来越近了。

笔者非常赞成余姚市把“道德银行”推向所有行政村和社区,弘扬好人好报的价值取向,提升全体人民的道德文明素质,也非常希望余姚的“道德银行”能推向全宁波、全浙江以至全中国。更盼望其他各地,能创造出覆盖面更广的"脑袋与口袋"共富的新载体,让大多数国人的文明素养,尽快与国家的经济地位、历史方位和担负的重任相适应。

公民道德与社会信用体系建设 黄云明,光明日报,2019-01-14

社会信用体系是一个由社会法律制度、教育、文化以及专业社会信用服务体系等诸多元素构成的社会治理系统,是社会诚信的制度保证。公民诚信道德是公民对诚信的内在信守和对自我承诺的忠实践履,是社会诚信的个体条件。诚信是社会和谐的基础,社会信用建设需要公民诚信道德和社会信用体系的协同作用。

公民的诚信素养与社会信用体系建设相辅相成。有道德素养的公民既是社会信用体系的建构者,也是社会信用体系的践履者和成就者。

在现代社会中,社会信用体系建设是提升社会诚信水平的根本举措。信用体系以法律法规、行政政策和经济契约为准则,以基于互联网技术的公民信用系统为手段,对公民的诚信行为进行评估、监督和奖惩,促使公民树立诚信观念,提高全社会的诚信意识和信用水平。

第一,完善社会信用体系的教育机制可以预防公民失信。公民诚信素养的提高,有赖于社会诚信教育,强化诚信教育的效果就要把诚信教育制度化。

第二,通过失信联合惩戒机制保证公民不敢失信。《社会信用体系建设规划纲要(2014—2020)》强调利用互联网技术全面建设公民信用征信系统,在互联网、交通、邮递、电信、金融账户等领域全面推行实名制,对公民诚信行为做全方位记录、监督,对公民的信用度进行准确评估,让每个公民时刻感受到社会信用体系的监督和评判,面对失信时时刻刻有所忌惮。对于公民和企业的严重失信行为,建立曝光与举报制度,使失信行为不仅受到全社会的舆论谴责,而且得到实际的社会惩罚,使失信的人付出较大的失信成本,从而不敢失信,进而逐渐养成诚信习惯。

第三,通过守信联合奖励机制引导公民自觉树立诚信观念。对有诚信优良记录和长期无失信记录的人给予奖励。降低信用优良者社会运行成本,让诚信者得到社会的称赞、拥护、尊敬和爱戴,使诚实守信成为公民的自觉行为规范。

信息时代的商业模式变迁及其伦理意蕴 李扬、孙伟平,哲学动态,2019(2)

信息技术的快速发展和广泛应用,促使商业模式发生变迁。商业模式的变迁不仅促使社会经济领域中的诸多方面发生了变革，而且也对传统伦理道德提出了诸多挑战。在新的时代背景下，我们应加强伦理道德建设。

一、信息时代商业模式的变迁

随着信息技术的发展和应用，信息、知识在社会经济中的重要性日益提高。信息、知识在社会生产中发挥越来越重要的作用。在具体经济关系上，劳动支出、劳动者、劳动场域、劳动组织等等也进一步得到了发展。总之，社会经济基础发生了重大变化。

在此过程中，信息网络将人联系在一起，商业模式发生变迁。因此，我们应在经济社会整体的视阈中思考商业模式的变迁。

（1）商业模式的变迁与消费模式的变革。信息时代中，商业模式已由传统的八个环节简化到了五个环节，交易双方也都因此得利。商业模式的变迁带来的是社会消费模式的改变，以消费者为中心，消费者享受到了信息网络带来的便利。

（2）商业模式的变迁牵动生产模式发生了变化。信息网络牵动着生产模式转变，消费者地位由价值（商品）承接者转变为价值（商品）选择和承接者，消费者有了更多消费自主权，同时生产者也可以更为精确地进行参与性生产、定制型生产（个性化生产），这种生产模式依托信息网络并且基于工业化。

（3）商业模式的变迁牵动生产模式的改变，生产模式的改变进一步带动生产方式、社会组织形式、人与人关系发生变化。

生产模式已经发生如上所述的转变，它进一步带动生产方式向小组织、个性化方向发展，社会组织形式也出现向小组织转型的倾向，在人与人关系方面，平等氛围愈加浓厚，个体在各组织中的能动性得到提升。

二、商业模式变迁的伦理道德意蕴

（1）商业模式改变带来的伦理道德效应。商业模式改变带来的伦理道德效应主要表现在四个方面：①“人”的主体地位得到肯定和彰显；② 交易人之间的关系逐渐平等；③ 对主体的道德自律有更高要求，并且不同类文化的交流促进了道德提升；④ 发扬了互助精神和共享精神。

（2）商业模式改变带来的伦理道德挑战。新商业模式对伦理道德带来了挑战：① 刺激了消费者的感官欲望；② 易导致信息泄露和信息的不当使用；③ 对主体诚信提出了更高要求。

三、新商业模式视阈中的伦理道德建设

（1）以新经济为背景，进一步完善新商业模式，构筑“自由、开放、公正”

的新商业秩序。在统筹全球市场的策略下,积极发挥信息在新商业模式中的积极作用,打造良好的新商业秩序。

(2) 综合运用技术、经济和法律等他律手段,确保伦理底线不失守,维护正常的伦理秩序。多种他律手段协同发力,防止市场乱象的出现,维护正常的伦理秩序。

(3) 群策群力,逐步形成适应新商业模式、新经济的社会公德。社会各阶层和各组织应积极献策,解决众多新出现的难题,打造具有时代适应性的新社会公德。

(4) 通过社会舆论塑造"自主、负责、进取"的新道德主体。通过社会舆论,塑造符合时代的高层次道德主体,彰显人性的力量。

《资本论》内涵解析与现实指导意义 严法善、刘宾,复旦学报(社会科学版),2019(2)

《资本论》是马克思考察和研究资本主义生产方式的产生、发展与矛盾而写成的一部巨著。马克思在《资本论》中揭示了资本主义社会经济运动的规律,为我们认识资本主义经济和研究社会主义经济提供了理论基础。当前加强《资本论》的教学与研究具有重要的理论价值和现实意义,要积极探寻《资本论》中关于经济规律的论述,从而指导现实经济活动。应从中国社会主义初级阶段现实出发,用《资本论》揭示的马克思主义立场、观点与方法,指导我国社会主义革命和建设,进一步深化、丰富和发展中国特色社会主义理论体系。

一、准确把握《资本论》的内涵与本质

(1) 坚持与发展马克思的劳动价值理论、剩余价值理论、资本积累理论,为人民谋利益,永葆理论活力。马克思的《资本论》第一卷出版于1867年9月14日,主要阐述了三个理论:劳动价值理论;剩余价值理论;资本积累理论。《资本论》第一卷从剩余价值生产过程中的矛盾深刻地揭示了资本主义产生、发展到最后必然灭亡的客观规律。

(2) 深化认识资本循环与周转和再生产理论,促进经济稳定增长。《资本论》第二卷的标题是"资本的流通过程",分三篇:第一篇是资本的形态变化及其循环,第二篇是资本周转,第三篇是社会总资本再生产。第一篇与第二篇研究的是单个资本的运动。马克思的资本循环与周转理论不仅揭示了资本循环和周转的资本主义生产的性质,同时也揭示了社会化大生产和商品经济的某些共同规律。资本循环与周转理论阐明了社会化商品生产条件下，物质资料生产和商品价值运动的一般规律。

(3) 公平合理分配，避免经济危机。《资本论》第三卷是对资本运动总过程的分析，既是理论分析的高潮，又是理论分析的完成。因为这里的分析不再停留在本质的层次上，而是上升到社会现实的表面。由此，把资本主义这个庞然大物从里到外清楚地再现在人们面前。同时，前两卷暂时存而未论的平均利润、商业利润、利息、地租问题在这里得到了回答，前面做过的许多分析(如价值、货币等)在这里又得到了更加深入、更加丰富、更加具体的论证。

二、不断丰富和发展《资本论》，构建中国特色社会主义理论体系

丰富与发展《资本论》，就是要坚持马克思主义立场、观点、方法，根据中国社会主义革命和建设实践进行理论总结与拓展。党的十一届三中全会以来，我们党把马克思主义政治经济学基本原理同改革开放这一新的社会主义建设实践结合起来，根据中国社会主义革命和建设实践，形成了具有当代中国特色的马克思主义政治经济学的许多重要理论成果。这些总结中国社会主义革命和建设的理论成果，不仅发展了马克思主义政治经济学，而且指导着我国社会主义市场经济的发展方向。

中国特色社会主义进入新时代，这个新时代就是我们全面建成小康社会、实现全体人民的共同富裕、实现我们中华民族的伟大复兴、不断为人类做出更大贡献的时代。这也意味着中华民族迎来了从站起来、富起来到强起来的伟大变革和美好前景。21 世纪中国的成就显示了科学社会主义强大的生机和活力。中国特色社会主义道路、理论、制度、文化不断发展，为中国实现现代化提供了必要的条件，为解决人类问题贡献了中国智慧和中国方案。为此，我们更应该不断丰富与发展《资本论》的内涵，坚持用马克思主义的立场、观点、方法研究和解决在中国社会主义初级阶段发展过程中出现的各种矛盾和问题，更好地发展与完善中国特色社会主义理论体系。

儒家伦理传统与现代企业伦理的关联——基于“如何能够”视角的一种反向阐释　孙丰云，安徽师范大学学报(人文社会科学版)，2019(2)

一、问题的提出

儒家伦理传统与现代企业伦理的关联问题，在国内外学界早已有着广泛的证明和阐释。这意味着，作为文化潜在的儒家伦理传统“能够”滋养作为文化前方的现代企业伦理。然而，近年来，出现了两种不容忽视的现象：

在本土范围内,基于企业自身及其关系的值得责怪的不道德行为频繁发生;中国大陆企业愈来愈深入频繁地参与到各种类型的国家间、区域间经济、贸易和经营活动当中,但儒家伦理传统的文化魅力并不凸显。这两种现象对现代企业伦理发出直接的诘问。但在更深层次上,却是对其背后的"能够"命题的挑战。回答仅有"能够"命题显然是不充分的,还需要实践意义上实现路径的阐释,这就涉及"如何能够"的问题。

由此,在讨论儒家伦理传统与现代企业伦理的关联问题上,视角由"能够"向"如何能够"转换。与视角联袂的是思维范式的转向,即由基于儒家伦理传统作为思考的起始点转向基于现代企业伦理作为思考的起始点,该转向的驱动力在于"需要",即根据现代企业伦理的"需要",合宜性地"输送"儒家伦理传统的优秀元素。现代企业伦理的"需要"和基于该目标、任务下的儒家伦理传统的资源意义和价值,从内容上看,至少可以从以下两条路径进行阐释。

二、"规则":基于常识伦理的考量

伦理多元主义的文化背景给日常的企业伦理决策和行动带来了困难和困惑。对此,美国圣母大学经济伦理学罗伯特·欧迪教授提出了"常识伦理观"。常识伦理观结构性的道德元素具有"规则"意义上显见义务的特性。事实上,儒家伦理传统对这些道德元素并不陌生,相反,对每一元素都有着自身的独特表达。总体上看,这些表达典型地表现为对基于"角色""关系"以及"事物属性或规律"之上的道德义务的认知。

基于常识伦理元素的"规则"意义来理解儒家伦理传统,至少有两方面的意义:第一,助益于现代企业伦理有意义地吸纳儒家伦理传统的知识,为本土企业的日常决策和行动提供知识和文化指南;第二,经过证明的具有儒家伦理文化内涵的"规则",同样可以为处于全球经济竞技场的本土企业做出善的决策和行动,提供可依赖的知识和价值支撑。但是,"规则"只是必备条件之一,善的伦理决策和行动也离不开基于宗教意义上的伦理精神。

三、"精神":基于宗教伦理的考量

善的企业不仅有着基于自身利润目标的"利己"考虑,更有着超越"利己"考虑的"利他"考虑。这种"利他"考虑,在一定意义上,它是做出善的企业决策和行动不可或缺的精神动力源。从"精神"层面来看,儒家伦理传统所蕴含的"中庸之道、人文精神、儒商精神"可以被视为孕育现代企业家精神的文化基因。

从"精神"层面强调儒家伦理传统之于现代企业伦理的贡献,将儒家伦理传统的“平衡观”适用于现代企业伦理，可以避免“内部一致性”不完备的指摘，相应地，企业的决策和行动不再局限于单纯的“私人善”，而必然导向对外部利益相关者的考虑。

四、余论

儒家伦理传统对于现代企业伦理具有“规则”和“精神”的意义，但并不意味着“我们的文化遗产”是完美无缺的，相反，仍然具有若干不适合伦理决策和行动的限制性元素。本文尝试着提出一种可能的视角和思维范式，期许从我们熟知却又易于被忽略的“原发性资源”当中，找寻并发展出一种内在的支撑和力量，以便为现代企业提供一种日常伦理知识与智慧。这种视角和思维范式的魅力在于，它试图解决“合宜性”问题，期许一般伦理学上的“善”与“应当”问题在现代企业伦理领域不再分离，由此，儒家伦理传统的价值和意义从理论上的认知转化为实践上的规范，不再遥不可及。

当然，在实践中改进企业决策和行动的伦理质量也需要以公开对话的方式寻求理解与共识。这也是开展这项工作的一个必要构成。最后，尽管“好的实践需要好的理论”，但是理论上的柔性证明与构想离不开现实中合理的刚性约束、有效的规范以及对企业权利保障机制的联盟。而且，儒家伦理传统只是改善现代企业决策和行动伦理质量的文化解释之一，而非唯一，它同样需要以开放的姿态与人类其他优秀文化联盟发挥作用。

共建共享与共生共享：共享发展的双重逻辑　李志祥，南京社会科学，2019(2)

当代中国究竟需要什么样的共享？这是理解共享发展理念的一个核心问题。要解答这一问题，必须先回答一个更深层的问题：我们依据什么要共享？“依据什么要共享”在很大程度上决定了“要什么样的共享”。

一、共享的基本问题

共享的基本问题有三个：与主体要素相应的问题是“谁来共享”；与客体要素相应的问题是“共享什么”；与方式要素相应的问题是“如何共享”。

谁来共享？习近平总书记用“全民共享”概念解答了这个问题，他指出：“共享发展是人人享有、各得其所，不是少数人共享、一部分人共享。”需要注意的是：“全民共享”不同于“人人共享”，因为“民”是相对于特定共同体而言的，而“人”仅仅是区别于禽兽而言的。因此，“全民共享”并不是说只要是人就具有共享的资格，而是指只有一个共同体内的所有成员才可以共同享有这个共同体的成果。

共享什么？习近平总书记用“全面共享”概念解答了这一问题，他指出：“共享发展就要共享国家经济、政治、文化、社会、生态各方面建设成果，全面保障人民在各方面的合法权益。”理解“全面共享”概念必须结合“人”的概念，因为共享的根本目标是满足人民群众日益增长的对美好生活的需求。人的全面需求既包括丰富的物质需求，也包括丰富的精神需求，这些需求都要通过全面的社会建设成果才能得以满足。

如何共享？在这个问题上，我们没有达成一个基本共识。共享的方式多种多样，哪一种共享方式更为公平合理，更能适应社会发展的需要，目前还在讨论之中。事实上，只要有“合作”，就必然会有“共享”；人类史就是一部共享史。传统社会的“共享”既不自由又不平等；现代社会的“共享”自由但不平等；马克思主义的“共享”既自由又平等。

二、共建共享

“共建共享”概念是习近平总书记提出来的，主要有两层基本含义：一是“因为共建所以共享”，二是“只有共建才能共享”。

因为共建所以共享。“因为共建所以共享”是指，一个人因为参与了成果建设过程，将自己的部分智力或体力物化到建设成果之中，所以就具有分享共建成果的资格。这就是共享合正当性的第一个道德理由。共建—共享的道德哲学基础是自由主义伦理学。后者认为每一个人基于自由而做出选择，并承担自由选择带来的一切责任。

只有共建才能共享。“只有共建才能共享”为共享提供了两个限制：第一个限制，只有共建的成果才能被共享。根据共建共享的理念，一个成果是否必然要被共享，取决于它是否由共建产生。共建的成果必然要被共建者共享，非共建的成果则可以不被共享。第二个限制，只有共建的人才有资格共享。一个人是否具有共享资格，取决于他是否参与了共建。参与共建的人自然具有共享的资格，没有参与共建的人则不具备共享的资格。

共建—共享足够吗？共建共享存在两个问题：一方面，“因为共建所以共享”意味着共享的方式由共建的方式决定，暗含着共享的比例由共建的比例决定，这并不完全符合道德常识。因为每一个人异质付出比例难以测度，并且付出中的运气部分不应得到回报。另一方面，“只有共建才能共享”将那些参与共建的人纳入共享圈子之内，却将那些没有参与共建的人排除在共享圈子之外，这不符合社会共识。

三、共生共享

“共生共享”概念源于“大同社会”、“天下为公”以及“四海之内皆兄弟”

等更为古老的人类理想,它也有两层含义:一是"因为共生所以共享",二是"只有共生才能共享"。

因为共生所以共享。"因为共生所以共享"是指,一个人因为作为共同体的成员参与了共同生活,所以他就获得分享生活资料的资格。这是共享合正当性的第二个道德理由。共建—共享的道德哲学基础是共同体主义伦理学。后者认为,一个人在取得共同体成员的身份之后,他就享有与其义务相对等的权利,特别是生存权。

只有共生才能共享。"只有共生才能共享"为共享提供了两个限制:第一,只有作为共同体的成员,才具有共生共享的资格。不过,共同体是有层级的,规模越大,成员所能共享的事物就越少。第二,共生共享不是用来保障幸福生活的,而只能保障基本生活。在一个共同体内,并不是所有的事物都要用于共生共享。共生共享的目的是保障每一位共生者都能过上最基本的生活,而不是过上幸福的生活。

共生—共享足够吗?共生共享存在两个问题:问题之一,它只重视"如何分配蛋糕"的问题,却无视"如何把蛋糕做大"的问题。事实上,"做蛋糕"应该是"分蛋糕"的前提,只有先把蛋糕做好了然后才有分配蛋糕的可能性。问题之二,它有可能导致一个懒人社会或者贫困社会。如果一个社会只重视共生共享,那么共同体的福利就有可能从"善"变成一种"累赘"。过多的福利保障有可能使多数人变成了懒人,使社会陷入贫困状态。

四、共建共享与共生共享

共建共享与共生共享是一个互相补益的关系。只有共建共享,可能产生一个富裕但贫富悬殊的社会;只有共生共享,则可能产生一个均等但贫困落后的社会。只有将共建共享与共生共享有机结合起来,才能创建一个共同富裕的社会。共建共享重在"建",其起作用的主要领域是"建设"领域;共生共享重在"生",其起作用的主要领域是"生活"领域。共建共享的最低边界是:它所提供的动力至少能够维持整个社会的基本发展或适度繁荣;共生共享的最低边界是:它所提供的保障至少能够维持每一个人的基本生活保障。

我们需要什么样的社会福利改进——论帕累托改进的伦理约束　李风华、李风琦,哲学动态,2019(2)

帕累托改进是主流经济哲学和政治哲学有关社会福利改进的判定工具,具有维护个人自由、一致同意、增量改革等直觉意义上的优点。一些学者认为,帕累托改进有利于既得利益,但这只是维持最初的分配方案并导致阶级固化的长期演进结果。分析表明,帕累托改进存在着多种可能的演进方向,要避免阶级固化的逻辑,就应当坚持矫正正义,给利益受损者以更多的份额,从而使社会向较为平等的方向演进。人们所持有的伦理观念,对于帕累托改进和社会福利演进有着重要而长远的影响。

一、我们为什么需要帕累托改进?

应当承认,帕累托改进具有直觉意义上的优点,那就是它没有损害任何一个人的利益。这种优点蕴含着对个人自由的充分肯定以及集体决策上的一致同意两个重要推论,体现在制度变迁与改革问题上,就是改革路径上推崇增量改革。在不考虑最终结果的情况下,帕累托改进是一个可取的社会福利标准。如果从更一般的哲学角度来理解,那么,我们之所以需要帕累托改进,则主要基于以下几个深层的理由:首先,人性倾向于稳定,稳定本身足以构成一种价值,这也是保守主义之所以有市场的一个缘故。其次,帕累托改进肯定个人自主,反对各种违背个人意愿的集体决策,拒绝任何个人对于他人效用的把握,这也是它受欢迎的一个原因。最后,帕累托改进仅仅关注于改进过程中个人利益的比较,并提出一种一般性的标准,具有一定开放性。但是,这并不意味着,只要符合帕累托改进,社会福利改进就无可非议了。在帕累托改进的标准下,存在着多种可能的甚至是相反的演进方向。

二、多种可能的帕累托改进方向

帕累托改进强调的是存量不动,对增量进行分配。而增量的分配空间很大,从倾向一方到倾向另一方,均无不可。比如,对于新增合作剩余的分配,九一分成、八二分成……直至五五分成,乃至相反方向的二八分成和一九分成,它们都符合帕累托改进。究竟采用哪一种,并非是一个显而易见的决定。1971 年,罗尔斯在《正义论》中提出了著名的差别原则,即不平等的分配只有在符合最不利者的最大利益时才是可取的,并且以图示的方法比较了功利主义的分配点与差别原则的分配点之间的区别。但是,这种不指涉具体人群的做法,至少存在两个重要缺陷:一是它将分配原则从具体的社会情境和人群结构抽离,这就使其丧失了与活生生的人群相联系以及被具体的社会情境所赋予的社会意义;二是强者与弱者的区分不能指向特定的群体,这使得它事实上忽略了矫正正义,从而无法展示另外一种可能的帕累托改进方向,即在 45°线上方更有利于劳动者或者利益受损方的补偿分配。

三、长期演进与矫正正义

当改革发展到一定程度之后，分配差距逐渐扩大，新出现的强者逐渐形成一种既得利益群体。人们质疑这一分配格局，主张改进分配方式。这是针对改革出现的新偏差所实施的矫正正义。矫正正义的出现并不意味着之前改革的错误，它只是表明，除非一直实施绝对平均主义，否则，任何一种分配制度的长期演进最终都将导致大幅的收入差距，从而有必要进行矫正。理想的矫正正义仍然坚持帕累托改进的原则，并逐步缩小既得利益者与受损群体之间的差距。

四、帕累托改进的伦理约束

帕累托改进本身就蕴含着特定的伦理价值，它强调了个人自主和集体决策中的一致同意要素。在满足这两种基本价值的前提下，帕累托改进存在着两种基本取向：一是承认资产者（强者）优势，并允许他们取得多数合作剩余；二是要求劳动者（弱者）取得多数合作剩余的矫正方向。后者的伦理约束显然强于前者。罗尔斯和运气均等主义者的方案都蕴含着特定的伦理约束，它们都是对于长期以来所形成的收入差距的纠偏，是一种矫正正义，也是避免社会产生两极分化而导致社会崩塌的必要善。

“经济学帝国主义”的伦理实质　赵昆，道德与文明，2019(2)

伦理视阈下，“经济学帝国主义”是一种将经济学的研究范围、经济学的原理和理论、经济分析和解释的范围与对象，以及经济的思维方式和市场价值观扩张至人类社会所有行为和领域的理论趋势和现象。其伦理实质是“唯经济论”和市场价值观泛滥的“泛经济主义”。

一、“经济学帝国主义”的内涵

我们在综合文献资料的基础上，可将“经济学帝国主义”界定为：一种将经济学的研究范围、经济学的原理和理论、经济分析和解释的范围与对象，以及经济的思维范式和市场价值观扩张至人类社会所有行为和领域的理论趋势和现象。

二、“经济学帝国主义”的实质

伦理视阈下“经济学帝国主义”的实质即“泛经济主义”，具体而言又表现为“唯经济论”和市场价值观在其他领域的泛滥。

首先，需要看到“经济学帝国主义”隐藏在学科扩张现象背后的“唯经济论”。“唯经济论”是对经济行为与经济生活的曲解，是将经济功能做唯一化、万能化、绝对化的理解，并将经济交换规则、经济效益计算不加限制地运用于政治、文化、司法以及道德、价值观等国家和社会生活的各个方面,许多时候甚至替代了非经济价值原则,从而形成一种“泛经济主义”的错误思潮或价值信仰。

其次,“经济学帝国主义”的“泛经济主义”表现为市场价值观的泛滥。即是以市场理性和规律为导向的价值观,往往表现为极力推崇“市场必胜论”,坚持“市场至上”,甚至认为市场理性能够解决人类社会生活的所有问题。

三、“经济学帝国主义”的特征

以现代西方经济学为参照系,伦理视阈下“经济学帝国主义”的特征主要有三个方面。

第一,经济学研究领域的无限扩大或“越界”。这主要表现为经济思维范式或市场逻辑侵入并支配了本来不被设想为经济生活或市场的领域,进而排斥这些领域的非经济思维和非市场逻辑。其越界现象可大概分为两种情况:第一种情况是通常意义上的跨学科研究现象。在这个意义上的“经济学帝国主义”并不是一个贬义词,我们应该积极运用跨学科研究方法,从多学科视角进行研究和考察。第二种情况的“越界”,是“是什么”的“实然”思维对“应当是什么”的“应然”问题的越界。这也是人们指责“经济学帝国主义”的主要原因。因此,对经济学“帝国”现象的批判,主要是防范简单运用缺少伦理维度的实证经济学思维范式而带来的某些相关理论偏颇。

第二,经济分析方法的(如上所述,主要是实证分析方法而不是规范研究方法)无限扩用。崇尚经济学方法,并将之奉为圭臬或唯一有效方法的,如所谓“爱情经济学”“信仰经济学”等都属于经济学“帝国”现象。

第三,价值替代论。当经济学试图用经济原则代替其他行为原则,用经济理性代替伦理应然理性,用市场价值观代替非市场价值观的时候,就给人们带来了价值观念的混乱。

经济学就是经济学,尤其是建立在实证、数字逻辑上的经济学,作为一种经济理性工具,它无法解决广泛存在于社会中的其他非经济因素。

微公益视阈中的社会主义核心价值观及其实践进路 刘丹,道德与文明,2019(2)

微公益在实施过程中所呈现的传播载体之“微”、参与主体之“微”、公益主题之“微”也非常契合培育和践行社会主义核心价值观在“落细、落小、落实”上下功夫的实践进路。为了更好地开掘这一“微”进路，我们一方面需要在微公益的实践中坚持社会主义核心价值观的价值引领，将其作为微公益的行动指南；另一方面也需要深入推进微公益自身的专业化建设和制度化发展，把公民的慈心善行落实到日常生活当中，成为一种生活方式和人生态度。

一、微公益视阈中的社会主义核心价值观

第一，微公益深刻彰显了社会主义核心价值观国家层面的价值目标。第二，微公益完美诠释了社会主义核心价值观社会层面的价值取向。第三，微公益全面展现了社会主义核心价值观公民层面的价值准则。

二、培育和践行社会主义核心价值观的“微”进路

在实践层面，微公益在实施过程中所呈现出来的传播载体之“微”、参与主体之“微”、公益主题之“微”与培育和践行社会主义核心价值观需在“落细、落小、落实”上下功夫的实践进路也非常契合，两者相辅相成、相得益彰。第一，微公益的传播载体之“微”，使得社会主义核心价值观的培育和践行更为便捷。由是，我们有理由相信，借助微公益这一全新载体，社会主义核心价值观的认知、认同和践行一定会形成一个正向的良性循环。第二，微公益参与主体之“微”，使得社会主义核心价值观的培育和践行的参与主体更为广泛。第三，微公益的公益主题之“微”，使得社会主义核心价值观的培育和践行更好地融入日常生活。

三、开掘社会主义核心价值观“微”进路时需把握的几个要点

第一，要始终坚持社会主义核心价值观对微公益实践的价值引领。第二，要深入推进微公益自身的专业化发展。第三，要全面优化微公益外部的制度化环境。

责任消费理念的伦理意蕴　黄泰轲，道德与文明，2019(2)

责任消费理念针对消费主义的弊端而兴起，显示出助推人的全面发展、人际关系的和谐、社会的进步、生态环境的保护等伦理价值，内含人类美好生活所要求的新型消费模式的方向。应该通过理念阐释、制度安排、宣传教育及消费者行为自觉等多个路径，使责任消费这一“善”的理念成为人们现实生活中“活的善”和广大消费者“个体的美德”。

一、消费问题：道德权利 VS. 道德责任

消费权是人应该得到尊重与保护的天赋人权，也是由人的自然本性决定的普遍的道德权利。责任是个体在特定社会关系中的定在任务，通过这种社会关系，个体获得了某种社会地位和权利，如果他不履行由所获“地位和权利”定在的“责任”，就会给他人和社会带来利益损失，最终，他个人的权益也会得不到保障甚至遭到贬损，所以，责任是融责、权、利于一体的。

二、责任消费理念形成的伦理动因和内涵

一是消费主义生活方式带来的精神危机。二是消费主义生活方式带来的人际关系危机。三是消费主义生活方式带来的生态危机。在消费主义生活方式的驱动下，人眼里只有自由消费与自在享受，最终人与自身、他人、社会和自然的和谐关系遭到破坏并且还处于比较紧张的矛盾状态，这严重影响了人类的生活品质。综合对责任消费理念伦理成因的分析及各方面对责任消费或与其相近概念的阐释，我们这样理解责任消费理念的内涵：在消费活动中，消费主体确信他们的消费行为必定会对自身、他人、社会与自然产生积极或消极的作用。为促成积极作用的形成，他们在购买、使用、保存和弃用消费品的过程中，秉持“负责任”的态度，尽可能全方位地考虑其消费行为对个人全面发展、社会和谐稳定、生态环境保护等带来的影响，并且将这种影响信息传递给企业，促进企业生产和提供更符合人们美好生活需求及人类社会可持续发展的产品。

三、倡导责任消费理念的伦理价值

首先，责任消费理念有助于人们强化全面发展的意识。其次，责任消费理念有助于启发人们追求和谐的人际关系及社会的长远发展。最后，责任消费理念有助于人们形成保护环境的生态伦理意识。

四、践行责任消费理念的伦理路径

首先，阐释好责任消费理念蕴含的伦理精神，使其成为被人们普遍认可与广泛接受的“善”的理念。其次，通过制度、法规、标准等方面的安排使责任消费这一“善”的理念进入社会生活的现实中，变成消费生活中的实在秩序，成为黑格尔所谓的“活的善”。再次，通过宣传教育及引导践行等途径将责任消费这一“善”的理念转化为消费者“个体的善”或“个体的美德”。最后，通过消费者的行为自觉落实责任消费理念。换言之，主体自觉将这种伦理性规定作为自我规定性的内容，即具有了美德。

五、结语

责任消费是针对消费主义弊端而兴起的一种新的消费理念。为了解决消费主义生活方式带来的一系列问题，培育合乎伦理及可持续的消费文化，满足人们对自由全面发展的美好生活的期待，我们应该通过理念阐释、制度安排、宣传教育、消费者行为自觉等路径促进对责任消费理念的践行，使责任消费逐渐成为当代社会主流的消费方式。

财富创造与分配正义 贾可卿,学术界,2019(3)

一、财富创造中的要素贡献

从财富创造的角度来看,不仅是传统意义上的劳动力,而且资本、技术、资源、管理等要素的投入和使用都构成财富的源泉。在分配过程中,普通劳动力和其他生产要素的持有者一起,是作为财富的创造者参与对财富的分配的。资本、技术、管理等要素持有者按照其贡献得到合理的回报,这是应得的。与之类似,风险性较强的投资决策也可以看作是一种管理劳动——对资本的管理。

总之,无论是传统的劳动力要素还是资本、技术、管理等生产要素的持有者,都应当根据其在社会财富创造中的贡献大小参与分配。在马克思主义财富论的基础上,应当保护一切合法的劳动收入,让劳动力、知识、技术、管理和资本的活力竞相迸发,让一切创造社会财富的源泉充分涌流。

二、劳动贡献与所有权

根据生产要素的贡献进行分配的观点在西方经济学上有着悠久的传统。然而,其中有一个需要注意的问题:不能把生产要素与作为各要素之主体的人混为一谈。那么,是否可以认为要素的价值即要素持有者的贡献?如果不能的话,作为要素主体的人获得财富分配的依据是什么?其在何种意义上可以被认为做出了贡献?有的人认为财富分配的依据并不是财富创造,而是生产资料所有权。这种观点是站不住脚的。在社会共有模式中,全体成员共同拥有全部生产资源的终极所有权。马克思主义所要重建的在"共同占有"基础上的"个人所有制",其合理的理解应当是在"共同所有"基础上的"个人持有制"。

除了根据劳动贡献获得差异性收入之外,根据世界资源共有的逻辑,人们还有权通过政府的财政税收和转移支付等方式,获得部分调节性收入。这部分调剂性的财富根本上也是来源于社会成员的劳动贡献。这种分配是包括对生产资料的补偿和行政管理基金、文教卫生基金、社会保障基金的积累等。如果不从社会总产品中做出上述各项必要扣除,社会的物质资料再生产就难以正常进行,社会生产力也就难以顺利发展。

三、消除强占性剥削

什么是剥削呢?在马克思主义财富论基础之上,所谓剥削,是指一些人利用权力强占他人的劳动或财富。剥削所依赖的权力首先是指生产资料所有权,但也包括企业管理权以及政治、文化等方面的优势和权力,其核心特征在于“强占”。消灭剥削主要就是要消灭这种强制性的不平等交换。

剥削无疑是一种不公正的分配,但分配正义问题超出剥削所能涵盖的范围。对剥削进行质的界定相对容易,但其具体量度却非常困难。不过,剩余分配难以科学量化并不意味着问题无解。按照贡献原则,剩余索取权的逻辑应当是:谁创造,谁获取。在分配比例难以计算清楚的情况下,一种解决方法就是大家依据公平的规则进行谈判、协商,寻找各方都能接受的分配方案。无产阶级应当像马克思所期望的那样联合起来,为争取剩余控制权的合理分享而展开斗争。在协商谈判过程中,经由民主选举而产生的政府应当作为裁判者和居间人而存在,旨在保证这种谈判的结果不会因为各方实力悬殊而偏离正义太远。

与剥削相对应的,乃是人们对于一个分配正义的美好社会的构想。当前,社会迫切需要对劳动、资本、管理、技术等生产要素之间的关系有合理的理论解释,以消除人们思想深处的困惑和担忧。建立在马克思主义财富论之上,应当确认剥削的核心特征是“强占”,而将之与特定的所有制形式相分离。对于那些依靠权力强占他人劳动和财富的剥削行为,必须依靠法治的手段予以禁止和消除。对于并非由于剥削引起的贫富分化现象,则应通过财政税收和转移支付等政策去缓解和控制,以消弭社会不同群体之间的矛盾和对抗,促成其相互之间的合作。要真正把民营经济当作中国特色社会主义的“内在要素”,把民营企业和民营企业家当成“自己人”,就必须对马克思主义的财富论及各生产要素持有者按照贡献进行分配的内在正义性有深刻的认识。

超越悖论:论消费社会中人的解放　杜松石,东岳论丛,2019(3)

消费社会的出现,导致了人的社会关系、人的活动及能力、人的需要和人的个性发展悖论。而作为消费社会主导逻辑的资本逻辑,则是造成消费社会中人的全面性、自由性、真实性与独特性的消失,导致人的悖论式发展的真正原因。因此,只有破除物对人的全面控制,消除消费意识形态的幻觉,扬弃符号逻辑对人的异化,才有可能实现消费社会中人的社会解放、政治解放和精神解放

一、消费社会中人的发展悖论

(1)贫乏与丰富:人的社会关系发展悖论。人的社会关系的发展主要表现在社会交往的发展和社会关系异己性的克服两个方面。在消费社会

中,这二者都呈现出悖论式发展的特征。第一,社会交往的贫乏与丰富悖论。这种悖论式发展主要表现在交往目的与交往形式、交往主体与交往范围、精神交往与物质交往的贫乏与丰富上。第二,社会关系异己性克服过程中贫乏与丰富的悖论。这种悖论式发展主要指克服社会关系异己性过程中内容的贫乏与形式的丰富。

(2) 自由与受控:人的活动及能力发展悖论。人的活动及能力的发展主要指的是人的实践活动及作为其外化表现的各种实践能力,如劳动能力、社交能力等的发展。在现代社会中,工作和闲暇则是表现人的活动及能力发展的最主要的方面。因此,这种悖论式发展主要表现为自由的选择工作与受控的闲暇之矛盾。作为一个流动性的现代社会,消费社会允许人自由地选择工作方式和场所,随意地安排工作时间和计划,甚至可以选择不工作。工作的自由,带来了闲暇时间的增多,似乎从表面上促进了人的活动及能力的自由发展。但是,从本质上看,这种闲暇时间却是受控的。因而,看似自由的选择和放松背后,实则饱含着无奈的追赶和疲于奔命的痛苦。

(3) 真实与虚假:人的需要发展悖论。消费社会中,消费不再是满足需要的中介手段,而是需要的不断再生产,"需要是依据生产的目的,作为一种消费的力量被再生产出来的"。需要本身被从主体身上剥离开来,成为消费的属性。于是,消费制造出了虚假的需要。因此,在这个意义上,我们可以将广义的需要区分为需要和需求两类,其中需要是指基于人的本性出发所产生出来的基本的真实需要,需求则是指因特定利益而从外部世界强加给人的虚假需要。基于此,人的需要发展悖论表现为需要和需求二者界限的消失上。

(4) 独特与一致:人的个性发展悖论。人的个性发展悖论主要是指作为主体的个体在发展时呈现出独特性与一致性的矛盾。在消费社会中,每一个个体都要作为主体而独立存在,却又被统一的消费者身份所束缚。在强调个性发展独特性的同时,却又把符号消费确立为人们体现个性的唯一手段。个性发展不仅是一种悖论,而且还成为一种特权。一方面,拥有所谓个性的人是那些成功的消费者,他们从最新商品的限量版中获得个性;另一方面,那些被排除在消费体系之外的人,则无法拥有个性,在日益消失的传统安全网络中固守自身,既无法参与,又无法逃离。

二、资本逻辑与人的消失

消费社会,作为"物的依赖性社会",其本质上遵循的仍旧是资本逻辑。资本逻辑全方位地塑造了消费社会。首先,从作为社会主要关系的物化关系来看,它的产生及发展都是资本逻辑发展的结果。其次,作为社会主要活动的消费活动来看,它的重要性的凸显是资本逻辑关注重点转变的结果。再次,从作为上层建筑的消费意识形态来看,它的出现是资本逻辑控制形式改变的结果。最后,从作为社会运行的符号逻辑来看,它不过是资本逻辑的符号化表现而已。因此,资本逻辑造成消费社会中人的全面性、自由性、真实性与独特性的消失,导致人的悖论式发展。

三、悖论的超越与人的解放

既然如此,消费社会中人的发展悖论究竟如何超越,而人的解放又何以可能?实际上,这两个看似不同的问题在本质上是统一的。因为人的解放就是超越人的发展悖论,实现人的自由全面发展。人的解放的实现,始终是在现实的实践语境中产生的。"现实的个人",始终是马克思主义哲学的前提。正如马克思和恩格斯指出的那样,"任何人类历史的第一个前提无疑是有生命的个人的存在,因此第一个需要确定的具体事实就是这个人的肉体组织,以及受肉体组织制约的他们与自然界的关系","一旦人们自己开始生产他们所必需的生活资料的时候(这一步是由他们的肉体组织所决定的),他们就开始把自己和动物区别开来。人们生产他们所必需的生活资料,同时也就间接地生产着他们的物质生活本身"。人的实践活动,就是人的解放的前提。因此,"任何解放都是把人的世界和人的关系回归于人本身"。

责任伦理视域下的英国福利治理逻辑与启示　张全亮、李萍,广东社会科学,2019(2)

现代国家福利制度通过提供扶贫济困为主的基本保障,以维持人的尊严并承担伦理责任。在英国福利国家治理过程中,英国福利责任伦理历经数次发展演变与不同范式推进,缓和了以英国为代表的资本主义国家的福利危机和社会矛盾。责任伦理为变革时代的发展打开了一扇新的伦理视窗,我们必须牢牢抓住新时代中国特色社会主义福利治理的责任逻辑,在发展中增进民生福祉、补齐民生短板,不断促进社会公平正义,促进人的全面发展。

一、社会责任主导:从社会失灵到政府被动干预

按照历史发展先后,社会责任下的救济与互助是人类社会最初的福利体系和满足需要的基本途径,随后是各种慈善活动(泛指个人、组织对需要之人提供的各类帮助)。随着社会救济与贫困救助捉襟见肘,作为独立个体的社会成员缺失社会正义与社会自治力和自我维护力的缺失而导致社会溃败，社会日趋失灵，从而引起了应有的社会监督和公益性缺失，最终使经济系统陷入动荡，社会走向溃败并损害社会成员利益，英国政府的被动救助责任开始提到议事日程，政府开始介入社会福利体系建设。

二、政府责任主导:从政府主动干预到政府失灵

发挥政府“有形的手”的作用和责任，建立一种“国家干预”的社会福利制度，无疑是解决纠正社会和市场缺陷下的社会与市场失灵问题的有效手段。然而，政府责任下的福利干预容易导致政府失灵，即干预无效和过度干预。前者表现为政府干预的范围和力度不足或方法和措施选择失当，不能够弥补社会和市场失灵以及维持市场机制的正常运行;后者即政府干预的范围和力度，超过了弥补“市场失灵”和维持市场机制正常运行的合理需要，抑制了市场机制的正常运作。

三、市场责任主导:从市场失灵到多元治理

20 世纪 70 年代，以英国为代表的西方各国对市场的干预导致政府职能扩张与机构膨胀，以及经济滞胀和高失业率等严重问题，这说明单纯的市场手段或者政府干预都无法实现高效的社会资源配置。因此，作为应对市场失灵和政府失灵的重要机制，社会治理就顺势出场了。到 20 世纪 90 年代，随着社会事务复杂化，现代福利社会治理需要国家与市场及其他组织和团体充分合作，要发挥市场、社区与第三部门的力量，共同解决面临的挑战。由此，英国福利治理也开始走向责任和主体的多中心化，提出在充分发挥国家功能的基础上，还要充分发挥其他主体的作用，共同承担责任以满足社会需要。

四、治理责任主导:从治理失灵到“元治理”

与市场责任下的自发秩序和国家责任下的强力控制相比，治理理论主张参与主体多元化，倡导管理体系网络化。但是，这也意味着各主体都可能根据自身利益设定治理目标，导致目标“异质化”，很难达成共识。“元治理”旨在对市场、国家、社会等治理形式、力量或机制进行一种宏观安排，重新组合治理机制，协调多元福利治理体系中不同主体的立场并达成一致目标。与治理责任相比，“元治理”更强调国家(政府)在福利治理中的中心作用和地位，定义国家(政府)是新社会治理结构中的“同辈中的长者”，负责顶层制度设计，并为社会运行确立相关准则，使社会系统在良好的制度安排下提升自身的自组织，从而成就福利治理的既定目标。因此，“元治理”责任逻辑和机制下，政府仍是福利供给的主要机构，是福利责任的首要责任者,是对治理理论和责任模式的修正和完善。

自由市场与程序正义　李石,世界哲学,2019(2)

作为资源配置的重要程序,自由市场需要受到“底线约束”和“公平约束”两方面的限制:“底线约束”要求禁止所有可能侵犯人们权利的自愿交换;“公平约束”要求以人们达成共识的社会正义观念为基础,通过社会再分配手段对市场竞争的结果进行调节。哈耶克的自发秩序理论和诺奇克的“持有正义”理论将自由市场作为资源配置的纯粹程序正义,存在理论上的困难。

一、哈耶克:正义是自发的秩序?

在西方政治思想史上,哈耶克继承了约翰·斯图亚特·密尔的自由主义思想,非常强调“个人自由”的价值。他不仅赞同密尔的观点,将个人自由看作是整个人类社会进步的必要条件,而且还在此基础上发展出了一种关于“自发秩序”的思想。在哈耶克看来,不仅个人的发展和人与人之间的竞争是在个人自由的基础上得以实现的,而且,人类社会生产方式的改进和制度的进步,也是在自由竞争的方式下才能够实现。人类社会组织结构的改进以及制度和秩序的形成,是一个自发的(spontaneous)过程,不是通过任何人的“理性设计”而实现的。他的自发秩序理论将“优胜劣汰”的自由竞争当作筛选好的行为、好的生产方式、好的制度的唯一正当程序,作为价值判断的正当性基础。其论证逻辑的症结在于:以自由竞争的程序定义道德的正当,同时赋予自由竞争的程序以道德正当性。这种论证逻辑无可救药地陷入循环。事实上,排斥“社会正义”的观念,必将使得人类的道德选择和道德追求泯灭在混沌的自然选择过程之中。

二、诺奇克:自由市场是纯粹程序正义?

诺奇克将自由市场当作资源配置的纯粹程序正义,并在此基础上发展出“持有正义”理论。“持有正义”理论包括“获取的正义”和“转让的正义”两个部分。第一,“获取的正义”之基础是“劳动获取理论”。洛克曾为“劳动获取”提供了两种阐释——“劳动掺入说”和“劳动价值论”,这两种阐释都受到了诺奇克的质疑。第二,“转让的正义”之关键在于对“自愿交换”的定义。诺奇克以“他人不侵犯其权利”定义“行为者的自愿行为”,这一定义以“权利”概念为基础定义“自愿”,而诺奇克对“权利”概念的理解又依赖于“自愿的同意”,使得“自愿”概念的定义最终陷入循环。上述两方面的理论困难,使得我们很难赞同诺奇克的观点——把自由市场当作资源配置的纯粹程序正义。

三、自由市场的两种限制

在社会正义的理论框架下，人们不仅应该对自由市场运行的程序进行限制，还必须对自由市场运行的结果进行限制。如上节所述，自由市场并不能充当资源配置的纯粹程序正义。

人们不应该无条件地接受自由市场的分配结果，而应该根据人们达成共识的社会正义观念对“自愿交换”的累积结果进行修正。应该说，对于自由市场的限制有两种：一种是“底线约束”，这种约束体现为对于人们“权利”的维护；那些可能侵犯人们权利的交易，是被严令禁止的。另一种是“公平约束”，这种约束是依据人们达成共识的社会正义观念对自由竞争之结果进行调节。

综上所述，自由市场是对社会产品进行资源配置的重要程序，但它并不是唯一合法的程序。哈耶克的“自发秩序”理论和诺奇克的“持有正义”理论暴露出的核心问题是：将自由市场作为资源配置的纯粹程序正义在理论上存在困难。自由竞争的结果并不具有天然的正当性，必须依据社会正义观念对自由市场进行限制和调节，从“放任市场”转向“有限市场”。具体来说，自由市场需要受到“底线约束”和“公平约束”两方面的限制：“底线约束”要求禁止所有可能侵犯人们权利的自愿交换；“公平约束”要求以人们达成共识的社会正义观念为基础，通过社会再分配手段对市场竞争的结果进行调节。社会正义的观念指引着人们在市场竞争的基础上，通过社会分配建立覆盖全民的社会保障体系，缩小贫富差距，促进社会朝着平等共荣的方向发展。

亚当·斯密的正义思想 何建华，伦理学研究，2019(3)

一、正义是支撑人类社会整个大厦的主要支柱

亚当·斯密从人的社会本性和自然权利出发，认为正义以避免损害、保障权利为依归，是社会正常运行的基本底线，也是支撑社会整个大厦的主要支柱。

斯密指出正义是人类共有的基本特性。他将道德规范分为两类：一类是有对象限制的，不具有普遍适用性的，如慷慨、惠施的德性；另一类为大家所公认和恪守的，这就是谨慎、正义和仁慈，按照完美的谨慎、严格的正义和合宜的仁慈这些准则去行事的人，可以说是具有完善的德性的人。正义源于人的自然权利和本性。斯密认为，对正义的理解，应直接根据人的

真正本性。一方面,因为人天生有一种同情心,会使每个人在追求自己利益的同时意识到其他人对利益的追求,并顾及其他人的利益。另一方面,人作为一种社会存在物,“只能存在于社会之中”,并适应其成长的社会环境。正义以法律为保障。在斯密看来,正义与谨慎和仁慈不同,它是靠权威来贯彻的。正义是最严密的、最确定的法则,它可借助于行政立法、权威和强力等来确证和维持。因此,正义是社会存在的保障,是社会繁荣富强的首要条件。

二、正义的社会是实现了各个阶级普遍幸福的社会

斯密认为,只要给各个阶级普遍的自由,各个阶级相互竞争,就能促进公共的福利和幸福。因而,正义的社会“对其所属各阶级人民,应给予公正平等的待遇”;如果仅仅为了促进某一个阶级的利益或幸福,而损害另一个阶级的利益或幸福,那么显然是违反正义原则的。在《国富论》中,他首先对资本主义社会的阶级结构进行分析,认为现代社会由“三大主要和基本阶级”构成:以劳动工资为生的工人阶级、以资本利润为生的资本家阶级和以土地地租为生的地主阶级。在三大阶级中,斯密更关注下层劳动人民的幸福。他提出要改善下层阶级的生活状况,认为改善下层阶级的生活状况对社会发展有利。斯密还比较详细地描述了资本家同工人在工资问题上的尖锐斗争,认为历史上这种斗争都是在对下层劳动人民不利的情况下进行的,因而都是违背正义原则的。

在斯密看来,正义的重要内涵就是平等地对待各个阶级之间的利益诉求和竞争;只要各个阶级能够平等地进行相互竞争,就能实现社会公共福利和幸福的最大化。斯密将正义的社会界定为各个阶级公平竞争、普遍幸福的社会,并以劳动价值论为基础,深刻地剖析了现实资本主义社会中产业工人遭受艰苦工作和资本家舒适生活的颠倒关系,“首次把穷人的痛苦作为财产权合理性的问题提出来”。这些思想无疑具有重要的历史意义,也对马克思、恩格斯的思想产生了重要影响,成为马克思主义正义思想形成的重要理论来源。

三、关注贫困,改变人们对穷人的看法

斯密对贫困及其危害有深刻的认识。在他看来,贫困不是主观的价值判断,而是一个具有道德和社会意义的客观现象。并且斯密依据同情理论,十分关注穷人的尊严。他认为,穷人有自己的尊严,他们做出的每个选择和他们的上司一样值得尊重,在正义的社会中根本不存在“上等人”和“下等人”的区别,在智力、美德、上进心、利益方面,穷人与别人一样,因而在权利、功劳和尊严上也一样。斯密还提出了改变穷人贫困状态的一些积极建议,至今仍然具有重要的现实意义。

绿色经济与美好生活 强以华,伦理学研究,2019(3)

绿色经济的定义、目标与内容表明,它是一种通过赋予单纯的经济以“绿色”而使之超越了单纯的经济并具有了伦理底蕴的经济形式,它的伦理底蕴体现在人与自然、人与人的相互关系之中,并且因此指向了人的美好生活。人的美好生活无论从人自身的存在形式以及从人类组成社会服务于人的美好生活的基本指标看,还是从中西伦理学的探讨主题看,都主要体现在人的感性幸福和理性德性两个方面及其和谐之中,或者说体现在为这两个方面提供条件的经济与伦理两个方面及其和谐之中。由于感性幸福(经济)与理性德性(伦理)常会因人把前者当作唯一目的而处于矛盾或冲突之中,所以,中西伦理学和福利经济学曾经分别从伦理学和经济学的角度力图解决它们的矛盾或冲突。绿色经济所做的努力正是要在实践上解决它们的矛盾或冲突,它通过把绿色经济提升为社会形态从而在政治、文化(价值)和经济诸多方面全方位地实现从单纯经济向绿色经济的转型,推进经济发展的伦理化,在经济与伦理的和谐之中实现人的美好生活。

一、绿色经济的伦理底蕴

绿色经济的伦理底蕴就潜藏在绿色经济之超越单纯“经济”的“绿色”之中,也就是说,就潜藏在它之超越单纯“经济”的诸多属于“绿色”的规定(例如“社会形态”“生态”“循环”“持续”“和谐”等等)之中。因此,在一定的意义上说,“绿色”与“经济”的结合就是“伦理”与“经济”的结合,因这种结合而产生的“绿色经济”意在消除创造财富特别是创造物质财富的经济活动与伦理活动之间的分离,让经济活动与伦理活动密切地结合起来,在二者之间的和谐之中确保创造财富,特别是创造物质财富的经济活动走向伦理活动,从而直接指向人的美好生活。为了说明绿色经济的伦理底蕴,我们必须首先说明经济活动本身,也就是说,我们必须先从作为一种非“绿色”的单纯经济入手。然而,当我们把“绿色”这一概念引入经济活动时,情形就产生了根本性的改变。这里的重要之点在于:其一,经济活动不再是单纯的逐利活动,它为逐利活动指明了一个符合伦理因而有利于人的美好生活的方向;其二,为了使单纯的作为逐利活动的经济活动能够指向一个符合伦理因而有利于人的美好生活的方向,它就必须合理地处理人与自然的关系,以及与其相关的人与人的关系。根据我们前面的分析,当绿色经济把“绿色”赋予“经济”后,单纯的逐利经济(尽管它自身客观上也会带来道德效果)就有了伦理底蕴,这种伦理底蕴不仅体现在人与自然之间的关系上面,还通过人与自然的伦理关系进一步体现在人与人之间的关系上面。在人与人之间的关系上,这种伦理底蕴不仅体现在现代人与现代人之间,还通过人与自然的伦理关系体现在现代人与未来人之间,亦即体现在代际之间。

二、美好生活的基本指标

美好生活或人的美好生活是一个人们有所领会但又并不确知乃至充满争议的概念。之所以说人的美好生活是一个人们有所领会的概念,乃是因为任何一个人都能或多或少地知道何谓人的美好生活并能为之奋斗,并且人们在何谓美好生活的问题上大致也能达成共识;之所以说人的美好生活是一个并不确知乃至充满争议的概念,乃是因为人们若是细究何谓人的美好生活又会感到茫然,人们之间常常因对其做出不同的定义而相互争执。首先,从人自身的存在形式看。人的美好生活作为“人”的美好生活,它是属人的生活,它的美好与否必须与“人”自身的存在形式联系起来才能得到正确地思考。其次,从社会组成的根本原因和目的看。我们认为,人类组成社会的根本原因和目的就是为了人的生存和更好的生存,既然生存和更好的生存是人类组成社会的根本原因和目的,那么,它也就应该是人类追求的美好生活。最后,从中西伦理学的发展史看。伦理学应是一门探求人的应然生活的学科,人的应然生活显然就是人的美好生活,所以,伦理学作为探讨人之应然生活的学科就是一门探讨人之美好生活的学科。根据以上的讨论,我们认为,在基本指标亦即人们大致能够认同的意义上,我们可以把美好生活或人的美好生活看成是感性幸福和理性德性能在相互统一中共同实现的生活。这样一来,我们就会发现绿色经济作为一种具有伦理底蕴(因而是经济与伦理相互统一)的经济与美好生活之间的内在一致性。

三、从绿色经济走向美好生活

当我们把感性幸福和理性德性或说经济与伦理看成是人的美好生活的两个最为基本的指标,认为在基本指标的意义上人的美好生活就是经济与伦理在相互统一中的共同实现时,并未考虑到在上述两个最为基本的指标之间可能存在的矛盾甚至冲突状况。正由于经济与伦理(感性幸福和理性德性)之间常常存在着矛盾甚至冲突的状况,所以,伦理学在把这两个指标及其关系作为主要探讨对象的时候总是想找出一种解决两者关系的方法。现在,绿色经济作为一种把伦理底蕴植入经济中的经济形式,它的目的正是要把经济与伦理结合起来从而超越单纯的“经济”领域,把经济对于财富特别是物质财富的创造变成是服务于人的美好生活的手段,从而试图在经济与伦理的相互统一中实现人的美好生活。这就是说,绿色经济试图通过把“绿色”赋予“经济”从而在涂抹了绿色的经济活动中创造人的美好生活。然而,这种为“经济”赋予“绿色”的工作并非一蹴而就的工作。绿色经济不仅仅是一种单纯的涉及诸如生产力、生产关系、经济效率等的经济形式,它还要求这种经济形式超越单纯的经济内容考虑到更多的其他内容,这些内容也就是我们前面曾提到的具有伦理底蕴的内容,它使绿色经济进一步深入到了这一问题之上:一种经济形式如何能向一种社会形态那样从整体上关注人的生活。这种路径是一条涉及政治、文化、经济的全方位的路径,即通过政府政策的引导和价值观念的转换调整经济结构,让经济活动和经济增长方式直接具有伦理的意义,导向人的美好生活。这里,政府的政策引导指的是政府产业政策的引导,它包含禁止与绿色经济背道而驰的产业发展,鼓励与绿色经济有关的产业发展,如此等等。价值观念的转换指的是通过宣传、教育等等手段促进全体公民转换自己的价值观念,让他们能够充分认识到绿色经济对于人类当代发展和未来发展的重大意义,让每一个生产者、消费者,每一个政策的决策者、执行者,都能关注并且支持绿色经济。政府的政策引导属于社会形态之上层建筑中的政治结构方面的内容,价值观念的转换则属于社会形态之上层建筑中的文化结构方面的内容,它们联合起来共同作用于社会形态中的经济基础(经济结构),从而力图在保持社会形态所有领域相互一致的基础上确保绿色经济的贯彻和实施。而当我们这样做了以后,经济结构和经济增长就具有了伦理意义,并且能够导向人的美好生活。

马克思增进人民幸福的财富分配正义思想 贺汉魂,伦理学研究,2019(3)

物质财富是人类经济利益的最基本形式,分配是人们获取物质财富的根本途径,正义常被视为财富合理分配的最根本标准,其实幸福才是人民的根本追求,合理的分配正义应是增进人民幸福的分配,否则便是虽正义却不合理的分配。

一、分配真实的财富是增进人民幸福的根本基础

经济领域的分配,人民常言的是收入分配,意指通过分配使人们实现某种收入。财富是人们的最基本需要,自然也是最真实的收入。无疑,增进人民幸福,人的生命、平等、自由等基本权利以及由此派生出来的其他基本权利也应该成为分配的重要对象。土地是财富之母,劳动是财富之父,财富成为分配的对象必然意味着土地等自然资源与劳动也成为分配的重要对象。

二、按真实贡献分配财富是增进人民幸福的根本途径

但是劳动的未必都是正义的,劳动贡献因而未必就是真实的贡献。在马克思看来,劳动贡献成为真实的贡献还应合另外两个劳动正义原则,即正义的才应该劳动与劳动应该是正义的劳动的根本要求。所谓正义的才应该劳动主要指生产者或组织生产者获取生产资料的行为应合正义。马克思按劳分配原则也是一种空想吗?当然不是。其一,按劳分配是分配原则,原则的合理性首先在于价值的合理性,按劳分配的价值合理性主要在于它是合劳动正义的分配原则。其二,马克思设想的按劳分配是有前提条件的,那就是,全社会实行生产资料公有制,商品经济已经消亡,劳动者能各尽所能。无疑,此种情况下,劳动的质与量大体是可以衡量的:质主要表现为工作性质不同,量主要表现为劳动时间的多少。其三,在集体经济中劳动者主要凭劳动贡献从所在单位获取分配而来的财富,这一点与马克思按劳分配思想是一致的。其四,马克思对市场经济条件下按劳分配的实行方式也有所论,如明确提出价值。这实际上说明了劳动者的真实贡献不能只看其本人的劳动时间,还得看劳动者的劳动时间得到社会承认的情况。其五,马克思指出任何劳动都是联合劳动,均是在一定社会关系中,离不开社会管理的作用,财富是社会成员在国土上集体共创而成,自然应该大家都有份。资产阶级之所以青睐边际生产力理论,重要原因在于生产是由资产阶级及其代理人组织的,在边际贡献无法准确度量的情况下,各生产要素的边际贡献实际是由资产阶级说了算。

三、超越按贡献分配是增进人民幸福的必然要求

超越按贡献分配的必然性与合理性根本而言源于正义的局限性。其实马克思也有过类似的论述,如指出按劳分配原则确保的平等权利仍然属于资产阶级法权原则,这在共产主义社会的第一阶段,即社会主义社会是不可避免的,进入财富极其丰富,全面超越人性有限的共产主义社会,“社会才能在自己的旗帜上写上:各尽所能,按需分配”。这其实也意味着越是具备这些条件,就越应该积极超越按贡献分配。马克思批判资本主义社会的财富分配,除了它没有真正做到按贡献分配,也在于它没有实行应有的超越按贡献分配,如只有少得可怜的失业保障,而且把它当作对付工人阶级罢工的手段。马克思强调社会主义社会实行按劳分配先得扣除用来补偿消耗掉的生产资料的部分以保障再生产,在此基础上再扣除一般管理费用和用来满足学校、保险设施的公共需要及设立失业保障基金,可见,在马克思看来社会主义社会实行的是超越按贡献分配与按贡献分配并存的原则,而且超越按贡献分配的程度应越来越充分。对此,我们认为马克思从分配的对象、领域、实现途径三方面进行了详细阐析。首先,按贡献分配主要针对财富分配,而非一切可以分配的对象。其次,在所有领域按贡献分配财富将妨碍增进人民的幸福。最后,任何贡献都难以准确地计算,严格地按贡献分配根本无法实行。

四、人民主导是实行增进人民幸福的财富分配正义的根本保障

就财富分配实行而言,显然是"谁来分"决定着"如何分",包括分什么、分多少、分给谁。马克思认为这就是资产阶级分配正义论虚伪性的根本所在。马克思指出"谁来分"是社会生产方式决定的;"谁来分"决定着"如何分",同时意味着按劳分配并非只存在于社会主义社会。

现代社会,财富分配多经过初次与再次分配两个阶段,主导二次分配的主要是政府,初次分配也必然受到政府的影响或管控。马克思指出政府具有阶级性,但是政府也是人,难免有私心,在马克思看来因腐败产生的财富分配不正义是普遍现象。社会主义市场市场经济可能出现严重的腐败情况,这是因为社会主义公有制下公共财富更多,行使占有、提取、分割和使用公共财富权益的是公共权力机构,的确容易发生分蛋糕者利用规则不完善而偷蛋糕的情况。这就需要通过制度的建设、实施,确保主导分配者不敢贪、不想贪、不必贪。维护人民的自由,在分配方面自然要突出政府在实现分配正义的作用。无疑,实现此功能的前提是政府行事合正义,但这与要不要加强政府的作用是另一回事。

马克思的幸福观及对物质主义的批判　臧峰宇,光明日报,2019-03-25

资本主义现代生产方式虽然为人们的物质生活提供了丰裕的基础,但却使人们在生产过程中遭遇劳动异化,进而在日常生活中陷入物质主义泥淖。因此,只有变革阻碍人们实现幸福生活的生产关系和交往关系,使人们真正意识到幸福是在实现社会进步的劳动中创造的,从而摆脱物化逻辑,超越物质主义,才能在进一步实现物质丰裕的奋斗中实现精神的富足。

一、马克思对幸福和“幸福时代”的理解

青少年时期的马克思就深入思考过如何实现人生幸福的问题。在他看来,真正的幸福在于“为人类而工作”,在努力实现大多数人的幸福的事业中塑造自己壮丽的人生。在同一时期,马克思还思考了何谓“幸福时代”:“风尚纯朴、积极进取、官吏和人民公正无私而成为幸福时代”。在这个意义上,幸福体现了一种具有时代性的精神高度,它基于必要的物质生活条件,但从根本上反映了人们进取的态度、优秀的品质和纯朴的时代风尚。陷入贪婪、奢侈和放纵无度的泥淖,是远离美好生活的物化放逐,是文化迷失和价值虚无的表现,意味着人生的沉沦,只能走向幸福的反面。

为了使大多数人过上幸福的生活,马克思以努力实现人的解放的方式斗争,这种斗争具有深远的本体论意义。实现大多数人的幸福,必须使人们在劳动中摆脱与其相对抗的异己的力量,在作为人的需要的劳动中涌现幸福的源泉。劳动是自由的生命表现,是生活的乐趣所在,幸福是人们在劳动中肯定自己的过程。但资本逻辑使工人在劳动的异化中与幸福渐行渐远,当劳动成为一种被剥夺剩余价值的谋生手段,工人与自己的类本质相背离,在资本主义流水线上的他们陷入危机重重的“摩登时代”。因而,必须扬弃劳动异化,实现人性的复归,使人们在自由的生命活动中创造幸福生活。

实现幸福需要丰裕的物质基础,单纯对财富的追逐可能跌入资本拜物教的渊薮,在物欲放纵中迷失自我。为此,必须批判物化逻辑,超越物质主义,避免沉迷于物欲的精神危机,实现“总体的人”的幸福。

二、批判物化逻辑与超越物质主义

19 世纪中叶,随着人们大规模使用机器,社会生产力大幅度提高。但幸福并未随之而至,人们在物化生活中遭遇了“幸福悖论”,更多的财富并没有带来更大的幸福,财富积累与幸福增加并不正相关。相反,在物质主义束缚中成为单向度的人,成为资本主义社会中常见的人生境遇。对此,马克思进行了彻底地批判:

首先,马克思认为“主体的物化”处于生产实践中,是对象化和异化的交汇点。物化实现了因生产力水平提高而增加的社会财富总量,使物质生活普遍匮乏的境况基本消失。但是,物的关系也代替了原有的等级秩序,对金钱的积累成为资本逻辑的最大光圈。人们的道德取向也随之发生变化,对财富的追求成为幸福生活的目的,贪婪和悭吝成为货币崇拜的自然结果。长此以往,资本拜物教从生产领域蔓延到全部生活领域,物化逻辑

成为生活世界的硬核，必然造成人们严峻的精神危机，人们的幸福感并没有随物质生活的不断丰富而同步提升。幸福也成为一种可被量化的指标体系，人们精神追求的合理性与可行性都要以量化模式确认。如此，人们自觉或不自觉地与自己的类本质相分离：耗费的时间和精力越多，与自己实际需要的差距就越大，在身心疲惫的状态下对何为幸福之类的问题感到茫然。因此，必须走出物化逻辑的笼罩，在劳动中创造属于自己的幸福生活。

其次，马克思分析了人们在现代社会的物化状态，揭示了资本主义商品形式的奥秘。整个世界历史是由人的劳动创造的，但当劳动凝结在商品中，其本身的社会性质被反映为物的社会属性，生产者之间在劳动中形成的社会关系被转换为物与物之间的关系。作为物的关系的劳动关系被固定在商品结构中，以一种虚幻的形式失真了，人们的社会存在是以物的形式来体现的。在由物化逻辑支配的生活世界，这种颠倒的虚幻形式竟成为一种常态。人被降格为物欲的生命，精神和尊严为物所支配。财产这个无精神内容的要素为人们所崇拜，货币成为评价一切事物的尺度。这种同一性的评价模式以物的拥有程度为标准来衡量人们是否幸福，成为一种流行的思路。这种光怪陆离的情形实乃一种无意识的现代“抽象”，发挥现实作用的是物的依赖关系，其实际结果是资本增殖的最大化。本来陶冶事物的劳动被作为资本增殖的工具，剥夺剩余价值的资本活动被赋予了正当性，这就是货币形而上学的魅影：他以不断增长的物质欲望代替了幸福生活的本来目的，使人与人之间几乎只剩下了“现金交易”中的利益关系。

最后，以马克思哲学审视资本主义现代生活，应倡导人们摆脱异化的精神状态，超越物质主义价值观。资本主义现代物质文明提升了人们的生活品质，刺激了人们的感官需求，这种需求日益超过合理性限度。由此逐渐形成一个以物化逻辑为内核的循环，使人们跌入物质主义陷阱。看似强大的物质主义文化实际上矮化了人的生活本质，使人们在沉溺于财富占有、物欲膨胀的生活中忘记了自我实现、共同归属等进一步的生命需要。

正是因为在追逐享乐主义的物欲漩涡中感到生命的虚无，缺乏持久而内在的价值追求，很多现代人遭遇严重的精神危机。必须抵制享乐主义、拜金主义和奢靡之风的侵蚀，避免物质丰裕境况下的精神匮乏，以创造性的劳动实现我们时代的幸福生活。

西方马克思主义对物质主义幸福观的批判 王雨辰,光明日报,2019-03-25

物质主义幸福观是伴随着资本主义现代化产生、发展和盛行的,其特点是把物质商品的追求和占有当作人生追求的目的,使人们把物质商品消费当作是幸福和自由的体验,这种幸福观导致了西方社会发展进程中物的价值上升和人的价值下降的物化现象。西方马克思主义理论家立足于对资本本性和资本逻辑的分析,对物质主义幸福观流行的根源、后果以及如何扬弃物质主义幸福观做了系统的分析和深刻的批判。他们的上述分析和批判对于我们当前认识和把握幸福的本质以及探索实现幸福的途径,具有重要的借鉴意义。

一、资本的本性与物质主义幸福观的盛行

以现代性价值体系为支撑的资本主义现代化并非是以满足人们的使用价值为目的,而是以实现交换价值和资本追求利润为目的的。从哲学世界观上看,现代性价值体系把人类和自然界对立起来,强调哲学的功能和使命就是要运用理性发现自然规律,并以科学技术为中介控制和支配自然,使自然满足人类的需要,这实际上是以工具性和实用的眼光看待自然界,进而将人类与自然的关系归结为利用和被利用、控制和被控制的关系。从资产阶级意识形态上看,洛克以国家和市民社会二分为基础,强调国家的职能是保护人们的生命、自由和财产权,其核心是强调自由资本主义经济秩序是正义的,并认为只有维系自由资本主义经济秩序,才能真正实现人的自由、人权和民主。从经济发展观看,亚当·斯密一方面基于人性自私的假设,认为人们追求私利必然带来社会的普遍繁荣;另一方面崇尚追求无限经济增长,并把增长和发展等同于 GDP 的增长,把财富等同于幸福,由此形成西方社会的经济崇拜和财富崇拜,不仅不考虑财富的分配问题,而且也把包含多样化内容的幸福简单化为对经济增长的追求和对物质财富的占有。现代性价值体系在支撑和促进资本实现利润和资本积累的同时,也形成了增长至上、功利至上、物质至上的发展观、价值观和幸福观。

面对资本主义实践中出现的一系列现代性问题,西方马克思主义理论家从资本的本性和资本维系政治统治两个维度分析了建立在现代性价值体系上的物质主义幸福观为何在西方社会得以盛行。从资本本性的维度看,在利润动机和资本积累这一目的的驱使下,以资本为基础的生产体系必然会不断扩张,为了使资本主义再生产得以维系,资本必然会在全社会鼓吹消费主义价值观和生存方式,人们由此把占有和消费物质商品作为自由和幸福的实现，并使重占有的生存方式在当代西方社会得以流行；从资本维系政治统治方式的维度看，资本在当代西方社会实行政治暴力统治和文化意识形态控制的“总体统治”，并呈现出政治暴力统治越来越让位于文化意识形态控制的转变，其特点就是利用科学技术进步所带来的巨大社会物质财富，通过制造服从和服务于资本追求利润的“虚假需求”，支配和控制人们的内心世界，牵引人们到商品占有和商品消费中去体验幸福和自由，消解人们的否定意识和批判意识。在西方马克思主义理论家看来，消费主义价值观和生存方式直接导致物质主义幸福观的盛行，这是因为消费主义价值观和生存方式用“越多越好”的价值观否定、抛弃和代替了前资本主义社会“够了就行”的节俭价值观，人与人之间的关系由此被归结为金钱关系，人与自然的关系也被归结为控制与被控制的关系，衡量人幸福的标准也被归结为拥有财富和消费物品的多少。在这种情况下，消费不再是满足人的需要的一种手段，而成了人生活的目的和价值归宿，使得享乐主义、感官主义和物质主义的幸福观得以在全社会盛行。

二、物质主义幸福观盛行的后果

西方马克思主义理论家认为，物质主义幸福观盛行造成了当代西方社会包括人自身的异化、人与自然的异化和社会关系的异化在内的“总体异化”现象的发生，当代西方人处于“总体异化”的生存状态。

三、物质主义幸福观的破除与超越

西方马克思主义理论家强调，破除资本主义制度和资本所支配的全球权力关系，是破除物质主义幸福观的前提。西方马克思主义理论家由此提出了破除物质主义幸福观的必要性和重要性。西方马克思主义理论家区分了“真实需要”和“主观欲望”、“真实需要”和“虚假需要”的不同，进而阐明破除消费主义价值观和生存方式以及西方社会以追求物质商品占有和消费为幸福的理想生活方式的必要性。在他们看来，“真实需要”是为了某种目的而必需的物品，与人的自我实现和全面发展密切相关；“主观欲望”则是被资本所支配而形成的一种试图获得某种物品的意向性的心理状态，本质上是一种与人的自我实现和全面发展无关，服从和服务于资本追求利润的“虚假需要”。消费主义价值观和生存方式正是建立在“主观欲望”和“虚假需要”的基础上，而不是“真实需要”的基础上，这就意味着消费主义价值观和生存方式不仅不可能使人得到真正的幸福，而且只能使人处于越来越畸形和片面发展的异化生存状态。西方马克思主义理论家最后强调，只有破除以追求实现交换价值和利润为目的的资本主义制度和生产方式，以消费为满足的物质主义幸福观和异化的生存方式,才能利用技术的积极成就,到创造性劳动中追求和实现真正的幸福。

超越“物质主义幸福观”的幸福追寻 马妮,光明日报,2019-03-25

物质主义幸福观以物质占有多少作为幸福衡量标准,人们通过物质欲望的满足来证明自己的社会价值,以至于“消费的目的不是为了实际需求的满足,而是不断追求被制造出来、被刺激起来的欲望的满足”。反思物质主义与唯物主义的关联与区别,以及物质主义幸福观产生与盛行的社会背景和理论条件,兼具理论和现实意义。

一、物质主义幸福观形成与盛行的双重原因

物质主义幸福观的形成是哲学理论、商品经济和社会文化相互作用的产物。其理论理解与唯物主义相关,但它是对唯物主义关于“世界的统一性在于其物质性”的误解,片面强调物质作为幸福判断的标准,以至于在发展过程中把物质推崇到至高无上的位置,以扭曲的价值观取代唯物主义对世界的认识以及解释方式。因此,从严格意义上说,物质主义的幸福观已经失去了哲学的意味。

二、物质主义幸福观与唯物主义幸福观的区别

物质主义和唯物主义的差异主要体现于二者对物质的不同理解。唯物主义认为物质与精神是统一的,物质第一性,物质是标志客观存在的哲学范畴;而物质主义将物质理解为可感知的事物。唯物主义强调物质是基础,并不否认意识和精神的作用;物质主义截取了唯物主义关于物质第一性的观点,并将其“扩展”为物质占有的重要性,将哲学对世界的理解简单化为大众在消费中的价值观。

因此,唯物主义幸福观和物质主义幸福观具有不同含义。唯物主义的幸福观不等同于物质消费和物质崇拜的物质主义幸福观,前者强调物质是追求幸福的基础,幸福是物质与精神的共同作用,后者是被消费文化推向极致的物质崇拜。二者对物质的根本认识不同,物质主义强调物质的占有和不断更新,而唯物主义强调以物质为本源解释世界。物质主义幸福观完全忽视了唯物主义中对理性和精神世界的思辨,从而抛却了哲学的本性。

此外,二者在历史中出现的时间也不同。物质主义幸福观的兴起需要社会经济的大范围繁荣,这种经济条件伴随18世纪工业革命才得以成熟,而唯物主义则是一种哲学本体论,在这个意义上说,唯物主义较物质主义出现早得多。历史上曾相继衍生三种唯物主义,即古代朴素唯物主义、机械唯物主义(形而上学唯物主义)、马克思的辩证唯物主义。因辩证唯物主义强调面向“现实生活”和社会历史实践的立场与方法,我们也称为新唯物主义,这种唯物主义正是马克思实践哲学的革命性所在。

三、幸福追寻的实践性与崇高性

幸福是人对世界的追问和人对自我的反思,在创造丰富的物质世界同时,幸福始终是一条向着人类自由和解放的实践道路,伴随着自我反思和理性思辨。幸福的追寻必然带有实践的色彩,在这个意义上说,幸福不是某种固定状态,而是人实现理想的进程。马克思主义哲学更是以整体观的实践哲学关注人的社会属性,将人的全面解放和自由作为终极目标:“幸福就是人们在创造物质生活和精神生活的实践活动中,由于实现了自己的理想和目标而得到的内心的精神上的满足。”因此,幸福的追寻只有伴随哲学的思辨特质,才具有指导和批判现实的力量。马克思以哲学的方式关注和把握人的现实世界,这才是实践意义上的人对美好生活的向往,是超越物质主义的幸福追寻。

马克思恩格斯的利益矛盾思想探析 吴家庆、王毅,湖南师范大学社会科学学报,2019(4)

马克思、恩格斯从“人的需要”出发揭示了资本主义利益矛盾的根源,从物质利益的对立统一关系中寻找资本主义利益矛盾的本质,通过对个人、市民社会和国家之间关系的分析,理清了利益矛盾的衍生路径,通过深入探讨利益在社会变革和发展中的重要作用,科学地揭示了利益的本质和利益矛盾的运动规律。

一、需要、分工和私有制是资本主义利益矛盾产生的根源

(1) 利益矛盾起源于“人的需要”。在人类物质生产活动实践中,人的需要只是基于人的本性产生的欲望和要求,并非其客体本身,而利益,亦即马克思所说的作为客观存在物的“衣食住行以及其他东西”,正是产生于物质生产过程中用以满足人的需要的对象和载体。

(2) 分工与交换是利益矛盾产生的根本原因。首先,自然分工导致利益差异,进而产生利益矛盾。其次,交换初步解决了利益矛盾,促进了社会分工,却又加深了利益矛盾。

(3) 私有制及其分配方式固化了利益矛盾格局。私有制下的分工导致了人与人之间关系的进一步对立,即阶级的对立。而这种利益的差异化是随着分工与交换的发展而不断扩大的,由此不同阶级之间的利益矛盾也就愈加严重了。

二、物质利益关系的对立统一反映了资本主义利益矛盾的本质

(1) 物质利益是利益矛盾产生的前提和基础。首先,物质利益是人类一切活动的根本目的,是人的需要的直接对象。其次,任何其他形式的斗争也都是基于物质利益的。马克思对物质利益的论述,反映了物质利益对于人类社会进步和发展的重要作用,物质利益是推动人民创造历史的发动机。

(2) 利益矛盾实质上是一种既对立又统一的社会关系。当具有共同的利益诉求时,人与人之间的社会关系就会结成利益共同体,体现了利益矛盾的统一性;当利益诉求相排斥时,人与人之间的社会关系就会变成矛盾体,体现了利益矛盾的斗争性。利益矛盾反映了在社会生活中人与人之间基于利益诉求而产生的既对立又统一的动态的社会关系。

(3) 资本主义生产关系反映了资本主义利益矛盾的本质。生产资料的私有制决定了这种以生产资料为核心的物质利益的占有结构,生产资料的资本化进一步使资本家与工人之间形成了一种无可选择的雇佣与被雇佣、剥削与被剥削的关系,这就是资本主义社会里在生产过程中所结成的人与人之间的关系。

三、个人、市民社会、国家构建了利益矛盾的衍生路径

(1) 个人利益是利益矛盾衍生的逻辑起点。从原始社会起,个人的利益与自由就是紧密联系在一起的。自由的实现必须要以利益的满足为前提,而个人利益的满足又是有条件和边界的。

(2) 市民社会与国家的博弈勾勒出利益矛盾的衍生过程。国家的产生,就是为了解决由市民社会里衍生出来的个人利益与公共利益之间的矛盾,而国家的产生,又创造了等级的差别,使个人与国家、私人利益与公共利益之间的矛盾更进一步加深了。

(3) 资本主义社会利益矛盾的衍生路径。资本主义的国家政权是利益矛盾的集中体现,而资本主义的国家政权是在资本主义的生产方式与旧的封建制生产方式的斗争过程中确立的。

四、无产阶级革命是资本主义利益矛盾发展的必然结果

(1) 利益矛盾是推动社会基本矛盾运动的源动力。生产关系与生产力的辩证运动过程,正是社会各个阶层、阶级和集团间的利益矛盾关系不断变化的过程。生产力与生产关系的对立统一实质上就是利益矛盾的反映。

(2) 资本主义利益矛盾导致无产阶级和资产阶级的深刻对立。私有制下的分工造成不同集体的利益的分离和对立。个人利益的诉求无法与整个社会相抗衡,这种诉求逐渐被集体利益所代表,不同的集团基于其在生产关系及社会关系中所处的不同地位而产生利益矛盾。

(3) 无产阶级革命是解决资本主义利益矛盾的根本途径。在物质利益关系中所处的不同地位导致了劳动者不同的阶级地位。当地位悬殊的资产阶级和无产阶级之间的利益矛盾达到不可调和的地步时,暴力的反抗成为被压迫、被剥削的无产阶级的必然选择。

马克思分配正义理论的若干思考 *史瑞杰,天津社会科学,2019(4)*

20世纪晚期以来,在英美马克思主义研究中,马克思正义理论的研究占有核心位置。围绕"塔克—伍德命题"的争论,近年来有关马克思有没有正义理论以及分配正义理论、马克思分配正义理论的意涵成为国内学界关注的热点。马克思分配正义理论回答和解决了"为谁分配""谁来分配""分配的依据"三个核心问题。马克思分配正义理论对于当代中国社会发展具有多方面的启示意义。

(一) 马克思分配正义理论的基本特征

围绕"塔克—伍德命题"的争论,我们发现存在以下三个方面的问题:一是误读,如把马克思批评的观点当作马克思的观点;二是误解,如认为马克思的正义观点是依附性的;三是误判,如把"与生产方式相适应就是正义的"作为正义的一般判断。对此,已有一些学者做了回应,从根本上说,马克思与正义的争论本身是个伪命题。

通观马克思分配正义理论,有三个方面的特征最为突出。首先,马克思分配正义是关系范畴和过程范畴的统一;其次,马克思分配正义是事实判断和价值判断的统一;再次,马克思分配正义是特殊性与普遍性的统一。如果我们理解了马克思分配正义的"三个统一"关系,就不会产生对于马克思正义理论的误读、误解和误判,也不会产生人为地制造马克思反对马克思等诸多似是而非的或子虚乌有的问题。这些问题的产生与对马克思分配正义理论的片面理解有关,甚至在某种程度上还有断章取义之嫌。

(二) 马克思分配正义理论的主要内容

马克思分配正义理论回答和解决了分配正义理论的三个核心问题:即"为谁分配"、"谁来分配"以及"分配的依据",这同时构成马克思分配正义理论的主要内容。首先,"每个人"和"一切人"是马克思分配正义理论的主体基础;其次,自由人"联合体"是马克思分配正义理论的制度保障;再次,"自由发展"是马克思分配正义理论的价值目标。

(三) 马克思分配正义理论的当代意义

马克思分配正义理论包含丰富的内容,对当代中国社会发展具有多方面的指导和启示意义,要言之,坚持以人为本、在公有制基础上完善所有制实现形式、把需要引入分配正义,就是其中三个重要的方面。坚持以人为本是马克思分配正义理论给予我们的首要启示;在公有制基础上完善所有制实现形式是马克思分配正义理论给予我们的又一重要启示;把需要引入分配正义是马克思分配正义理论给予我们的第三点重要启示。

我们把马克思分配正义理论的当代意义串联起来看待:坚持以人为本、在公有制基础上完善所有制实现形式、把需要引入分配正义,实际有一条主线贯穿其中,这条主线就是围绕人展开的,这个人不是指少数人,甚至也不是大多数人,而是指每个人。这个人是具体的而不是抽象的,其具体性就表现在根源于其需要的本性和自由发展的渴求。在公有制基础上完善所有制实现形式,是实现社会主义分配正义的制度保障;反过来,坚持以人为本、实现人的自由发展,也是在公有制基础上完善所有制实现形式的主体基础。

平等的两种观念——审视分配平等主义与关系平等主义之争　陆鹏杰,道德与文明,2019(4)

对于分配平等主义者而言,与平等物之争密切相关的另一个核心问题则是探究哪些要素能够使得对平等的偏离是正当的,如偏好、责任、选择或应得等。与分配平等主义不同,关系平等主义强调平等的核心精神是建立平等的社会关系,而非某些物品的平等分配。

实际上,关系平等主义的兴起正是由于其支持者对分配平等主义(特别是运气平等主义)提出了严厉的批评,并试图以关系平等主义来替代分配平等主义,从而在这两种理论的支持者之间引发了一场旷日持久的争论。

一、对还原论的质疑

本文尝试一种针对还原论的“内部批评”,即表明即使我们把焦点放在分配领域之内并且只关注分配的结果,还原论的方案依然是错误的。依照这种“内部批评”,还原论的错误根源在于分配平等主义者所主张的平等只是一种基于公平的机会平等,但对于关系平等主义者而言,即使我们只关注分配的结果,我们也不仅仅关注结果是否公平,关系平等本身也会影响我们对分配结果的道德评价。换言之,对于关系平等主义者而言,只要分配的结果造成了一种不平等的社会关系，那么即使它是公平的，我们也有理由质疑其合理性。所以，还原论的失败就在于其理论沿用了分配平等主义的原有框架而仍然以公平作为唯一的价值根基，从而忽略了平等所具有的这种独立于公平的道德力量，由此无法全面地把握关系平等的核心要点。

二、替代论及其困难

虽然还原论的方案难以成立，并且关系平等主义者确实也有力地表明了分配平等主义存在缺陷，但这仍然不足以实现关系平等主义者的理论初衷，即表明关系平等主义是一种对分配平等主义的替代理论（让我们把这种立场称为“替代论”）。因为针对关系平等主义者所指出的缺陷，分配平等主义者可以主张，这些缺陷仅仅意味着我们应该结合关系平等主义来对分配平等主义进行限制或补充。关系平等主义者若想成功地证成“替代论”，则必须在非关系性益品的分配领域提供一套不同于分配平等主义的替代方案。

就具体的分配方案而言，关系平等主义者到目前为止主要提出了以下两点。第一，在部分关系平等主义者看来，通过诉诸契约论，他们便能在分配领域提供一种替代方案。第二，不同于诉诸契约论，其他平等主义者重点强调了两个方面的分配要求。其一，一个关系平等的社会要求某些益品的分配必须让每个人都满足特定的基本条件。其二，分配上的某些严重的不平等会破坏关系平等。一种更合理的看法是，我们应当把这两方面的要求看成是任何分配正义理论都必须满足的必要条件（而非充分条件），从而也对分配平等主义构成了约束。但显而易见的是，这些约束同样也只是对分配平等主义进行限制或补充，而不是对它的替代。

三、两种平等的共存

沃尔夫主张，我们不应当把平等主义仅仅看成一种正义的原则，而应当把它看成一系列不同价值的结集，并且这些价值之间还会彼此发生冲突。按照他的观点，如果我们意识到平等主义是多元论的，并且是一系列相互竞争的价值的结集，那么我们就应当认识到这里并不存在任何普遍的优先原则，我们需要的只能是一种动态的平衡。当然，仅仅按照何种平等具有优先性的标准来划分不同立场的多元平等主义，这可能尚不足以充分地刻画多元平等主义的内部分歧。但是通过这种区分，我们却可以看到，多元平等主义实际上存在着丰富的理论资源可以回应如何权衡关系平等和其他包括正义在内的道德考量。

四、结语

虽然不少分配平等主义者试图通过还原论的方案来回应这些批评,但这种还原无论是在分配领域之外,还是在分配的过程中以及分配的结果上,都无法全面地把握关系平等主义所提出的道德要求。然而,关系平等主义则由于缺乏一种完整的分配理论而难以实现其理论初衷,即表明其理论是对分配平等主义的替代。相比之下,多元论既承认这两种平等的独特性,又试图把两者都容纳在内,由此更有力地拓宽了当代平等主义者的理论视野。

论经济危机防控中政府道德责任的目标定位 彭定光、钟立华,伦理学研究,2019(4)

政府是对经济危机进行防控的主要主体。它要更好地承担相应的道德责任,首要前提在于合理定位此政府道德责任的目标。这一目标是与政府所应该扮演的两种角色(相对于公民而言的角色和相对于国家而言的角色)和经济本身的两重向度(秩序向度和发展向度)内在相关的,主要包括与经济的秩序向度相关的实现公民经济权利和保护国家经济安全,与经济的发展向度相关的促进经济发展,前者追求的是共存,后者追求的是共享。

一、合理定位经济危机防控中政府道德责任的目标的依据

在我们看来,经济危机防控中政府道德责任的目标定位是否合理,取决于内在关联的三个方面:其一,它是对于某一客观社会生活领域的合理把握;其二,它是对于政府所应该扮演的角色的合理把握;其三,它是对于目标内部构成的合理把握。

二、合理道德目标的主要内容

在我们看来,与经济的秩序向度相关的是实现公民经济权利和保护国家经济安全,与经济的发展向度相关的是促进经济发展,前者实际上追求的是共存,后者实际上追求的是共享。这与政府既要为了全体公民的目标又要为了国家的目标是完全一致的,也与公共生活领域是一个既维护和实现个人权利又追求和实现共同目的、既强调道义又重视目的的领域是完全一致的,并不是从外面强加于公共生活领域和政府的目标。

1. 实现公民经济权利

(1) 公民享有经济权利的根据。公民的经济权利是就政府与公民之间的关系而言的,是取向于公共生活领域所有成员的共存的,是政府对于公民所承担和履行的道德义务。它突显公共生活领域所具有的共存性,并由经济的为人性所决定。

(2) 公民经济权利的构成。公民的经济权利可以从不同的角度来划分,角度不同,公民经济权利的构成因素也就相应有别。不论何种划分,都是与对于经济的理解联系在一起的。由于在我们看来,经济是人类所进行的获取和使用其物质生活资料的活动,既包括“物”的因素又包括“人”的因素,因此,公民经济权利的构成因素也应该从经济的这两个因素来把握。与经济的“物”的因素相应的是公民的财产权利,与经济的“人”的因素相应的是公民的经济活动权利。其一,公民的财产权利。财产权利就是所谓的“产权”。其二,公民的经济活动权利。

(3) 政府对于实现公民经济权利的道德责任。政府的公共性和工具性及公共生活领域的共存性和共享性,决定了政府应该选择和履行对于实现公民经济权利的道德责任,而且,对于特定国家内的所有公民都应该是公平的。这种道德责任的内容在于处理商品经济的经济关系与利益关系,其目的在于通过实现公民的经济权利来让公民个体进行经济自治,维持良好的经济秩序。要实现公民的经济权利,政府就应该既承认和尊重公民的经济权利,又切切实实地保护公民的经济权利。其一,承认公民的经济权利。其二,尊重公民的经济权利。第一,政府应该敬重公民的经济权利,不应该漠视和践踏公民的经济权利;第二,政府应该尊重每个公民对于其经济权利的行使,在任何时候都应该避免僭越公民的经济权利;第三,政府在进行任何经济决策和经济活动时都应该从公民的经济权利出发,以公民经济权利为衡量尺度,以公民的经济权利为其道德边界和道德底线。其三,保护公民的经济权利。第一种措施是实质保护;第二种措施是程序保护。

2. 保护国家经济安全

(1) 国家经济安全的含义。保护国家经济安全就是保护特定国家内所有公民的经济安全,就是指向其所有公民的共存,为所有公民的共存创造条件。国家经济安全指的是主权国家通过经济制度、经济机制和经济能力的建设而保持的能够控制经济风险的秩序状态。

(2) 国家经济安全中国家主权问题在当代的突显。国家经济安全是特定主权国家的经济的整体性安全,这种整体性经济安全与该国内部因素和外部因素直接相关。经济全球化时代所突显的国家经济主权问题,主要不是发达国家所面临的问题,而是在贫穷落后的国家中必定会现实地存在的问题。贫穷落后国家的国家经济主权所受到的冲击,既与特定主权国家内部的经济状况相关,又受到国外经济因素的影响。其一,国家经济自主权弱化。其二,国家经济制度不健全。其三,国家经济结构不合理。其四,国家经济资源配置受限制。其五,国家经济实力不够。由此可见,在商品经济社会里,在经济全球化时代,由于特定主权国家的经济安全受到该国的内部因素和外部因素的影响,因此,国家经济安全的保护必需同时进行“内功”与“外功”两方面的修炼。

3. 促进经济发展

(1) 经济发展的含义。如前所述,经济(包括商品经济)有两个基本的向度,就是经济秩序和经济发展。促进经济发展就是指向经济发展的。促进经济发展是就政府与公民及国家之间的关系而言的,是作为服务者的政府对于公民和国家所承担和履行的义务,它所追求的是共享。由于追求和实现共享有利于经济危机的防控,因此,可以推知,促进经济发展也是防控经济危机的重要措施。

(2) 创造经济发展的条件。由于经济发展被理解为主要是经济的质的方面的提升或者进步,因此,政府以促进经济发展为道德目标和道德责任,就是促进经济的实质及构成要素的发展,实现经济的为人性。这样的条件并不是简单地吸引劳动、资本、技术等经济因素的投入,而是健全经济制度、优化经济机制和提高经济能力。其一,健全经济制度。其二,优化经济机制。其三,提高经济能力。

三、合理定位的目标对于经济危机防控中政府道德责任的作用

在整个人类生活中,虽然政府只具有工具性价值,而不如人一样具有目的性价值,但是,这并不意味着政府作为公共生活领域的一个行为主体,它不追求一定的目的或者目标。合理定位的目标是公共生活领域所需要的,具有公共生活领域其他任何因素所不可替代的地位和作用。就经济危机防控中的政府道德责任而言,合理定位的目标具有如下重要作用。

(1) 明确经济危机防控中政府道德责任的方向。同其他目标一样,政府道德责任的追求的目标是一个关于方向的概念。第一,合理定位的目标确定公共生活领域塑造的目标。第二,合理定位的目标引导政府道德责任的履行。

(2) 它确定经济危机防控中政府道德责任的内容。包括经济生活在内的公共生活领域所要处理的公共事务多种多样,仅仅就经济这一公共事务而言,有的经济事务是主要的,有的经济事务是次要的,有的经济事务是工具性的,有的经济事务是价值性的。

(3) 它确立衡量经济危机防控中政府道德责任的标准。合理定位的目

标是公共生活领域自身的目标,不仅是政府在经济危机防控中所应该追求和实现的目标,而且也是公共生活领域其他主体所追求的目标。

(4) 提供经济危机防控中政府履行道德责任的动力。经济危机的防控需要政府有所作为。政府的作为既要能够有助于导致经济危机的商品经济内在矛盾的解决,又是政府自觉自愿地进行的。这就是说,由于认同并接受合理定位的目标,政府就有了履行经济危机防控中的道德责任的动力源,就会产生积极的态度,提高自己履行道德责任的能力,建立切实可行的体制和机制,主动寻找和运用合理有效的履行道德责任的策略。

我国当代经济伦理学研究的成就、问题及展望 刘琳,伦理学研究,2019(4)

改革开放为我国当代经济伦理问题研究和学科的形成发展提供了丰厚的土壤。回顾40年来中国经济伦理学的发展,从无到有,发展壮大成为具有中国特色的伦理学园中的主干和显学。经济伦理学科体系逐步完善,在市场经济伦理、经济公正、经济自由、道德资本、信用道德建设、企业伦理等研究热点和焦点方面彰显了学科价值和学术特色,经济伦理的理论史研究日臻完善,"走出去"国际交流成绩斐然,实现重大突破,经济伦理学的中国话语体系已经形成,全面建成小康社会需要中国经济伦理学在经验总结和趋势展望基础上,在新时代重新出发。

一、经济伦理学研究40年的历程

(1) 初期发展阶段(1978—1991)。经济伦理学作为一门学科从20世纪70年代的美国开始兴起,随后在西方发达资本主义国家稳步发展,美国大学开设了"经济、伦理与社会""经济伦理学""商业伦理学"等等课程,许多案例教学教材也涌现出来。中国经济伦理研究的发生发展与我国从农村到城市的改革开放进程有着密切关系。

(2) 突破发展阶段(1992—2002)。20世纪90年代是我国经济伦理研究的突破发展阶段,这一阶段出现的研究成果呈现爆发式增长的状态。国内经济学界和伦理学界在20世纪90年代中期前后,以经济伦理学命名或者研究经济伦理主题的学术论文和著作开始大量产生,经济伦理学学科进入初创阶段。此间学界发表了第一篇研究中国经济伦理学理论体系的标志性文章——《经济伦理学论纲》(王小锡),此外还有反映了学科理念的系列论文。

这些开拓者的研究都奠基了经济伦理学科的基础理论问题。因此,国外的经济伦理学研究也逐渐地被翻译到国内,经济伦理研究从理论到实践呈现出繁荣发展的局面,我国的经济伦理学科体系逐渐成形,主要表现在:其一,经济伦理学的学科体系内容在坚实的理论基础上逐渐完善,具有一定的理论说服力;其二,经济伦理学的学科专有范畴或者理论特色不断提炼并且深度拓展;其三,经济伦理学的应用性研究已经成为学者们自觉的研究路向。

(3) 繁荣发展阶段(2003 年至今)。进入 21 世纪之后,2002 年党的十六大提出我国全面建设小康社会的目标。随后的科学发展观的提出,表明全面建设小康社会要逐步落实到政治、经济、社会、文化等建设工作的方方面面。随着我国社会主义市场经济体制建设逐步走向成熟,相关研究日益增多。如前所述,改革开放以来,建立在 20 世纪 90 年代出现的大量各类主题的研究成果基础上,伴随着中国特色社会主义道路的推进,出现了几部梳理、归纳、总结和前瞻中国道路中的经济伦理问题及实践经验的著作。

二、经济伦理学 40 年来的成就

改革开放 40 年来的经济发展实践给我国经济伦理研究提供了广阔的理论创新土壤,包括经济学界和伦理学界的学者投入到经济伦理研究领域,形成了丰富的理论成果。40 年来的中国经济伦理学研究呼应着我国当代改革开放的伟大实践,从学科界定、核心范畴厘定、理论史梳理到多层次学科问题研究,标志着经济伦理学的中国话语体系的形成。

1. 经济伦理学科体系从无到有且逐步完善

(1) 经济伦理的学科界定及相关问题。许多学者从定义“何为经济伦理研究”开始来界定经济伦理学科,也就是从研究对象的划定入手界定一门理论科学。综合观之,这些关于学科界定的观点反映了学者们在经济伦理研究初创时期就具有了宝贵的学科自觉意识,虽然其中有“三层次说”和“四环节说”等不同看法,但并不影响经济伦理研究在今后的市场经济改革进程中不断发展壮大。

(2) 经济伦理学科框架的形成。一门学科是否成立和成熟还需要学科体系框架的形成。自从经济伦理研究伴随改革开放提出之后,学者们始终在完善经济伦理学的学科框架。综合观之,已经形成了以“四环节”为核心,加上宏观经济制度、中观企业伦理、微观个体伦理等“三层次”的经济伦理学科体系。

(3) 经济伦理学科范畴的成熟。学科范畴是一个学科成熟的基础,是彰显学科研究问题域的标志。国内经济伦理研究自诞生以来就面临着独特的经济环境，也就是改革开放以来的由单纯的计划经济向市场经济转变的环境。这说明经济伦理学科范围的开放性，但是也正因如此会被诟病作为一门学科的经济伦理学是否可以成立，这是今后经济伦理学研究要加以高度重视的方面。

2. 经济伦理研究热点彰显学术价值和学科特色

经济伦理学研究在 40 年来形成了若干研究焦点和热点，在取得理论共识的同时也存在着争论。在学科初建和发展时提出新的概念范畴出现争论是学科发展充满活力的表现。呈现这些焦点和热点中的共识及争论是未来经济伦理学研究更进一步的镜鉴。

（1）市场经济伦理研究。市场经济的伦理建设所要面对的是利益分化和阶层分化，对弘扬集体主义价值观是巨大挑战。打破“市场神话”进而主张建立社会主义市场经济伦理规则，也是我国改革开放积累了经验逐渐走向稳健成熟的理论标识。

（2）信用伦理。市场经济是信用经济，但是信用缺失问题却是我国向市场经济体制转变过程中出现的难题。由于信用问题在新时代仍然具有普遍意义，学术界对此问题的研究持续进行且态度一致，在学理论证上尚有可以挖掘的空间。

（3）道德资本。改革开放 40 年来在经济伦理研究的核心范畴凝练中，道德资本是极具创新性的概念。王小锡教授提出的道德资本的核心概念，已成为引领经济伦理学科发展的卓越理论成果。道德资本的提出填补了经济伦理研究在实践问题层面的理论支撑空白。从概念界定上来看，道德资本不仅具有物质形态，更是包括道德理念、道德规范及价值特性的精神资本，它不是独立的资本形态，而是贯穿于经济体系的资本循环中的渗透型资本，它不能用具体的货币来衡量其存在，但它发挥的作用却可以体现在物质资本量的扩张上面。

（4）分配正义。分配正义论题是伴随着改革开放初期就出现的公平与效率的讨论而逐渐聚焦的。随着改革开放的继续前行，作为经济伦理最具有社会价值的分配正义理论研究必将形成极具政策参考价值的思想成果。

（5）企业伦理。作为中观层次的企业伦理研究是经济伦理学研究的重要实践问题研究场域。企业伦理是研究企业道德现象的科学，包括企业经营道德、分配道德、财务道德、技术道德、广告道德、环境道德、企业家道德等多个方面。企业道德范畴包括企业权利、企业义务与责任、企业良心和企业荣誉等等范畴。这些都是已经成熟的企业伦理内容。

3. 经济伦理的理论史研究日臻完善

从经济伦理学科发端时起,对经济伦理史的研究即同步开展。总体比较而言,中国传统经济伦理思想的研究成果表现得更为突出。另外还需要在中外经济伦理的对比研究方面加大力度。

4."走出去"国际交流成绩斐然,实现重大突破

五四以降,我国学术始终处于西学东渐的潮流中,中国的学术思想由于语言文字和文化差异,很难在海外展示中国学术话语权,而王小锡教授实现的突破是非常宝贵的创新。

三、研究趋势及展望

经济伦理学40年来的研究贡献了丰硕的理论和实践成果,为我国改革开放扬帆起航做出了思想贡献。但还是需要在经验总结和趋势展望上看到局限及廓清思路,推动中国经济伦理学研究在新时代重新出发。

(1) 问题研究还需要进一步深化。目前学界普遍认为经济伦理学是一门交叉学科,它涉及经济学、伦理学、管理学等学科门类。它涉及的问题域通常也是这些学科的研究领域。需要在经济伦理研究领域耕耘的学者进一步深化作为经济伦理特有问题的研究和提炼,进一步完善经济伦理学的学科属性和理论体系。

(2) 加强学科核心范畴的提炼。学科核心范畴是支撑学科的支柱。这些范畴包括学科基石范畴、核心范畴、支援范畴等等方面。目前经济伦理研究已经具备了经过充分论证的道德资本、经济正义等核心范畴,但是在其他范畴方面还缺乏更多的提炼和论证。这是当前经济伦理学研究的薄弱环节。

(3) 夯实学科理论史的挖掘研究。厚实的学科理论史研究肥沃了学科研究的理论土壤。目前对国外经济伦理思想史的梳理和思想挖掘成果较为丰厚,但更为急需的是深度挖掘中国传统经济伦理思想,进而形成更加完善的包括中国、国外、马克思主义这三大理论进路的思想史资源宝库。

(4) 推动经济伦理研究成果继续走向世界。国内外经济伦理研究的学术交流已经蓬勃开展。

总之,我国当代经济伦理学研究需要紧扣新时代改革开放脉搏再出发。随着我国改革开放伟大事业40年后的再出发,经济伦理学研究也要把握住新时代的脉搏,在诸多方面继续深入研究。当前我国社会主要矛盾已经转化为人民日益增长的美好生活需要和不平衡不充分的发展之间的矛盾。经济伦理学要继续深入研究那些与人民的美好生活需要相关的问

题，研究如何从站起来、富起来到强起来，推动新时代主要矛盾逐步化解的历史进程。此外，经济伦理学要紧密结合新时代中国特色社会主义，研究中国的特殊问题，提出解决方案。

正义还是人道：贫困治理中一个亟待解决的问题　王成峰，华中科技大学学报(社会科学版)，2019(4)

在贫困治理问题上，全球正义理论和人道主义理论都支持对贫困人口进行援助，而且这两种理论互相补充，提供了进行贫困援助的比较充分的理由。然而，安格斯·迪顿对“援助错觉”和“援助两难”的阐释，却揭示了贫困治理中正义与人道之间存在冲突。对贫困的直接援助固然是人道的，但却可能不利于实质性的结果正义的实现，并最终妨害到人道本身。贫困治理中的正义与人道的冲突，对我国当前的贫困治理也提出了新的挑战，这要求我们必须重新理解贫困以及穷人，并寻求差异化的贫困治理策略。

一、正义与人道：贫困治理的两种路径

在全球贫困治理的问题上，人们往往出于两个方面的原因而去帮助处于贫困中的人口：一是出于实现全球正义的要求，一是出于人道主义的精神。

全球正义是罗尔斯关于国内制度正义理论的扩展，追求一种普适性的人类正义理想。当代全球正义理论者，如托马斯·博格、奥诺拉·奥尼尔等，都将生存权视为最基本的人权，强调应该保障人生存所必需的营养，在全球范围内消除贫困则是实现全球正义的最低层次的目标。基于正义的要求，人们往往把对贫困国家或地区的援助视为发达国家或地区的责任与义务，无论是罗尔斯的分配正义的理论原则，还是诺奇克的持有正义的理论原则，都支持将对贫困国家或地区的援助视为一种强的道德责任。

人道主义精神是人们帮助贫困人口的另一个重要原因。作为哲学概念，人道主义与人本主义紧密联系着，它关注人的价值问题，强调人格尊严的平等，以及保障基本人权的重要；而在实践上，人们往往也把人道主义视为扶危济贫的仁爱和慈善精神。扶危济贫在不同形态的宗教和人类社会文明中几乎都存在着，在亚里士多德看来，帮助穷人是一种慷慨的美德，在儒家文化中，帮助穷人则是仁爱精神的体现。日常生活中，人们似乎也更多是出于同情而去帮助弱者，而非出于正义的理性要求。国际上针对欠发达国家或地区贫困人口的援助，也经常被称为人道主义的救助行动，而非称为实现全球正义的行动。

二、援助错觉与贫困援助的两难

在如何消除贫困问题上,人们往往会坚定地认为,有援助总是好的,富裕国家有责任对贫困国家进行援助,如果我们能为穷人提供足够多的援助,那么消除贫困将会是轻而易举的事情。然而,迪顿在对全球贫困问题的研究中指出,在消除贫困问题上人们一直存在着“援助错觉”。他指出:“这些错觉认为,只要富裕的人们或者富裕的国家多给予穷人或者贫困国家一些金钱援助就能够消除贫困。”迪顿认为,人们经常过于简单地把贫困治理问题理解为一个工程学的问题,视援助为一种解决贫困问题的“液压流动”式的方案。按照这种理解,我们只需有贫困的标准,并且计算出全球贫困人口与达到这一标准之间差距的资金总量,然后给予相应数量的援助,那么贫困问题就可以轻而易举地解决了。然而问题远非这么简单,这种方案既忽略了那些没有依靠大量援助,却在减少贫困事业上取得巨大成就的国家的卓越经验,而且也没办法回答,在全世界每年援助总额早就达到了消除贫困所需的资金总额的情况下,为什么当今世界依然存在大规模的贫困现象。

三、人道的归人道,正义的归正义

具体到我们国家内部贫困治理的问题上,事实上当国家提出要完全消灭贫困的时候,我们已经在实质上确立了人道优先的原则。我国当前精准扶贫中强调坚持开发式扶贫与综合性保障扶贫并重的模式实际上就是保障以下两种“尊严”的有效供给:一种尊严可以称之为生存的尊严,这是任何人作为生命存在所必需的基本要求,它是外部所给予的尊严;另一种尊严可以称之为自我的尊严,它表现为一种依赖于自我生命能力的实现感,寻求的是生活机会的供给。前者,我们只应该寻求人道主义情感的满足;后者才需要顾虑正义的问题。

集团伦理需关注认同与承认的统一　杨国荣,社会科学报,2019-04-11

随着市场经济与多元文化对人们行为的层层解构,我国社会中不道德现象日益增多。集团伦理成为当前我国伦理建设探索的又一维度。那么,“集团”如何界定?集团何以成为道德行为的主体?集团涉及怎样的伦理关系?本文围绕上述相关问题展开了讨论。

一、集团成为道德行为的主体

集团伦理关乎集团的伦理意义。集团包含更具体的规定。从其自身存在形态来看,人总是既以个体方式存在,又处于一定社会关系之中,集团从一个方面突显了人的社会性的品格。在较为严格意义上，集团可以看作一种有组织的人群，其中的成员之间具有多样的关系。从更为内在层面看，集团中的成员总是具有共同或相近的价值取向、利益关切。从伦理学上说，行为的主体常常表现为个体，在什么意义上，集团可以成为道德行为的主体？从社会实体与社会主体的关联这一角度理解集团，则是其中一种可能的思路。在集团中，agency 和 agent 似乎融为一体，它从一个方面体现了社会实体与社会主体之间的统一。进一步看，社会实体与社会主体，本身在不同意义上涉及不同的社会关系。可以说，正是这种现实的社会关联，为集团融合社会实体与社会主体提供了前提。社会行动与社会责任相互关联。作为行为主体，集团同时又是责任的承担者。集团中不同成员和个体在集团行动中的作用并不完全相同，所承担的责任也相应地各有差异。

二、集团涉及多样的伦理关系

集团及其行动同时涉及多样的关系，包括集团与集团之间的关系、集团与集团之外的个体的关系、集团与社会之间的关系。在集团内部，存在着集团成员（个体）和集团之间的关系。从伦理的角度看，集团所要处理的问题，主要是不同的关系，包括集团与集团之间、集团与集团之外的个体等关系。从集团内部来看，应当关注认同与承认的统一。在社会发展的过程中，个体的社会担当、家国情怀所体现的主要是认同意识。与之相辅相成，集团对个体的承认，则需要通过切实地提高个体在经济、政治、文化等各个方面的存在境遇，使之与社会的发展同步形成某种具体的"获得感"，由此进一步深化对集团的归属意识。

三. 个体在集团中的责任与贡献

认同与承认同时关乎集团与个体更为深层的关系，后者首先体现于避免集团的个体化。进一步看，这里同时关乎责任问题。集团中的不同成员对于集团的责任往往也存在差异。以上主要侧重于从消极的方面，即避免利用集团来掩盖个体的责任。与之相反相成的是，在积极的意义上承认个体在集团中的不同贡献，避免无视集团之中的个体成员在具体作用方面的差异。

义利之辨与做大丈夫——孟子对于国君、士人的道德劝谕　杨海文，广西大学学报（哲学社会科学版），2019(4)

《孟子》首章的主题是义利之辨，旨在"格君心之非"，这是孟子对于国君进行的道德劝谕。《孟子》的主题是做大丈夫,旨在“志于道”,这是孟子对于士人进行的道德劝谕。无论国君还是士人,做人都是永远在路上的大事。在位者要有责任伦理,有德者要有信念伦理,这表明孟子对于国君、士人进行的道德劝谕具有发人深省的历史意义与现代价值。

一、义利之辨与“格君心之非”

孟子见到梁惠王,梁惠王问:“亦将有以利吾国乎?”针对梁惠王的提问,孟子的回应是:“何必曰利？亦有仁义而已矣。”你何必说利呢？只要有仁义就够了。孟子一下子把问题从梁惠王说的“利”转到了“仁义”。假设梁惠王问的是富国强兵,那么,孟子就没有接他的话题,而是转到了仁义。仁义与利是什么关系？一旦慢慢推进义利之辨,就要讲到“正名”,因为“名不正,则言不顺”,很多事情是办不成的。在治国理政方面,以功利为名,还是以仁义为名,这是两条不同的路线,是霸道与王道的区分。以功利为名,是霸道;以仁义为名,是王道。梁惠王的提问明显是想搞霸道,孟子要以王道把他的霸道顶回去。所以,不管梁惠王问的是富国强兵之利还是其他利益,孟子都会直截了当地说:“何必曰利？亦有仁义而已矣。”

“孟子见梁惠王”这一章的主旨是“格君心之非”。白话文翻译为:“小人不值得谴责,他们的政治不值得非议。只有大德之人才能纠正君主不正确的思想。君主仁,没有人不仁;君主义,没有人不义;君主正,没有人不正。一旦君主端正,国家就安定了。”原文是:“人不足与适也,政不足间也。惟大人为能格君心之非。君仁,莫不仁;君义,莫不义;君正,莫不正。一正君而国定矣。”孟子是知识分子,梁惠王是诸侯。《孟子》首章讲孟子见梁惠王,孟子对于统治者提出义利之辨的道德劝谕,要把诸侯心里那些不好的思想删除得干干净净,涉及知识分子与统治者的关系。假如统治者不能按照这一要求去做,像孟子这类知识分子该怎么办呢？所以,下面要转到人文知识分子如何做大丈夫。

二、做大丈夫与“士志于道”

《孟子》的思想主题是士阶层如何做大丈夫,如何成为真正的知识分子。战国时期,诸侯搜刮民财、兼并土地、富国强兵。孟子提出这样的观点,是为了让更多的知识分子坚守道义的底线。道义的底线就是要有真正的羞耻感。《孟子》讲过:没有恻隐之心,没有羞恶之心,没有辞让之心,没有是非之心,就不是人。羞恶之心、羞耻之心是相通的。《孟子》说:“人不可以无耻。无耻之耻,无耻矣。”任何人都不可以没有羞耻感。不知羞耻的那种羞耻,才是真正的不知羞耻。因此,谈义利之辨,必须在底线意义上对于道义本身予以肯定、充满自信，能够让人们在底线上免于无耻。顾炎武曾说："故士大夫之无耻，是谓国耻。"如果连知识分子都不能在义利之辨上坚守自己的底线，这才是整个国家真正的悲哀。

三、做人永远在路上

义利之辨与做大丈夫是"路漫漫其修远兮，吾将上下而求索"，我们将一直走在这条路上。不管路途有多远、走得多艰辛，我们都应当静下心来，在这条路上走得坚实、坚挺一些。如果我们的内心世界越来越坚强，我们至少在底线上是对得起自己良知的人。良知只是一个是非之心，是非之心就是要真实地尽自己的好恶。好的东西，你赞美它；不好的东西，你批评它。良知只是一个是非之心，尽了好恶，也就尽了是非之心。良知是支持孟子的义利之辨与做大丈夫最坚实的理论基础。有良知的指引，我们就能在义利之辨与做大丈夫的路上一直顽强地走下去。

先秦儒家的"富德两难"问题　*李晨阳、刘琳娜，文史哲，2019(5)*

一、两个相互矛盾的命题

先秦儒者针对物质富裕和道德修养之间的关系表述过两种看似矛盾的言论。分析孔子和孟子的言语，我们发现他们所表达的两种观点之间似乎存在着一种张力。虽然他们没有将这些观点显题化，但从他们的言语中不难推出这种矛盾关系：一方面，物质财富是道德修养的先决条件；另一方面，道德修养可以独立于物质财富而得到实现。这是我们解读早期儒家时遇到的"富德两难"问题。该如何处理这一问题呢？

二、协调富德关系的四种可能方案

(1) 二命题之一为假。解决这一矛盾的最简单的方案是，断言上述两命题之一可能是错的。这种思考方式有一些依据，毕竟孔孟都没有明确地论述过这两个命题。然而，这种理解有其局限性。孔子确实认为物质富裕对道德修养至关重要，孟子在这一点上的表达更为明确。如果接受物质富裕是道德修养的先决条件，则又无法解释儒家道德规范对贫穷人的有效性。总之，不论是认为道德修养可以独立于物质条件，还是认为必须以物质富裕作为道德修养的前提，在理论上和先秦儒家文本的解释上都会遇到相应的问题。

(2) 不同物质条件对应不同德性。另一种解决方案或许比第一种更有说服力：孔孟的观点可以被理解为，人们需要财富来培养某一些德性，而另一些不同的德性则不需要以财富为基础。他们的一些言语中确实暗示了如此解读的可行性。然而,这种解决方案的主要问题是,它使贫穷和富裕对于道德修养的作用显得毫无区别。但如果是这样的话,那为什么孔子和孟子都刻意推动社会经济走向富裕呢?此外,如果人们需要贫穷来更有效地培育某些德性,那么社会是否应该刻意创造贫困呢?答案应该是否定的。所以,第二种解决方案也并不像初看起来那样可靠。

(3)物质价值独立于道德价值而存在。第三个可能的答案是,尽管物质富足不会比贫穷更能促进道德修养,但它在其独立的层面上改善了人民的福祉,因此它本身具有独立的价值。这个想法通过将道德与物质分开,证明追求物质价值有其合理性。这个看起来十分务实的叙述,实际上也有其弱点。在孔子和孟子思想中,物质与道德这两个维度并不是分离的。儒家伦理则注重人格的培养,人格的养成需要一定行为进行习惯性训练,这就需要充足的物质条件。在这个意义上,物质富裕似乎是道德修养的必备条件。由此,第三种回答也会遇到困难。

(4)区分不同的说教对象。"富德两难"问题还有第四种可能的解决方案,即区分不同的说教对象。按照这种观点,志向坚定的或者已经有了良好的道德修养的人不需要依赖物质条件进行道德修养,但对于志向不坚定的人或者道德修养欠佳的人,则需要首先关心他们的物质水准,以使他们可以进一步在道德上得到培养。这在一定程度上可以解决上述道德和物质之间的矛盾问题。但问题在于:它似乎与儒家认为道德失败是由于人的内在弱点而非外部因素所致的普遍观点有所冲突。综合上述,以上四种解读各有其困难。

三、从社会整体视角看问题

在上述四种解决方案中,第四种最有说服力,可是它也有很大的局限性。那么,该如何解决这个理论难题呢?一个可能的解决办法是,从个人和社会这两个层面,区分看问题的角度。孔孟关于人可以无视物质条件而进行道德修养的言论,是针对个人层面而发的;而他们强调道德教化要以物质条件为基础的言论,则是针对社会层面而发的。

但从社会的层面上看,总有一些人无法仅仅靠自己的坚强意志实现道德的目标,而成为失败者。如何理解这一问题呢?社会层面与个人层面的根本不同,在于社会现象服从统计学的概率规律。从统计学的概率角度看,在一个社会里,必然会有不成功的人。我们对社会物质环境与道德修养的关系也可以做类似的解读。虽然每一个个人都可以有在艰难困苦的环境中实现自己的道德理想的能力,但是,可能性不等于现实性。从社会层面看,总是有人需要比较好的物质环境才能实现道德修养。因此,孔子和孟子都主张创造良好的社会物质环境,以提升社会整体的道德修养。

如果承认很多人需要经济基础来培养道德,这是否会给贫穷之人不做修养以借口呢?儒家的回答不是仅从单一的角度立论,而是兼顾了个体和社会两个层面:一方面,儒家强调个人努力在道德修养中的重要性,修养的成败取决于他的意志与决心;另一方面,从社会的层面看,儒家确实认为社会,特别是政府,对未能教化年轻人是负有责任的,至少是部分的责任。

总而言之,儒家认为,物质和道德两种价值并非相互独立,而是紧密关联的,物质富裕对人的道德修养有着非常重要的意义。因此,为了建设一个良好的社会,政府必须注重民生,帮助人们过上体面的生活,从而为实施教化提供必要的物质条件。

效率违约理论的价值冲突 孙良国、赵梓晴,东北师大学报(哲学社会科学版),2019(5)

温州永嘉县人民法院的一个判决引起了广泛关注。媒体为吸引眼球,将之概括为"不买房进班房"。刘俊海教授表示,法院的判决不符合选择违约自由的司法理念。相当数量的法官和学者也持有相同或者类似的观点。上述情况绝非个案,基于各项房价调控政策而席卷各地的退房潮拨动了当代中国法治的敏感神经,对中国法治提出了明确挑战。核心问题在于,房价下跌时,买方是否可以支付约定损害赔偿金而不履行合同?认同基于效率而有权违反合同且对方不能主张实际履行的理论称为"效率违约理论",效率违约理论支持违约自由的理念。笔者主要从解释论和立法论两个层面进行分析,既要分析我国现行法以及通说对效率违约理论的立场,也要从立法论的角度对其进行审视,看其在理论上是否合理以及是否能够产生更好的效果。

一、我国合同法、司法以及学术界的立场:拒绝效率违约理论

效率违约理论的核心问题是损害赔偿与实际履行的关系问题,而笔者从以下三个方面阐释我国合同法上实际履行与损害赔偿之间的关系,初步评判效率违约理论在我国法律上的地位:合同法确认实际履行是首要的任意性救济方式;司法实践贯彻"实际履行"为首要的任意性救济方式;学界认同实际履行为首要的救济方式。综上,我国立法、司法实践以及学界通说都赞同实际履行是违约责任的首要的任意性救济方式,损害赔偿不能替代实际履行。换言之,现行立法、司法以及学界通说的立场非常清晰:拒绝效率违约理论。

二、效率违约理论的效率悖论

如波斯纳所举案例是否真的能够效率。这是“效率违约理论”必须首先直面且需回答的问题。效率违约理论的正当性根据应为合乎法律对效率的追求。然而笔者此处探讨的是效率违约的案例真的像效率违约理论的拥趸所证明的那样能够增加福利、实现福利最大化吗？尽管波斯纳的案例似乎证明了在上述情况中的确能够实现效率最大化。然而，仔细探究该案例，其结论经不起认真推敲。理由是：波斯纳所举案例的场景在市场语境下不具有典型性；实现效率的前提条件不具备；制裁优势谈判能力而降低效率；效率违约理论还会遭遇诸多信息难题，会降低效率；效率违约理论也忽视了因违约必然会增加的新的交易成本。这意味着，效率违约理论其实并不能在一般意义上实现其所立基的效率。

三、效率违约理论损害合同法的多元价值

到目前为止，合同法一元的价值虽然有直觉吸引力，但的确从来没有哪个国家的合同法按照一元论原理立法。因为合同法的价值不是一元的，而是多元的。规范性法律理论必然是多元的而非是一元的。多元性的法律理论的突出优势在于，能够正当化其所建议的制度；而一元论的理论则不能恰当地完成该任务。作为效率违约理论基础的法律经济学就是一元的理论，其无法真正面对以下批评：违反了合同法的道德价值；曲解了商事缔约的现实与实践；泛商品化；错误解读了约定违约金条款作为自治性安排的意义。

四、效率违约理论以及判决的法律效果与社会效果

违约案件裁判中社会效果与法律效果的关系也是类似处理的焦点问题。在大规模交易时代，违约案件的裁判具有相当强烈的信息传递作用和示范性作用。因此，我们必须有效处理案件裁判中法律效果与社会效果的关系。本文从两个方面进行论述：效率违约理论下裁判的法律效果与社会效果的关系；效率违约理论下裁判的“社会效果”背后的理念及其评判。

五、结论

目前我国违约责任中实际履行与损害赔偿的规定是合理的，体现了合同法道德性与效率的协调统一。无论从立法还是司法观念上，违约自由都不是现行法所倡导的而是所坚决否定的。即使作为违约自由根据的效率违约理论，自身也不能通过效率的检测，也不能通过道德以及风险分配功能的审查。合同法的宗旨之一是鼓励优势谈判能力的形成和合理使用。

简单地以所谓的社会效果否定法律规则的观念为现代法治观念所反对。当然，商业交易中，在很多情况下，合同文本可能并非当事人在所有情况下都愿意坚持使用的，当事人可能会基于商业习惯、商业声誉以及其他非法律因素考虑来调整合同，我们也予以鼓励但却不能强制。

义利之辨与儒家公共性思想的展开 朱承，哲学动态，2019(5)

从儒家思想史看，义利之辨虽然不能简单等同于公私之辨，但是公私问题依然是其核心要义。在公共生活中，公义和私利在何种情景下、何者更具有优先性的思考，是义利之辨的实质之一。在儒家看来，良好的公共生活需要个体让渡部分私人利益来落实公义，并以此促成社会的和谐。义利之辨中的公共性优先原则，在儒家的仁爱学说、大同理想、修身工夫等思想中也有体现。就此而言，义利之辨是儒家公共性思想的逻辑展开。

一、义利之辨蕴含公私之辨

出于为“义”或者为“利”进行辩护的目的，围绕“义”和“利”二字原始字义的差别性理解，思想史上出现过很多对于义利关系的辨析和解释，如重义轻利、重利轻义、义利并重、义也是利、利未必不义、见利思义等，还如将“义”理解为适宜、仁义、公义，将“利”解释为自然之利、私欲之利或者公利、私利等。尽管这些论断都能从文献上找到相应的依据，但是，如果我们不过分纠缠于汗牛充栋的文献记载，而采取化繁为简的态度，就可以直接面对“义利之争”所带来的公共性与私人性的分野问题，并由此反思人们在公义和私利之间的价值选择，进而体会儒家在公共性问题上的立场。

然而，无论是义利之辨还是公私之辨，其本质意义不在于是否要彻底否定个体私利，而在于指导人们在社会公共生活中，如何去认识在义与利、公与私之间的度量、取舍问题。换言之，义利之辨、公私之辨，讨论的是在公共生活中人们如何进行价值判断、义利衡量、行为选择的问题，注重公义和私利在何种情景下更具有优先性的思考，而不是公义与私利的互相对立与互相否定。从这个视角看，当我们从公私之辨的角度来审视义利之辨的时候，是选取了义利之辨多维向度中的一维，那就是人们在公共生活中如何看待公义和私利、公共生活与私人生活，如何在公义和私利的权衡、度量中，寻找到一条合适的道路来实现个体的充分发展与社会的大同团结，即既尊重个体的自由、全面发展，又重视社会的和谐、正义。在这个意义上，我们仍可从公私之辨的角度来讨论义利之辨，并从中认识儒家公共性思想的呈现与展开。

二、公共生活中的公义和私利

儒家的义利观促使人们在公共生活和私人生活中思考:当公义和私利、公共性与私人性发生冲突时,究竟何者应该具有优先性,为什么会具有优先性,这种优先性对于人们的生活有什么意义。“事无大小,皆有义利。”(《朱子语类》卷十三)在社会公共生活中,不论宏大还是细微的事务,只要涉及人我关系、群己关系,大致都与义利、公私问题关联,都有一个公义和私利的权衡、度量和选择的问题。在义利之辨中,儒家提供的方案是让渡部分私人利益成全公共之善,虽然在具体的生活场景中,有可能出现为“整体主义”所裹挟而彻底否定私人利益的现象,但这不能成为忽视儒家为了促成人类的大同团结而提倡对个人利益予以适当约束之苦心的原因。生活中,处处都存在“义利之争”,面对这些“义利之争”,人们提供了很多解决方案,而儒家秉持公义优先于私利的鲜明立场,坚持公共性高于私人性,为人们应对“义利之争”提供了一种可能性方案。

三、义利之辨与儒家的公共性优先原则

如上所述,在义利之辨的思想情景下,当人们遇到个体私利与社会公义发生了某种冲突时,儒家主张人们应该放弃自己的部分私利以成全他人、成全公义,这一“私利”所指,甚至包括生命,此即所谓“舍生取义”。这是儒家在义利之辨中表达的一贯主张,呈现了一种公共性优先的原则,实际上,公共性优先的原则正是儒家思想的特质所在。儒家的思想观念里,凡涉及群己关系、公私之辨的话题,儒者大多倾向于约束自己、放弃个体的部分利益来成全他人、成全公共生活,正如朱熹所言,“而今须要天理人欲、义利公私,分别得明白”。(《朱子语类》卷十三)。天理人欲、义利公私的选择,标志着儒家的价值取向。可以认为,“公义优先于私利”的主张,是整个儒家思想中公共性优先原则的一个具体体现,是儒家公共性思想的逻辑展开。

理性利己的幸福是否可能——安·兰德幸福观的悖论　孙旭、李继凯,人文杂志,2019(5)

一、问题的提出

作为客观主义哲学的开创者,安·兰德的伦理学强调理性的利己。但是,兰德对理性与情感、利己与利他、物质与精神、幸福与快乐之间关系的认识是混杂的。这种混杂和糅合构成了兰德理性利己主义幸福论的思想特征,也让人对其合理性产生疑问:完全理性利己的幸福是否可能?

目前的研究对这一问题的回答缺乏客观的态度。要对其形成一个客观的评价,则必须将其置入相关的理论谱系。本文以比较的视野,尝试在相关理论谱系内考察兰德的幸福论思想,努力以客观的态度对其思想达成中肯的认识和评价。

二、幸福与道德

当兰德认为“自己的幸福是人最高的道德目标”时,就有招致误解的可能。所以她必须说明道德与幸福之间的因果关系。她从两个方面来认识幸福与道德的关系。什么是幸福?兰德认为,第一,幸福的基础是理性。第二,幸福是目标。那么,什么是美德?兰德将美德等同于价值。那么,价值的标准以及人的终极价值是什么?兰德认为是人的生命,为了维护人的生命,人必须要有理性、目标和自尊,因而这三者也就构成了兰德客观主义伦理学的三个最重要的价值。只要符合这三个价值的行为,就都是道德的。

兰德看似极其讲究因果关系的幸福论有明显的现代规则伦理的特征,讲究实现幸福的目的、原则和方法。但是她又有向传统德性伦理靠拢的意图,借用传统道德话语如“美德”等关键词,却赋予其新的内涵。这种调换传统道德话语关键词所指的方法,在兰德的幸福论中还表现在她对“理性”一词的重视与重构。

三、理性的幸福

兰德的客观主义伦理学特别突出理性的意义。兰德对理性幸福的强调,一方面迥异于亚里士多德幸福思想中对“努斯”的重视;另一方面与康德强调“经验”在幸福活动中的重要意义相背离。

兰德理性幸福论的特征也是其局限,就在于其混合了情感偏好和理性概念。兰德的理性混合了其强烈的主观动机,“扩大了理性的概念”,并没有摆脱唯心主义的框架。兰德强调幸福的理性基础本无可厚非,但是幸福也毕竟是一种主观的感受。作为一种情感体验,幸福应该是逻格斯和努斯的结合。幸福是价值的体现,但是将理性当作实现幸福的手段,无疑将理性变成了一种机智和技巧。而且,最为重要的是,当我们以理性的技巧计算哪种价值最有益于人类的幸福时,我们是否如美国哲学家罗蒂认为的那样,陷入了“逻辑的堆砌”和“理念的固守”,因而更不可能获得幸福?

四、幸福的利己性

兰德强调幸福的利己性。兰德认为,理性主体自己创造自己的幸福。如何处理自己的幸福与他人幸福之间的关系问题,也就是利己与利他的问题,是兰德客观主义伦理学的理论焦点,也是备受批判者诟病的部分。

兰德过于强调利己是一种理性的、主动的价值选择。但是,这一选择的后果并不是真正实现了她所谓的利己,而是扩大了利己的内涵。兰德认为,自己以价值、行动以及现实为导向的理性利己主义,可以实现幸福的利己性。但是这样一种所谓利己的幸福,无疑是偏激的,也在一定程度上是一种自说自话:只要我认为是理性的,所有利他的幸福都是利己的。

五、成功、快乐与幸福

兰德的幸福论将成功、快乐与幸福相等同,突出成功之于幸福的意义,赋予快乐与幸福相同的内涵。首先,兰德强调成功之于幸福的重要意义。这有其合理性。但是,当兰德将成功之于幸福的意义绝对化时,她的幸福论也就陷入了唯成功论的偏颇。其次,兰德将快乐与幸福相等同。兰德对快乐与幸福之间关系的认识比较含混。她一方面批判快乐主义建立在情感而非理性的原则之上,只是满足情欲中的低级部分;另一方面又在很多地方将快乐与幸福等同,认为快乐是人的价值的体现,因而与幸福拥有一样的内涵。强调成功与快乐在幸福中的重要意义,也有其合理性。但是将成功、快乐以及幸福的关系绝对化,无疑就有丧失其思想合理性的危险。

六、结语

兰德的幸福论虽有悖论,但不乏诚实,对理性、价值、物质、人的生存以及创造性的推崇有其积极意义。认识兰德幸福论思想的悖论,肯定其合理性,既可以从学理上认识兰德贡献于现代思想的力量,也可以一定程度上拨正目前兰德接受的误区。从这种意义上而言,探讨兰德的幸福论及其意义既有学理性也有现实性。

马克思政治经济学的哲学性质问题论纲　宫敬才,河北学刊,2019(3)

任何政治经济学都具有哲学性质,资产阶级经济学也不例外。马克思政治经济学具有哲学性质是客观事实,从不同角度看这一事实会呈现不同的结果:随机角度呈现出来的是众多经济哲学观点;自成体系角度呈现出来的是劳动历史唯物主义;微观角度呈现出来的是对资产阶级经济学的哲学基础的批判、政治经济学范畴中的哲学、政治经济学命题中的哲学和政治经济学理论中的哲学;元经济哲学角度呈现出来的是政治经济学逻辑前提论、经济哲学本体论、经济哲学价值论、经济哲学历史观和经济哲学方法论。不同角度呈现的结果证明,马克思政治经济学具有独树一帜的哲学性质,是哲学经济学和人学经济学。

一、问题的提出

马克思政治经济学的哲学性质是一个提法，确立这一提法的前提是研究和回答如下问题：第一，政治经济学中必然包括哲学性内容吗？第二，马克思政治经济学中存在哲学性内容吗？第三，马克思政治经济学中的哲学性内容是什么？第四，马克思政治经济学与其中的哲学性内容是什么关系？

二、政治经济学的哲学性质

政治经济学中包括哲学性内容是这一学科在劫难逃的命运，经济学家的个人意志不起任何作用，区别仅在于是这种哲学还是那种哲学。政治经济学作为一个学科而存在始于亚当·斯密。在亚当·斯密古典政治经济学理论体系中，哲学与政治经济学密不可分地交织在一起，如下三类情况可资证明：一是直接的哲学性命题，如“奢侈都是公众的敌人，节俭都是社会的恩人”。二是哲学隐喻。亚当·斯密“看不见的手”的比喻尽人皆知，它确实把市场经济运行的内在机制形象逼真地揭示出来了。三是用日常生活语言提出和论证政治经济学的人性自私论前提。

三、马克思政治经济学是哲学经济学

为了证明这一点，跟随马克思政治经济学的研究历程，我们举三个例证：① 马克思自1843年10月开始研究政治经济学。② 1857—1858年，马克思撰写了《政治经济学批判大纲》。③ 任何社会，人类要生存，就必须劳动。而要劳动，就一定会面临如何处理四者之间关系的难题。这是只有哲学智慧才能梳理清楚和叙说明白的话题。

四、马克思政治经济学中哲学性内容的存在形式

马克思政治经济学中存在哲学性内容的结论为我们确立了进一步研究的理论前提。现在需要研究和回答的问题是：这一哲学性内容的具体性指称对象是什么？由于马克思政治经济学中的哲学性内容极其丰富，从不同角度出发把握这一内容的指称对象就会有不同的结果。不同结果表明，马克思政治经济学中的哲学性内容具有多种存在形式。

五、马克思政治经济学的元经济哲学

逻辑前提论——任何经济学都一样，哲学性逻辑前提是学科得以确立和存在的必要条件，没有逻辑前提的经济学并不存在。马克思政治经济学的逻辑前提是“完整的人”理论、劳动者创造世界论和劳动与所有权同一论。经济哲学本体论——经济事实何谓？任何政治经济学的首要任务是回答这一问题。大多数资产阶级经济学家仅把经济事实理解为主体是资本家的发财致富,所以马克思把资产阶级经济学称为"资本的政治经济学"。这说明,资产阶级经济学中的哲学本体是资本。经济哲学价值论——经济哲学价值论中的"价值"取哲学而非政治经济学意义,具体而言是价值立场意义的价值。经济哲学历史观——方法论历史唯物主义理论是马克思政治经济学的有机组成部分,缺少方法论历史唯物主义理论的马克思政治经济学具有不完整性质。经济哲学方法论——马克思对政治经济学方法问题的探讨和论述是一笔宝贵的精神财富,其内容的丰富程度鲜有人能与之比肩。

六、讨论性结论

马克思政治经济学具有独树一帜的哲学性质。元经济哲学意义的政治经济学逻辑前提论、经济哲学本体论、经济哲学价值论、经济哲学历史观和经济哲学方法论是对这一性质说明的例证性深化,以便使结论建立于更具体层面的事实的基础之上。随机、自成体系和微观三个角度同样是马克思经济哲学研究的切入点,限于本文理论逻辑空间的约束而不能充分展开,但这并不说明这三个角度不重要。

政商关系视阈下的晋商兴衰与权力经济 王帅,山西大学学报(哲学社会科学版),2019(5)

在以权力为本位的中国古代社会中,政商关系呈现出鲜明的特征,具体表现为政府对市场经济的干预,商业为国家政治目标服务,官员与商人之间界限不清等内容。从学理上讲,这是一种权力经济的制度逻辑,商人在这样的制度环境下通常是以寻租为手段,成为国家和政府的附庸,进而寻求生存和发展。晋商作为明清时期极负盛名的商人群体,其兴衰变迁除商品经济相关的因素之外,更是离不开权力经济对其造成的深度影响。纵观晋商的发展历程,他们一向依附于政府与官员、充分利用国家政策、不断寻求官商结合,乃至逐渐丧失了商业发展应有的独立性和灵活性,最终成为君主政治与权力经济的牺牲品。

一、政商关系视阈下的晋商研究——一个全新的理论视角

所谓晋商,一般是对明清时期山西商人群体的统称。在近五个世纪的历史中,晋商融商品经营资本与货币经营资本于一体,构筑了一个庞大的商业帝国,他们通过商业贸易、物资转运以及金融活动,为中国传统社会的发展变迁以及商品经济的繁荣做出了巨大的贡献。仅以晋商的政商关系而论,其中既有官商、民商之分,又有大商、小商之别,他们与政府之间的关系差异颇大。同时，政商双方在博弈的过程中，既有各取所需、寻求双赢的正相关关系，也有设租寻租、暗箱操作的负相关关系，呈现出多重面相。

二、晋商的历史定位——政治性商人集团

（1）晋商兴衰历程概观。晋商真正形成地域性商人集团是在明初的洪武、永乐年间。当时明政府设置九边重镇以备蒙元南侵，全国近半税收都散在崇山峻岭中的长城屯兵一线，旷日持久的常态性军费支出致使国家财政困窘，政府对此创设"开中法"盐政，用政策杠杆撬动民间资本参与到国家严控下的官盐运销体系中。

（2）晋商对明清政府的特殊贡献。晋商与政府之间存在着极为紧密的联系，他们不断寻求将自身的商业发展与国家的政治目标形成合力，忠诚高效地执行着政府的各项经济政策，为国家提供财政支持、物资供应等服务，在以国家权力为后盾扩充资本的同时充当了君主政治维持统治的工具。

（3）晋商的权贵特质。更为重要的是，晋商的成功完美地印证了权力经济这一制度逻辑对于中国传统商人阶层所具有的重要意义，商人要想做强做大，必须要得到国家的政策倾斜以及政府必要的扶持，乃至直接进入权力体制，形成权贵一体的商业格局，成为君主政治的既得利益者。

三、中国君主政治时代的权力经济模式

（1）皇权专制与权力经济的形成。从本质上说，权力是一种强势的政治资源，它充满了扩张的能量，而历史也雄辩地证明，防止权力的异化是一个亘古不变的难题，绝对的权力几乎不会放过任何一个专断的机会。因此，在中国古代社会，公权力实际成为配置资源的唯一手段并且几乎不存在任何刚性制度制约的历史条件下，权力的排他性造就了其垄断性，国民经济的运行势必被烙上深刻的权力烙印。

（2）权力经济体制下商人的寻租行为。无论是寻租以避祸，还是寻租以牟利，都是中国古代君主政治体制下商人阶层的必然选择，这与其说是传统商人阶层的宿命，更不如说是与专制相伴生的罪恶。

（3）权力经济体制下商业的权贵化趋势。商业的权贵化对于商人来说诚可谓是一把双刃剑。从表面上看，商人力量崛起后在很大程度上具有了与政府合作、充当国家长期贸易伙伴甚至与政府分利的实力，但事实上专制王朝对资源配置所具有的压倒性主导地位并没有丝毫改变，政府与商人仍然没有形成平等的契约地位。

四、结语——晋商的历史局限及其衰亡的政治必然

晋商最后的衰亡同样印证了在君主政治体制下的中国古代社会，官商权贵经济具有经不起市场风险和政治风险的固有的脆弱性和落后性。商人在背离市场竞争,投靠政府之后势必丧失自身发展的独立性与商业转型的能力,一旦丧失官权力的保护则很容易破产。

分配正义:重新反思罗尔斯对密尔的批评 张继亮,道德与文明,2019(5)

罗尔斯虽然认为密尔是一个伟大的功利主义者,但也指出他的功利主义像其他形态的功利主义一样存在致命的缺陷:为了实现功利最大化而忽略分配正义,特别是为了实现功利最大化而牺牲自由。实际上,作为密尔功利主义首要原则的功利原则蕴含着分配正义的要素。

一、罗尔斯对密尔的分配正义批判

在罗尔斯看来,包括密尔在内的功利主义理论家为了实现功利的最大化而完全不顾分配正义,他们甚至以牺牲某些人的自由为代价来实现功利最大化这一目标。他虽然在这里将密尔与边沁等功利主义者区分开来,但他仍然认为密尔式的合理的自由主义将个性最大化这一逻辑作为全社会的基础,从而对那些不去按照发展个性的方式来生活的人实施强制。同时,罗尔斯的分配正义批判像其他人对古典功利主义所做的批判那样,“很少是直接参照古典功利主义的文本以及相关的批判文献的”。

二、密尔式功利主义分配正义及标准

密尔所要表达的其实是功利原理之中蕴含着平等地对待每个人追求幸福的权利这一要求,或者蕴含着“每个人对幸福拥有平等的权利”这一限定性条款。密尔认为蕴含在功利原则之中的平等待人的正义原则之所以是“社会正义和分配正义的最高抽象标准”,是因为:其一,平等待人之所以是“最高的”是由于它蕴含在决定万事万物价值的最高标准——功利原则——之中;其二,它之所以是“抽象的”,是因为它没有说明依据什么具体标准来平等待人。

三、密尔式的自由原则与差别原则

自由原则指的是“每个人对于一种充分恰当的平等的基本自由体制拥有相同的不可剥夺的权利,这种体制与适用于所有人的相同的自由体制是相容的”。而差别原则指的是“社会和经济不平等必须满足两个条件:第一,在公平的平等机会的条件下,与这些不平等联系在一起的公职和职位必须向所有人开放;第二,这些不平等必须最大程度上有利于社会中最不利群体的利益”,同时,自由原则优先于差别原则,在差别原则内部,公平的机会平等原则优先于差别原则。其中,密尔的自由原则包括“公民自由或社会自由"原则与经济自由原则。"公民自由或社会自由"原则指的是，只要人们没有伤害其他人，那么他们就是自由的，用密尔的话来说就是，"任何人的行为，只有涉及他人的那一部分才必须要对社会负责"。密尔认为，为了保护生存这一权利性功利要素，社会或政府应该采取措施来满足人们对"衣服和食物"的需求。我们可以将密尔采取措施保障人们生存的这一看法概括为维持人们基本的经济自由。

四、密尔式功利主义正义理论的优势

首先，密尔式的功利主义正义理论具有更强的历史性。其次，密尔式的功利主义正义理论更能有效地解决各种自由之间相互冲突的议题。在密尔式的功利主义正义理论之下，如果两种自由之间出现冲突，那么，"我们便可以诉诸功利，在它们之间作一个取舍了"。

市场经济背景下人之比较的伦理追问 彭怀祖，伦理学研究，2019(5)

竞争配置资源是市场经济的核心要义，它促进社会充满活力，促使财富总量持续提升，然而，竞争引发功利性过强的现象，导致人之比较的负面效应不断放大，使社会形成炫耀与嫉妒等不良风气。市场经济条件下人与社会的应当问题，应该从多维度展开讨论，人之比较的伦理追问是其中重要的内容。

一、何为人之比较

人之比较在中国有着厚重的基础。数千年来，中国处于封建社会的形态，农民是绝大多数中国人的职业，农村是中国人的主要生活场所，劳动方式趋同、处于熟人社会状态、人口众多是中国社会的重要特征，人与人之间存在较多的共同性，使人之比较有了可能，它逐渐成为中国人的习惯。

人之比较是一把"双刃剑"。恰当的人之比较确实会起到率先垂范、知耻而后勇、学习他人、不伤害他人等一系列道德作用。然而试图通过人之比较满足自己的虚荣心，为自身懈怠寻求借口和慰藉，显然是不妥的，这些思维方式如果得到固化，这种状况如果在社会蔓延，极易形成较大的负面效应。

二、市场经济条件下人之比较负面效应的原因及表现

竞争配置资源是市场经济的核心要义，竞争性、公开性是市场经济的重要特征。竞争与获取资源直接挂钩，获取资源即意味着自身的一些欲望能够得到满足，自己的功利有所增加，全社会每天都有着无数次的配置资源活动，一部分人获得成功，一部分人遭受失利，它直接导致了公众聚焦功利、在乎功利,必然会产生功利性过强的局面。

同时,信息社会对功利性起着极强的推波助澜作用。以往人与人之间的比较主要局限在熟人之间,常常集中在年龄相仿、工作相似、价值趋同等人群之中,信息社会则打破了这种界限,将人之比较的范围有了最彻底的提升,让人之比较通过网络不断发酵,可以和世界范围的任何人产生比较。以往的人之比较可能缺乏自觉性,比较的内容往往是碎片化的,比较所占的时间也非常有限,然而网络会不断导引、刺激公众,寻求公众的共鸣点,不断促成公众与他人联系起来,从而逐步形成人之比较的习惯。

人之比较的负面表现主要集中在以下两个方面:一是通过比较感受比他人高出一筹的愉悦,有的人甚至已将炫耀成为习惯;二是通过比较感受到自己总不如他人,进而产生羡慕、嫉妒、恨的感觉。在市场经济条件下,人之比较的负面效应有愈演愈烈之势,对此不加以深刻剖析并着力去矫正,对人与社会都会产生广泛的消极影响。

三、人之比较负面效应的矫正和消减

在市场经济弱点面前不应该束手无策,“人的特殊功能是根据理性原则而具有的生活”。必须旗帜鲜明地弘扬独立、自主、平等、尊严等精神,让这些理念逐步得到弘大,成为市场经济氛围之中的清流。唯有这样,才能从源头逐步克服人之比较的负面效应。

在如何才能享受美好生活的问题上,笔者认为通过自身的努力还是通过和他人的比较而获得,是完全不同的两个路径。并且对人努力的问题从三个方面的维度分析,即不断努力、刻苦努力和努力得当。

陈亮功利思想辨正

王浦劬、赵滕,中州学刊,2019(6)

一、引言

陈亮与朱熹的“义利王霸”之辩,作为中国思想史上的重要学案,影响深远。科学把握和定位陈亮的功利思想,对于准确把握中国传统政治思想,尤其是儒家思想内在逻辑及其义利观演变,具有重要的意义。目前,我国学界对陈亮功利主义思想的定性和评价,存在过分解读倾向。笔者认为,准确把握陈亮思想,需要注意两个问题:第一,需要以大历史的视野,将其思想放到中国思想尤其是儒家思想演进的发展脉络中予以定位;第二,需要紧密联系他所处时代的相关思想底色和背景进行评析。因此,对待陈亮政治思想中的功利思想,既不能忽视其创新和独特之处,又不能任意拔高。就此而言,本文既是对于陈亮功利思想逻辑的解构,也是对于这一思想基本属性的定准辨正。

二、儒家伦理崇义贱利的传统

陈亮功利思想的儒学内容背景，强烈体现在儒学对道德的论证方面。这种论证主要有两个层面：其一，道德是什么？其二，道德在经验生活中如何被把握？儒学将道德界定为“善”，主要指先天的超验原则。这种原则具备本体论的决定意义，是人们的动机和行为的支配者。相形之下，功利通常指利益以及与其相关的欲望，具有贬义。但在功利上，孟荀的看法有所不同。孟荀围绕人性善恶的争论，为后来的朱熹统合两者埋下了伏笔；而荀子在道德优先的框架下，积极分析功利对道德的意义，实际上成为陈亮功利思想的先师。

三、程朱理学道德论证的内在张力

宋明时期，儒家开始对道德进行系统的形而上的本体论论证，理欲之辩成为儒家思想的本质性命题。在“理一分殊”论的基础上，朱熹将道德之理的决定意义与功利之欲的相对自由做了调和。“理”的决定性与“气”的自由性之间的关系如何解释，这一命题事关道德与功利的关系，因此成为程朱理学道德与功利论证中的内在张力。

四、陈亮“气一元二面向”下尚义的义利统一观

在儒家重义轻利的传统和程朱“理一分殊”的辩证框架下，陈亮试图用荀子的儒学范式释解“义”与“利”、“王”与“霸”之间的张力。在抽象物质秩序——道德与具体物质——功利的相对关系中，陈亮既提出了“气”一元之下道德与功利二面向的哲学，又强调了道德之于功利的居先性，守住了儒家的底线，这体现出其哲学的进步性与原则性。当然，陈亮将道德秩序建立的义务主要赋予统治者，一方面体现了缓释对普通百姓“存天理，灭人欲”普遍要求的进步性；另一方面也说明其哲学仍然局限于专制主义，尚未完全发展到理性与启蒙的层次。在此种哲学中，虽然“利”有了自身的合法性，但是义本利末的基本儒家范式并未改变。在这样的哲学结构之下，“义”“利”与“王”“霸”自然也可以在“义”与“王”的指导下共存并用。

五、陈亮“气一元二面向”下尚义的功利思想之特色

由上可见，陈亮的思想具有“气一元二面向”逻辑结构，其基本特征体现在以下几个方面：第一，陈亮的哲学观并不是道德与功利的二元论；第二，陈亮的“气一元二面向”与斯宾诺莎的“一元二面向”也是不同的；第三，陈亮避免了“理一分殊”的运用；第四，陈亮的哲学观绕开了程朱“理”“性”同一为通道的形而上到形而下的过渡结构，从而避免了矛盾的人性论；第五,陈亮的本体论伦理观打破了程朱理学形而上的“天理”独占与“天理”纯善观点;第六,陈亮的哲学还打破了程朱理学静止、绝对地看待“理”与“义”的观点。

六、结语

综上所述,陈亮的功利思想可以概括为“气一元二面向”哲学观为基础的义利统一的伦理观。其注重实干与事功的功利思想固然激活了儒家的入世哲学和现实主义取向,有其值得肯定的学术与历史意义,但是,其“气一元二面向”哲学观为基础的义利统一的伦理观,实则为儒家理学与功利思想的混合,是在理学一统前提下对于功利的容让和包含。

平等主义与全球分配正义 *顾肃,吉林大学社会科学学报,2019(6)*

全球正义要求承认并尊重普遍的评价标准。平等主义在国内语境中要求平等对待一切个人,而在全球语境中,则意味着平等对待所有国族或人民。全球语境中的机会平等意味着对所有人民的平等尊重和对待,国籍和宗教信仰不应妨碍任何人从事职业或获得职位。运气平等主义是一种有益于最不利者的道德论辩,运气/选择的区分用来解释个人在社会和经济差别中的责任。个人应当为其自觉选择的生活方式而不是其自然特性负责。推广到全球语境,应当大力救助因为缺乏自然资源和资质而身处贫困的人民,改善其自然资源和条件,使之过上体面的生活;对于那些因为自觉选择的生活方式而处于贫困的人民,帮助他们的目标是满足最低限度的人道主义要求,同时促进其进取的努力。

一、价值基础与一切人民间的平等

在讨论全球正义的平等观时,一个重要的问题是:我们要求全球语境下什么样的平等?目的论的平等主义把结果平等当作终极目标,认为其本身就是好的,忽视了平等的要求应当受公正和合法性的限制。这个意义上的平等主义无法解决侵害平等的自由权的问题,因为它诉诸将人们之间的收入拉平,并且忽视正义的其他价值,比如通过刺激人们的生产和创造的积极性所带来的益处。法兰克福、内格尔和帕菲特等人的优先论或充足论,试图避免人们之间的横向比较,通过检验人们的绝对生活水平来保障每个人拥有足够的益品,或者有益于最不利者,这体现了罗尔斯的差别原则。保障自由的平等权是在承认社会差别时优先考虑的平等原则。因此,全球分配正义上的平等进路有其自身的诉求,它主要是所有人民或国族之间的平等,这可以从所有个人之间的平等推导出来,但其内容和含义仍然需要澄清。一切人生而平等,这是指政治和道义上的平等。对所有人平等对待,意味着将每个人当作拥有平等权利的平等的人。这里的平等主义强调每个人平等的道义价值,而非经济上的完全平等或一致。

二、幸运/选择区分与平等主义

差别原则应当考虑导致人们境况的运气与选择原因之间的区分,其有益于最不利者的原则也应当根据这种区分而调整。对于那些因为自然因素而处于不利境况的人,应当给予补偿以让他们过上体面的生活,同时,在力所能及的范围内改善其自然条件;而对于那些因自愿选择自身的生活方式而导致其不利境况的人,有益于他们的努力就应当是满足其最低的生活需要,以实现人道主义的诉求,而不是无条件地拉平其与有利者的差距。

三、选择责任与全球平等主义

由此而转到全球正义,作为平等的实体对待各国族或人民是一个主要的原则,这类似于平等地对待国内正义中的个人。这里的国族类似于个人,但对他们的处理方式并不总是同样的。个人拥有明确的自由意志,按照其自身的选择而行事,对其所选择的结果承担充分的责任。一个国族由拥有不同的观点和态度的个人组成,看起来一个国族并不存在明确的自由意志。但是,全球正义的一种观点仍然将一个国族视为类似于个人、拥有某种人格,其集体看起来拥有类似于一个人的自由意志。尽管一个国族内部的人们存在差别,但其人民中间的某些一般倾向或品格确实是存在的。这就是说,国族在某种程度上要为其集体的选择负相应的责任。

我赞成全球平等主义者有关罗尔斯的差别原则可以扩展到全球语境的观点,但需要做出某些澄清。如果我们承认解释差别原则时有关运气/选择的区分,有益于最不利者的要求就应当体现这样的区分。不应当不加分析也不参照导致最不利状况的原因而无条件地施加援助。人们应该为其选择的结果而不是自然资质承担责任。在全球语境下,从富国向穷国的那些缺少自然资源和禀赋的人们进行资源转移是必要的,以使其过上体面的生活。然而,对于那些自愿选择造成其贫困的生活方式和体制的人们,国际援助的主要目标是满足其最低限度的人道主义要求,但是,所有援助和提供福利的做法都不该忽视致力于改进其创造社会益品的能力和努力。

伦理学要不断深化诚信问题研究,为诚信社会建设提供学理支撑 赵爱玲,人民日报,2019－05－27

作为社会主义核心价值观的重要内容,诚信是公民基本道德规范,是社会主义市场经济的重要基础。随着我国经济发展和社会进步,诚信社会建设越来越受到人们的关注。当前,社会诚信意识和信用水平还不够高,诚信缺失现象仍时有发生,诚信社会建设与我国经济社会发展水平尚不适应。伦理学要不断深化诚信问题研究,为诚信社会建设提供有力引导和支撑。

厘清诚信内涵。诚信是伦理学研究的重要范畴,厘清诚信内涵及时代价值是深化诚信问题研究的逻辑起点,也是推进诚信社会建设的重要基础。“君子养心,莫善于诚。”诚信是中华民族的传统美德,是中国人安身立命的基本规范和行为准则。“人无信不立,业无信不兴,国无信不强。”在中华优秀传统文化中,诚信不仅是人际交往的基本准则,也是社会运行和国家治理的基石。对诚信的执着与坚守,已深深融入中国人的精神血脉,成为中华传统美德的精神因子。党的十八大报告将诚信作为社会主义核心价值观的重要内容,赋予其新的时代内涵。伦理学积极拓展诚信价值内涵研究,不仅从内在的伦理规范和道德要求即诚实、不欺、践诺等角度去说明诚信,而且从外在的市场交易规则和法治建设要求即守信、信用、契约等角度去阐释诚信,研究其协调和维护社会利益关系的价值功能,为构建与社会主义市场经济相适应的诚信规范提供价值判断的依据。

弘扬诚信文化。多措并举培育和弘扬诚信文化,在全社会营造诚意正心、践诺守信、和谐友善的社会氛围,是伦理学深化诚信问题研究的重要目标,也是诚信社会建设的必要条件。伦理学汲取中华优秀传统文化的思想精华和道德精髓,着力阐发蕴含于其中的讲诚信、重承诺的优秀品格和时代价值,深入研究诚信文化的传播路径、策略、载体等,推动中华优秀传统文化中诚信文化的创造性转化和创新性发展。与此同时,伦理学积极参与构建适应社会主义市场经济要求的诚信文化。伦理学研究让人们深刻认识到社会主义市场经济既是契约经济、信用经济又是法治经济、道德经济,引导人们正确处理经济利益与道德追求的关系,大力普及与社会主义市场经济和社会治理现代化要求相适应的诚信理念、规则意识、契约精神。伦理学工作者在培育和践行社会主义核心价值观的过程中,进企业、进学校、进机关、进农村、进社区、进军营、进网络,利用公益性文化单位、文化服务中心、社区市民学校等平台,通过经典诵读、道德讲堂、论坛讲座、展览展示等形式,大力培育和弘扬诚信文化。

推进制度建设。加强诚信社会建设,关键在于推进诚信建设的制度化、规范化、长效化。把道德伦理的软性规则与制度规定的刚性约束结合起来,推动诚信伦理由应然属性向实然规范转化,努力形成不敢失信、不能失信、不愿失信的制度体系。2014 年 6 月国务院印发的《社会信用体系建设规划纲要(2014—2020 年)》,是我国首部国家级社会信用体系建设专项规划,为加快建设社会信用体系、营造诚实守信的经济社会发展环境指明了方向。同年 7 月中央精神文明建设指导委员会印发的《关于推进诚信建设制度化的意见》,对着力推进诚信建设制度化、规范化、长效化做出了明确规定。推进诚信社会建设制度化,是推进诚信社会建设的时代要求,也是当前伦理学研究的重要课题。广大伦理学工作者围绕诚信社会建设制度化问题,积极研讨诚信与否的界限划分,探讨制定评判标准、奖惩机制的合理性与可行性,研究社会诚信资源的联动与整合、诚信实践的长效机制建设及其面临的困境与出路等问题,为推进诚信社会建设制度化提供学理支撑。对推进诚信社会建设制度化过程中存在问题的积极回应,体现了伦理学工作者的使命担当。

应得正义、异化劳动与超越性正义——论青年马克思对劳动应得正义观的批评与超越　李永刚,中南大学学报(社会科学版),2019(6)

西方主流的正义观是应得正义,评判应得与否的根据经历了从“德性”到“劳动”的转变。近代以来,洛克、亚当·斯密、黑格尔依据各自的理论前提论证了劳动应得正义和权利原则的正当性,从而论证了资本主义制度的正义性。青年马克思以异化劳动为切入点,分析了资本主义私有制下劳动的异化所导致的人的非人生存状态,人丧失了其类本质而异化为资本的奴隶,由此论证了劳动应得正义的非正义性。要实现真正的正义,就必须消灭私有制,扬弃异化劳动,实现“人的解放”而建立起共产主义社会,与这种人性全面复归和生产力高度发展的共产主义社会相应的正义观念就是“需要原则”,这是一种彻底超越劳动应得正义的超越性的正义观念。

一、应得正义:从“德性”到“劳动”

古希腊罗马时期的德性应得正义论更多具有共同体的意味,因为德性是由共同体或共同善所确立的;中世纪用个人与上帝沟通的良心正直来确定应得,在一定程度上具有了个人主义的意味;近代,以本质上属于个人的劳动来确定应得,在完全意义上是个人主义的。但相对于由德性、良心正直来确立应得而言,劳动应得却明显偏离了应得本身所具有的善之义。也就是说,只要劳动者付出了劳动,劳动成果就归劳动者所有,而不关乎劳动者本身的善或恶,或者说,劳动本身就是一种美德。

二、劳动应得正义与权利原则

近代的三种劳动应得正义思想都隶属于权利原则,即由于劳动是属于我的,那么劳动成果也就必然属于我,我对之享有所有权,并以此来论证资本主义制度的正义性。但黑格尔的目的不止于此,其最终目的是要用整体性的国家来扬弃原子化的市民社会,这是他超越洛克与亚当·斯密之处。青年马克思正是以黑格尔的终点为起点,借助费尔巴哈人神关系异化的思想来分析资本主义社会的劳动异化现象,从而论证了劳动应得正义的非正义性,论证了权利原则的虚假性。

三、异化劳动与异化的应得正义

如果权利原则要真正实现正义,实现实质上的平等,就必须根据每个人的不同状况给予不同的份额。但如果权利原则这样做,它就不再成其为一种尺度、成其为权利了。这就是形式上的平等与实质上的平等的矛盾,可以说,权利原则本身就处于这样一种二律背反之中。因此,就权利原则本身来说,它所实现的只是一种异化的、本质上是非正义的形式上的正义。

综上所述,资本主义私有制下的劳动应得正义和权利原则都是虚假的,并不能真正实现正义。要实现真正的正义,就必须从根源上消灭私有制,扬弃异化劳动,超越资本主义制度而建立一种新型的社会,并构建与之相适应的正义观念。

四、"人的解放"与需要原则

通过"人的解放"而建立的新型社会就是共产主义社会。青年马克思主要从异化的扬弃、人的类本质的复归来理解共产主义。充分理解了人类社会发展规律的成熟时期的马克思则主要从生产力的高度发展的角度来理解共产主义,认为在扬弃了私有财产、劳动与资本相统一的共产主义社会,异化劳动状态下的异化的应得正义,毫无疑问已被消灭,即使是对象化劳动状态下的劳动应得正义也不再适用,因为劳动应得正义是以劳动产品的交换为前提的,在必然需要交换劳动产品的条件下,劳动本身就是衡量产品交换的尺度,因而,劳动应得正义有其存在的必要性。

五、结语

马克思是从历史主义的逻辑来看待资本主义社会的,即相对于剥削更为残酷、更为不人道的奴隶社会和封建社会而言,资本主义社会是具有一定的正当性的,但这并不表明它就是正义的,恰恰相反,资本主义社会是一种全面异化的社会,或者说,是异化状态达到顶点的社会,因而,其劳动应得正义和权利原则所导致的恰恰是不正义。但资本主义社会却是迈向未来的绝对正义的共产主义社会的必经阶段,因而,劳动应得正义和权利原则必然会被更合乎人性的正义观念所超越,这是历史发展的必然。

财富共享的正义基础 易小明,道德与文明,2019(6)

在现代个体化发展不断凸显、人们的权利—责任意识不断清晰的社会背景下,财富共享必具体化为财富分享,即按照社会正义原则来分配财富。分配正义是财富共享的正义基础和基本原则,这一基本原则包括差异性正义原则和同一性正义原则。财富共享是两种分配正义原则的协同统一,现实地表现为一次分配与二次分配的统一。

一、财富共享的公平本质

财富共享大致可从两方面去理解:国民对社会物质财富的共同占有享用和公平占有享用。共同占有享用是它的"直观形式",公平占有享用则是它的内在基质。财富共享之所以要以公平为基础,是因为财富创造中存在着难以动摇的个人所有权。从现实来讲,排他性的自我所有权确定了各市场主体的活动空间和利益边界,既要利用好自己的自我所有权,又不能伤害他人的自我所有权。只有如此,才能规范各市场主体的经济行为,建立公平竞争机制,形成市场主体之间平等、自愿、互利的交易关系。

二、财富共享的基本原则:差异性正义与同一性正义

尽管差异性原则与同一性原则的差异很大,前者据于人及其活动的差异性,后者据于人及其活动的同一性,但它们都是统一于人及其活动的,它们作为"人"的分配正义的两大基本原则,是相互渗透、相互依存的。所以,当我们进行某种差等对待时,总是内含着对某些同一的认同;而当我们进行某种同等对待时,又不得不关注甚至尊重某些差异的实存。

若从分配的运行过程来看,差异性正义与同一性正义的协同表现:在一次分配过程中,我们主要偏重运用差异性正义原则;在二次分配过程中,我们则偏重运用同一性正义原则。财富的公平享有享用本质上就是用差异性分配正义原则与同一性分配正义原则这两个原则来进行分配,只不过差异性正义原则居于首要地位,因为它是可以确保财富生成源源不断的经济自身的内在原则。

三、仁爱方式:财富共享的另一途径

所谓财富共享的仁爱途径,就是以仁爱的方式实现财富共享。仁爱方式是有异于正义方式的,正义以人的相互性、利益对等性为前提,而仁爱虽然并不完全反对人的相互性与利益的对等性,但也不以这种相互性和对等性为前提条件,它基于自愿,可以不求任何回报。

财富共享以正义原则为基础,主要是从社会管理的基本要求着眼,而财富共享还要求和关涉着仁爱原则,则主要是从个人道德修养的更高要求着眼。从理想的应然角度来讲,以仁爱为基础的社会肯定比以正义为基础的社会更好,但是从现实的实然角度来讲,以正义为基础的社会,却更加实在、可靠,更有历史性和现实感。

同情与良知:两种市场经济人性论预设的范畴分析　张雄、孙洪钧,伦理学研究,2019(6)

一、同情或怜悯:西方现代市场经济人性论预设的重要范畴

霍布斯认为人性中除了利己行为,还有同情的心理预设。同情的含义:一方面表示对他人在市场竞争中因财富和地位等原因造成苦难而悲伤的怜悯之情;另一方面表示在极度私向化的市场竞争中,同情是调解人与人之间冲突的纽带。

哈奇森认为人性中有本能的仁爱的心理倾向,同情是仁爱感情的一种。他开启了同情作为一种仁爱情感的新视角,认为道德认可的源泉在于仁爱的善良意志。

休谟指出:"同情是人性中一种强有力的原则。"休谟的同情观与功利相联系,以效用作为道德判断的标准,并且把这种道德作为达到目的的手段。休谟的观点更具有经济学价值:同情不仅是心理机制所发生的联想,而且又是经济学效用原则的启示。

斯密认为人性有自私和"同情或怜悯"的心理倾向。其一,同情是人性所包含的重要内容。其二,同情的心理运作的根源在于由自我向他人的比较和想象力。其三,从他的经济思想来理解,同情是其财富再转移的人性论预设。斯密以"同情或怜悯"作为人性论预设,希望解决财富竞争带来的贫富两极分化的严重社会后果,为西方市场经济找到伦理基础。

二、良知:中国传统哲学人性论预设的一个重要范畴

(1)"良知"范畴的起源:孟子最初提出"良知"范畴,他认为"良知"有三层含义:一是它把人善的道德取向直接与良知关联起来;二是作为与生俱来,先天所赋的情感之良知;三是作为人之成为人的伦理规定的道德之良知。北宋哲学家张载进一步提出了"良知"与天道的关系,这里有两层意思:一是良知是天的一种德性,强调人的德性与天道相一致;二是良知非人的小知,而是涉及人性本体的大德。南宋陆九渊从心学角度解读了万物存在之根本,吾心皆存在,一切人的本性解释都在心和理之间。在此基础上,王阳明提出了独特的“良知”观。在他看来,良知的存在既是超验的,又是先验的,也是经验的,良知的超验性是心之体和世界本原的相贯通,被视为与天地之心同一,人的伦理观与宇宙观偕同;良知的先验性正在于人对人自身善的本能的召唤,是一种与生俱来、先天所赋的能力与知识;良知的经验性来自于后天的学习及善的道德律令的不断复制。

(2)“良知”范畴的具体内容:明朝的王阳明作为良知学说的集大成者,比较系统、深刻地解读了这一范畴。他认为,良知包括四个方面含义:其一,良知是至善本体,其意义在于建立向善的社会道德秩序。其二,良知可以自知、自觉、自救,是为善去恶的道德依据。其三,良知就是知行合一,是自律道德在实践中落实的保障。其四,良知是“万物一体”的整体主义精神。

三、范畴比较与启示

(1)不同的人性论预设,决定了不同的市场经济前景及命运。同情背后是竞争、冷漠、丛林法则,由此引申出人与人、人与自然、人与社会之间的冲突。要根治这种西方现代性发展所导致的不良后果,笔者认为,中国传统优秀文化儒家思想的“良知”范畴值得重视,它强调心理规则、自然规则、社会规则、世界规则的整体共生,倡导“良知至善”“良知自知”“知行合一”“万物一体”的和谐社会秩序。

(2)通过对同情与良知两对范畴的阐释,可以看出,这两对范畴寓意的根本差异性:一种是两种文化根基的不同带来的两种先贤对人性哲学预设的差异;另一种是从自律的自我走向外在的一切存在,追求内在的规则与外在的规则和谐一致。

(3)两个范畴比较可以看出两种不同的伦理学分析方法:同情的分析方法关联着个人主义的哲学分析方法;良知的分析方法关联的是整体主义的分析方法。

(4)笔者认为推动构建人类命运共同体,源自中华文明历经沧桑始终不变的“天下”情怀。传统文化中的“良知”范畴,它不是一己之私的存在,而是一种利他主义和整体主义相统一的“知行合一”精神,这种精神正是构建大同社会的力量源泉,也是儒学主张社会担当、安排秩序的精神动力,其最终指向在于建构共生共享的理想世界。

自制而自由:消费社会的道德境界　何建华,浙江社会科学,2019(7)

消费是人的生命存在的一种方式。然而,人的消费需求是与欲望紧密相连的,欲望的无限性决定了消费需求的无限性。如何解决消费需求的无限性和现实的有限性之间的矛盾是人类面临的一个重要课题。市场经济和科学技术的发展一方面为消费无限性的实现提供了现实的机制,另一方面不断扩大的消费需求也使消费活动产生种种异化现象。在消费主义盛行、消费日益导致人的异化的时代背景下,必须加强理性消费、适度消费,自由而自制,达到自制而自由,使消费活动真正成为促进人的全面发展、增进人的幸福的基本途径。

一、需求和欲望:消费社会的内在本质

消费根源于人的需求和欲望。人的消费活动是与人类生存的本质和源泉紧密相关的,是人满足自身需求和欲望的过程。人的消费需求和欲望天然具有无限扩展的本性。从一定意义上讲,人类历史的发展既是一个欲望和需求驱动的过程,又是一个人类与自身的欲望和需求不断做斗争的过程。纵观中外思想发展史,许多思想家都意识到,欲望和需求不能杜绝和消灭,甚至不能完全控制,但可以扼制和节制,理性的节制或自制是一种美德。

然而,随着资本主义生产方式的发展,以市场消费为导向的经济制度日益培养了庞大的消费群体。消费社会似乎把人类的各种欲望从人的生命本能中无限地诱发出来,人类的贪欲受到激发并日益增大。欲望的放纵使人们之间对立抗争,导致对自然的破坏,对现代人的健康乃至生命都构成了威胁。如果不加以约束,就会导致人类自身的生存危机。因而,为了维护人类的生存和尊严,人类必须抑制贪欲,必须把自制作为使用物质资源的基本道德规范,对消费者的贪欲"冲动"进行道德规范和约束。

二、自由而自制:人类消费社会的道德选择

现代消费把消费者引到崇拜物的方向上去,使人陷于异化消费之中而认识不到自己的真正需求,人成了消费机器。要使消费成为一种促进人的全面发展的方式,必须使消费活动成为自由而自制的活动。自由乃是人类与生俱有的不可剥夺的一项权利。同时,自由也是欲望之无穷性的根源。人的欲望的无穷性本身并不具有或善或恶的价值意义。但是消费作为欲望的满足方式必然会对欲望的主体、客体、其他事物和世界整体产生或大或小、直接或间接的影响。这样就产生了消费的善恶问题,或者说是消费的自由与自制的问题。

消费是自由的,因而是自主和自决的。首先,消费自主作为一种观念或理念,是指人的消费观念和消费行为属于消费者自己,而不受其所不能控制的其他力量或原因所左右。其次,消费自主是一种权利,人的消费活动是自愿的。再次,消费自主也是一种能力,即人的自主消费行为必须是合理合法的。

消费自由意味着自律,而自律即是自制。人的自主、自治与自决,要求他或她自律、履行义务、承担责任。自制是人负责任地自由消费的标志。消费自律所强调的是,人"必须在理性选择的指导下,有节制地满足自己的愿望、情感和需要"。

总之,消费是一种权利,消费自由是人的本质要求。消费自由是一种适度的自由,这种自由是有限制的。真正的消费自由必须从这种强迫性消费中挣脱出来,从许多外在压迫的强制消费中解放出来,从而达到自制而自由的境界。

三、在消费活动中实现自制而自由的道德境界

消费源于欲望,而贪欲是无度之源。克制贪欲是消费社会伦理学的核心任务。对个人消费的限制,最终必须落实到成千上万的个人的自觉行动上,必须提高每一个消费者的素质和能力。为此,必须认真探究有效提高全体公民消费文化教养的途径,积极培育消费主体的伦理人格。一是树立适度消费和可持续消费观。二是倡导自我实现的生活方式。三是提高自我克制能力,克服自我中心主义。四是营造自制而自由的社会文化环境,包括:第一,维护生命尊严,倡导精神自由;第二,建立健全法治机制;第三,积极发挥信仰和价值观在增进人类自制力中的作用。只有这样,才能使消费活动在理性指导下合理地追求欲望的满足,才能使消费活动真正成为促进人的全面发展和人生幸福的基本方式。

马克思的权利观、正义观与生产力观 欧阳英,哲学研究,2019(8)

一、马克思关于权利问题的探究及其与共产主义构想的内在联系

马克思在清理异化劳动与私有财产关系的过程中帮助人们重新认识了私有财产这种财产所有权的本质,并由此加深了人们对于建立共产主义重要意义的理解。《哥达纲领批判》是马克思关于权利问题探究的重要收尾,其中他提出了"权利决不能超出社会的经济结构以及由经济结构制约的社会的文化发展"这一重要论断。这是他首次对权利受制于经济结构所做出的最为明确的表达,使人们对权利的附属本质有了更清醒的认识。在马克思那里"完全超出资产阶级权利的狭隘眼界"被视为实现共产主义的"各尽所能,按需分配"的重要前提。

二、马克思关于正义问题的多元化思考及其与共产主义构想的内在联系

与有关权利问题的探究不同,马克思对于正义问题的思考体现出的是多元化特点。尽管他很少明确地使用正义概念是不争的事实,但人们可以通过不同的语境看到他对于正义问题的不同理解即多元化的思考。马克思对于道德正义概念的使用主要体现在对资本主义的异化现象以及资本主义社会的批判中。

严格说来,尽管有四种关于正义的认识,但在马克思那里它们有层级区分。从由表及里的关系来看,道德正义与权利正义属于外在性的正义,是能够通过直观感受到的,而分工正义与分配正义则是属于内在性的正义,是需要通过理性分析的方式才能加以把握的。从共产主义构想的角度来看,在马克思那里,最高层次的正义是以“各尽所能,按需分配”为内容的分配正义;次一层级的正义是以“各尽所能,按劳分配”为内容的分工正义;以“权利平等”为内容的权利正义则还是“被限制在一个资产阶级的框框里”的正义;道德正义是体现为对资本主义社会剥削性加以严厉批判的正义。

三、权利、正义、生产力与马克思有关共产主义的科学构想

尽管从马克思的政治哲学文本来看他只是在大量的谈论权利问题,而很少谈及正义问题,但需要注意的是,他有关权利问题的谈论可能实际上已包含了有关正义问题的认识,可以成为我们理解其正义观的基础。从根本上说,马克思将解决权利平等与差别正义之间矛盾性的最佳方案,最终落实到发展社会生产力上。在他那里,大力发展生产力以解决物质匮乏是避免社会冲突与实现社会和谐的根本途径。

权利平等与差异正义之间矛盾关系的解决之所以需要建立在大力发展社会生产力以让社会摆脱物质匮乏的基础上,主要有两点原因:第一点是,由于无论是权利平等还是差异正义都是建立在个体的人的存在基础上的;第二点是,无论是权利平等还是差异正义,它们首先考虑的都是人的自我保存问题,它们的重要意义就在于希望解决人的自我保存问题。

四、结论

通观马克思政治哲学思想史,关于权利问题的探究贯穿其思想始终,同时他在正义观上也有着关于道德正义、权利正义、分工正义与分配正义的多元化思考,而且正是在与权力观、正义观相连的过程中马克思的生产力观呈现出政治哲学意义。长期以来,针对马克思的生产力观,人们一直

是从唯物史观的角度加以理解的，讨论的主要是生产力与生产关系之间的内在联系，即生产力对于生产关系的决定性作用，生产关系对于生产力的反作用。但是，通过对马克思从权利、正义再到生产力这条思想发展过程的清理，则可以深入把握马克思生产力观的政治哲学意义，可以从权利、正义与生产力三者的关系中重新认识发展生产力的重要意义，认清马克思生产力观在其权利观与正义观中的统领作用。

经济关系与分配正义——《哥达纲领批判》中马克思的“权利—正义观”辨析　王峰明，哲学研究，2019(8)

立足于《资本论》及其手稿，对《哥达纲领批判》中马克思的权利观和正义观进行互文性解读，就会发现：① 从劳动时间在经济生活中的地位和作用来看，由于它依然是人们从社会获得生活资料的基础，所以，基于按劳分配的人的权利仍然是较为狭隘的。② 从人所处其中的多重社会关系和由此决定的人的本质的多样性来看，由于按劳分配在确认一种关系(劳动关系)中人的平等权利的同时默认了其他关系中人的权利的不平等，所以，这种平等权利同一切权利一样，在内容上仍然是一种不平等的权利。③ 从对社会总产品的各项扣除来看，由于无论是生产资料的扣除还是消费资料的扣除，都是经济发展和社会发展的客观规律使然，所以，人的(分配)权利会受到经济结构和文化发展的制约。④ 如果说人性论是权利观和正义观的理论基础，那么，历史观就是人性论的理论基础。权利—正义观、人性论与社会—历史观是一致的。

一、资产阶级的权利及其狭隘性

在马克思看来，按劳分配把劳动确立为个人取得生活资料的权利的基础，生产者的权利同他们所提供的劳动成比例，而平等就在于用同一尺度即劳动来计量，因此，其中包含了权利平等或平等权利。尽管如此，“在这里平等的权利按照原则仍然是资产阶级权利”。既然说按劳分配在原则上仍然是一种资产阶级的权利，它就没有“完全超出资产阶级权利的狭隘眼界”。资本家对剩余劳动的无限制的需求和对剩余劳动的狼一般的贪婪表明，劳动时间对于资本主义制度具有空前而绝后的重要性，由此决定了资产阶级权利的狭隘性。

二、平等的权利在内容上并不平等

资本主义虽然没有废除阶级剥削和阶级不平等，但却废除了基于地缘关系和血缘关系的身份不平等，废除了基于身份不平等的分配权(力)关系的不平等,无论是谁都必须遵循等价交换原则,由此实现了在等价物面前的人人平等。针对按劳分配所确认的人与人的权利平等,马克思明确指出:“就它的内容来讲,它像一切权利一样是一种不平等的权利。”身体条件或自然禀赋不同,能够向社会提供的劳动量就不同,从社会取得的报酬也就不同。即使撇开这方面的差异不谈,即使个人向社会提供的劳动量相同,从社会取得的报酬也相同,但个人的婚姻状况和家庭条件不同,这些收入平均分配到家庭的每个成员上的量就不同。在这两种情况下,不平等既是一种经济关系中取得收入的实际力量即分配权力的不平等,也是一种法律关系中分配权利的不平等。而默认不平等就是默认一些人的特权。

从权利关系的角度来看,满足需要的不同以及占有生活资料的数量和质量的不同就意味着在占有和分配权利上的不平等。可见,按需分配原则并没能从根本上消除一切权利所具有的悖论性质。作为一种权利,它撇开人的多样性或多面性,只是从需要这一个方面对待人,只是从需要这一个角度看待人。

三、经济结构和文化发展对人的权利的制约

按劳分配所存在的上述权利悖论无疑是一种缺陷或弊病。对于刚刚从资本主义社会产生出来的共产主义社会,这些弊病是不可避免的,因为“权利决不能超出社会的经济结构以及由经济结构制约的社会的文化发展”。所谓文化发展对分配权利的限制,无非是说分配权利除了受到上述经济关系和经济发展的限制外,还要受到其他社会关系和社会事业发展的限制。

至于文化发展和经济结构的关系,一方面马克思区分了劳动时间和自由时间、必然王国与自由王国;劳动时间属于必然王国,而自由时间则属于自由王国。文化即各项社会事业的发展离不开自由时间的增加和自由王国的发展。另一方面马克思把劳动时间区分为必要劳动时间和剩余劳动时间。经济结构对文化发展的制约,实质上就是物质生产领域或必然王国中的剩余劳动对自由王国中的自由时间的制约。

四、权利—正义观、人性论与历史观

马克思并没有一概地拒斥公平观念和价值命题,他所拒斥的是那种不但无视经济关系和社会关系的制约,反而要求经济关系和社会关系与之相适应的抽象的公平观念和价值命题。经济关系和社会关系是什么样的,人的评价从而其权利观念和正义观念就会是什么样的。在马克思看来,任何脱离现实的经济关系和社会关系的人都是抽象的,任何脱离现实的经济关系和社会关系的权利观念和正义观念同样是抽象的。

中国企业社会责任政策的分析及启示　金仁仙，北京社会科学，2019(8)

基于企业社会责任促进的政府角色和国外研究经验，梳理中国企业社会责任政策发展现状，针对中国政府企业社会责任政策的相关发展动向，分析其责任促进政策的特点和若干问题。鉴于此，结合中国企业社会责任政策与政府在企业社会责任中的角色，立足于中国政府企业社会责任促进政策角度，从完善制度化建设、规范企业社会责任标准体系、设立权威管理机构、完善激励为主的措施等四个方面提供对策建议。

一、绪论

20世纪末，企业社会责任研究进入中国，国内学界基于国外企业社会责任的理论研究，针对企业社会责任的概念、特征、优势等方面进行了分析，认为政府在企业社会责任的促进中发挥了重要作用。但目前中国企业社会责任的制度建设、落实以及管理模式等尚不健全，国内针对性研究薄弱，对政府工作的开展指导意义不足。因此，聚焦政府促进企业社会责任政策问题，可以为中国政府推进企业社会责任政策建设提供理论参考和建议。

二、企业社会责任政府角色与国外经验

目前企业社会责任政策相关理论研究主要以企业社会责任较早成熟的欧美等国家为对象进行展开。它们主要从企业社会责任政策执行中政府的干涉程度和利益相关方的包容程度视角提出企业社会责任政策的不同角色模型，不仅为中国企业社会责任促进政策分析提供了核心理论基础，也提供了实践的参考典范。

企业社会责任促进政策通过减少企业对经济、环境、社会方面的负面影响，达到社会共同目标。世界主要发达国家结合自身的历史传统、社会背景、现实特征等进行综合考虑，顺应国际企业社会责任动向发展，将企业社会责任纳入政府议程。欧美等发达国家的政府主要在立法、规范标准、组织机构、激励措施等四个方面扮演着促进角色。

三、中国企业社会责任的现状以及促进政策

目前中国企业社会责任促进政策在党中央、法律法规、中央政府、地方政府和自律性组织五个层面推进下，企业社会责任相关倡议日益健全。下文按照这五个层面，基于政府的企业社会责任政策发展现状，分析中国企业社会责任促进政策的特征与存在的问题。第一，党中央整体把握中国企业社会责任发展的顶层设计，在国家发展战略和行动规划上对企业社会责任提出要求。第二，法律法规规范企业履行社会责任的权利和义务，为企业承担社会责任提供依据。第三，中央政府在党中央的领导下，全国范围内统筹规划，发挥宣传推广以及促进与国际接轨的作用。第四，地方政府积极贯彻中央政府的指示，推出针对性强、差异性明显的公共政策。目前已经发布企业社会责任政策的地方政府集中在北京、上海以及东部沿海地区，这些地区具有经济发展水平较高、与外资企业合作密切的特征。第五，自律性组织指行业为协调内部相关成员关系而成立的、具有自我约束性的"公约性"组织。随着中国社会的转型，越来越多的社会职能已由非政府组织来承担，自律性组织根据行业特点制定条例，推动了行业的企业社会责任系统化、标准化。

四、总结与启示

现阶段，中国政府还未建成完整的企业社会责任法律法规体系、评测标准体系以及监管机制等，政府和企业、社会交叉领域的具体政策措施不足，无论是政府自身能够独立完成的政策，还是需要和企业、社会协作完成的政策，均需要进一步完善。

财产权批判与正义——马克思对黑格尔正义观的批判与超越　高广旭，哲学研究，2019(9)

财产权的神圣不可侵犯是现代性法权正义的核心内涵。马克思以财产权批判切入法权正义批判的理论视角受到黑格尔的影响，但在批判重心上实现了从"权利"到"资本"的转换。通过把财产权批判诉诸资本主义生产方式批判，马克思得以透过政治经济学批判剖析法权正义的社会存在基础，开启了在资本批判中批判和超越法权正义的逻辑进路。

一、黑格尔的财产权批判及其正义观进路

对于黑格尔而言，人的生命权要高于财产权，当生命由于财产权而受到威胁和损害时，财产权就不具有天然的正义性，也并非是神圣不可侵犯的。黑格尔财产权批判从"生命的权利"到"贱民的反抗"的转换，体现的是其正义观建构进路的转变。黑格尔认为，对于财产权及其正义原则的超越，必须从市民社会的理性个体本位中跳出来，而坚持伦理实体本位。为此，他引入"国家"这一伦理实体来克服市民社会的普遍性的丧失，弥合财产权过度膨胀所导致的个体自由与公共善的分裂。黑格尔立足"生命的权利"和"贱民的反抗"对财产权合法性的批判，不仅在市民社会与国家的张力结构中揭示了法权正义的理论实质，而且开创了以国家超越市民社会及其法权正义的逻辑进路。这一逻辑进路为马克思转向对市民社会本身的政治经济学批判，以资本批判完成对法权正义存在论基础的批判留下了思想空间。

二、从权利到资本:马克思批判视角的转换

马克思基于对资本的生产与再生产机制的考察而展开财产权批判，旨在揭示的是资本与财产权的合谋及其奴役劳动的本质。在马克思看来，资本对劳动在财产权意义上的“占有”并非资本主义生产方式的“偶然现象”，而是构成资本主义生产方式“基本条件”的“本质属性”。

从“权利”到“资本”的批判重心转变表明，马克思的财产权批判较之黑格尔更为现实也更为根本。因为这一批判通过剖析现代性劳动结构的内在矛盾和张力，以资本批判瓦解古典政治经济学劳动价值论对财产权合法性的“经验”支撑，从而揭示了劳动与财产权分离这一现代财产权制度的基本矛盾，实现了对以财产权为基石所构建的资本主义法权正义体系的根本批判与超越。

三、马克思对法权正义的批判与超越

马克思主张财产权批判必须立足对市民社会的物质生产方式的批判。“剩余价值”被资本家以财产权的理由所占有表明，资产阶级财产权逾越了自身只在“流通领域”具有合法性的限度，而进入对“生产领域”的控制，从而也暴露了自身的内在矛盾。共产主义革命对财产权以及资产阶级私有制的否定，是以生产资料的私人占有为前提的资本主义生产方式的必然结果，是资产阶级法权正义必然崩溃的客观逻辑。在这个意义上，深入阐释和理解马克思对资产阶级法权正义的批判与超越，既需要拒绝开以分配正义曲解马克思正义理解的理论“倒车”，更需要深入揭示财产权与资本主义生产方式的内在联系。因为正是在这种内在联系中，资产阶级法权正义才得以生成并发挥效力，资产阶级法权正义的伪善本质和必然崩溃的限度才暴露出来，而马克思对资产阶级法权正义的批判与超越正是抓住了这一根本的理论症结。

四、结语

黑格尔对于财产权、市民社会与国家正义之间关系的思辨考察，不仅揭示了现代性法权正义的上述理论本质，而且催生了马克思回到市民社会考察正义的逻辑进路。不再追求法权正义和国家正义，而将正义还原到其所依存的物质生产方式，将财产权批判与资本批判、超越法权正义与扬弃私有制结合起来,构成马克思正义观的理论特质。

当代资本的逻辑嬗变 刘志洪,现代哲学,2019(5)

资本逻辑在当代发生若干明显改变,对这些变化的自觉问题意识和总体哲学审视不仅至关重要,而且刻不容缓。从资本一般的视角看,增殖逻辑整体强化,扩张逻辑持续加强,负向逻辑驱逐正向逻辑,但扬弃逻辑也日益发展。这些逻辑变化内在勾连、相辅相成,对资本本身和资本世界造成深刻影响,本质地关涉着当代人类和中华民族的前途命运。

一、增殖逻辑整体强化

在名著《漫长的20世纪》中,"历史资本主义"学派的主将乔万尼·阿瑞吉提出,在数个世纪的演变过程中,经过政府机构和商业组织的反复结合,资本成功实现了四个周期性的体系积累。历史表明,资本主义具有很强的自我变革与创新的能力。这种变革和创新首先集中地表现在增殖。这种增殖不仅体现为价值的增殖,也呈现为财富的增长。在马克思的理论视野中,财富涵盖价值,包括商品、货币和资本三种基本形式。增殖须臾不停,但当代资本的增殖却显露出新的特点。总体而言,增殖不仅没有衰退,而且愈发强化。当代资本不单擅于生产、实现和分割剩余价值,在这三个环节或向度都做出较大调整和"改良",而且擅长灵活和高超地获取财富,赢得对财富的支配权。虽然"利润率趋向下降",但迄今为止,当代资本所掌控的价值和财富的数量迅速增加,并且支配了社会价值和财富的绝大部分,而且是愈加庞大的部分。不仅人类的劳动,而且自然的资源,都落入资本囊中。诸多数据表明资本支配价值和财富的数量与比例不断攀升。

二、扩张逻辑持续加强,扬弃逻辑日益发展

增殖逻辑强化的同时意味着资本扩张逻辑的加强,二者内在相通。在当代,资本的扩张不仅没有由于此起彼伏的社会运动和民族革命而有所停歇,反而愈加汹涌澎湃,构筑起哈特和内格里笔下强大的资本"帝国"。哈维和伍德等诸多马克思主义者深入分析了资本扩张的机理。这种现代主宰既在广度上竭力扩张,拓展统治空间,在全球绝大部分地区布展开来;又大力开辟支配领域,将社会、文化、生态、道德和身体等尽数纳入操控范围;还在深度上强化扩张,渗透进各种微观层面,操摄人们的灵魂与行动。从本质向度看,资本的扩张首先表现为价值、财富的增殖,这是其扩张的核心内涵。但这种扩张也表现为统治和权力的扩大,以及意识形态层面拜物教的强化。

历史的进程从来都不是单向度的，而是复杂性的，众多可能性相互交织。事实上，扩张逻辑的过度强化也意味着扬弃逻辑的即将来临。在马克思的理论视域中，资本必然由于内在系统性矛盾的持续推动而根本性地使自身成为更高文明形态的组成因素。借用海德格尔的话说，这是资本及其逻辑“存在的历史性”。这种自我扬弃的实现将使人类进入崭新的发展阶段，迎来“真正的人类史”。不断扩张的资本在历史进步中实际地为建构更具合理性与优越性的社会形态提供了越来越丰富的器物、制度与观念条件，使扬弃逻辑逐步显露和发展。换言之，资本的扩张逻辑和扬弃逻辑两极相连、一体两面，是同一历史过程的两个向度，而绝非是对抗的。黑格尔关于矛盾对立面统一性的分析对此富有启示。在某种意义上，扩张逻辑越是强化，扬弃逻辑就可能越早实现。

三、负向逻辑驱逐正向逻辑

在特定时间中，事物往往并存不同面相。资本同时内在地存有作为正向逻辑的创造文明逻辑及其诸具体逻辑（如提升效率、创新、公共性等逻辑），也存有作为负向逻辑的消解文明逻辑及其诸具体逻辑（如降低效率、守旧、私独性等逻辑）。在资本主义上升期，较与之相对的负向逻辑，多数正向的具体逻辑更为有力。譬如，提升效率逻辑和创新逻辑远强于降低效率逻辑和守旧逻辑。人们争相创新，极大提高了生产乃至全部活动的效率，使资本主义的总体效率远远超越前资本主义。正向逻辑在整体上显著强于负向逻辑，令资本发挥出重大积极作用，表现出显著历史进步性，使人类的生存向上跃升了很大台阶。

主观幸福感、效用与社会福利　何凌云、秦尊文，学习与实践，2019(9)

一、引言

自伊斯特林(Easterlin)(1974)提出“收入—幸福悖论”后，多个学者探究该悖论是否真的存在，以及为何出现这种现象。在大量论著探讨居民幸福受哪些因素影响的同时，出现了对幸福概念的泛化解释。由于对“幸福是什么”辨识不清，居民报告的主观幸福感有时被视为新古典经济学中的“效用”概念，甚至有学者提出要用国民幸福指数取代 GDP 成为衡量社会发展的唯一变量。在这些背景下，我们需要解决幸福的内涵和性质问题。本文梳理已有文献并建立理论模型，推导幸福的希克斯需求曲线，基于幸福和效用关系的视角探究幸福的本质。这不仅有利于避免研究中对幸福和效用概念的误用，还为宏观层面上结合 GDP 和居民幸福等构建综合性指标，更全面地描绘社会发展状况夯实了理论基础。

二、效用理论与幸福的内涵

(1) 效用的幸福属性及其浮沉。“效用”一词最早可以追溯到古希腊著名的思想家亚里士多德，功利主义之父边沁首先对效用问题进行了系统性的研究。作为功利主义的完善者，密尔肯定了幸福是唯一应当追求的东西。尽管边沁和密尔研究的首要目标是为了提供一个可遵循的法则，但在客观上促进了基数效用理论雏形的形成。边际革命之后，基数效用论形成。然而，计算方法可操作性不强，导致基数效用的计算始终停留在理论层面。序数效用论和无差异曲线分析方法的出现，缓解了基数效用论中效用难以测量等缺陷。尽管有学者指出序数效用论中存在循环论证等问题，但它占据新古典经济学主流理论的地位。自此之后，边沁等人强调的效用的幸福属性逐渐淡出经济学视野。其实，很多文献早就试图通过拓展效用函数的多因素变量，更有学者试图找回边沁时期效用的幸福内涵，增强新古典经济学中效用理论的合理性。

(2) 幸福研究的复归。在探讨拓展效用函数的同时，一些学者在反思偏好或代表偏好的效用是否真的等于福利。Easterlin 发现“收入—幸福悖论”，在学界引起巨大轰动。经济增长的意义得到反思，“主观幸福感”得到广泛关注。“主观幸福感”相关研究的兴起，使得效用的幸福内涵重回经济学视野。学者关于幸福的基本理念可以分为三个方面：实时幸福、记忆幸福和对幸福的总体性评价指标。

三、主观幸福感与效用的关联机制

“主观幸福感”相关研究兴起之后，幸福又得到多个学科的重视，幸福经济学甚至成为一个专门的学科领域。现在学者们所谈论的“幸福”就是古典经济学时期的“效用”吗，它和新古典经济学中的“效用”有怎样的联系？本文梳理了文献中关于幸福和效用可能存在的三种关联机制——体验效用、决策效用与幸福；过程效用、结果效用与幸福；效用、欲望与幸福。

四、幸福是否等同于效用的理论论证

(1) 主观幸福感是效用的近似值吗？由于主观幸福感指标的突破性意义和幸福数据的可信性，一些学者提出幸福数据可以视为效用的近似值。尽管主观幸福感和效用存在关联性，而且把幸福数据视为效用的近似值能带来很大便利，但幸福与效用真的相等同吗？主观幸福感是一个有效可信的指标，却并不能证明它能等同于效用。

(2) 幸福与效用函数的扩展：理论模型。在新古典经济学的效用最大化框架下，幸福是影响效用的重要因素，但是并不等同于效用。根据显示性偏好理论，人可能会选择一个幸福感较低但其他收益较高的组合，这个选择能提升其效用水平。本文基于消费者效用最大化原则，构建理论模型，验证幸福是否等同于效用。

（3）GDP结合国民幸福指数反映社会福祉。个体的效用在宏观层面上转化为社会的福利，GDP长期被视为衡量社会福利的重要指标。然而，GDP不能将非市场性因素考虑进去。主观幸福感作为一项关注居民生活感受的指标，能反映GDP等经济指标无法测量的层面。但GDP和幸福指数作为单一指标都很难彻底地采集全部社会状况信息。将GDP和幸福指数等指标互为补充，才能更全面、多维度、更准确地描绘社会福祉，有助于社会的良性发展和实现人的终极目标。

五、结论

本文通过文献梳理和理论模型推导证明，主观幸福感是影响效用的重要因素而非等同于效用，为"收入—幸福悖论"提供了新的解释视角。"收入—幸福悖论"提示我们要合理公平地分享经济增长成果，协调好GDP和民生的关系，使经济趋向公平、均衡和可持续发展。

人的道德自由与劳动自由　汪璐、刘可风，财经问题研究，2019(9)

一、问题的提出

对自由的研究，可以归结为两条线索：一条是思想史考察，即自由的概念史；一条是社会学分析，即自由的社会史。而谈到道德自由，不论是把它当作自由的某种具体形式还是自由得以实现的某一领域而存在，它都是道德哲学关心的重要理论问题。纵观西方的道德哲学思想，"行动自由""意志自由"是道德自由的两大主流观点。而这归根结底还是关于人的自由。马克思对自由劳动的研究，在学理上重新树立起劳动的应有地位，并为实现人的全面发展和自由王国的到来提供了一条切实可行的路径。

二、对自由内涵的基本诠释

自由问题是哲学最核心的理论问题之一。卢梭说："人是生而自由的，但却无往不在枷锁之中。"康德是典型的意志自由论者，其道德哲学一直为自由辩护。自由是人作为理性存在者的前提条件，而且自由与自律在康德看来具有内在的一致性。

自卢梭、康德、贡斯当至伯林，学者们逐渐形成了对自由的两种区分：消极自由和积极自由。康德认为，自由的消极概念是指"有意选择的行为不受感官冲动或刺激的决定”;而自由的积极概念则是指“纯粹理性实现自己的能力”。当每个人都可以服从于自己制定的法律时,就是达到了自律。在这种意义上,康德的积极自由就是自律。

贡斯当在1819年的演讲中对“古代人的自由”与“现代人的自由”进行了区分。“古代人的自由”是集体性自由,在于以集体的方式直接行使完整主权的若干部分,个人承认对社群权威的服从,表现为积极而持续地参与集体权利。“现代人的自由”则意味着在现代民族国家中公民拥有个体自由、免于被任意逮捕的自由、舆论自由、职业自由、结社自由等。

而使得两种自由概念的理论得以开显的人正是伯林,他的观点也与康德和贡斯当的观点存在联系。简单来说,消极自由是“免于做什么的自由”,积极自由是“去做什么的自由”。伯林作为一个自由主义者,认为从积极自由很有可能引发专制主义的危险,因而他支持消极自由而拒斥积极自由。

三、精神层面:作为“人的自由”的道德自由

古希腊的“努斯”精神和“逻各斯”精神就是自由与必然关系的雏形。“努斯”精神体现了希腊人追求个体自由意识的初步觉醒,这种意义上的自由基于个体超越性的灵魂之上,并且灵魂摆脱了世俗感性世界对其产生的约束。“逻各斯”精神则体现了个人在自由活动中无法规避的客观规律性。古希腊的理性主义传统发展至苏格拉底的道德学(伦理学),提出了著名命题——美德即知识。苏格拉底认为,道德自由的关键是拥有善的知识,一旦拥有这种善的知识,人们没有理由去故意作恶。柏拉图却认为,人的道德自由就是理性的自由,在他的“理念论”中,理性是人最高的善。

亚里士多德认为,只有出于真实意愿的行为才具有道德上的可能性,人的意志自由是道德行动的前提。亚里士多德之后,古希腊的理性主义传统逐步退场。

到了中世纪,基督教神学占领着绝对的统治地位。在此背景下,人们把信仰寄托于上帝,人们的道德自由也是在上帝控制下的自由。文艺复兴之后,宗教神学世界观随着自然科学的发展而坍塌,人的主体性也得到了极大的彰显。近代哲学的理性主义传统强调人的主体性,笛卡尔提出“我思故我在”的理论命题,这给人们带来了道德主体性的提示,不再是之前由“逻各斯”或“理念”或上帝来推出自由。此后,康德和黑格尔的道德自由都将人的主体性一以贯之。康德所说的自由是指意志自由,即道德法则是意志自由的认识理由,意志自由是道德法则的存在理由。

到了现代，人在道德自由中的主体性地位愈加凸显，以萨特的存在主义为典型，直截了当地指认人就是绝对的自由，自由先于人的本质而存在。首先，主体要拥有道德选择的能力，就必须拥有意志自由。其次，在获得了意志自由的基础上，人要有选择的余地和能力。最后，道德自由是建立在道德必然的基础上，与道德责任紧密相关。当代道德哲学理论公认道德责任是以道德自由为前提，换言之，在享有了一定的道德自由之后，也必须担负起道德责任。

四、实践层面:作为“人的自由”的劳动自由

在人类发展的历史上，劳动的含义经历了从消极到积极的变化。在宗教改革之前，劳动被理解为替人们赎罪的报应和惩罚，而这种原罪是人类与生俱来的。宗教改革之后，劳动成为积累财富的手段，使得人们的生活变为充实的、有积极意义的活动。在经济学的语境下，斯密将劳动和财富联系起来首创了劳动价值论。受斯密的影响，“黑格尔一生当中有三次关于劳动的研究:最初是在1803—1804年的《耶拿讲演》中，然后是在《精神现象学》中，最后是在晚年的《哲学全书》及《法哲学原理》中”。黑格尔的伟大之处在于他把劳动看作是人自我实现的本质，看作是自我确证的本质。

首先，劳动是通向自由的途径。与斯密和李嘉图不同的是，马克思的劳动价值论是在社会历史性维度和经济学维度的统一，对劳动和劳动力的概念做出了区分，提出了劳动的二重性。其次，“自由劳动”成为目的本身和人类的第一需要。

不论是“道德自由”还是“劳动自由”，从本质上都是关于人的自由。自由作为人类的集体信仰，其实现的过程必然涉及政治的、经济的、文化的等多种维度。人类从必然王国走向自由王国，需要在两个层面进行努力:其一，在精神层面重塑道德自由，不仅可以提升个人的道德品质和道德意志，而且能够提升整个社会的道德境界。其二，在实践层面追求劳动自由，通过增加人的自由时间为人的自由全面发展提供现实可能性，进而使人们获得劳动的幸福感，并进一步推动人类社会向共产主义社会理性发展。

资本的道德属性　宗民，浙江社会科学，2019(9)

资本的道德属性具有双重特征:一方面，体现在马克思对“资本”野蛮型、掠夺性的揭露和批判;另一方面，资本并不是“非道德”的，它本身与伦理紧密相关。当前，我国正处于加快完善社会主义市场经济体制的新的历史阶段，对于资本的认识不能仅仅停留在其贪婪性、奢侈性和世俗性的道德属性特征之上。社会主义市场经济要想逐步推进并完善自身的道德建设,还需要对资本的道德属性加以更为深入的审视和研究,挖掘资本道德的积极属性,充分阐释资本及资本社会的道德重建功能,这样才能使得资本更好地服务于整个社会,全面地推进社会进步和可持续发展。

一、资本与道德之间的关系

资本与道德之间存在着密不可分的关系。那么,这种关系是如何体现的呢?目前在市场经济的理论和实践中对于资本与道德二者之间的关系大致上有三种不同的观点:一是"资本邪恶论",这种观点认为现代市场经济中的资本运营主要表现为"恶"的道德属性和特征。即便资本也能带来"善"的积极因素,也不是资本和其运营本身的结果,而在于其他规则性、制度性道德原则的约束。二是认为资本呈现出"非道德"的特征。也就是资本本质上与道德无关。三是认为资本与道德之间具有两重属性的关系特征。资本与道德关系呈现的这种不确定性态势更加说明对于资本道德属性的阐释是必要的。本文认为,资本的"野蛮"与"文明",并非人们强加给它的,而是资本运营本身所固有的道德属性。资本作为一种物质性的社会关系,它必然还伴随着某种精神性的社会关系属性,这种精神性社会关系的属性也就是本文所主张的"资本的道德属性"。

二、资本的道德消极属性

资本本身作为一种生产关系的反映,在其运营的过程中必然受到人性各种特点的影响。尤其是当资本的增殖欲望所导致的行为与后果对社会利益与他人利益发生影响时,资本的道德属性就产生了。这种道德属性有时会体现出"利己性""逐利性""贪婪性"的负面效应。因此,资本的道德属性中不可避免地带有诸多负面和消极的因素——侵蚀传统的社会公共道德;导致人与社会的异化;动摇社会稳定的基础。

三、资本的道德积极属性

资本本身不会运营,因此,资本在道德上的种种消极属性归根结底无非是人的自利或贪婪的表现。但以利润为最终目的的资本运营却大大地提高了生产力,创造了巨大的社会财富,导致了人类社会极大的进步。从哲学和伦理学意义上而言,如果资本是一种纯然的"恶",资本运营的过程充满了"恶",它运营的结果又怎么会出人意料地包含了某种"善"呢?由此可见,资本的道德必然存在着积极的属性,它体现在以下三个方面:① 发展生产力,提供构建新道德的物质基础;② 建立新的道德秩序,塑造"资本主义精神";③ 变革社会关系,促进个人的全面发展。

四、社会主义市场经济体制下的资本道德

当前我国正在不断深化社会主义市场经济体制改革。发展社会主义市场经济离不开资本的作用，在社会主义市场条件下进行资本运营同样会呈现道德双重属性特征。因此，完善社会主义市场经济环境，改革社会主义市场经济体制，建设社会主义市场经济道德都不能忽视资本的道德属性。社会主义市场经济下的资本运营应该更多地激发积极属性，抑制消极属性。首先，在社会主义市场经济体制中探索“劳动与资本共赢”的新模式。其次，通过深化社会主义市场经济体制改革，以制度和法律约束资本道德的消极属性。最后，加强社会主义伦理道德建设，以社会主义道德规约资本在市场中的运营。

积极推进国内经济哲学的研究　张雄，社会科学报，2019－09－11

积极推进国内经济哲学的研究，是我国进入改革开放以来马克思主义哲学理论研究深度发展的内在诉求，它既有利于探索哲学自身发展的创新之路，又有利于为经济学及其相关学科发展提供有价值的理论工具，更有利于为当下中国改革开放提供必要的智力支撑。

一、国内经济哲学研究的三个历史发展过程

① 现代经济哲学学术发展萌芽时期。20 世纪 80 年代共和国改革开放大幕拉起，促使马克思主义哲学理论工作者积极投身改革哲学的思考。这一时期经济哲学的研究特点是主要从各种体制改革实践层面上来思考经济哲学问题。② 范畴和体系讨论时期。20 世纪 90 年代初至 90 年代后期，首先，社会主义市场经济的提出和建构，为学术界提出了许多新问题、新挑战。其次，国内一些重要刊物相继发表经济哲学系列文章，引起学术界的浓厚兴趣。再次，20 世纪 90 年代相继出版了一大批经济哲学方面的论著。③ 重大现实问题深度追问时期。从 2000 年至今，以重大现实问题，特别是以经济问题的现实逻辑（货币—资本—金融—财富）解读为特征的现代经济哲学学科逐渐形成。

二、当代国内经济哲学重点关注的三个领域

其一，马克思主义经济哲学及其当代意义研究。该方向注重马克思的经济哲学思想资源的发掘及其当代意义的阐释。注重运用哲学的思辨方法和批判形式，对当下国际金融危机，尤其是我国市场经济面临的重大现实问题进行深度反思。其二，“伦理道德与经济社会发展”研究。一是运用马克思主义哲学理论与方法，专门探讨经济价值论问题。二是深入市场经济实践活动领域，重点探讨经济价值取向与伦理失范、制度伦理与政府行为、经济效率与社会公平、经济发展与社会协调发展、企业诚信与社会责任、个人的经济自由与道德自律、社会主义市场经济的价值取向和道德规范、社会转型期的伦理冲突和道德重建等问题。三是互联网金融的伦理探究。从伦理角度看，互联网金融的出现具有一定的伦理意义，但同时也产生了一些伦理问题。其三，大数据时代的经济哲学研究。从唯物史观和经济哲学相结合的角度，揭示出大数据时代给货币化生存世界中人的生存状态带来的新的巨大变革。一是数字化对生活世界的渗透以及控制如何体现工具理性与人本主义的内在一致性。二是数字中心主义的逻各斯与资本中心主义的逻各斯的关联性思考，大数据神话的哲学解构。三是数字化抽象的世界观，深层次地显示了当下人类生存境域的焦虑及恐惧。

何以要平等：康德、罗尔斯与阿马蒂亚·森　薛丹妮，哲学分析，2019(5)

人际差异要求平等正义理论在探求“什么要平等”(平等的内容)之前，回答“为什么要平等”(平等的根据)，后者对确认现代世界不公正的经济不平等及其解决具有重要意义。由阿马蒂亚·森明确提出却未能坚持到底的平等内容与根据之区分，在罗尔斯处的可能线索是作为平等根据的“人的特征”，并可进一步明晰为康德意义上人之为人的本质特征，即“作为目的自身的人性”。作为社会正义价值的平等，就是要尊重人性，摒弃一切偶然因素而把每一个人都当作目的自身来平等对待，不但有关首要善品与资源等客观方面的平等分配正义如此，而且对于个人将客观条件转化为自身福利的能力等主观差异方面亦是必要的。

一、为什么要平等?

作为平等基础的“人的特征”，只能是人所具有的实体性特征，是人之为人的类本质，即康德那里的“人性”，“一种所有人凭之平等对待他人的特点”。并非因为我们生而平等就应被平等对待，也并非因为我们生而有差异就应被区别对待，毋宁是因为“人性”这种具有客观有效性与普遍必然性的“人的特征”，平等或平等对待每一个人才必须被贯彻到底，并尽量避免受到来自与主体责任无关的自然或社会等方面因素的诸多影响。我们不能够证明一切人平等的主张并不妨碍我们为正义需要把所有人作为平等的人来对待的主张做出合理的证明。

二、作为目的自身的人性

在康德那里人之为人的本质特征的人性，是平等之为社会正义价值的恰当根据，是对一切理性存在者均有效的客观基础与目的自身，不但不辱意志自律，而且构成一切主观目的与经验质料的最高限制条件。对人性的尊重亦非一种简单任意的主观情感，而是对作为目的自身的人性的命令式的承认与服从，是一种将人作为平等的人来对待的重要承诺，不仅关乎道德，更关乎现代社会、政治与经济等方面实存的不平等与权利等诸多问题。平等对待每个人就是把每一个人都作为目的自身来对待，就是把每一个人都当作“有生命同时又有理性的存在者”，就是尊重每个人的人性，否则就是“贬损在其人格中的人性[作为本体的人]”，就是差别对待，就是不公正。

三、不公正的经济不平等

经济不平等并不直接就是非正义，那些由主体自身无责任的社会条件的不平等分配导致的经济不平等才无疑是不公正的，因之使人陷入无以促进自我发展的贫困甚至成为无产者，是对人性的贬抑与损害，是差别对待。为解决不公正的经济不平等、改善经济不平等，一般当代世界作为社会正义价值的平等需要建立在客观社会善品与主观个体能力的联合阈值之上，即在首要善品与资源等客观通用条件平等分配的基础之上补充以对实现个人所看重的人际生活能力差异的考察，进而扬弃由于自然才能和社会条件的不平等分配带来损益的社会，实现公正的经济处境，鼓励每个人都充分发挥自己的天赋能力并应获得平等回报。

效率公平权衡：理论框架与中国实践　孙豪、毛中根，浙江社会科学，2019(11)

一、引言

权衡效率与公平问题，是政府调控经济的基本问题。权衡效率与公平的标准是什么？在不同发展阶段下，中国政府对效率与公平的权衡结果如何？本文在讨论控制不平等参照标准的基础上，通过分析不平等的边际收益，阐释了中国政府对效率与公平的权衡。

二、文献综述

学者们关于不平等的讨论有以下几个方面。不平等具有二重性，不平等具有明显的消极影响，也有积极意义。那么，在权衡效率与公平的问题上，应将不平等控制在什么水平？不同学者的不同研究成果，为本文的分析奠定了良好的基础，提供了有益的借鉴。

三、控制不平等的参照标准

面对始终存在的不平等,应坚持在公平与效率之间寻求平衡——将不平等控制在一定范围内。根据不平等程度大小及不平等对经济社会的影响,本文尝试从社会稳定、经济发展和社会福利三个方面设定控制不平等的参照标准。第一,维持社会稳定低标准:维持社会稳定。第二,促进经济发展中标准:促进经济发展。第三,提升社会福利高标准:提升社会福利。

四、权衡效率与公平的理论框架

(1) 权衡效率与公平的理论分析框架。控制不平等的参照标准,为政府权衡效率与公平提供了一个大致的参照,但并没有指明权衡效率与公平的具体依据。本文将不平等的二重性进行具体化,即从不平等的效率收益和公平收益的视角,为政府权衡效率与公平提供具体参考依据。

(2) 效率与公平的权衡标准。结合公平收益曲线、效率收益曲线和总收益曲线的性质,本文分析在不同的不平等程度条件下,政府对效率与公平的权衡。基于不平等的边际收益分析表明:公平收益与效率收益对不平等的弹性变化,决定了公平收益曲线和效率收益曲线的发展轨迹;边际公平收益损失和边际效率收益增长,决定了总收益曲线的发展轨迹。

五、权衡效率与公平的中国实践

(1) 经济发展阶段与效率公平权衡。政府权衡效率与公平,需要考虑经济发展阶段和经济环境变化。在不同的经济发展阶段和不同的经济发展速度条件下,人民对不平等的容忍程度不同。在不同经济发展阶段,政府权衡效率与公平,既要考虑不平等引起的总收益变化,又要考虑人们对不平等的容忍程度。因此,本文在考虑经济发展阶段的条件下,以库兹涅茨曲线的发展轨迹为标准,结合不平等对总收益的影响,分析中国政府在效率与公平中的政策权衡。

(2) 中国政府对效率与公平权衡的实践。本文从效率和公平两个层面考查 1997 年与 2017 年的经济背景,并分析政府在效率与公平之间的权衡。效率与公平两个层面的经济发展状况表明,不平等的边际效率收益在降低,不平等的边际公平损失在提高。新时代社会主要矛盾的焦点已经从效率领域转向公平领域,这种转变推动收入分配政策从"重效率"转向"重公平"。

六、结语

总体上,公平收益和效率收益的不平等弹性变化,决定了边际公平收益和边际效率收益的变化。随着经济发展阶段演进和不平等程度变化,不平等引起的两种收益，经历了从边际效率收益增长高于边际公平收益损失，转向边际公平收益损失高于边际效率收益增长，进而使政府对效率与公平的政策权衡，从“重效率”转向“重公平”。本文将不平等对效率和公平的影响归纳为效率收益和公平收益，并从边际收益的角度分析政府在效率与公平中的权衡标准——不平等的边际效率收益增长等于边际公平收益损失。本文的分析为政府权衡效率与公平提供了理论参考。然而，现实政策权衡的困难在于如何准确度量不平等的边际效率收益和边际公平收益。如何构建效率收益、公平收益与不平等的函数关系，准确测度不平等的边际收益，成为研究效率与公平的新课题。

道德想象、创造性与企业—经济伦理创新 孙丰云，兰州学刊，2019(11)

道德想象、创造性和企业—经济伦理创新三个术语独立存在，但却有着紧密的内在关联。道德想象是创造性的前提，是情感、理性和精神的思想复合体，表达着主体与客体、智力活动与事物之间某种开放式的动态关联。创造性是道德想象的客观实现，在其根本性上，蕴含着新生事物的形成过程及其具有终极意义的现实生成。在道德想象和创造性的合力作用下，产生伦理创新。企业—经济生活中的伦理创新，在根本意义上，包含着道德经济和企业家精神两个基本构成，目标在于解释或解决人们日常生活和伦理世界的道德问题。

一、道德想象

所谓道德想象，不是直觉意义上无实质内容的“同情地想象”，因为这种想象无助于沟通认识主体与事物自身之间的裂痕；也不是日常经验中人们习惯所指的主观虚构或臆造，这或许只是主体单个的智力娱乐活动，而通常与客体或具体事物无涉；更不是基于解构意义上断然否定的“道德想象”。这一活动根本不可能或不存在。相反，它是在形而上学建构意义上的一种认识活动，它不单独存在，而是基于道德情感（如关心、同情、忧虑等），借助逻辑推理和批判反思两种方式开放式地思考，达及对客体事物在原初意义上的理解和判断。它是情感、理性和精神的思想复合体，表达着主体与客体、智力活动与事物之间某种开放式的动态关联。

二、创造性

本文所言的创造性并非与伦理价值无涉的概念，而是一种基于道德想象并受其指导的人类实践活动，包含着对象性内容的人类思维活动或智力行为。它意味着人类自身首创精神的现实化，在其根本性上，蕴含着新生事物的形成过程及其具有终极意义的现实生成。它是与生成、形成和改变一以贯之地关联的一个概念。

如果说前述道德想象的思维活动关乎思考的整个过程，是创造性活动不可或缺的纯粹理性智慧或伦理价值铺设，那么，创造性活动则关乎将道德想象的思维活动在一定时间和空间范围内具体化、现实化，体现为实践理性和智慧，是一个过程。就对人类“善的生活”和“善的世界”有益的创造性活动而言，可以从一般意义上的框架来理解。

三、企业—经济伦理创新

所谓伦理创新，它不同于一般意义上的产品、技术或服务创新，而是强调自身的形成、变化或改变对他者及社会的影响。伦理创新的“图景”大致有三种情形：第一，在当下伦理规范或原则的范围内发生伦理创新，并且包括个体或群体或许从事的非常重要的新样式的伦理实践和行为，比如企业诚信经营。第二，对已经认同的伦理原则或规范进行新式的非常不同但十分详尽的阐释，比如儒家传统的基本理念、概念和文本在现代企业语境下的创新性阐释和发展。第三，新式的伦理原则或规范的引入，比如近年来强调的共同体主义，以及社会主义核心价值观在企业中的引入。

四、结语

道德想象、创造性和企业—经济伦理创新三个概念，无论是在真实的生活世界，还是在实际的企业—经济领域，都是一个认识理性和实践理性的综合统一体，具有不可分割性。之所以分开讨论，是为了更好地理解不同概念所承载的内涵、任务与意义，如果与任一其他的概念相剥离，或者是从作为一个整体的秩序当中抽离，这些概念是不能被充分理解的。但从形而上学的意义上来看，又必须厘清每一个概念的边界，毕竟，“差异”才是达至具有超越性的整体秩序的根本或前提性元素。道德想象与创造性，作为实践智慧和艺术，不能与人类可行能力相分离，从整体上看，它们是实现可持续发展的目标，不管是对企业还是对社会而言都是如此。

历史唯物主义并非“唯经济决定论”

蒋正峰，广东社会科学，2019(1)

历史唯物主义认为，社会存在决定社会意识，人类社会的存在和发展是建立在物质资料的生产方式基础之上的；经济决定政治，经济关系对社会历史的发展具有最终的决定作用。然而，对历史唯物主义关于经济关系对人类社会历史发展最终的决定作用的理论，有人却恣意地理解为“经济唯物主义”，即认为经济是社会历史发展唯一决定因素的所谓“唯经济决定论”。恩格斯晚年对“经济唯物主义”进行了严厉批判，深刻阐述了历史唯物主义关于经济因素对社会历史发展起最终的基础性的决定作用，而不是唯一决定因素，“经济唯物主义”是对历史唯物主义的歪曲和捏造。

一、历史唯物主义关于经济对人类社会历史及其发展的决定作用

在唯物主义历史观产生之前，人类思想认识史上长期占据统治地位的是唯心主义历史观，它们不从物质实践而从范畴观念出发，把人类社会历史及其发展归结为精神因素，考察的只是人们活动的思想动机。尽管黑格尔进一步提出了要考察人们思想动机背后的原因，但终究还是没有解决问题。马克思、恩格斯在深刻批判历史唯心主义的过程中，深入探究了人们思想动机背后的物质动因和经济根源，为人类社会历史及其发展找到了新的出发点并进行了唯物主义的解释，认为社会存在决定社会意识，经济因素是人类社会历史及其发展的前提和基础，对人类社会历史及其发展具有决定作用，从而创立了唯物主义的历史观，实现了社会历史观的根本性变革。

二、历史唯物主义并非“唯经济决定论”

生产力和生产关系、经济基础和上层建筑是辩证统一的，经济因素对社会历史发展的决定作用，恩格斯特别强调是在“终极原因”“归根到底”“最本原”等的意义上而言的，“归根到底”意味着根源性和终极性。有鉴于此，历史唯物主义关于经济因素对社会历史发展起决定作用的理论，不是简单的经济决定一切的理论，不是“唯经济决定论”，甚至也不应称“经济决定论”。因为“经济决定论”已被一些学者固化为“唯经济决定论”，从而掩盖了其中包含的经济起最终决定作用的合理原则，从而成为混淆历史唯物主义和“唯经济决定论”的掩体。

三、对“经济唯物主义”的批判

历史唯物主义关于经济最终决定作用的理论并不是所谓的“唯经济决定论”，一方面肯定经济对政治、法、哲学、道德等社会意识诸形态的最终决定作用；另一方面也充分肯定经济、政治权力和思想意识之间的相互作用，包括国家政治权力等上层建筑对经济的反作用。针对“经济唯物主义”把经济因素看作是社会历史发展过程中唯一起单方面决定作用的因素而否认政治和思想意识的作用，恣意地歪曲污蔑历史唯物主义，马克思、恩格斯以及他们的后继者列宁对此做了坚决地揭露和彻底地批判。

企业的生存空间正在被重新定义　陈春花，社会科学报，2019－11－21

在2019年的进博会上，未来汽车、远程医疗、5G直播等技术纷纷亮相,众多参展企业的科技创新展品令人印象深刻。数字化带来了第四次工业革命,它的进程比我们想象的要快,这些进程推动着企业不断地转向一个新的增长方式。数字化对于企业组织和产业有何影响?

一、企业今天比以往拥有更多机会

2012 年互联网技术出现之后,企业开始面临充满不确定性的环境,与此同时,企业也比以往拥有更多机会。这体现在:所有的东西都在不断升级。数字化转型一方面推动了模式创新,另一方面促进了企业效率的提升。大多数的创新都是现有事物的重组。深度互动与深度学习已经渗透到所有领域,从而使更广泛的人群有机会参与到新的商业之中。核心不是分享,而是协同。共生的逻辑,不是一个控制和拥有的概念,而是彼此赋能加持、共创价值、共享发展的概念。

二、从"竞争逻辑"到"共生逻辑"

数字时代与工业时代在发展逻辑上最大的不同是,它会在传统行业打开一个断点,并重新定义这个行业。另一方面,工业时代企业的生存空间来源于"比较优势"和"满足需求"。但是,在数字化时代,企业的生存空间则来自"顾客价值"和"创造需求"。而要创造顾客的需求,首先要改变对战略的认知,不去考虑如何与对手竞争,而是思考如何与对手共生,以获取生长空间。在传统上,战略中的"想做什么""能做什么""可做什么"分别取决于企业的使命与初心、资源与能力、产业条件。但在数字化时代,企业要对"想做什么"展开想象,赋予新的定义与内涵;"能做什么"也不再受限于自身的资源与能力,而是去广泛连接别人的资源与能力;"可做什么"——企业不必再受限于原有的行业,而是要进行跨界。因此,数字时代,企业的生存空间正在不断被重新定义。

三、企业的管理由"分"到"合"

置身于数字化时代,企业必须从三个方面进行组织价值重构:第一,管理是一个整体。要提高组织效率,企业必须首先做到内部协同,打掉部门墙。第二,激活人的价值,组织要从"管控"到"赋能"。第三,打造共生型组织。共生型组织包含有四层境界:共生信仰、顾客主义、技术穿透、"无我"领导。

中国古代借贷契约中的义利观及其当代镜鉴 武航宇,江汉论坛,2019(12)

我国古代借贷契约文书篇幅有限,内容简练,传统义利观作为一对古老的概念，存在于借贷抵押、利息率确定、偿债方式等诸多方面。将借贷契约中的义与利把控在一定限度内，使之既符合“君子之义”，又符合客观经济规律，才能促使借贷契约的顺利、有效履行。针对当前问题繁多的民间借贷案件，可以将传统的义利观作为价值考量融入到公序良俗原则中，并在没有确定裁判依据的疑难案件中适用，这不仅是对客观要件认定原则的补充，同时也能使裁判结果更加符合我国传统的价值观。

一、逐利忘义的“计套贫民”

我国古代社会，借贷契约在缔结和履行过程中包含了很多逐利的因素，尤其是部分借贷契约在缔结时约定了高额利息，甚至以“计套贫民”的方式对借贷方的本利进行掠夺式执行，即先以“男女质钱”，而后逐渐“子本相侔”，最后则“没为奴婢”，致使借贷方“老稚转乎沟壑”，其状凄惨，完全无视伦理之义。

二、符合互利之义的“平借平还”

中国古代政府在借贷契约利息率的确定、索债的方式以及纠纷的救济途径等方面体现出诸多义的因素，但对于利息率的管理最为集中，也最能体现统治者维护正统伦理之义的努力。主要包括以下几方面：第一，民间以“平借平还”倡导互利之义；第二，立法禁止“违法取息”规范互利之义；第三，禁止掠夺式索债保障互利之义。

三、明确义利界限的“放免债负”

“君子喻于义，小人喻于利”，义与利的根本区别在于利的受众，君子为天下众生求利，不为自身索取，是为义，即“儒者知义利之辨而舍利不言”“君子以利天下为义”；小人为自己求“利”，完全不顾他人，他所见到的利就是利于自己，即“小人利而后可义”。利作为“生人之用”，其与义的界限在借贷契约的“放免”问题中体现得颇为明显。

四、余论：传统义利观对公序良俗原则的丰富

针对民间借贷案件，可以将传统的义利观作为价值考量引入借贷案件的裁判过程，并与具体法律条文原有价值基础进行比较权衡，使传统的义利观更能契合社会现实需要。实践中民间借贷的复杂之处表现在以借贷的形式掩盖其他的债权纠纷、借贷合同的具体条款约定不明确等等，司法机关很难进行完全客观化的司法裁量，将公序良俗原则中所包含的“君子之义”应用于这类案件进行主观方面的衡量，能够增强相关法律规范的具体操作性，也能够促进公平原则的适用。

礼物与共同善:一种中国的和经济伦理学的观点 陆晓禾,哲学分析,2019(6)

讨论“礼物和共同善”这一主题,有助于从一个新的或者说被忽略的视角来反思中国文化及其面临的问题,同时也有助于深化目前的经济伦理学研究。本文首先从语义学和社会背景出发来探讨礼物和共同善在中国的理解及其问题,然后从当代中国社会面临的挑战这一视角来考察礼物社会在今日中国的可能和问题。中国古代的礼治社会在为世界做出独特的文化贡献的同时,也忽略了孔子当年提出的发展可能性,因此在强调市场经济嵌入文明社会的今天,应记取这一教训,如何重视细小事件中包含的新的社会发展可能性,是值得深思和研究的一个重要问题。

一、礼物、共同善在中国:理解和问题

古代中国或传统中国是如何理解礼物和交换的?笔者认为,与莫斯的“礼物社会”相比,古代中国可说是一种“高级的”礼物社会。概言之,礼治社会,礼的根据是“理”,而理的根据是“体天地,法四时,则阴阳,顺人情”,明白了这些道理,就能自觉地履行,礼的自由是乐,礼的目的是治。礼治社会也是“总体社会”“总体呈献社会”,包括了天地人鬼神的所有关系及其相应的道德和制度,而且更深层的用传递和交换仁爱的礼尚往来,启动、推动了包括所有这些方面的礼治社会。但在中国的社会结构中,礼也容易导向呈献的义务、呈献的职责、呈献的权力,而缺乏对应的权利要求及其组织。

二、中国的“共同善”及其特点

与“礼物”不同,中国古代文献中没有对应西方“共同善”的概念,由此也形成了中国礼物社会的特点。中国的礼物关系就是义务关系,关系是具体概念,礼物或义务是具体概念,共同善也是具体概念。中国的社会结构就是由家、国、天下构成的具体概念,而中国尽管没有抽象的“共同善”概念,却有具体的共同善,即家齐、国治、天下平。大同就是天下平、天下一家,就是天下的共同善。宋代张载在《西铭》中发展了儒家的万物一体、天人合一的思想,提出了“民胞物与”的理念,认为民为同胞,物为同类,认为应当爱人和一切物类,由此给出了最高境界的中国的共同善,为此后的中国人所广为称道。

三、中国的贡献和问题

中国的礼物社会和共同善概念有两大贡献。第一,也是梁漱溟先生发现的,各人尽自己义务为先,权利则待对方赋予,莫自己主张。这是中国伦理社会所以准据的理念。第二,笔者认为,中国还将社会和共同善理解为四个拓展的圆圈：由个人而家庭而国家而天下，所谓修身齐家治国平天下，而把礼物社会的起点，把共同善（家、国和天下）的义务担当，都放在作为最内圈起点的个人身上，放在个人自觉自愿对于礼的理的认识和快乐的履行上，这不能不说是另一个伟大的贡献。但中国的礼物社会或者说礼治社会和共同善概念，也有两大问题：一是中国的社会结构即家、国和天下，共同善即家齐、国治和天下平，缺乏社会组织和社会生活，因此缺乏公共观念和公德意识；二是古代中国通行的礼物逻辑，或者说礼治社会，也就是义务逻辑、义务社会，强调的是对他人的义务、利他，而将利己或自己的权利，都放在关系的另一方。个人的权利和利益，只有完全期待另一方的义务来实现。

四、礼物社会在今日中国

1848年鸦片战争后的中国人，为救亡图存，前赴后继地进行了一系列的政治和社会革命，从晚清改良到辛亥革命，从民国革命到其后更为激进的社会主义革命，伦理本位、礼治社会的中国已经从根基上发生了断裂。及至20世纪70年代末的改革开放后，中国社会的根基很大程度上已经是市场交换而不再可能是礼物交换了。

高度重视构建乡村伦理空间 李凤鸣，学习时报，2019－12－26

党的十九届四中全会特别指出，“坚持和完善中国特色社会主义制度、推进国家治理体系和治理能力现代化，是全党的一项重大战略任务”。乡村伦理是乡村文明的重要精神支柱，是推进乡村文明的重要着力点，也是乡村振兴的重要评价指标，它需要特定空间的孕育涵养。它在本质上承载着实现价值的功能，空间的格局和格调关系着价值的航向和深度。推进乡村振兴发展，急需一种伦理视角，急需对人类文明以及城乡关系的空间性、伦理性进行自觉的反思与确认。

首先，构造亲情伦理的空间。亲情伦理主要调整亲属之间的关系，包括孝慈敬悌等具体伦理规则。构造新的亲情伦理空间，进而创造性地传承和发展传统宗族伦理就成为乡村文明建设不可或缺的环节。新时代亲情伦理本质上也是开放性伦理。

亲情伦理的形成虽然具有血缘亲缘的自然特征，但在本质上，它是通过后天塑造积淀而成的，其中离不开人的自觉性。在这种有意识的塑造过程中，空间构造是至关重要的。就亲情伦理而言，家庭虽是基础单元，还需要超越家庭的空间，因其直观性、神圣性和中心性，可以形成普遍的影响力,具有更特殊的空间意义。这些空间通过集体的仪式活动,可以强化亲族的心理共鸣和情感认同。这种通过耳濡目染的行为塑造固化而成的伦理规则,具有持久性、普适性和强制性,进而形成生于斯长于斯的特定空间伦理。新时代的乡村振兴,是在传统乡村伦理上的创造性发展,对一些特别有价值纪念物还可进行复建,构建体现新时代亲情伦理特点的特别空间。这些空间的合理构造,有重要的文化传承意义和伦理建构价值。

其次,构造公共伦理的空间。乡村公共伦理调整的是村民之间处理公共事务的规则。传统中国公共伦理的空间存在着空间平等性不足、空间核心力弱化以及空间单一性的问题,就新时代乡村公共伦理建设而言,传统空间的构造和功能显有不足,这就需要进行重新构造。

根据当前的乡村振兴战略,其中首要的是加强党群活动中心的建设,以打造乡村公共伦理空间的核心层,使之成为激活市场、激活主体、激活要素、激活政策、激活组织的战略高地。通过强化这一空间的功能,进而加强凝聚力、培植向心力和彰显领导力,使之成为乡村落实国家战略的第一平台,成为村民议事、自我管理、表达意见和公共决策的核心阵地,从而使国家战略与乡村建设紧密结合,以不折不扣地落实国家意志,最终积淀出完善的乡村文明。在此核心空间的构造之外,乡村公共伦理的空间建设还应包括村民学校、乡贤或英雄纪念场、宣教场、村民小组活动中心等,形成一体多元、功能多样、科学合理的公共伦理空间格局,真正实现乡村的崛起。

最后,构造休闲伦理的空间。休闲伦理调整的是人与自然及人与人之间的关系。在新时代乡村,在人与自然的关系中,人的主动性大大增强,自然人化的可能性逐渐加大,伦理建设的环境已经发生变化;在人与人的关系中,由于社会流动性加快,乡村开始转向以熟人为主体的陌生人社会。在这种新的形势下,必须打造适应新时代休闲社会的伦理空间。

农民的发展能力与乡村美好生活——*以乡村振兴为视角*　*龙静云*,湖南师范大学社会科学学报,2019(6)

一、发展能力贫困:制约人们过上美好生活的重要因素之一

森所说的个人“可行能力”贫困,也就是个人“发展能力”的贫困。它表现为贫困者的知识、学识、见识、身体健康以及所掌握的技术技能等方面欠缺而导致的生存与发展能力的匮乏或不足,以致在社会发展中抓住经济机会、获取经济收益、分享社会经济发展成果等方面都显得无能为力,因而难以改变其生存状况和抵御各种生产与生活的风险。个人发展能力的形成既取决于外部社会机制的支持、赋权和培育,更取决于个人努力和综合运用外部条件的程度。个人的发展能力越弱,个人陷入贫困的可能性越大;个人的发展能力越强,个人走上富裕道路的时间就越短,过上良善或美好生活的可能性也越大,社会也因个人发展能力的提升而获得不断进步和发展的基础。

二、乡村振兴的目的和价值:提升农民发展能力并使农民过上美好生活

从发展能力的视角看,我国农村一部分人之所以陷入深度贫困,恰恰是由于他们的奋斗能力即自我发展能力在不同程度上存在缺失。具体说来,目前农村底层群众的发展能力缺失可以用以下"六个不足"来概括:第一,健康生存能力不足;第二,自主学习能力和科技应用能力不足;第三,社会认知能力不足;第四,经营管理能力不足;第五,人际交往能力不足;第六,奋斗意识和奋斗能力不足。因此,乡村振兴迫切需要农民发展能力的提升,而乡村振兴的重要目的之一,就是使农民不断提升自己的发展能力,也即创造美好生活的能力,最终使所有农民彻底告别贫困,步入美好、幸福生活的康庄大道。这是乡村振兴伦理价值和人性光辉的体现。

三、围绕提升农民发展能力和创造美好生活应处理好的几种关系

在乡村振兴进程中,围绕提升农民发展能力和创造乡村美好生活,应着力处理好以下几种关系:农业农村整体现代化与农民个体现代化的关系,扩大对农村经济科技投入与增加农民人力资本投资的关系,强化政府公共服务与调动农民积极性创造性的关系,促进农村经济增长与维护农民生态幸福的关系,共享乡村振兴成果与营造农村健康文化环境的关系,城市与乡村同步发展、共创美好生活的关系。

著作简介

商业伦理与会计职业道德(第8版) (加)伦纳德·布鲁克斯、保罗·邓恩著,任明川改编,中国人民大学出版社,2019.1

该书于金融危机十周年,由加拿大学者伦纳德·布鲁克斯和保罗·邓恩合著,是国际上普遍认可和赞誉的一本教材,也是一本融理论框架与现实案例于一体的优秀教材。自金融危机爆发以来,媒体和公众再次质疑大学商科教育中伦理与道德教育。如何改变商科教育中长期存在的"重"经济技术分析、"轻"法律道德思考的现象已成为一个全球性的命题。书中展示了商业伦理和职业道德对经理人和会计师的重要性。市场经济以法制为基础,没有健全的法律,道德只是画饼充饥。空谈道德而不讲规则的社会是虚伪的。相反,道德缺失会使法律腹背受敌,因为不讲道德的人会想方设法规避法律甚至视法律为儿戏。该书以清晰的逻辑和翔实的案例为读者诠释了法律与道德的相辅相成。它既能拓宽读者的商业活动的视野,又提供了道德判断与决策的具体方法。

全书共有八章,第8版延续了第5版的基本结构。第一章首先从"道德期望"入手,运用公司治理理论,为实际的决策分析建立了一个合理的视角。第二章通过一系列重大的公司丑闻、破产案例来诠释道德失范与公司治理之间的关联,包括安然和安达信丑闻、世通破产、安永和毕马威恶意避税以及金融机构的次贷危机等。第三章将商业伦理与职业道德和哲学思辨联系起来,从哲学层面探讨了诸如道德与商业、人的自利本性与经济学、道德与法律等的关系。第四章介绍了道德决策的基本方法,包括五问法、准则法和帕斯汀法,将决策方法与哲学思辨进行有机结合,并将其运用到实际问题当中,将理论与实践操作紧密结合。第五章用可观的篇幅讨论制度的设计与构建,即公司的道德治理与责任界定,而不拘泥于具体的伦理与道德规范。第六章主要单独讨论了会计职业道德,既勾勒出一个比较完整的道德规范体系,又突出了会计职业判断的重要性。第七章聚焦于如何有效地管理和控制道德风险。作者认为,风险与机遇乃孪生兄弟,企业的风险管理必须涵盖道德风险与机遇。第八章主要讨论了美国国内抵押货款违约和法拍屋急剧增加所引发的次贷危机，以及在这个危机中所暴露的道德问题，包括贪婪、不称职、不诚实、利益冲突、不透明、缺乏道德勇气以及拙劣的风险管理。

总的来说，该书采用了翔实的国际案例，与以往的版本相比，第8版在保留第5版经典案例的同时，增添了一些新近的著名案例，如强生公司泰诺召回案、嘉汉林业欺诈案、伦敦银行同业拆借利率丑闻、毕马威合伙人泄露客户信息案和大众汽车排放欺诈案等，全书用理论诠释案例，用案例演绎理论，读来令读者有血肉交融之感。

新教伦理与资本主义精神　（德）马克斯·韦伯著，阎克文译，上海人民出版社，2019.1

该书作者马克斯·韦伯论述了宗教观念（新教伦理）与隐藏在资本主义发展背后的某种心理驱力（资本主义精神）之间的关系，提出了一个知名的论点：新教教徒的思想影响了资本主义的发展。宗教教徒往往排斥世俗的事务，尤其是经济成就上的追求，但新教教徒却是例外。韦伯列举了新教、清教、加尔文教等教徒生活、学习的例子并加以分析，得出：资本主义的兴起和成功与新教盛行存在关系。新教入世禁欲主义伦理为资本主义企业家提供了心理驱动力和道德能量，从而成为现代资本主义得以兴起的重要条件之一。韦伯引证了美国独立战争时期的政治家、科学家、作家本杰明·富兰克林的话来分析资本主义精神。书中认为，虽然很难说资本主义精神已全部包含在他所引证的本杰明·富兰克林的话里，但这些话确实以近乎于典型的纯粹性保存着我们正在寻找的资本主义精神。这就是“认为个人有增加自己的资本的责任，而增加资本本身就是目的……违犯其规范被认为是忘记责任”这样 ·种观念、一种奇特的伦理、一种精神气质。韦伯所谓的资本主义精神，是指个人把努力增加自己的资本并以此为目的的活动视为一种尽责尽职的行动，把赚钱本身当作一种目的、一种职业责任、一种美德和能力的表现。韦伯说：“一个人对天职负有责任乃是资产阶级文化的社会伦理中最具代表性的东西，而且在某种意义上说，它是资产阶级文化的根本基础。”

该书共有五章，分成两大部分。第一部分包括前三章的内容，第一章首先说明宗教归属和社会分层的问题，作者探究的是从人口统计或社会调查中发现的这一现象：工商界领导人、资本占有者、近代企业中的高级技术工人，尤其是受过高等技术培训和商业培训的管理人员，绝大多数是新教徒,韦伯认为这在一定程度上也可以归因于历史条件,这些条件可以追溯到遥远的过去,那时的宗教归属并不是经济状况的原因,在某种程度上倒似乎是经济状况的结果。第二章的资本主义精神,是作者在“竭力探究在基督教的不同分支中历史地存在过的那些宗教思想的各自特性和相互差”之前,“对我们正在试图对之做出历史说明的那些现象的独特性略加论述”。在第三章中,该书从德语中的 Be - ruf 和英语中的 calling 两词的含义出发,因为这两个词都含有一种宗教的概念——“上帝安排的任务”,这样的含义是宗教改革的结果。作者尝试厘清宗教力量在其所处的特殊的世俗现代文化的网络的塑造过程中,在不同的历史因素的复杂互动中所起到的作用,从而明确资本主义文化中哪些具体方面可以追溯到宗教力量的影响。第二部分则为禁欲主义新教诸分支的实践伦理观,内容包括第四章“入世禁欲主义的宗教基础”及第五章“禁欲主义与资本主义精神”。第四章作者研究的是加尔文宗、虔信派、循道派、浸礼宗诸教派等四种历史上主要的禁欲主义新教形式的教义。第五章作者抛开各派在教义上的差别,而在共同的“世俗禁俗主义”的角度上将新教看作是一个统一的整体。“由于发端于加尔文教的英国清教徒为职业观提供了最融贯系统的宗教依据”,作者具体地研究了清教的伦理,并以 17 世纪的 R. 巴克斯特作为清教伦理学家的典型代表来加以研究。

总体来看,该书中所定义的理想资本主义是有严格限制的,不是通过抢劫、掠夺等暴力手段获得原始积累,而是以合理地计算收支、有条理地安排生产经营活动为特征。这种现代理性资本主义的经济行为,与新教徒那种井井有条、系统安排的人世禁欲主义生活方式是完全一致的。新教人世禁欲主义伦理为资本主义企业家提供了一种心理驱动力和道德能量,从而成为现代理性资本主义兴起的精神动力,也是现代资本主义得以产生的重要条件之一。理性资本主义与新教伦理都只出现在西方文明中,而且在韦伯看来,几乎所有与理性资本主义有关的种种因素也都是西方文明独有的。上自古希腊时代延续至今的民主代议制度,下至体现理性化灵魂的股票、支票、债券等商业化手段,无不反映了理性主义的特点。西方文明不同于其他文明的一般特征,就是理性主义,其源头一直可以追溯到整个西方文明传统。不同的文明形式产生了各自独有的精神核心,宗教在其中发挥了巨大的影响。发生在西欧的新教改革原本是出自宗教动机,但新教伦理所表现出的现世禁欲精神和合理安排的伦理生活却无意中促进了经济活动的开展,新教伦理赋予了经商逐利行为以合理的世俗目的。而印度教、佛教、儒教、道教、伊斯兰教、犹太教等没有经过宗教改革的各大宗教，其古老宗教伦理精神对于这些民族的资本主义发展起了严重的阻碍作用。

福利与伦理：基本理论与实证研究　陈燕、臧政，中国人民大学出版社，2019.3

福利问题是我们当今社会科学研究的重要主题之一，而福利伦理则是从伦理的角度入手，去审视社会福利制度及其相关问题，由此来看，福利就是政府给予一定的伦理规则来对社会进行分配和调整以保障社会成员的基本利益，从而推进社会的良序发展。本书主要由“基本理论”和“实证研究”两部分构成。前者主要是侧重于对基本理论的讨论；而后者主要是在前者的基础上，对其中存在的主要问题进行伦理分析。

导论部分讲述了研究福利伦理的相关理论与现实意义，指出“社会福利是民生幸福与社会和谐的核心论题”。为了让读者更好地了解此论题，作者对国内外研究现状进行了一定的评述。“基本理论”部分包括第一章至第四章。第一章“福利概念及其相关伦理问题”，分析了福利的相关概念及伦理问题。开篇首先对“福利”“社会福利”“社会保障”进行了辨析，并阐述了福利伦理的相关问题，如分析了社会福利的伦理依据、社会福利的受众与施与者、公平与效率以及社会福利分配应该依据哪种道德原则等。第二章“社会福利制度及其伦理观念的历史演进”，横向地对中西方的社会福利制度及其伦理观念的历史演进进行了阐述。其中，对于我国传统福利制度及其伦理观念的论述中，讲到了“大同世界”、我国古代社会福利制度的相关规定和我国传统福利伦理思想。而对于西方福利伦理，也是在分析其历史演进的基础上对西方传统福利伦理思想进行了分析。第三章“社会福利分配的伦理理论视域”，就落脚到伦理学的目标——分配正义与社会均衡。从作为福利主义的功利主义出发，阐述了功利主义的善与福利，指出“功利主义是迄今为止最直接的福利伦理理论”，而后又分析了功利主义与人的基本权利，并分析了作为制定福利政策的道德原则的功利主义。在与福利相关的分配正义理论中，自由主义的影响最大，因此作者分析了契约论方法与两种自由主义。而后又从马克思主义视角切入，阐述了马克思主义的分配正义思想。最后阐述了阿马蒂亚·森与纳斯鲍姆的基于能力的分配正义理论。第四章“制度与福利伦理”，从满足人的需求的角度入手，讨论了分配正义与社会福利制度安排，当代西方福利国家的基本制度及其伦理观念和新中国成立后中国社会福利制度建设及其伦理观念变化。而且最后指出,在设计底线公平的社会福利制度时一定要强化消除城乡差别的价值理念。“实证研究”部分包括第五章至第八章,用实证分析法对嵌入的以福利伦理问题为诉求的完整的调查报告进行了分析。第五章“调查方案设计”,包括研究背景、社会福利评价体系构建研究和对实证调研方案的总体说明三部分。第六章“城市域样本数据分析”,通过调查问卷的形式,以访谈和个案分析为主。本书所进行的实证研究主要是针对城市弱势群体进行调查,并对城市弱势群体受访者进行人口统计学特征分析、调研分类指标数据分析和社会福利指数计算。第七章“农村域样本数据分析”,是对农民群体进行问卷调查,也分别进行了统计分析和福利指数的计算,对农民群体受访者进行了人口统计学特征分析、分类指标数据分析和社会福利指数计算。第八章主要是总结与思考,一方面是分析通过实证研究所得到的调查数据来揭示一些问题;另一方面继续延续马克思的人的自由全面发展理论和罗尔斯的分配正义理论,并结合实证数据分析,对我国的社会福利的相关问题进行再思考。

组织氛围与伦理经济:在华日企组织伦理氛围之经济学分析　刘庆红,科学出版社,2019.3

该书基于中国经济体制改革背景,从中国经济体制改革的伦理和价值观出发,基于经济伦理学理论,对企业经营活动中的组织伦理氛围、组织承诺与工作绩效的关系在实证研究的基础上进行了微观经济学分析,以在华制造行业的日企为研究对象,对基于个人的伦理决策模型中如何定位组织伦理氛围进行了系统探讨。进一步地,基于此模型推导出组织因素中具有代表性的组织伦理氛围、组织承诺以及工作绩效之间相互作用的假设,并对其进行了验证。该书涵盖了作者多年来对伦理经济学理论与实践的研究,为伦理经济学的研究提供了新的思路和方向。同时,该书的价值不仅仅停留在理论层面,还具有一定的实践价值。对于那些希望改善组织承诺和工作绩效的公司而言,该书可以督促他们不仅仅是停留在导入伦理制度的阶段,更应专注于将伦理制度融入组织并营造出良好的组织伦理氛围。单纯表面化的伦理制度并不能够充分发挥作用,大多数企业目前也正在转向寻求如何运作伦理制度的阶段,企业应该更多地在其伦理制度的运用方法上进行深入的研究与思考,并进入必须认真考虑如何将伦理制度更好地融入并成为公司的文化与伦理氛围的阶段。另外,在改进组织承诺和工作绩效时,营造组织伦理氛围尤为重要,组织伦理氛围始终是从员工的角度出发,通过员工自身的理解而形成,并不是从组织的负责人角度出发形成。因此对于企业来说,最重要的是营造员工自身能够理解的组织伦理氛围。

全书共八章。第一章是导论,主要对组织伦理氛围进行概述,从中国经济体制改革的实践及其特征、伦理前提及经济行为规则、经济伦理价值和日资企业的在华经营发展等研究背景展开,提出了相应的问题并分析了研究的意义,对具体的研究内容和技术路线图进行了规定。第二章是组织伦理氛围的理论诠释,研究了组织伦理氛围、组织承诺的理论、工作绩效的理论,主要从研究现状和研究述评两部分展开,并分析了经济伦理视角下的组织伦理氛围研究的缺乏性与可行性的理论基础。第三章主要是修订和分析了相关的研究工具,包括研究方法和实证研究设计等。第四章主要实证分析和讨论了在华日资制造企业组织伦理氛围、组织承诺和工作绩效维度的问题。第五章主要分析了在华日资制造企业组织伦理氛围对组织承诺的影响,分别讨论了日资企业中庸型、社会责任型和友谊—效率型三种组织伦理氛围对规范型、经济型组织承诺的影响,并从相关的分析结果中得出结论。第六章主要讨论了在华日资制造企业组织伦理氛围与组织承诺、工作绩效之间的关系,分别论述了中庸型、社会责任型和友谊—效率型与规范型和经济型组织承诺与工作绩效的关系。第七章对在华日资企业组织伦理氛围当中存在的问题展开了讨论,包括文化差异、员工认同感缺乏、营造缺乏本地化等,针对存在的问题,从员工教育培训、本土文化研究、重视差异化、加强假设等方面提出了解决组织伦理氛围问题的对策,并对具体案例进行了分析。第八章则是提出在华日企营造积极的组织伦理氛围的建议,并对未来的发展进行了展望。

总的来说,该书认为员工对组织伦理氛围的理解在提高员工的组织承诺和工作绩效上具有重要意义。但是仅仅通过建立伦理规范等制度来对员工进行教育,不能充分地提高员工的组织承诺和工作绩效,因此,必须营造出作为与组织的文化和氛围不可分割的一部分的伦理环境。比起伦理制度的内容和特征,伦理制度的运用方法更为重要。在对组织伦理进行管理时,重要的不是管理伦理制度,而是营造出伦理的文化和伦理的氛围。

政治经济学(第5版) 罗清和、鲁志国,清华大学出版社,2019.5

本书明确指出,马克思主义政治经济学是研究社会生产关系及其发展规律的科学,并且是构成马克思主义理论体系的内容之一,是马克思主义理论的基石。本书清楚地分析到马克思主义政治经济学是在一定的历史条件下产生的,必然带有历史时代的局限性。因此,要在弄懂其基本内容的基础上谈进一步发展。本书彰显了政治经济学的时代特征,并具有一定的前沿性。此外,本书系统介绍了马克思主义政治经济学的基本理论并在此基础上着重分析了自由资本主义和垄断资本主义时期的经济现象和经济规律。本书共由十章组成,每一章的结尾都是例证分析,尽可能将理论与实践、规范与实证相结合。

第一章为导论,从基本概念入手,先指出马克思主义政治经济学是经济学而不是政治学,并在对"经济"与"政治经济学"进行名词辨析的基础上阐述了马克思主义政治经济学的研究对象、研究任务和研究方法,最后通过例证分析了"生产关系一定要适合生产力的发展状况"。第二章为商品经济一般理论,从对商品货币关系的分析入手,阐明了马克思主义的劳动价值以及商品经济的一般规律。在阐述了商品经济的产生与发展后,着重对商品、货币和价值规律进行了名词分析和相关探讨。第三章为资本和剩余价值,主要是从货币转化为资本开始,进一步考察资本的形成、特征与增殖过程,阐述了剩余价值的生产过程,并介绍了剩余价值生产的两种方法,还对资本主义工资的本质、形式进行了一定的探讨。第四章为资本积累,着重介绍了资本积累的过程,并从资本主义再生产和资本积累入手,进一步阐述了资本有机构成和相对过剩人口,在前文分析的基础上揭示了资本主义积累的一般规律及历史发展趋势。第五章为资本的流通过程,讨论的是包括生产过程和流通过程在内的资本运动过程,同时也讨论了既包括单个资本的运动,也包括社会资本的运动的广义的资本流通过程。而本章从分析单个资本的运动着手,进而分析社会资本的再生产和流通。第六章为资本和剩余价值的具体形式,从资本主义生产总过程的角度,考察获取资本和剩余价值所采取的具体行动,分析了平均利润和生产价格,商业资本和商业利润,借贷资本、利息和资本主义地租,进一步揭示了资本主义经济制度的剥削实质。第七章为资本社会化和垄断形成,对垄断资本主义阶段进行了研究和分析,尤其是着重讲述了国家垄断资本主义,对其的产生和原因,形式、实质和作用进行了较为详细的说明。第八章为资本国际化和经济全球化,主要讲述了生产和资本的国际化、经济全球化和区域经济一体化,主要是讲述 20 世纪八九十年代,在新科技革命的推动下,由于垄断资本主义国家生产社会化程度进一步提高,导致了垄断资本主义的国际化。第九章为社会主义初级阶段的基本经济制度，研究的是中国社会主义初级阶段基本经济制度的建立及其本质特征，并对社会主义制度下的分配形式进行了考察。第十章为社会主义市场经济理论，这是对马克思主义政治经济学的继承和发展，主要讲的是社会主义市场经济体制的理论依据、基本特征与市场机制以及社会主义市场经济中政府和市场的关系。

解码幸福 陈秋玲、许玲丽、尹应凯等，上海财经大学出版社，2019.6

幸福是人们永恒的追求，是伦理学持续关注的问题之一。幸福生活是古往今来人们基于对人生的理解而不懈努力的目标。幸福感既是一种个人的主观感受又是客观事物的体现，该书尝试在哲学、心理学、经济学、社会学、美学等多学科交叉的视角下，聚焦幸福的核心问题，破解幸福的密码，揭开幸福的面纱，指引幸福的路径。

该书共有十六章。第一章为幸福是什么？第二章为幸福如何测量？两章汇集了不同学科视角下对幸福的界定、对幸福特性的归纳，介绍了对幸福的测度方法。第三章为幸福的机制有哪些？基于心理学、社会学、经济学视角，探究多方因素相互交织的多重幸福机制。第四章为幸福的效应有哪些？基于案例诠释幸福的期望效应、叠加效应、溢出效应、对冲效应和衰减效应。第五章为幸福的思维方式是什么？从思维方式、认知、情绪和行为以及它们的关系出发探讨消极思维方式和积极思维方式的特点，以及这两种思维方式和幸福的关系。第六章为影响幸福的因素有哪些？从哲学、心理学和经济学三个角度讨论影响幸福的具体因素。第七章为"空心病"现象存在吗？从个体、家庭、学校、社会等层面研究"空心病"的现象、成因、根源及应对策略。第八章为高福商群体有哪些特质？从心理学角度归纳高福商群体的共性特征。第九章为幸福的家庭是怎样的？从物质基础和情感交流两个维度提炼幸福家庭的共同特质。第十章为幸福团队是怎样炼成的？从幸福团队的要素、标准及形成路径探讨幸福团队是怎样炼成的。第十一章为为什么小康群体最幸福？基于经济学视角实证分析小康群体的幸福，进而说明该群体最幸福的原因。第十二章为为什么美食能带来幸福？第十三章为艺术能带来幸福吗？第十四章为爱情、亲情、友情是否与幸福相伴相生？这三章共同探讨食艺情对幸福的影响。第十五章为幸福的经济学原理有哪些？第十六章为经国济民可以提升国民幸福感吗？这两章从经济学角度分析达到幸福的路径，如何促进幸福最大化。

为什么不平等至关重要 (美)托马斯·斯坎伦著,陆鹏杰译,中信出版社,2019.7

该书系统提出了如何对抗不平等以及反对不平等的六种理由和理论支撑。作为罗尔斯、内格尔的同道,左右当代哲学进程的一代哲人,斯坎伦揭露了贫富差距的凶手,给了"为什么不平等至关重要"一个说法。

该书的主要框架来自托马斯·斯坎伦 1996 年在林德利的讲座,题目为"对不平等的反驳的多样性"。讲稿在 2003 年被斯坎伦收入《宽容之难》这本论文集中。自林德利讲座之后,斯坎伦不断为这个主题添加新的内容,并且以"平等何时重要?"为题到多处发表演讲。对这些内容扩充和打磨后,最终形成了该书。在该书中,斯坎伦把自己的平等观概括为"多元论的"和"关系性的",前者意指我们有多种不同的理由来反对不平等,后者则指的是我们对不平等的关注应当着眼于人与人之间的关系。具体而言,斯坎伦重点讨论了六种反对不平等的理由,它们分别是:① 不平等造成了令人羞辱的地位差异;② 不平等导致富人对穷人拥有不可接受的控制权;③ 不平等破坏了经济上的机会平等;④ 不平等破坏了政治制度的公平;⑤ 政府有义务向一些人提供福利,但不平等违反了对这些人的利益的平等关切;⑥ 当下产生财富不平等的经济制度是不公平的。正是基于这些反对不平等的理由,斯坎伦在该书中针对不少现实问题进行了深入分析,并且给出了富有洞见的建议。

企业形象与伦理 黄孟芳,社会科学文献出版社,2019.7

在中国经济融入全球经济一体化和国内企业参与世界产业价值链分工竞争的过程中,在国际企业伦理研究普遍认同利益相关者理论和企业跨国经营广泛重视"利益相关者沟通和管理"以及"伦理投资与经营"的实践背景下,开展基于利益相关者理论的企业伦理研究,是中国伦理学和管理哲学领域需要共同完成的一个重要课题。该书通过对"利益相关者理论的伦理意蕴""企业形象及其伦理本性""责任:利益相关者理论与企业伦理理论的价值支点""基于利益相关者理论的企业伦理价值规范体系""基于利益相关者理论的企业形象与伦理实践"等内容的深入研究,形成了以下研究成果:在企业伦理研究中引入新的分析方法,丰富了伦理理论内容,拓展了伦理研究视野。将利益相关者理论作为分析方法引入企业伦理研究领域,改变了企业伦理研究从伦理一般到伦理具体的研究逻辑和路径。将利益相关者概念和理论范式融入企业伦理,既能适应企业伦理实践的新要求,也将有效推动企业伦理学科的创新发展。书中第一次用“责任”范畴建立起了利益相关者理论与企业伦理理论之间的联系,使两者成为一个有机整体,形成了以“责任”为价值支点的基于利益相关者理论的企业伦理研究成果。提出企业与利益相关者的伦理性为“主体间性”,蕴含着“平等性”“共生性”“交互性”内涵。书中确立了企业伦理关系就是企业与利益相关者的伦理关系,企业伦理是企业与利益相关者博弈的结果。

全书包括绪论、第一章至第五章以及结论与展望。首先为绪论,其中总体阐述了企业形象与伦理研究的背景和意义以及国内外研究动态,并介绍了该书的研究内容和研究方法。第一章至第五章则具体描述了基于利益相关者理论的企业形象、企业伦理价值规范体系以及企业伦理实践。第一章主要论述了利益相关者理论的伦理意蕴,首先对利益相关者理论研究进行了综述,在此基础上研究了利益相关者理论及企业形象与伦理融合发展,并探讨了利益相关者理论和企业伦理理论在中国的发展。第二章为企业形象及其伦理本性,首先明确了企业形象与伦理的主要理论,指明了企业中存在的伦理性争议,研究了以社会责任为客体的企业伦理主体性和基于利益相关者的企业伦理主体间性。第三章主要对利益相关者理论与企业伦理理论的价值支点——责任进行论述,从企业社会责任思想的历史发展开始,分析了联结利益相关者理论与企业伦理理论的主要社会责任理论,进行了企业与利益相关者社会责任伦理双重性研究。第四章研究了基于利益相关者理论的企业伦理价值规范体系,从企业伦理赖以存在的伦理哲学出发,点明了企业伦理的指导原则以及企业伦理的道德发展和价值观基础,比较分析了不同伦理管理模式与道德表现。第五章是关于基于利益相关者理论的企业形象与伦理实践研究,指出了企业利益相关者伦理的内生变量,讨论了企业领导者利益相关者与其他利益相关者伦理,剖析了企业利益相关者伦理与道德表现,提出了融合内外利益相关者的民主管理与企业伦理。最后从研究过程、研究结论和研究展望对该书的研究内容进行了总结。

总的来说,书中引入利益相关者研究工具并强化其理论分析功能,以利益相关者理论的研究路径和范式对企业伦理内在关系、理论构成和辩证逻辑进行探索研究,对于促进企业伦理领域国际学术交流及企业伦理管理实践具有一定的理论指导价值。

企业伦理管理与企业持续发展　程月明,经济科学出版社,2019.5

该书从企业持续发展的视角来研究企业伦理管理。企业是通过产品、技术、管理、组织、文化的创新,不断提升和增强企业的竞争优势,在生态环境保护和履行社会责任的基础上,持续满足企业利益相关者的需求,来促进企业的持续发展。从目前中国企业的现状来看,企业文化符合企业核心竞争力的基本特征,企业的核心竞争力就是企业文化,同时企业伦理与企业文化的关系密切,企业伦理就是企业文化的核心。所以,企业伦理是实现企业可持续发展的关键。该书主要从企业三个核心利益相关者(外部——消费者、内部——员工、自然环境——生态环境)入手,分别全面分析了影响企业持续发展的企业生态伦理管理、企业营销伦理管理、企业人力资源伦理管理,并提出了企业生态伦理管理、企业营销伦理管理、企业人力资源伦理管理的路径。

全书共九章。第一章为导论部分,说明了该书的写作背景和写作意义。在此基础上,第二章点明了企业伦理管理与企业持续发展之间的关系,首先从企业伦理与企业伦理管理入手,论述了企业持续发展的理论,再进一步说明了企业伦理管理和企业持续发展之间的关系问题。第三章的主要内容是经济学中的企业伦理管理思想分析,从马克思主义经济学中的企业伦理管理思想、新制度经济学中的企业伦理管理思想、福利经济学中的企业伦理管理思想和生态经济学中的企业伦理管理思想等四部分展开。第四章论述了影响企业持续发展的企业核心利益相关者伦理,首先阐述了企业利益相关者理论的提出与发展以及企业利益相关者的分类,在此基础上进一步分析了影响企业持续发展的企业核心利益相关者伦理。第五章对企业伦理管理驱动企业持续发展进行了实证分析,设计出企业伦理管理对企业持续发展产生影响作用的变量和概念模型,明确了样本选择及企业伦理管理中各维度特征变量的测度,对企业伦理管理中各维度特征变量进行了描述性统计和分析,再针对企业伦理管理对企业持续发展的影响进行了回归分析。第六章主要论述了企业的自然环境利益相关者伦理管理:企业生态伦理管理。从企业生态伦理与企业生态伦理管理出发,综述了企业生态伦理管理的相关研究成果,指出企业发展中存在的生态问题以及相应的产生原因,随着生态伦理理论的演进逐步形成企业生态伦理理论,以企业生态伦理管理哲学——中西哲学思想中的生态伦理思想为基础,促成企业生态伦理管理与企业持续发展。第七章主要讨论了企业的外部核心利益相关者伦理管理:企业营销伦理管理。首先指明了企业营销伦理与企业营销伦理管理的相关概念,结合企业营销伦理管理相关研究综述,分析了企业发展中的营销伦理问题及其产生原因,推进营销伦理理论的演进与企业营销伦理理论的形成，以企业营销伦理管理哲学——中西哲学思想中的经济伦理思想为基础，促进企业营销伦理管理与企业持续发展。第八章的主要内容为企业的内部核心利益相关者伦理管理：企业人力资源伦理管理。从企业人力资源伦理与企业人力资源伦理管理出发，总结了企业人力资源伦理管理相关研究综述，指明了企业发展中的人力资源伦理问题及其产生原因，推进企业人力资源管理的演进与企业人力资源伦理理论的形成，以企业人力资源伦理管理哲学——中西哲学思想中的人本管理思想为基础，推动企业人力资源伦理管理与企业持续发展。第九章则主要是将前八章所得的相关结论进行总结。

商业伦理：概念与案例（第8版）（美）曼纽尔·G.贝拉斯克斯著，刘刚改编，中国人民大学出版社，2019.9

该书是商业伦理领域的经典著作，它从商业伦理的基本原则、市场与伦理的关系、伦理与企业外部交换的关系、伦理与企业内部员工的关系等四个方面阐释了商业伦理。书中对各种商业伦理现象、易混淆的知识概念和抽象的伦理理论做了详细的说明，同时运用大量的概念和案例进行分析，全面论述了商业当中的伦理学、伦理原则，针对不同市场竞争提出相应的伦理要求，剖析了生态环境伦理、消费伦理、营销伦理、工作歧视伦理和员工伦理的各个层面，构建出一个完整的商业伦理框架。第8版沿袭之前版本的框架，同时更新或增加了一些内容，主要包括不断变化的全球环境和商业实践，来自企业和小型组织的全新或更新过的研究和实例，对不断变化的商业伦理观的关注，批判性思维和与环境问题相关的伦理问题等。

全书共八章。第一章首先从伦理学与商业开始，论述了商业伦理的本质以及在整个过程当中的道德思考和道德决策，指明现下国际商务中存在的伦理问题，按照一定的道德思考的基础，明确了道德责任和责任归属问题。第二章主要内容为商业中的伦理原则，说明了道德决策的方法，提出利用效用主义来权衡社会成本和收益，探讨了商业当中存在的权利和义务、正义与公平以及关怀伦理的相关内容，整合效用、权利、正义和关怀，将美德伦理学作为道德原则的替代选择，并区分了无意识道德决策和有意识道德决策。第三章分析了政府、市场以及国际贸易之间的商业系统问题，从全球化和商业系统问题开始论述了自由市场和权利（约翰·洛克）、自由市场和效用（亚当·斯密）、自由贸易和效用（大卫·李嘉图）以及卡尔·马克思与正义,即对市场和自由贸易进行了批评,明确了混合经济和财产的新形式。第四章主要研究了市场中的伦理,将伦理学应用于市场竞争之中,分析在完全竞争、垄断竞争、寡头竞争、寡头垄断和公共政策等不同情况下的伦理问题。第五章将伦理学与环境问题结合起来,首先明确了存在的污染类别和资源耗费,指出污染控制伦理学,提出了相应的解决方法和企业应尽的义务,建立起保护消耗性资源的伦理学。第六章主要讨论了消费品生产和营销伦理学的相关内容,指出消费者每天都面临着风险,需要市场和保护,论述了商业企业对消费者义务的契约观和应尽关怀观,以及制造商义务的社会成本观,并探讨了广告伦理学和消费者隐私的相关内容。第七章主要针对工作歧视伦理学展开讨论,首先明确了关于歧视的争议和工作歧视的本质,分析了美国的歧视制度以及在歧视当中的效用、权利和正义问题,呼吁平权行动的开展。第八章则将重点放在伦理学与员工上,从理性组织、政治组织、组织中的非正式权力关系、关怀组织等四部分展开讨论。

企业伦理与社会责任(第 2 版) 黄少英,东北财经大学出版社,2019.9

该书旨在从道德责任、领导伦理等方面对企业伦理与社会责任进行论证,什么是道德责任?何谓领导伦理?作为教材性书目,该书根据企业管理人员的实际需要,探讨了企业竞争最本质的问题:如何通过打造优秀企业文化来提升企业竞争力,企业决策中如何把握伦理准则,在此基础上如何成为一个卓越的企业领导人,如何明确企业的社会责任所在,以及如何平衡企业利益与社会责任的关系。总的来看,该书具有“理论简化不简单,案例充实不烦琐”的特点,既可以作为 MBA 教学用书,也可以作为企业经营管理人员的培训教材以及管理类专业本科学生的教学参考书目。

全书分为上、中、下三篇,即企业伦理篇、企业社会责任篇以及企业伦理和社会责任实践篇,共十一章内容。企业伦理篇包括第一章“儒家经营伦理思想与现代儒商精神”、第二章“西方经营伦理思想与资本主义精神”、第三章“现代企业伦理的几个基本问题”。第一章从李嘉诚给长江商学院总裁学员讲儒商故事的案例入手,说明了儒家基本经营伦理思想、儒商渊源与现代新儒商的特点,指出儒商伦理的战略决策,并对现代新儒商行为进行讨论。第二章主要从道德困境——在苹果公司建立“后门”出发探讨西方经营伦理思想的演变和西方资本主义精神的发展,并将东西方经营伦理思想进行比较。第三章界定了现代企业伦理的内涵，指出现代企业伦理判断与决策，提出建设现代企业伦理。企业社会责任篇包括第四章“社会责任概述”、第五章“社会责任战略理论与企业实践”、第六章“企业社会责任报告”。第四章首先对社会责任进行了概述，明确企业社会责任的概念与内涵，分析了研究企业社会责任的思想渊源与演变，通过国际社会责任指南标准，指出企业承担社会责任的现实依据和企业社会责任的具体内容，探究了企业承担社会责任的途径。第五章指出了企业社会责任战略，分析了中国企业社会责任发展指数和企业社会责任评价，并对企业承担社会责任的现状与未来发展趋势进行了展望。第六章通过“国家电网公司首次对外正式发布企业社会责任报告”的具体案例，明确了企业社会责任报告的发展历程与作用以及相应的内容与结构。企业伦理和社会责任实践篇包括第七章“人力资源管理中的伦理问题”、第八章“市场营销中的伦理问题”、第九章“跨国经营中的伦理问题”、第十章“企业环境责任与可持续发展”、第十一章“互联网时代的企业伦理问题”。第七章以海底捞的人本管理为研究对象，明确了人本管理原则、标准与层次，分析了招聘与离职管理中的伦理问题，并对职场管理中的伦理问题进行了论述。第八章主要针对市场营销中的伦理问题展开讨论，从大众汽车大规模召回事件开始，明确了营销伦理的内涵，逐步分析了产品中、定价中、渠道中、广告促销中和服务中的伦理问题。第九章在前八章的基础之上探讨了跨国经营中的伦理问题，分析了经济全球化以来的跨国公司的基本情况，明确了跨国经营中的伦理准则和典型的伦理问题。第十章为企业环境责任与可持续发展，回顾了企业环境责任发展历程，指出企业可持续发展的新模式，认为企业要坚持可持续发展战略就必须要践行环境责任。第十一章主要讨论了互联网时代的典型特征、互联网时代的企业伦理问题以及解决新时代新技术的企业伦理问题的方法。

企业伦理　杨杜，中国人民大学出版社，2019.9

该书系统提出了企业伦理的基础知识框架，界定了企业伦理的内涵和外延，分析了企业合德、合法、合理经营管理的机制，探讨了不同企业成长阶段的不同伦理和企业伦理的进化过程。书中不仅阐释了与企业伦理密切相关的文化和法律问题，还就东西方传统伦理思想对现代企业伦理的影响以及企业和客户、政府、经营者的伦理关系等进行了解析。此外，该书提供了大量案例，既有传统的经典案例又有近年来具有影响力的典型案例。

与其他企业管理教材主要教“是什么”以及“如何”管理的知识和技巧不同，该书主要是“应该”“为什么”之类的知识，引导学生思考“应该”怎样管理才有利于实现企业和社会、自己和他人的伦理性均衡，“为什么”要如此管理。

全书共有十章。第一章点明要做有伦理的企业，从案例“为什么他被录取了”引出企业伦理的相关内容和思考，通过比较传统伦理与现代伦理之间的区别，明确企业伦理的内外关系，从受尊敬的企业当中寻找经验并进行总结。第二章则从不同视角来看伦理，通过自造简历的案例引导思考先迈左脚还是右脚的相关问题，引出大一统伦理共同体的分化，提出要跳出伦理来看伦理，正确区分伦理内涵。第三章从医院失窃案件出发对伦理的基本价值判断进行思考论证，提出伦理应当是目的伦理还是手段伦理，在企业经营的过程当中应当是尊重个人还是集体主义，效率第一还是公平第一，长期利益还是短期利益的问题，即企业运行当中的商业准则问题探究。第四章则是从企业文化内容过渡到企业伦理的相关内容，首先明确了企业文化、企业伦理与伦理资本的相关内涵，分析了企业相关利益群体的排序，指出企业社会责任标准体系，明确了企业的三种责任和“三合”管理。第五章是法律与企业伦理部分，以腾讯与奇虎之争为例，指出法律及其基本特征、企业与法律之间的关系、现存法律的局限性、企业伦理性质和企业伦理的重要性，并通过“谁之过”“万科控制权之争”“三鹿集团的沉沦”这三个案例加以证明。第六章对中西方伦理观进行比较，首先分析了西方的主要伦理观和中国传统的伦理观，在此基础上对中西方伦理观进行对比分析并得出了相关结论。第七章主要将重点集中在企业与顾客的伦理关系上，从企业与顾客关系的伦理维度出发，分析了企业应当满足顾客何种需求，提出企业应当在产品质量、产品包装、产品定价、广告与营销以及售后服务等方面服务顾客，同时从顾客角度论证了消费主义与娱乐至死的相关问题。第八章主要探讨了企业与政府的伦理关系，首先论述了政府作用及其职能，分析了政府对市场的管制作用，明确了企业与政府关系中的伦理问题，企业应当正确处理与政府的关系。第九章将经营者人生境界与企业伦理两者结合起来，从人生目的和人生境界出发，探讨了经营者的人生境界以及经营者人生境界与企业伦理策略之间的关系，由此得出经营者人生境界的提升能够促进企业的伦理发展，指出经营者提升人生境界，在企业当中营造出相应的伦理氛围的具体措施，并通过东京湾轮船公司、诚品书店的经营之道以及“作秀”的成良面馆等案例加以佐证。第十章则主要分析了学习和研究中的科研伦理问题，指出科研企业中存在的相关伦理问题，即剽窃和抄袭以及欺诈等，并对其他科研伦理问题进行了论述。

总的来说，该书是为了使那些现在或将来要负起企业管理重任的领导者或管理者能够将企业经营管理标准与商业伦理道德标准联系起来，进行负责任的、有效的决策。企业伦理引导学生思考“应该”怎样管理才有利于实现企业和社会、自己和他人的伦理性均衡，“为什么”要如此管理。法律的本质是“必须”，科学的本质是“质疑”，伦理的本质是“应该”。

新时代中国商业伦理精神　朱德贵、朱莉琼玉，社会科学文献出版社，2019.7

当前互联网人工智能技术迅猛发展，一方面，为人们的生产、生活提供了极为便利的信息交换平台；另一方面，“技术的步伐，常常比伦理学的步伐要急促得多，而正是这一点对我们大家都构成了某些严重的威胁”，如商业欺诈、不正当竞争、窃取商业秘密等在当今时代皆被注入了新的内容。因此，新时代的商业具有新的表现形式及新的特性。如何规范人们的市场交易行为，减少或杜绝“某些严重的威胁”，构建新时代的中国商业伦理精神就成为我们亟待解决的问题。该书从儒家最高道德规范“仁、义、礼、智、信”出发，构建了一个试图解决以上问题的崭新的理论体系。作者认为，中国商业伦理精神是由儒家“五常”构成的，即“以仁为本”“以义制利”“礼以行义”“知(智)者乐水”“诚实守信”五种伦理精神。同时，该书坚持马克思主义唯物史观，主要剖析新时代中国商业伦理精神的现状及存在的问题，从构建新时代中国商业伦理精神、探求新时代中国商业伦理精神的本质与特征以及构建中国商业伦理精神的意义等几个方面来阐述新时代市场经济中的商业伦理构建。

全书共八章。第一章为绪论部分，主要对该书的理论价值、现实价值及研究背景与主题进行论述。第二章是基础理论部分，分别介绍了契约理论、功利主义理论、义务论、德性论、行为经济学及相关理论等五个基础理论内容。第三章对“以仁为本”精神的哲学意义、必要性及践行途径进行论述，阐述了新时代“以仁为本”精神的内涵。第四章对“以义制利”精神的哲学意义、必要性及践行途径进行论述，阐述了新时代“以义制利”精神的内涵。第五章对“礼以行义”精神的哲学意义、必要性及践行途径进行论述，阐述了新时代“礼以行义”精神的内涵。第六章对“知(智)者乐水”精神的哲学意义、必要性及践行途径进行论述，阐述了新时代“知(智)者乐水”精神的内涵。第七章对“诚实守信”精神的哲学意义、必要性及践行途径进行论述,阐述了新时代"诚实守信"精神的内涵。第八章集中探讨构建新时代中国商业伦理精神的意义:既能弘扬中华民族优秀的商业伦理文化,又能为企业家提供道德行为指南,同时还能为政府改善营商环境提供决策依据。全书以孔子对"仁、义、礼、智、信"的论述为基础。从"仁"出发,"仁"在中国文化传统中首先指的是相亲相爱之意。如《说文》:"仁,亲也。"《礼记·经解》:"上下相亲谓之仁。"又如《韩非子·解老》:"仁者,谓其中心欣然爱人也。"值得一提的是,该书从《荀子·宥坐》中归纳了儒家"仁"的三个层次:"仁者使人爱己""仁者爱人""仁者自爱"。其中,"仁者自爱"是最高道德层次,因为只有"以爱己之心爱人"才真正符合儒家"仁"的本质内涵。在此基础上,作者阐述了新时代企业家提倡"以仁为本"精神的必要性及具体的实践途径。该书认为,提倡"以仁为本"精神的必要性有三:一是企业家对自身"仁"观念升华的需要,二是消费者和员工对企业"仁爱"文化的需要,三是承担社会责任和义务的需要。那么,企业家要做到"以仁为本"除了要有正确的政治观外,还必须提升自身的道德修养和企业仁爱文化的水平。第三至七章这五章中都首先指明提出这五种伦理精神的哲学意义,在此基础上再明确这五种精神的必要性,并指明践行新时代伦理精神的具体途径。第八章则在前七章的论述结果之上提出构建新时代中国商业伦理精神的意义,即有助于弘扬中华民族优秀的商业伦理文化,有助于为企业家提供道德行为指南,有助于为政府改善营商环境提供决策依据。

总的来说,该书提出新时代中国商业伦理精神的构建是以社会舆论、传统习惯和人们的内心信念为主要手段,以人们的行为和品质为其主要对象,形成道德的社会评价和自我评价,通过应用善恶正邪等范畴标准来改善社会的道德风尚,协调人与人之间的经济关系,实现道德从现有到应有的转化过程。探讨商业伦理规范、商业道德行为的选择、商业道德评价和商业道德修养等内容,可深化和丰富商业伦理精神,深入挖掘商业伦理内涵,拓展商业伦理学的研究领域,完善商业伦理学之理论体系,为商业主体确立道德价值目标。只有研究新时代商业伦理精神的构建,探求商业主体如何在追求商业利益之际对高层次的价值进行追求,从而促进整体商业经营环境的改善,才能保持在新形势下中国特色社会主义市场经济健康、稳定、和谐的发展态势,从而迎接新的历史挑战。

世界500强企业伦理宣言精选　丛杭青,清华大学出版社,2019.9

该书选录了部分世界500强企业的伦理章程和伦理宣言,以国家的行业信息目录为筛选的标准，以制造业企业为主，兼顾非制造业企业。该章程是500强企业使命、愿景、价值观、行为规范的一个具体和集中的体现，内容包括：遵守法律法规、诚信、可持续发展、环保、健康安全、尊重人权、反腐败、公平公正、创新、隐私权、保密、合作、防止利益冲突、责任等，具有很强的可操作性。为了便于读者对国外企业伦理章程和宣言内容的了解和掌握，该书在每家企业的伦理章程和伦理宣言的后面都附有一个简短的点评。

全书共分为17个章节，收录了17家世界500强企业伦理宣言的相关内容，分别为沃尔玛全球道德操守规范、英国石油公司行为准则、苹果公司伦理价值观、花旗集团行为准则、优立普华行为准则、空中客车集团行为准则、日本松下电器产业株式会社行为准则、英特尔行为准则、联合利华商业准则和准则政策、墨西哥美洲电信公司治理政策和伦理准则、辉瑞制药有限公司商业行为政策摘要、美国航空商业行为准则、霍尼韦尔商业行为准则、必和必拓商业行为守则、甲骨文道德与商业行为准则、意大利邮政集团公司道德准则、艾伯维商业行为规范。

该书认为，所谓正确的事，不仅要符合法律、法规和政策，还要符合伦理道德，可以用两组概念来理解这个问题：一是从"过程"和"结果"来看，"做正确的事"就是说结果应该是正确的，即决策正确，"正确地做事"就是说实现这个目的的手段是正确的，即执行方式正确；二是从"目的"和"手段"两组概念来理解，则目的是合法的，道德上是正当的，同时实现这个目的的手段也是合法的，道德上是正当的。当然做正确的事离不开制度建设，这首先表现在合规建设上，即企业及其员工在各项工作中都必须遵循规范，包括法律规范、监管要求、商业惯例、行业准则、道德规范以及企业的规章制度，在这过程中更应当注意到合规的主体是企业和员工，而不仅仅是企业。行为规范则是合规建设的一大部分，大多数的"世界500强"国外企业有自己的行为规范，有的企业有他们的座右铭，如：松下电器——更好的生活，更好的世界；英国石油——指引你做出正确的选择；苹果——负责任创新，赋能于人，保护环境；优立普华——以诚信为生，做正确的事；联合利华——诚信、尊重、责任、开拓。分析这些国外企业的行为规范，得到了几大高频词：环境、责任、合作、诚信（诚实）、尊重、公平、健康、公开、保密。其中，诚信（诚实）是第五大高频词，也是合规建设的基础，这就要求企业满足对真的要求，满足可信赖的要求。

私有财产的经济学与伦理学(第2版) (德)汉斯-赫尔曼·霍普著,吴烽炜译,上海财经大学出版社,2019.10

该书精选了切合经济学与伦理学关于私有财产基本原理这一核心要旨的十五篇文章。在该书的经济学部分,霍普继承法兰克福学派不屈不挠的批判精神,与各种谬误的经济学理论做斗争,批判锋芒直指公共选择学派、凯恩斯学派、弗里德曼货币学派等众多经济学派,对同出一门的塞尔金和怀特的部分准备自由银行理论,还有哈耶克关于经济计算问题的知识解释也毫不留情,如在第七章批驳了塞尔金和怀特部分准备自由银行理论,第八章批驳了哈耶克关于社会主义计划经济计算问题的知识解释。在这一部分,除了完成对资本主义过程理论的勾画及反驳形形色色的反市场理论之外,他还充分展示了社会学应如何谦卑地接受人的行动学尤其是经济学的指导,开拓出关于税收、货币乃至国家发展的社会学图卷,其思想力度绝不亚于号称"社会学大师"的马克思。在哲学部分,霍普匪夷所思地将米塞斯的行动学逻辑与哈贝马斯的先验沟通理论移植在一起,得出了一个完全价值中立的伦理体系——论辩伦理学,从而证成关于私有财产的公理,整个论辩过程浅显易懂、直截了当、精彩犀利,连罗斯巴德阅罢亦为之惊叹,承认先前认为中立伦理体系不可能乃是自己的失误,并对霍普予以盛赞。霍普在该伦理体系的构建中并没有使用多少晦涩含糊的哲学术语,整个论辩过程都是浅显易懂,甚至直截了当的,他保持犀利的批判本色,对实证主义及历史主义方法开足火力,揭示这两种理论的内在矛盾。

全书共有十五章,分为经济学和哲学两个部分,第一部分经济学包含了从第一章到第八章的内容,第二部分哲学则包含了从第九章到第十五章的内容。第一章主要论述了公共财货理论的谬误与安防生产的相关内容;在此基础上,第二章主要说明了关于税收的经济学与社会学;第三章则从银行业、国民政府与国际政治三方面重构了现行经济秩序的社会学;第四章就奥地利学派的阶级展开分析讨论;第五章主要论述了就业、货币、利息与资本主义过程理论,即米塞斯的反凯恩斯理由;第六章探讨了随着货币与信贷的退化,法币的可能性路径问题;第七章的主要内容为反对信用媒介;第八章讨论了计划经济中存在的是财产问题还是知识问题;第九章首先论述了人的行动学与认识论的行动学逻辑基础;第十章探讨了在社会科学中基于因果关系的科学原则的研究是否可能的问题;第十一章探讨了从自由放任经济学逐渐转为自由至上伦理学的相关内容;第十二章论证了经济效率的正义;第十三章论述了私有财产伦理的终极理由;第十四章讨论了实证主义衰落年代的奥地利学派理性主义;第十五章则主要论述了罗斯巴德伦理学。此外,该书还有四篇附录,分别探讨了展示偏好与私有财产、功利主义者和兰德主义者与理性、论证带来的惶恐不安以及福利权的不可辩护等四个问题。

与万物共生:低碳社会的发展观　(日)稻盛和夫著,宋刚、殷志诚译,机械工业出版社,2019.11

近年来,环境状况愈发成为我们关注的焦点,因为地球环境危机情况已经威胁到人类的自身安全。当处在这种危险的境地时,人类不得不思考应该如何在地球上长期生存。尽管我们人类研究可再生能源技术等,寄希望于技术来改变现状,但是本书却从另一个角度,即从人心出发,以此来探寻解决环境问题的根本举措。而从这个角度来看,经济伦理等发挥了重要的作用。本书尽管涉及诸多伦理学的其他方向,但是经济伦理学始终是贯穿全书的,因为企业的发展主要涉及经济伦理方面的问题。对于医疗、新科技的思考在一定程度上决定着企业的生存方向和是否可以增值。经济伦理不仅涉及企业的生产,还涉及企业的发展。

本书共三部分,包含十一章内容。第一部分是文明、社会、科学和伦理,包括第一章到第四章。第一章是以"'笑'真的能够拯救人类吗"为题进行探讨,并引用了实验做进一步说明。在最后的讨论中,加藤将儒家思想引用到企业管理和经营上进行思考,即嵌入企业伦理的部分思想。第二章是科学能解开多少"心的问题",对"把'心的问题'诉诸科学的 4 个注意点""健康的精神和身体塑造健康的内心""'心的问题'与社会活动和社会制度密不可分""塑造内心的是'基因'还是'环境'"等进行了探讨分析,对于基因的探讨也有利于指明企业的经营或科研方向。第三章是经济伦理学是否能阻止"市场的失控",从斯密的"看不见的手"理论入手,讲述了类似"商人的道义"的"成就近代社会的'习惯性智慧'",并分析了现代经济伦理的根源和市场主义发挥功能的前提条件。第四章是服务型社会的进化毁灭了"良民",在区分人类与非人类文明的基础上,界定人类的特殊性在于懂得照顾,进而指出市民过分的受益者意识催生了"投诉狂",指出大阪没落的真正原因。第二部分是生命和医疗伦理,简单讲述了伦理的使命是推动人类社会的可持续发展和统合医疗向西方医疗的极限发起挑战,包括第五章和第六章。第五章指出伦理学的使命是推动人类社会的可持续发展,这就需要思考生命危机与生死文化,探索未来生命伦理的选择基准以及宗教的社会功能和失去宗教伦理的社会性问题。第三部分为21世纪的伦理,主要是对经济伦理、医疗伦理等进行再思考,包括第七章到第十一章。第七章指出优先金钱激励的社会将趋于凋敝,就是从企业出发,探讨利益相关者和股东,并得出"单凭'竞争'无法维系市场体系"和"金钱激励的普及将带来危机",并引用了松原隆一郎先生的《经济学名篇30篇》等。第八章主要讲述超越科学革命的新伦理观所面临的挑战,第九章在此基础上讨论了伴随科学进步产生的伦理新课题。第十章讲述了关于21世纪生命、医疗新伦理的思考。第十一章在小结中指出要"克服市场原教旨主义、金融资本主义的阴暗",在对马克斯·韦伯的《新教伦理与资本主义精神》进行分析的基础上对企业家个人品质进行了一定的描述。

经济服务伦理探究 曹望华,经济科学出版社,2019.11

该书是以"道德的经济人"作为理论运思的逻辑起点,采用马克思提出的"经济范畴的人格化"这一研究经济活动及其伦理的根本方法,展开对经济服务的伦理探究。书中确立了经济服务伦理探究的内在依据,剖析了经济服务与经济伦理之间的关系问题,探讨了效率与公平、竞争与合作这两对经济服务伦理的基本范畴,探究了西方经济服务伦理思想的发展历程,从中发掘出一些与经济服务相关的伦理思想并对其进行了分析,研究了马克思经济服务观的内容、内涵及启示,探讨了经济服务伦理的现代转型及新发展,总结了经济服务伦理的价值目标与归宿。

全书共有九章。第一章揭示了经济服务伦理探究的时代背景,分析了经济服务发展面临的伦理挑战、经济服务伦理探究的实际情况和时代意义。第二章对经济服务进行某种定位,并找准经济服务伦理探究的逻辑起点,即服务的一般含义和分类、经济服务的含义和特征、经济服务伦理的逻辑起点。这两个问题是展开本书主题思想的关键。第三章则以经济服务与经济伦理的关系为视角,论证了经济伦理是经济服务的应有诉求,探讨了经济服务的伦理特性、原则和价值,从而确立了经济服务伦理探究的内在依据。第四章和第五章探讨了效益与公平、竞争与合作这两对经济服务伦理的基本范畴,深入分析了它们在经济服务中的表现及其重要作用与价值。认为服务效益是经济服务的伦理要求,服务公平是经济服务的伦理保障,应当寻求经济服务效益与经济服务公平的和谐与统一;作为一种新型的竞争形式,竞争和合作具有内在的伦理意义,服务竞争是经济服务发展的内在动力,但服务竞争又必须以合作作为其发展的伦理方向。第六章探讨了西方经济服务伦理思想的发展历程,认为西方经济服务伦理思想的发展经历了萌芽、泛化、初步发展、转型与趋向成熟四个阶段。该章以这四个阶段的代表人物的经济服务伦理思想为探究对象,主要从西方学者对经济服务的研究中发掘出一些伦理思想,即互利与自由竞争、和谐与相互服务、平等与服务个性化、人性与追求卓越,并对这些伦理思想做出客观的审视和评价。第七章对马克思经济服务的伦理内涵及启示进行分析,首先从马克思经济服务的主要内容出发,揭示了马克思经济服务的伦理内涵和马克思经济服务伦理的启示。第八章为经济服务伦理的现代转型及新发展,首先指明经济服务伦理发展的时代背景,论述了经济服务伦理的现代转型和新发展。第九章认为卓越服务是一种伦理的目标,创造卓越的经济服务是一种必要的途径,而经济服务的道德信念是伦理的归宿。

商业伦理与会计职业道德(第4版) 叶陈刚、吴卫星、张建军,东北财经大学出版社,2019.11

该书是为了全面适应我国会计专业学位研究生开展"商业伦理与会计职业道德"必修课程教育的需要,加强商业伦理与会计职业道德建设,从而展开了相关方面的理论研究和实践分析。

全书分为上下两篇,共有十三章。上篇为商业伦理判断与道德规范体系,包括第一章到第六章;下篇为公民会计道德与会计职业道德,包括第七章到第十三章。第一章为绪论部分,主要论述了提升商业伦理与会计的相关职业道德水准的问题,明确了道德、社会公德与社会主义核心价值观以及职业道德与会计职业道德,指出商业伦理的内容与任务,研究了商业道德新学科,即商业伦理学的相关内容。第二章为商业伦理判断与道德决策部分,讨论了道德滑坡现象与囚徒困境问题,探讨了道德风险与逆向选择,分析了商业伦理判断及其影响因素,建立了商业伦理道德决策模型与具体步骤。第三章为商业伦理道德原则,主要探究了打造优秀团队的集体主义原则、企业经营之灵魂的诚实守信原则、现代企业强大之源泉的义利统一原则、企业和谐发展之根本的公平与效率兼顾原则以及作为市场经济基石的公平公正公开公信原则,并通过华人首富李嘉诚的超人、诚商、善人之道的案例加以佐证。第四章为企业内部管理道德规范,从北大钱理群教授重申"精致的利己主义者"概念展开,分析了企业与股东的道德规范,即将投资者作为上帝,董事会与监事会的道德规范为勤勉尽责、廉洁监督,企业经理层的道德规范为依法为民、追求卓越，企业与员工的道德规范为本着员工是上帝的原则，科技知识产权的道德规范为以人为本、尊重人才。第五章主要论述了企业对外经营道德规范，认为应当信守诺言、取信于民，始终遵循五条道德规范要求，即顾客是上帝的企业与购销客户道德规范，互惠互利、实现双赢的企业与竞争者道德规范，健康自律、安全他律的互联网道德规范，遵纪守法、足额纳税的企业相对政府与社会的道德规范，做优秀企业公民的企业慈善公益道德规范。第六章为企业信用管理道德规范，主要讨论了契约经济、道德契约与信用机制，强调企业信用管理道德要求，即履行契约、信守诺言，对企业信用管理模式进行了比较与选择，并建立起我国的企业信用管理体系。第七章为中外会计职业道德历史演进，论述了我国会计职业道德的历史发展和现实要求，分析了我国会计人员职业道德规范问卷调查的结果，研究了国际会计职业道德历史演进和美、英、加、澳会计职业道德沿革的相关概念。第八章为社团组织与公民会计道德规范，强调要大力开展会计职业道德教育；重视会计职业，提高会计地位；尊重会计人员，配合会计工作；利用会计信息，做好经营决策；遵守会计法规，强化会计责任；践行会计诚信，优化会计环境。第九章为会计职业道德规范，讨论了市场经济对会计职业道德的影响，强调了诚信为本、操守为重，和坚持准则、不做假账的会计职业道德核心规范以及具体的会计职业道德具体规范要求。第十章为注册会计师职业道德规范，探究了中国注册会计师面临的道德问题及对策，认为在制度安排方面应当要权衡短期利益与长期利益，以诚信为本、操守为重作为注册会计师审计的基石，严格遵守注册会计师职业道德规范要求。第十一章为会计假账与财务舞弊道德对策，指出多种层面的会计失德行为，诸如存在的利益驱动、信息不对称及会计败德行为，权钱交易、腐败寻租与会计假账，明确了上市公司中会计假账与财务舞弊的内涵手段，进而针对这些问题提出了解决上市公司会计假账与财务舞弊的道德对策。第十二章为会计职业道德机制与法治协调，辩证分析了会计职业道德自律与他律的关系，研究了会计职业道德自律和他律的相关机制，提出健全以道德为基础的会计法治建设，协调会计德治与会计法治机制。第十三章为会计职业道德实践与境界升华，认为企业精英阶层的社会责任感最重要，针对会计职业道德行为特征与选择、检查与评价、实践原则与方法、特征与形成以及升华等五小节来具体论述。

经济伦理：价值原则与实现机制　龚天平，中国社会科学出版社，2019.12

该书在深入反思经济伦理范畴的内涵，追踪经济伦理实现机制的思想，系统揭示经济自由、经济平等、经济公正、经济信任、安全价值、绿色价值等六大经济伦理价值原则的内涵和意义的基础上，系统研究了经济伦理实现的共识引领、制度安排、市场交换、资本节制、利益合作、主体调控等六大机制的内涵、意义及其建构方法，探讨了经济伦理实现机制建构起来后中国经济主体落实经济伦理将会形成的伦理经济、经济共享等优良后果。

全书分为四个篇章，共十六章。第一篇包括第一章到第二章，第二篇包括第三章到第八章，第三篇包括第九章到第十四章，第四篇包括第十五章和第十六章。第一篇为经济伦理范畴的探讨。第一章反思了经济伦理范畴的问题，包括我国学界关于经济伦理概念的研究成就、经济关系的伦理观念、经济行为的伦理规范、经济主体的道德实践以及功利论、义务论、美德论三种形态的综合统一。第二章为经济伦理实现机制的思想寻踪，从亚里士多德美德论的经济伦理实现思想的政体、法治、监督的优良构架出发，探讨了建立政府、保护产权、遵守自然法则的社会契约论的经济伦理实现思想，自由放任与适度干预的功利主义的经济伦理实现思想，福利国家与最低限度国家的自由主义的经济伦理实现思想，政府积极作为的社群主义的经济伦理实现思想以及技术、经济、政治、文化、社会的全方位生态化建构的生态主义的经济伦理实现思想，最后为回顾经济伦理实现机制思想的启示。第二篇为经济伦理价值原则。第三章主要讨论了经济自由原则，认为这是经济主体拥有出于己意的经济活动权和财产权，是经济社会发展和人类文明进步的动力，也是社会主义市场经济条件下经济自由的基本属性。第四章为经济平等原则，包括当代思想家对“经济平等”进行论说、当代中国经济平等伦理原则的实质和社会主义市场经济下经济平等的三个维度。第五章为经济公正原则，认为经济主体应当凭借自己的资源进行竞争并获得平等待遇，明确了经济、社会和人的发展的经济伦理基础和社会主义市场经济下经济公正的基本要求。第六章为经济信任原则，从经济信任的内涵、实质及其种类出发，讨论了经济信任与经济、社会和企业的发展之间的关系，强调建立起社会主义市场经济下的经济信任。第七章为安全价值原则，针对当代社会的脆弱性与风险社会的特征，剖析了安全价值的伦理内蕴和安全实现路径的具体问题。第八章为绿色价值原则，以绿色价值原则的崛起及其内涵规定为基础，认为绿色价值是经济持续发展的约束条件,论述了作为经济伦理的绿色价值原则的旨趣和四大规范。第三篇为经济伦理实现机制的建构。第九章为经济伦理实现的共识引领机制,从社会共识的内涵与形成出发,明确了社会共识对经济伦理实现的支持,指出社会主义市场经济下关于经济伦理的社会共识。第十章为经济伦理实现的制度安排机制,强调制度是调整人们社会关系的强制性规则,经济伦理需要制度支持才能实现柔性约束,讨论了制度支持经济伦理的可能性和具体实施路径。第十一章为经济伦理实现的市场交换机制,明确了市场交换的内涵、伦理价值和道德规则。第十二章为经济伦理实现的资本节制机制,对资本的道德性进行了讨论,区分了资本的伦理正效应和伦理负效应,明确了扬正抑负的具体方法。第十三章为经济伦理实现的利益合作机制,分析了利益合作的学理内涵和伦理意蕴,剖析了利益合作对经济社会和企业等经济主体的价值以及社会主义市场经济下经济主体之间的利益合作。第十四章为经济伦理实现的主体调控机制,讨论了关于主体调控机制的“主体”,研究了价值牵引机制、宣传教育机制、良心自律机制、校正更新机制的具体内容。第四篇为经济伦理实现机制的优良后果。第十五章认为伦理经济是经济伦理实现的优良目标,明确了伦理经济的内涵与特征,伦理经济是伦理与经济的关系发展的必然结果,讨论了伦理经济在社会主义市场经济下的发展。第十六章则认为经济共享是经济伦理实现的道德使命,对经济共享的学理内涵进行了分析,讨论了经济共享的伦理价值意蕴和社会主义市场经济条件下经济共享的实现方式。

现代社会与道德批判 李志祥,上海三联书店,2019.12

该书是一本收录了作者近 20 年来撰写的部分论文的论文集,书中论文独立成编且有些写作时间较久远的论文作者并没有做与时俱进的改动,因此作者在前言部分对此进行了梳理解释。现代社会中的个体生活、生产跟传统社会相比已经发生了翻天覆地的变化,我国还没有完全进入现代社会,无论是经济层面还是文化层面都正处于现代化进程中。正是在这种情态下,我们对于现代社会的研究才要更加深入,其中道德批判是重要的一环,这也是该书的目的:研究现代社会加之以道德批判,为中国的现代化发展贡献力量。该书是一本经济伦理学方面的著作,行文过程中作者始终坚持马克思主义伦理分析方法的指导地位,集历史分析和理论批判于一体,旨在为现代社会的经济发展提供道德层面的理论指导。

该书共分为四部分:第一部分“方法与视野”,第二部分“资本主义社会与道德批判”，第三部分“个人价值与社会共享”，第四部分“道德资本与企业发展”。第一部分先点明现代社会是当代学术研究的根本性社会背景。在现代社会中道德处于一种“祛魅”状态并且重建道德的过程中要始终保持道德本身的批判反思功能。之后介绍了经济伦理学研究的双重向度——目的向度和工具向度，这两种向度在澄清经济伦理争论时缺一不可，坚持这两种向度对建设经济伦理学这门学科有重要意义。第二部分主要分析西方现代社会及其道德批判。西方的现代社会依赖资本主义的发展模式，在这种发展模式之下，处于被压迫地位的劳动势力想要有所超越以便把现代性建立在更公正且符合人性的基础上，基于这种背景马克思主义者批判了现代资本主义社会。作者认为马克思、恩格斯之后的西方马克思主义者逐渐偏离了生产关系批判道路而转向生产力批判并将之置于经济批判理论的核心，这是他们经济批判理论误入歧途的原因。此后，他们从资本主义经济批判转向了经济批判，更加背离了马克思主义。第三部分揭示了进入现代社会后个体和共同体关系的转向问题，分析了利己主义和个人主义，试图阐明个人和公共生活应该以何种方式联系，最后点明了中国现代化社会发展中个人与共同体的实质关系以及中国现代化建设的关键在于“三农”。第四部分从“道德资本”这一概念入手分析道德资本和企业发展的关系问题，培育具有工具性功能的道德不仅不会损害道德反而会有利于经济建设和道德建设。

伦理学前沿

论文简介

伦理学与马克思主义：历史、方法与文化　宋希仁、张霄，道德与文明，2019(1)

一、历史语境与思想主线

张霄：宋老师，您好！您以前研究的是西方伦理思想史，后来为何转向马克思主义伦理学研究？

宋希仁：应该说是西方伦理思想史本身的发展和马克思对它的反思，使我产生了这个转向。西方伦理思想史有其自身的脉络和基础，但思路比较窄。只有转到马克思的世界观和方法论，才能打开思路、放宽眼界，才可能在更高的层级上完成自身及其历史发展。

张霄：我们应当在西方伦理思想发展的历史语境中理解马克思主义伦理思想？

宋希仁：从伦理学发展本身来看可以这样说。在西方伦理思想史上对马克思思想产生影响的哲学家有很多。

张霄：马克思在不同时期会有不同的研究重点，思想观念也是处在变化发展中的。有没有一条可以把马克思在不同时期的研究重点穿在一起的主线呢？

宋希仁：应当说有一根主线。这个主线就是唯物辩证法和历史唯物主义方法论，他把这个方法论用于对资本主义社会发展规律的研究。历史的发展是一个辩证的过程。它既是分阶段的，同时这些阶段又是彼此联系的。

张霄：除了这个方法论的主线外，是否还有其他的线索呢？比方说共产主义理想。有这样一种价值方向指引着马克思毕生的研究吗？

宋希仁：我看有这个方向而且是始终如一的。这个始终如一的目标就是《共产党宣言》里所讲的实现没有剥削、没有压迫的“自由人的联合体”。换句话说就是“创造个人自由全面发展的共同条件”。

二、法哲学与人生哲学

张霄:自由、平等、正义这些价值虽然在马克思思想中都占据重要地位,但不能把其中任何一个单独拿出来说是最重要的,是这样吗?

宋希仁:单独把任何一个拿出来如果不是特殊需要,那就要考虑是否够全面了。应该把这些价值整合起来理解。如果我们把主观精神理解为人的道德,那么客观的伦理只有带着人的道德或者说作为"绝对"的东西体现在人的道德中的时候才是活的。所以说伦理、道德是统一的,不能把两者分开。黑格尔在继承辩证法思想传统的基础上,对法权、道德、伦理以及实存的习俗礼义都做了有内在联系的哲学思考,构成他的"法哲学"体系。

张霄:这样说来,伦理、道德、礼仪其实就是不同形式的法的规定。黑格尔除了讲伦理、道德之外,就没有讲过礼仪之类的东西?或者说没有讲过外在化的东西?

宋希仁:其实黑格尔的《法哲学》也讲到了,就是他所说的包含个人行为习惯和群体习俗风尚的家礼和社会文明礼节。黑格尔也非常重视风俗习惯。他说人在风俗当中生活的时候,自己就已经是风俗的一部分了,群体的习惯成风即风俗。个人就要按照风俗的要求规定自己的行为,随俗而行。

张霄:如果马克思写一部伦理学著作,那会是怎样的构架和内容呢?

宋希仁:我想如果他要写的话,首先是会坚持辩证法和唯物论,肯定离不开这两个方法论原则。这一点我在写人生哲学时曾想到过。不过,我讲人生哲学不是上来就讲人的类本质,而是从个体的人生开始,从个体上升到群体、从特殊上升到一般和类本质的思路,回答"人生是什么""人生应当是什么""人生能够成为什么"这样三个问题,力图统串人生学、心理学、道德学、伦理学和政治学,思考它们之间的内在联系。

张霄:那么人生哲学和伦理学是一种什么样的关系呢?

宋希仁:两者既有密切的联系,也有差别。从理论体系上反映出来,主要是纵横关系问题。我的《人生哲学导论》就是在生与死的有限时间中去把握有限的空间,从人的幼年写到老年,顺序写到出生与生长、事业和理想、成就与贡献。一面写出人生的成长过程。这是人生的纵向面,也是包含横向内容的历练过程。伦理学就不能只是这样写,因为它也有一个横向面。纵向面包含着伦理学的横向面,做逻辑的表达。但伦理学的横向面包含不了人生哲学的纵向面。

三、中国传统伦理文化与马克思主义伦理学

张霄:马克思的伦理学尽管会受到黑格尔的影响,但必定会建立在对黑格尔伦理学进行大幅改造的基础上。您认为,马克思会对黑格尔伦理思想如何改造呢?

宋希仁:在我看来,马克思可以借助中国文化的务实思路作为特例对黑格尔的抽象思辨进行改造。伦理是如何形成的呢?其实就是从男女关系、夫妻结合自然开始的。马克思、恩格斯早在书中就提出了两种生产的观念,即"通过劳动而达到对自己生命的生产,或是通过生育而达到对他人生命的生产"。按照中国传统伦理素朴解释:最初的伦理是"内伦",也就是夫妻之伦,后续有家庭、家族、民族……这是自然和人伦合一的过程。前面讲到马克思所说的两类生产就是伦理的开端和基础。马克思也是一个面向现实、竭力追求真相的人。如果他讲伦理学,要讲得现实一点,那就要认真对待和参考中国文化了。

张霄:这么说,中国传统伦理文化还真是能和马克思的伦理学走到一起去的。

宋希仁:是可以结合起来的。马克思在世的时候如果了解中国文化,他也会认可中国文化、理解中国伦理的方式。因为这有助于破解黑格尔那个抽象观念和绝对理念的秘密。只有到生活中去理解,才能发现真相,从而理解伦理道德礼仪观念和规范的来源。

约纳斯责任伦理的定位及其意义——基于《技术、医学与伦理学》的分析　张荣,道德与文明,2019(1)

《技术、医学与伦理学》这本著作中收集了12篇相对独立却又具有内在逻辑关系的论文,前5篇文章构成了该书的理论部分,即"技术、医学与伦理学"的一般性考察。第6—11篇讨论的是特殊论题,并尝试把责任原理运用到技术领域。

一、现代技术的本体论考察

该书前5篇文章相对独立又彼此结合,是对责任原理和现代技术结合的一般性考察。约纳斯对现代技术尤其是医学进行了本体论考察,对传统伦理观进行了整体性评判。他逐一讨论了现代技术的形式、质料与伦理三个方面。

关于现代技术的形式方面。现代技术和传统技术相比,已经逾越了地球承受力的界限,但并不停息。与技术的成就相比,其威胁人类生活的负面影响也越来越明显。技术处处表现出一种深刻的两难境地,因为其中正面与负面、出路与危机、进步与灾难都不可消除地交织在一起。

在论述现代技术的实质性内容时,约纳斯指出,现代技术的先后顺序反映了科学、力学、化学、电动力学、核物理学、生物学的先后顺序。笼统地说,当一门科学中的"分解的道路"被推进到这种程度,以至于"合成的道路"可以从这样被分解的、被量化的基本元素开始时,科学转化为技术的时机就成熟了。

在对现代技术的伦理反思中,技术的内在矛盾构成了核心议题。他强调,当今技术专制的要素本身也使技术产品成为我们的主人,甚至强迫我们继续成倍地增加这些产品,为了人类的自律、尊严,我们必须采取非技术的方式控制现代技术的飞速发展。哲学伦理学可以同新的技术力量进行针锋相对的斗争。

二、德性观的除旧布新

在第3篇论文《在未来的门槛上:昨天与明天的价值》中,约纳斯集中阐述了传统价值观与技术文明时代价值观的差异以及发生这一变迁的根源。

约纳斯围绕德行范畴比较昨天的价值和明天的价值。一个德行是"慈善"。他认为,慈善已经由传统的个人道德行为转变为明天的社会法律义务。与昨天的世界相比,在明天的价值中,"慈善"将占有一个微小位置。未来世界的助人为乐不再只是人对人、国家对公民的乐于助人,而且是国家对国家的乐于助人。一个价值在双重意义上已经过时:人类不能再允许自己有机会使这种价值现实化,而且,一旦人类那样做了,机会本身就显得自己和这种价值疏远了。

之所以发生这种变迁,根本原因在于现代技术权力的作用。可是,"价值本身是不可改变的:仁慈永远要比冷酷好,勇敢比懦弱好。我们不能期望它们消失,更不能否认其德行特征。不过,它们有自己的时代"。责任伦理学的核心观点是:在紧急状况下,在德行和一次次实现这些德行的义务背后,展现出更广的义务,即为一个总体状况担忧。这就完全从个人领域转向超个人的公共领域了。这提及责任伦理对传统伦理的革新:从"邻人伦理"到未来"总体状况"的伦理,从私人德行到公共道德。

约纳斯虽然将道德责任的承载者归于整个人类,责任是针对整个人类提出的伦理责任,而不仅仅是针对某个理性自律或意志自由的个体,但他似乎认为,只有民族国家这种政治实体才能承担对人类未来的最重大责任,也只有它才能有效地肩负责任。在这种意义上讲,约纳斯的责任伦理不同于传统的个体伦理学,而是一种整体性伦理学。

三、价值中立的迷途与责任原理的实践

价值中立可以在双重意义上理解。第一层意义上的价值中立是一种方法论态度,这种态度应该只让作为对象的真理讲话。第二层意义上的价值中立是对于对象真理的一种本体论论点,即对象的真理根本不知道诸如价值差异等。价值唯独在作为评价主体的人类中才有其位置,并且无论在何种意义上都不可能在事物本身中有其位置。它只是主观地属于我们,而不是客观地属于事实。

根据科学的价值中立信念,可以得出两个结论。第一,人们不可能对价值漠然的自然犯罪。第二,在存在与应当之间存在不可逾越的鸿沟。约纳斯认为,关于无价值的自然以及从中派生出来的存在和应当间的鸿沟这一信条,可以借助一个对完全有价值的(对自然的)义务状况加以驳斥。这种义务状况包括对未来的人类存在的整体性责任。自然的生命及其有机体也有独特的价值和尊严。自然不再仅是责任的对象,而是责任基础本身。人在技术上怎样损害了生命,人就有义务怎样保护生命。

《技术、医学与伦理学》的第6—11篇是责任原理的“应用”与“推广”部分,第12篇包括两个公开访谈。责任原理的实践最恰当的范例是医学。第6篇《为医学进步服务:关于人体试验》的内容相当丰富,共分19节,讨论了医学技术的伦理框架、脉络等各个方面;同时又是一个过渡,充当联结理论部分和应用部分的桥梁。在第19节的“结束语”中,有一段话非常精准地概括了这种衔接作用,集中反映了责任伦理的定位:在本体论伦理学与应用伦理学之间。

约纳斯的生命概念及其伦理意蕴　李喜英、胡天力,道德与文明,2019(1)

约纳斯“生命”概念的补全、修复和完善为解决形而上学的二元论困境提供了崭新的思路。在多维阐释的进程里,约纳斯清晰地展现了其丰富的伦理意蕴,同时为一种基于客观价值的责任伦理学开辟了道路。

一、作为身心二元整体的生命

约纳斯认为,二元论看出了生命中身体与心灵的差异,却又把这种差异绝对化,从而使两者居于相互独立、互不干涉的地位。然而,我们活生生的身体直接呈现给自身的事实,就是同时建立在两个方向上的自我超越性:身体可以超出自身达及心灵,心灵亦能超出自身达及身体。这就是为什么如果要将唯物或者唯心贯彻到底，身心中的任何一面就必然要“侵入到对方的领域”：要么用解释身体的方法解释心灵，要么将心灵的原则拓展至外部世界。

有机体的这种身心统一已经暗示了上述两种本体论的危机所在，因为生命现象自身呈现给我们的是：鲜活的肉身是有死的，它自身拥有一个世界又自身属于一个世界，它能感知也能被感知。身心关系实际的不同并非是一种能将其二分从而彼此孤立来看的不同，它们各自的完整意义必须联系另一方进行通观，方能得到完全展示。

二、生命乃是自由的延续

约纳斯反对“自由是人的精神特权”这种造成人和其他有机体之间决然断层的观点，提出了自己在哲学生物学研究中最核心的洞见：一切有机体都拥有自由。他把自由从人扩展到整个生命有机体，并把自由看作生命的“原理”。

约纳斯将新陈代谢称为“自由的最初形式”。通过代谢功能，有机体“从来不在质料上相同然而仍旧保持着自身的同一”，它具有一种存活形式，新陈代谢就是这种存活形式下的物质交换活动。通过新陈代谢这一机能，生命的形式从与物质的直接同一中解放出来，自由就表现在这种对物质束缚的脱离之中。与无机物相较，有机体的这种内在同一性是一种自我的连续和延展。生命必须在世界中、通过世界并区分于世界才能维持自身的同一。自我一世界/内在一外在的两极性正是“自由的基本状况”的“潜在完成”，这种基本状况就是，自由既体现为摆脱物质世界束缚的勇敢，同时也暗藏着不得不与这个世界对立的不幸。

有机体自由之辩证本性揭示出其内在二重性：一方面，有机体的存活形式能够自由地与外界进行物质交换；另一方面，它又必须拥有这种物质交换的能力来维持自身的存在和发展。有机生命必须去自由，这就是自由的二律背反在生命根源处的最初体现。因而自由并不是突然出现在人类身上的特权，它在有机体的新陈代谢上找到了自己最初存在的有形证据，这就是生命体现着内向性自由之延续的最好佐证。

三、生命作为至上目的

那么，生命的目的究竟为何？通过它的新陈代谢作为维持自身存在的方式，我们已经可以看出其所在。这种目的内在于生命本身，它自己就是自己的目的。内在目的论为弥补二元论的裂隙提供了一条崭新路径。有了生命自身作为目的，自由与必然、心灵与身体、生命与非生命的关系都会是辩证的,而不再是非此即彼的,它们各自的意义都需要通过对方才能得到完整的显现。不过虽然必须与外界保持关联,生命的这种外向性质永远以“自我”的维度为基准,它的自由不是盲目地向外延展,而总是以维持自身为最高指向。因而我们可以说,生命使目的自身显现,自然又使生命自身显现。作为目的的温床,整个大自然在约纳斯看来都是朝向目的的,这个目的通过不同层级的有机体得到了完整的表达。

四、通往责任伦理之路

生命作为客观存在的价值又如何成为人类责任的对象?有机体的自由是必需的自由,存在相应地就是一种“不得不存在”,这种不得不存在自我肯定的呈现就是生命,是存在的最高目的和价值体现,也是拥有伦理责任的全新的现实基础。建基于形而上学二元论上的主体性伦理学现在要求一种哲学视角的根本转变,要求以生命自身作为伦理原则的至上依据,“不仅要追求人的善,而且要追求非人类事物的善,也就是要把对‘自身目的’的认识扩展到人的领域之外,并使人的善包含对世界万物的关心”。

在《责任命令》中,约纳斯更进一步将具有价值的生命认同为善本身。善的概念因鲜活的生命而不再是一个超验的对象和绝对的标尺,它是脆弱的、可遭破坏甚至毁灭的,具有深刻的此岸性。所以,它在本质上就呼唤着一种“应当”,一种无条件的责任:善本身亟待人去悉心照顾和保存。这揭示出约纳斯责任概念的本质与核心:它是一种担忧和关切。

约纳斯认为,善的最高形态就是具有道德责任的生命,即人类。生命的延续性不应仅仅停留在对人类从何处来的回溯,这种回溯更应当照亮人类对自己该往何处去的探求。责任伦理的一个基本信条就是应当有一个人类寓居其间的未来。

自由伦理学何以可能　甘绍平,伦理学研究,2019(1)

“近代伦理学是一种自由之伦理学。”可是,从表面上看,自由与伦理是矛盾的:自由是行为主体的自我决定,其意向性是无限的;而伦理、道德则关涉到行为规范,规范则意味着限制。但当我们把自由划分为精神自由与行为自由两种,我们就会发现,精神自由(意志自由)固然是无限的,但精神自由的真正实现是需要有理由的支撑的,所以精神自由便能够自主地确立伦理规范。而行为自由并不是无限的,所以需要有伦理规范施加的制约,制约的目的最终还是为了更大和更长远的行为自由的实现。一句话,精神自由为了行为自由之故而确立伦理规范,从而对行为自由予以限制,最终以换取更大的行为自由的可能性。于是，自由与伦理学就并不矛盾了，而是和谐地贯通在一起。所谓自由伦理学，便拥有了基于自由的伦理学和为了自由的伦理学这双重含义。

一

自由与伦理从表面上看是矛盾的：自由是行为主体的自我决定，其意向性是无限的；而伦理、道德则关涉到行为规范，规范则意味着限制。当然，如果把人的行为细化为内心活动与外在行动，则这里立即就会产生出新的阐释空间。就人的内心精神活动的层面而言，当事人的自由、自主性的确是无可限制的。所谓人的内心精神活动的自由，也就是我们常说的意志自由。所谓意志自由，简单而言，是指人的内心乐意的自由，当事人可以在意念与想法上摆脱任何异在的确定与强制，自身来确定其意欲。所有的伦理学都必须以精神自由为原点，故而所有的伦理学都可以称为自由伦理学。这就是所谓自由伦理学的第一层含义。所谓自由伦理学，就是为了自由的伦理学，为了自由得以施展的伦理学。这就是所谓自由伦理学的第二层含义。精神自由为了行为自由而确立伦理规范，从而对行为自由予以限制，最终以换取更大的行为自由的可能性。于是，自由与伦理学就并不矛盾了，而是和谐地贯通在一起。所谓自由伦理学，便拥有了基于自由的伦理学和为了自由的伦理学这双重含义。

二

为了使所谓自由伦理学中的“自由”概念获得一个比较精准的认知，我们有必要对人类自由思想的发展演变做一个简要的考察。就我们此时的研讨而言，自由最大的重要性在于，它构成了道德的源泉。道德与法律的客观存在、实际功能与社会意义，为非决定论的理论自信提供了强大的精神支撑。个体自由的观念与社会的个体化进程是紧密联系在一起的，换言之，个体化进程构成了个体自由的前提条件。自由的本义也就在于它是个体的自由。虽然也有集体自决的现象，但集体自由归根到底仍然要以个体自由为前提的。个体的独立，为个体提供了选择的空间、必要与可能。个体的选择越多，自由度越大，其行为规则也就越复杂。如果没有交通的多样化，也就没有交通法规的系统化。如果没有律师职业的出现，也就不会有律师法规的健全。个体自由为道德规范的产生提出了需求，没有个体的自由选择，也就没有道德的限制与约束。

三

自由伦理学有着基于自由的伦理学和为了自由的伦理学这双重含义。

第一,自由之行为虽属完全的自发性,不取决于原因,但却来自于理由,可以回溯于当事人自身的需求、信念和原则。第二,自由作为纯粹自发性之能力,为了能够开启一种新的事物发展的链条,就需要克服某些阻碍。第三,当事人拥有对自身的需求、信念和原则予以掌控的能力,必要时放弃这些需求、信念和原则,停止依照它们行事。从另一角度来看,自由伦理学所阐述的自由,既包含消极自由也包括积极自由。所谓消极自由,是指当事人能够摆脱异在的限制、阻碍或强制,远离干扰与监控,不论这种强制来自于内心,还是来自于外在自然、社会或政治的领域。自由伦理学,不仅是一门将自由作为原点与基石的伦理学,而且也是一门以自由为终极内容与目标的伦理学。

四、结束语

自由是人类社会向现代文明转折时期三大基本概念(自由、平等、博爱)中的第一个。从自由观念中孕育和阐发出的人权思想,首先是一种消极性的防御权,之后是积极性的自由权和政治参与权。从这个意义上讲,自由构成了所有现代民主及多元社会最重要的价值基石与观念支撑。自由不仅是一种事实,而且也是一种需要人们努力追求的价值。虽然人人生而自由,但总是有势力试图剥夺之,使大部分人处于枷锁之中而成为剥夺者独享自己的自由的工具。换言之,自由为道德选择奠立了前提与基础,而道德选择又为自由的真正实现提供了可能与条件。因而我们必须对那些持人只是较高发展的、只能依照其“生物学上的绝对命令”行事的动物的主张者提出反驳。如果我们无法做到这一点,则我们也就做不成人,做不成有责任感的动物。因而对于我们人类而言,适用的并不是生物学上的绝对命令,而是伦理学上的绝对命令。只有这样我们才能配享我们被赠予的人的尊严。

改革开放40年来我国乡村社会的道德发展与建设 王露璐,光明日报,2019-01-03

改革开放40年来,随着我国经济社会的全面发展和生产生活方式的日益变革,道德领域呈现多元、多样、多变的复杂态势。持续深入的农村改革,也引发了乡村社会伦理关系和农民道德观念的变迁。如何正确认识40年来我国乡村社会的道德发展与建设,既是当前伦理学研究中的重要理论问题,也是实施乡村振兴战略背景中的重大现实问题。

一、持续深化的农村改革为乡村社会的道德发展奠定了坚实基础

中国乡村的改革进程发轫于农村家庭联产承包责任制的实行。党的十八大以来，以习近平同志为核心的党中央推动“三农”工作理论创新、实践创新、制度创新，坚持把解决好“三农”问题作为全党工作重中之重，切实把农业农村优先发展落到实处，推动农业农村发展取得历史性成就、发生历史性变革，为党和国家事业全面开创新局面提供了有力支撑。党的十九大报告提出实施乡村振兴战略，加快推动我国乡村实现全面发展与振兴。改革开放40年来，我国乡村经济社会的全面进步及其引发的道德发展，正是马克思主义唯物史观视野中经济与道德关系的生动体现和鲜活例证。市场经济的快速发展和乡村社会的全面进步，为40年来乡村道德的发展奠定了坚实基础，注入了持久动力。而在经济、社会、政治、文化基础上发展完善的乡村道德，又为乡村经济社会的进一步发展创设了良好的道德文化环境，成为乡村建设的强大精神动力。

二、乡村道德发展的主要成就

乡村伦理关系的转变和农民现代道德意识的成长。农民的流动性大大加强，大量农民冲破地缘关系的限制，以“离土”或“离乡”的形式从事市场化、职业化的新型生产劳动，乡村社会的差序格局和人伦秩序受到冲击，人际交往的范围、原则都产生了变化。农民根植于传统农耕生产和生活方式的安土重农、惧怕变革等保守意识逐渐削弱，与市场经济相契合的信用意识、契约意识、责任意识等现代道德观念逐步生成并日渐成长。

乡村社会文明程度的提升和农民公德素质的提高。党的十八大以来，在解决“三农”问题的重大实践中，以社会主义核心价值观为引领，培育文明乡风、良好家风、淳朴民风，推进农村社会公德、职业道德、家庭美德、个人品德建设，乡村社会文明程度和农民道德素质不断提高。通过开展广泛的群众性精神文明创建活动和移风易俗活动，厚葬薄养、人情攀比等陈规陋习的影响及封建迷信活动大大减少，乡村公共环境、社会秩序的变化有目共睹，农民的公共秩序意识、生态环保意识、理性消费意识、和谐包容意识不断提升。

乡村传统伦理文化得以有效传承与发展。一些地区充分挖掘和利用以乡村风俗、礼仪和村规民约为形式的地方性伦理文化资源并加以创造性转化、创新性发展，形成了乡村春晚、道德讲堂等独具特色的道德建设载体和道德教化形式。

三、以社会主义核心价值观为引领,加强乡村道德建设

改革开放40年来,乡村道德的变革与进步构成了乡村道德发展的主流,但也在一定程度上使乡村社会出现了人际信任度下降、村庄共同体凝聚力不足、道德评价和道德权威力量弱化等问题,这也是社会转型期中国伦理文化的"现代性"问题在乡村中的缩影。其一,在传统的村庄伦理共同体中,道德评价始终保持着自身的独立性和优先性。然而,在农村市场化进程中,经济行为的"求利"动机日渐获得正当性辩护并被赋予正面意义,经济成就及相应的评价指标逐渐获得了个人和社会评价中的价值优先性。其二,传统村庄的稳定性和"熟人社会"特征,使村庄成员能够产生基于共同道德生活经验和道德传承的熟悉、信任和认同,并由此形成良好的村庄共同体凝聚力和道德权威影响力。然而,在城市化、工业化的快速发展中,农民流动性不断加强,大量的农民转变成为职业工人并在新的职业劳动中逐渐接受和认同相应的规则、规范与纪律约束。由此,村民之间的关系趋向松散,人际信任度和村庄凝聚力有所下降,传统道德权威的影响力日渐削弱。

因此,要以社会主义核心价值观为引领,进一步加强乡村道德建设,为乡村振兴战略的实施提供有力的道德支撑和精神动力。一方面,要走融合式建设之路。乡村社会面临的道德问题绝非孤立的道德问题,而是体现着乡村社会复杂的经济利益关系。事实上,我们无法想象或构建一种独立于乡村经济、社会和生活之外的抽象的"乡村道德",也无法虚设某种游离于乡村整体发展问题之外的"乡村道德问题"。只有充分认识和把握乡村道德问题和农民道德观念背后的经济关系和经济利益根源,才能真正找到认识和解决乡村道德问题的关键。因此,乡村道德建设既是乡村振兴尤其是乡村文化振兴不可或缺的重要内容,又应融入实施乡村振兴战略的各项工作中。另一方面,要充分发挥农民的主体性。乡村道德建设既要依靠政府"自上而下"的宣传、发动和引领,彰显主流价值,弘扬良好风尚,又要尊重和体现"自下而上"的基层农民自发性实践活动中的伦理智慧和道德力量。

我国环境伦理学的理论视域和未来建构 李培超、李中涵,中南大学学报(社会科学版),2019(1)

我国环境伦理学的发展大致经历了从"学着说"到"接着说"再到努力"自己说"三个发展阶段。这种理论逻辑的演进也逐渐开显了中国环境伦理学的问题论域,其中既有简单搬运或追随性的成果体现,也有本土性经

验和思维的沉淀。基于对中国环境伦理学发展的回溯与反思,其未来建构既要体现出本土化的掘进,也要体现出对本土化的超越。

一、我国环境伦理学的发展轨迹

(1) 生态危机的爆发是西方环境伦理思潮形成的根本原因。20 世纪中叶以后,围绕着生态问题,以文化反思、价值批判为核心主题的"绿色浪潮"将实现人与自然的和谐作为根本的价值导向,都强调人与自然的关系是一种道德关系,都主张强化人对大自然的责任和义务。

(2) 环境瓶颈的出现是我国环境伦理学兴起的根本动因。改革开放初期,产业布局不合理,能耗严重、产品附加值低的企业以及掠夺式经营等落后的农业生产方式,造成农业生产资源的严重破坏和流失。环境伦理学在我国的兴起契合了从人的行为自律的角度来推进环境保护、突破环境瓶颈的需要。

(3) 环境伦理学在我国的逻辑演进。① 翻译、介绍国外环境伦理学的思想脉络、理论框架、话语系统和概念;② 开始有意识地进行理论拓展和论题延伸,寻找环境伦理学的本土化元素,探讨环境伦理学在我国的实践路径问题;③ 我国环境伦理学开始了自觉的理论反思,力求视野转换和范式创新,更明确地体现出环境伦理学的中国话语、中国风格、中国特色和中国气派。

二、我国环境伦理学的理论论域

(1) 环境伦理学的合法性问题。环境伦理学把人与自然的关系确认为道德关系,主张以道德调节的方式来协调人与自然的关系,实质上改变了以往的哲学和伦理学只关心人类,只对人类尽义务和职责的状况,提出对动物、植物、自然界以及未来人类尽义务和责任的问题。因此,环境伦理学的创立确实是一场哲学观念的革命。

(2) 环境伦理学的研究对象。从总体来看,我国环境伦理学都主张以人与自然的道德关系为其研究对象,探讨人与自然关系的道德属性或意义:以生态系统为参照系来把握人与自然关系的道德属性和意义,以当代人与后代人的延续传承为参照系来把握人与自然关系的道德属性和意义。

(3) 环境伦理学的价值取向。① 坚持"弱势"的人类中心主义的价值立场;② 摒弃人类中心主义的价值立场;③ 超越以人类和非人类为中心的价值立场。

(4) 环境伦理学的"正义论"。环境伦理学从理论到实践的转化,也可以表述为从激进的环境主义到务实的环境主义的转变,环境伦理学的现实性品格由此得以彰显。环境正义进一步明示了人与自然的关系状况总是与各种社会问题密切相关。

(5) 自然价值观的重塑。自然价值观的教化和重塑是环境伦理学的核心问题,从理论上说,它给人们检视、反省传统价值论范式提供了一种新的参照;从实践上说,它将人与自然和谐共生的价值理念引入生活世界,既对环境保护又对健康合理的生活方式的形成产生了积极影响。人类发展活动必须尊重自然、顺应自然、保护自然,否则就会遭到大自然的报复。

(6) 环境伦理学的权利诉求。环境伦理学所谈到的权利是自然权利。环境伦理学旨在拓展伦理学理论谱系,那么自然权利的认定就成为一个重要的依据。我国环境伦理学对自然权利的关注逐渐降温,自然权利在环境伦理学中的地位无论从理论上还是从实践上看都显得不再那么重要了。

(7) 对国外环境伦理思潮的关注。首先,对国外环境伦理学研究成果的研究视域以美国的环境伦理思想为研究对象或参照背景,没有真正地反映出国外环境伦理思想的多元性;其次,对国外环境伦理思想的研究主要着眼于激进的环境伦理学思潮。

(8) 中国传统环境伦理思想研究。中国传统文化可以成为环境伦理学理论建构的重要思想资源。我们应该注意从本体论意义上的生命意识、认识论意义上的整体观览、价值论意义上的人格化育、日常生活层面上的应时节用等几个层面上来全面把握、理解中华民族与自然交往的智慧、能力和方法。

(9) 马克思主义环境伦理思想研究。一是对马克思、恩格斯文本中的环境伦理思想进行整理挖掘;二是对马克思、恩格斯所提出的一些重要命题和论断中的环境伦理思想进行解读,从而总结马克思、恩格斯环境伦理思想的特点;三是探讨马克思主义的自然观的历史演变及其内涵变化。

三、我国环境伦理学的建构要点

(1) 形成中国环境伦理学的研究范式。建构中国环境伦理学范式要特别重视两个问题:一是要从中国的历史和现实国情中寻找到研究的论题,二是要立足中国本土文化来确定话语风格和遵循的价值准则。

(2) 强化环境伦理学的实践品格。首先,要使其价值理念在国家政策法律的层面上被吸纳。其次,要与企业的生产经营有机衔接。最后,要通过各种教育形式内化并践行环境伦理学的原则和规范。

(3) 立足本土化,走向规范化。讲好中华民族与自然和谐相处的故事,完成中国特色的自然价值叙事,让环境伦理学在中华大地上生根发芽。所以，我国环境伦理学的未来发展既要立足本土化，又要超越本土化，使中国环境伦理学更符合伦理学的基本准则、理论特质、学理要求和实践品格。

论马克思道德理论的特质——基于分析马克思主义“道德之争”的反思　李培超、周强强，湖南大学学报(社会科学版)，2019(1)

分析马克思主义的“道德之争”，肇始于“正义之争”，即关于马克思是否以正义之名来批判资本主义社会的争论。虽然分析马克思主义是基于马克思的经典文本来阐释马克思的道德理论，但是他们忽视了马克思的道德理论得以产生的德国古典伦理和古希腊城邦伦理的理论背景，隐匿了马克思对于自由主义超历史道德观的批判，无视马克思道德理论形成的现实基础和价值立场。分析马克思主义对马克思道德理论的“建构”反而更加充分地体现了马克思道德理论的特质。

一、分析马克思主义的“道德建构”

自20世纪70年代以来，英美分析马克思主义开启了一场关于马克思是否以正义之名批判资本主义的“正义之争”，随即这一“正义之争”发展成了马克思是否以道德批判资本主义的“道德之争”。

虽然分析马克思主义的学者们对道德的定义各有不同，但基本上是以人权和正义等自由主义所始终强调的超历史的、永恒的道德观念来建构马克思的道德理论，人为地制造了历史唯物主义与道德无法相容的理论困境。于是在分析马克思主义阵营中，要么出现基于历史唯物主义的原理得出马克思是非道德主义者的观点(如伍德和米勒)，要么出现许多支持马克思存在道德理论的学者，他们“前赴后继”地去为马克思的道德理论进行辩护，但却始终未能很好地解决历史唯物主义与超历史的、永恒的道德之间的张力问题(如佩弗等)。要让“马克思走入当代”则必须先要“回到马克思本身”：一是要特别重视黑格尔伦理思想对马克思道德理论的影响，二是从西方伦理思想史的角度来看。

二、道德价值主题的分歧

马克思道德理论区别于自由主义道德理论的第一个特质是：将人的解放和个人的自由而全面发展作为其道德理论的核心主题。

马克思在肯定了资产阶级政治解放的进步性之后，也看到这种政治解放的局限性所造成的人的本质的二重化现象。马克思用人的解放这一价值目标对自由主义的自然权利或人权理论进行了批判和超越。人的解放和个人自由而全面的发展是马克思道德理论的核心价值目标，马克思终其一生都在为其奋斗着。

那么,马克思为什么会形成这样的核心价值目标呢?这不得不谈到黑格尔的伦理思想对马克思的影响。黑格尔对于马克思的影响,一则表现在马克思继承了黑格尔对于自由主义的批判,并且马克思正是在批判黑格尔对自由主义的批判的基础上全面地拒斥了自由主义的道德理论;二则表现在黑格尔援引古希腊城邦伦理批判自由主义道德理论的思路对马克思的启发。

三、历史唯物主义与道德的本质

马克思道德理论区别于自由主义道德理论的第二个特质是:马克思确立了历史唯物主义的方法论,开始用一种历史的眼光来看待道德问题。他指出道德的本质是一种意识形态,由一定的生产关系或经济关系所决定。

要正确理解马克思的历史唯物主义与道德的关系问题,特别是正确地看待马克思在其著作当中对道德所给予的"贬低"或"否定",首先就应当回到马克思创立历史唯物主义的历史背景中去。为了防止这些思想对无产阶级革命运动的误导,马克思、恩格斯对费尔巴哈、鲍威尔以及施蒂纳为代表的德国哲学以及建立在思辨的德国哲学之上的德国社会主义思想进行了细致的批判。在明确了道德的意识形态属性之后,马克思指出,人的解放不是哲学、道德等消融在"自我意识"中,不是把人从这些词句的统治下解放出来;"只有在现实的世界中并使用现实的手段才能实现真正的解放",人的解放不是思想的活动,而是一种历史的活动,道德的谴责或道德的批判只能起到次要性的作用。由此,马克思开始在历史的进步和社会的发展当中来思考人的自由与解放问题。他将人的自由与解放问题嵌入到由生产力与生产关系矛盾运动所引起的社会发展和历史进步的过程中去思考。所以,马克思对于人的自由如何实现问题的思考,既超越了青年黑格尔派的道德的批判和道德改造,也超越了黑格尔国家哲学对于合乎理性的政治制度的探讨,而是深入到对社会经济基础的研究之中,进而将政治经济学的批判性研究也纳入到其道德理论的视域当中。

四、政治批判、经济批判与道德批判的视域融合

马克思道德理论区别于自由主义道德理论的第三个特质是:对于人的自由与解放何以实现问题的思考。其道德理论视域的纵深性体现在由自由主义政治伦理学家对合乎正义的政治制度这一社会的上层建筑的探讨上深入到对资本主义经济结构这一社会经济基础的研究之中;其道德理论的宽阔度体现在,他将资本主义政治经济学家视为永恒的经济学规律且与

道德价值无涉的私有制视为需要用道德标准来加以评价和批判的对象。

马克思对于实现人的自由问题的思考，由社会上层建筑的政治制度的思考深入到对社会经济结构的考量的过程清晰地体现在其早期思想发展的历程当中。马克思对道德问题的致思更加倾向于古希腊的哲人们形成的一种囊括伦理学、政治哲学以及经济理论的实践哲学范式。他认为要从人的自我实现和个人自由而全面发展出发来改造社会，使社会成为道德的社会。

孔子“一贯之道”定论析疑 焦国成，中州学刊，2019(1)

《论语·里仁》所载曾子之语“夫子之道，忠恕而已矣”，千百年来一直被视为孔子“一贯之道”的定论。把忠恕视为孔子之道的精髓，是曾子自己的体会，“忠恕而已矣”，不过是曾子对其所得孔子之道的精微表述，而非孔子本人的“一贯之道”。

一、孔子“一贯之道”定论及其质疑

“一”仅指孔子之道中的核心和精髓。所谓“一”，从理论上讲就是孔子之道中统率众理的那个“至约”的宗旨，从实践上讲就是终身行动的指南。这个“一”的具体内容就是“忠恕”。“忠”是自己诚实不欺、毫无保留的情；“恕”是推己之情以同于物(人)的具有共同意义的公情、公理以及建于此基础上的行为规则。朱子如二程一般，认为只有曾子得到了孔子的“一贯之道”。关于“一贯”，朱子从一是忠、贯是恕，一是体、贯是用，一是心、贯是事，一如索子、贯如散钱上解释。关于忠恕，朱子从忠是尽己、恕是推己，忠是内、恕是外，忠是一、恕是多，忠是本根、恕是枝叶上解释。郭沫若说：“孔子曾说‘吾道一以贯之’，但他自己不曾说出这所谓‘一’究竟是什么。曾子给他解释为‘忠恕’，是不是孔子的原意无从判定。但照比较可信的孔子的一些言论看来，这所谓‘一’应该就是仁了。不过如把‘忠恕’作为仁的内涵来看，也是可以说得过去的。”钱穆说：“……然若由孔子自言之，或当别有说。所谓仁者见仁，知者见知……正是他当时直得孔子心传，此决非此章之正解。”

二、孔子“一贯之道”非青年时的曾子所能独得

(1) 曾参的才干不足以独知孔子之道的“一贯”。《论语·先进》载：“参也鲁。”鲁者，鲁钝、蠢笨之谓。曾子虽亲自聆听了孔子说“丢了官就快点穷，死了就快点烂”，但他完全不能理解孔子的本意。有子虽不亲闻孔子之言，却能根据孔子平常的行事断定此语必定不是出自孔子本心的教导。有子与曾子二人相较,高下立判。曾子理解孔子上述言论尚有困难,我们如何能期待他独知孔子之道的“一贯”?

(2) 曾子当时的年龄不足以独知统贯孔子之道的“一贯”。曾子与子夏、子游、子张年龄相近,与子路、闵子骞、冉有、颜渊、子贡等相比属于小辈弟子。《史记·孔子世家》记载孔子鲁哀公十六年四月己丑卒,享年 73 岁。在孔子逝世时,曾子不过 27 岁。曾子这样一个二十几岁的年轻人又怎么能学全孔子之道?怎么能自己体会出“天纵之将圣”的孔子思想精华?

(3) 曾子当时的为学方式不足以独知孔子之道的“一贯”。孔子教育弟子有自己的方法,“不愤不启,不悱不发。举一隅不以三隅反,则不复也”。依《论语》所记载的孔子启发弟子的方式来看,凡孔子向弟子主动发问或主动说一件事,一般是因预知弟子对此的理解有所偏差或欠缺。孔子因为知道曾子不甚明白他的“一贯”,故而才来开导他。孔子当面告诉他“参乎!吾道一以贯之”。“夫子之道,忠恕而已矣”显然是曾子自己的理解,而绝非孔子的意思。曾参如此自作主张,把孔子之道的“一”私下确定为“忠恕”,实在是太武断了。

三、“忠恕”为曾子之心得而非孔子的“一贯之道”

曾子为人敦笃、弘毅、自信,品德高尚,他依自己的学行体会孔子的“一贯之道”就是“忠恕”,直言而出,无丝毫怀疑。孔子之道不仅仅是要人做一个躬行忠恕、不伤害人的好人,而且是要在修身的基础上,做一个安天下、博施济众的人,做一个让老者安逸幸福、让朋友信任、让年轻人怀念的人。与忠恕相较,其胸怀、气象、理想大有不同。孔子之道是博大的、开放的、追求建功立业的,忠恕是拘谨的、自我限制的、但求无过的。与仁相比,忠恕是低层次的、基础性的、关于个体道德行为的功夫,不能成为孔子之道的“一贯”。把忠恕视为孔子之道的精髓,是曾参自己的体会。

依照曾子的思想,凡与人交往,必先反省自己做得怎么样;自己遭受了不好的对待,必先自我检讨。由此可见,他本人就是这样一个偏于“狷”的厚重君子,“忠恕”就是他自己毕生实践的道德信条。人生在世,当安守本分,不超越礼制规定的一丝一毫。他在将死之时,把“动容貌”“正颜色”“出辞气”作为最后的遗言赠予他人,把自己的发肤手足得以保全视为自己一生最大的幸运,临终之际也必须撤换大夫季孙赐给他的只有大夫可以用的竹席,坚持合乎礼仪地死去。

曾子的言行做派让我们无不肃然起敬。然而,我们在敬佩曾子的同时,也不能不把他的思想言行与孔子相对照。孔子安人、安百姓的境界和规模比曾子高出很大一个档次，曾子是难以窥见孔子之道的全貌的。“忠恕”二字强调对自己的约束和“勿施”，不能通贯以博施济物、安人安百姓为追求目标的孔子之道。因此，我们不得不这样说：“忠恕而已矣”，不过是曾子对其所得孔子之道的精微表述，而非孔子本人的“一贯之道”。

道德问题的哲学与认知科学交叉研究路径 刘超，光明日报，2019-01-07

由于哲学与认知科学在研究思路、研究方法上的不同，二者的结合需要以哲学的概念分析和逻辑推导对问题和概念进行解析，再辅以生活中的实例，从中抽取和概括出供认知科学进行实证研究的问题和范式。从哲学的角度来说，认知科学能够从实证上对哲学的观点、思想进行证实或证伪，而认知科学的实验证据又能反过来帮助哲学重新对问题和概念进行定义和解析。更为重要的是，认知科学提供了一个客观研究途径，可以用于解决哲学领域存在多年仅能通过主观思辨推动的争议性议题。

哲学与认知科学共同攻关的一个最好例子就是道德研究。道德为拉丁文中的道德性与希腊语中的伦理性的统称，通常指一个社会群体约定俗成的行为规范和风俗习惯。经过几个世纪的发展，哲学理论采用了演绎式的逻辑语言分析方法，确认了一些道德中能够指导人类行为的普遍原则。而认知科学则采用了科学的实证研究方法，根据脑损伤病人的道德行为改变推断出了组成道德认知的主要维度，并进一步对道德判断与行为的认知及其神经机制进行阐述。哲学理论可以为认知科学中的道德研究提供人类普遍存在或适用于特定文化的习俗和价值观，而认知科学则能够从实证上对这些习俗和价值观的影响进行验证，对其未来发展进行预测，从而反过来帮助哲学理论重新对道德进行定义和解析。因此，在道德研究领域，哲学和认知科学能够互为参考和补充，成为哲学和认知科学联合攻关中成果最为丰硕的领域。接下来我们将以道德判断、具身道德情绪和机器道德这三个道德研究领域中的重点问题为例讨论如何将哲学与认知科学研究手段进行有机结合，共同攻关。

一

在道德研究领域，最为经典的问题就是道德判断，尤其是道德两难困境。一直以来，哲学家和伦理学家对这种道德两难问题进行了大量讨论研究，主要集中在功利主义、道义论等角度。随着认知科学的发展，科学家们可以用更加客观的研究手段来考察道德判断过程中的内在心理机制和脑机制。例如普林斯顿大学的哲学学者兼认知学者约瑟华·格林纳在2001年发表在《科学》上的脑成像研究中发现,在道德两难困境判断中,大脑的情绪功能系统和认知功能系统都参与了主要的判断形成过程。据此,他提出了道德判断的双加工理论模型,认为正是在情绪与认知功能系统两者的竞争过程作用下,人们才最后形成了关于一个人或事件的好坏判断。在道德判断问题上,哲学家们提出了经典的研究范式和丰富的理论,认知科学家在此基础上采用客观研究手段发掘出了背后的认知机制,从而共同对我们理解道德判断的过程做出了贡献。

二

另一个将哲学与认知科学研究结合得非常好的是道德情绪的具身研究。在道德哲学中,隐喻是道德具身化的一个重要来源,是对两种物体或现象的关系进行描述的一种语言过程,根据这两种物体或现象的关系,在实际运用中,可以直接用一种物体或现象替代另一种使用。道德隐喻研究的一个重点是身体洁净与道德纯净的关联,其在不同文化的宗教仪式和日常生活中都有体现。这种道德隐喻进一步得到了认知科学家们的实验验证。钟晨波等人2006年发表在《科学》上的一个研究发现,回忆不道德事件会诱发对身体洁净的需求;而在回忆完不道德事件后洗手,能够降低人们的内疚和后悔等情绪。认知科学家进一步通过脑成像技术发现做出不道德行为后,人们在观看清洗类商品时其大脑的感觉运动区非常活跃,而在回忆完不道德事件后进行清洗能够显著降低脑岛、内侧前额叶等情绪相关脑区的活动强度。这些认知科学研究既证实了哲学理论中隐喻与具身认知之间的联系,又进一步揭示了这种联系的认知与脑机制,从机制上阐述了道德隐喻如何影响人们的道德情绪与行为。

三

最后,另一个需要哲学与认知科学共同攻克的关系到人类未来命运的难题就是人工智能与机器道德问题。近几年来,随着“阿尔法狗”围棋战胜李世石将人工智能研究带上一个新的发展高潮,智能机器如何在人类社会规范的约束下做出正确的道德决策已经成为摆在哲学家和认知科学家面前的一个难题。例如,自动驾驶汽车可以有效减少交通事故,但它们在面临一些比较极端的状况时必须要做出选择,比如发生紧急情况避让不及,此时只有两个选择:撞到行人或牺牲车辆和车上乘客来保全行人。这种情况自动驾驶汽车应该做出哪种反应?人们必须设定算法来指导它在类似情况下做出选择。这种人为设定就涉及具体的道德与伦理问题,仅仅依靠认知科学已经无法驾驭，这时候就需要哲学家们来协助工作。事实上，哲学家们已经就机器道德问题展开了很多讨论。他们发现，面对这种两难情境时，研究者需要关注两种原则：一种是功利主义，即将对人构成的总的伤害最小化；另一种是自我保护原则，即对自动驾驶汽车上乘客的安全给予更多的考量。本勒丰等人 2016 年发表在《科学》上的一个研究发现，这种道德准则的设定存在一种困境，就是人们认为功利性原则更符合道德标准，应该采用这种原则指导自动驾驶汽车进行选择。但作为乘客，他们更喜欢自我保护原则，不愿意购买和乘坐按功利主义原则设定的自动驾驶汽车。总之，人工智能的发展给人类社会带来很多机遇与挑战，人工智能的道德问题是当前和以后哲学家与认知科学家都非常关注的热点问题，基于哲学角度的思考和基于认知科学角度的实证研究将共同为人工智能的发展提供必不可少的指导与建议。

从哲学与认知科学在道德研究上的结合可以看出，哲学与认知科学是相辅相成、互相促进的关系。哲学与认知科学交叉平台建设涉及哲学与认知科学研究的多个方面(认知神经科学与哲学、情绪脑、人工智能的哲学伦理等等)，有了这样的平台条件支持，相信哲学与认知科学的交叉研究将得到蓬勃发展。

公民道德与培育时代新人　靳凤林，光明日报，2019-01-14

如何培育能够担当民族复兴大任的时代新人，是当前我国公民道德建设面临的首要任务。要高质量完成这一历史重任，就需要站在新时代新起点上，充分运用社会主义核心价值观凝心聚力，深刻把握和全面洞悉我国新时代公民道德建设的丰富内涵，通过公民道德生成机制的持续创新，不断激发蕴藏在我国广大公民身上的内生活力，从而造就和涌现出众多能够担当民族复兴大任的时代新人。

一、新时代我国公民的核心价值追求

社会主义核心价值观是当代中国精神的集中体现，凝结着全体人民共同的价值追求。党的十八大以来，我党开始大力倡导富强、民主、文明、和谐，自由、平等、公正、法治，爱国、敬业、诚信、友善的社会主义核心价值观，应当说上述内容把涉及国家、社会、个人三个层面的价值追求进行了高度凝练和有效融合。它不仅传承着中华优秀传统文化的根本基因，也寄托着近现代以来中华民族历尽千辛万苦而上下求索的理想与信念，更承载着我们每个公民终生追求的美好愿景，从而深刻回答了在新时代新起点上，我们建设什么样的国家、建设什么样的社会、培养什么样的公民的重大问题。党的十九大再次强调，要以培养担当民族复兴大任的时代新人为着眼点，强化教育引导、实践养成、制度保障，发挥社会主义核心价值观对国民教育、精神文明创建、精神文化产品创作生产传播的引领作用，把社会主义核心价值观融入社会发展各方面，转化为人们的情感认同和行为习惯。

从现代价值哲学视角检审当代中国公民的价值结构，既有在革命战争年代形成，在社会主义建设时期被不断弘扬的集体主义价值原则；也有发轫于先秦被后世弘扬光大的儒、道、法、释等各种传统思想流派孕育的古典价值体系；更有改革开放后从欧美国家涌入的各种西方价值观念。面对多样价值长期并存共在的思想场域，只有用社会主义核心价值观引领和整合多样化价值追求，才能将新时代我国公民核心价值观的建构不断推向更高境界。

二、新时代我国公民的道德责任担当

社会主义核心价值观只有内化于心，才能在其实际生活中发挥出应有的作用。党的十九大报告明确要求："深入实施公民道德建设工程，推进社会公德、职业道德、家庭美德、个人品德建设。"公民道德的本质是其自然本性在公共生活中的展现，这就决定了在我国公民道德建设中，社会公德建设占据突出位置。职业道德是公民在职业生活中应当遵循的具有职业特征的道德要求和行为准则，它是在社会生产发展和分工实践中形成的行为规范，"爱岗敬业、诚实守信、办事公道、服务群众、奉献社会"是社会主义职业道德的本质要求。家庭美德作为处理家庭伦理关系的道德规范，在社会的和谐发展中具有基础性地位，在我国社会主义初级阶段，"尊老爱幼、男女平等、夫妻和睦、勤俭持家、邻里团结"构成了我国家庭美德建设的核心内容。社会公德、职业道德、家庭美德建设最终都要落实到个人品德的提升上，个人品德具有主体性、稳定性、实践性等突出特征，它涉及个人的道德信念、道德心理、道德行为、道德认知、道德情感、道德意志、道德修养等复杂内容。在全面建成小康社会和实现中华民族伟大复兴的新时代，个人品德建设的重心是牢固树立奋斗幸福观，坚信奋斗是幸福的源泉，幸福是奋斗的结果。

三、新时代公民道德生成机制的持续创新

要强化公民道德建设，培育时代新人，必须以培育和践行社会主义核心价值观为根本，深入持久地开展公民道德教育。要想使公民道德教育真正取得实效，还必须通过丰富多彩的社会实践活动来强化公民参与公共活动的积极性，不断提高其道德认知水平。要广泛借助网络世界的优势，推进网上宣传理念、内容、形式、方法、手段的创新，进而弘扬主旋律，激发正能量，更好地凝聚社会共识，积极培育和践行社会主义核心价值观，大力提高公民道德水平。除此之外，还必须通过法治制度建设作为有效保障，因为法律既能对公民的道德权利发挥保护作用，也能对公民的严重不道德行为起到巨大的约束作用。

公民道德与中华传统美德　鄯爱红，光明日报，2019－01－14

新时代公民道德建设离不开对传统美德的继承和发扬，中华传统美德是当代公民道德建设的重要文化资源和基础前提。

一、中华优秀传统文化中有着丰富的道德建设资源

中华优秀传统文化中有着丰富的道德建设资源，新时代公民道德建设离不开对中华传统美德的继承和弘扬。① 道德是民族性与世界性的统一。中华传统美德对于中华民族集体主义价值观、崇正义求大同的道德理想和重人伦尚和合的道德文化的形成发挥了重要的作用。中华传统美德既可以为解决全球道德问题提供中国智慧，也可以为新时代建设符合中华民族特点的公民道德提供资源。② 道德是现实性与历史性的统一。中华传统美德既是中国公民道德建设的文化资源，也是公民道德建设的基础和前提。公民道德建设必然是在中国历史和现实的时空条件下进行的，新时代公民道德建设离不开中华传统美德所提供的先在基础。③ 道德是普遍性与特殊性的统一。中华传统美德是孕育于传统社会的特殊的道德形态，但是它也包含着适合不同时代的普遍性的要素，经过创造性转化、创新性发展必然可以成为今天公民道德建设的重要资源。

二、中华传统美德对公民道德建设的价值

中华传统美德就是指在中华民族历史上存在过的、在今天仍有强大生命力的优秀道德规范、行为等的总和。对于中华优秀传统文化，习近平总书记概括为“讲仁爱、重民本、守诚信、崇正义、尚和合、求大同”六方面内容，这六个方面是中华传统美德的集中体现，也是培养与新时代相适应的公民道德应当继承发扬的传统美德的核心内容。

三、如何在公民道德建设中继承和弘扬中华传统美德

加强新时代公民道德建设，必须挖掘传统美德中的精华，对之进行转化与诠释，发挥其积极作用。首先，坚持科学的态度，正确认识传统美德与公民道德的关系。公民道德建设是目标，继承传统美德是途径。继承传统美德,根本上是服务于新时代公民道德建设这一目标的。公民道德建设要以科学的态度对传统美德进行现代诠释,将传统美德中积极有益的东西转化为现代社会发展的精神动力,使其成为现代公民道德建设的重要资源。其次,确立科学的方法,尊重公民道德建设与传统美德继承的规律。新时代公民道德建设应立足新时代经济、政治、社会、文化和科技发展的现实,坚持以马克思主义为指导,既继往又开来。最后,探索科学的途径,将弘扬传统美德与法治建设、社会管理相结合。应探索将传统美德、公民道德与法律政策的深度融合,寓公民道德建设于法治建设、公共管理和公共服务提供之中,从而为实现中国梦提供强大精神力量和有力道德支撑。

生态文明时代需要怎样的道德教育　刘霞、郝志军,中国教育报,2019-01-03

党的十九大明确将建设生态文明作为中华民族永续发展的千年大计,并将生态文明建设写进党章。如今,人类最新、最高的文明形态——生态文明时代已经到来,我国已逐渐成为全球生态文明建设的重要参与者、贡献者、引领者。

一、生态文明时代人与自然是生命共同体

任何一种文明形态的核心都体现在人与自然的关系上,生态文明时代的开启源于人类对工业文明的沉痛反思。党的十九大报告首倡“人与自然是生命共同体”,要求树立新的生态价值观,真正认识到自然的内在价值,在经济发展与生态保护的博弈中做出正确的价值判断。

二、生态文明时代需要明确人与自然的道德关系

人与自然是生命共同体,人类的道德视野就必须放大到自然,承认自然的道德地位,明确与自然的道德关系,真正对自然负起道德责任,进行道德承担。

将道德关系从人与人、人与社会,扩展到人与自然,这是道德关注范围在生态文明时代进行的最根本的拓展。这种根本性的拓展必然要求道德教育将人与自然的关系纳入到教育体系中,将生态环境素养作为个人道德境界新的试金石。

当前,学校教育要落实《中小学德育指南》,将生态文明教育作为德育内容,更需要从整个价值重塑的角度,对青少年学生进行生态道德教育,使他们认识到自然的内在价值,尊重、呵护、顺应自然规律,激发他们的生态道德意愿,培育他们对生态问题的道德判断,使其主动自觉地对自然承担道德责任。

三、生态文明时代的道德教育须向中国传统文化寻找智慧

生态道德教育在目标上要吸收“天人合一”“物我一体”的中国传统生态文化的价值理念。人对自然投入情感，产生情感共鸣，体验真正的自然之美。对自然的情感寄托和审美体验，使人达到自我超越，从而实现道德教育的最大期待。

生态道德教育在内容上要吸收中国传统生态文化的生命价值观。中国传统生态文化尊重每个生命的内在价值，尊重生物多样性，体现了传统的生命平等观。“君子之于禽兽也，见其生，不忍见其死；闻其声，不忍食其肉”，这是孟子的不忍；“扫地恐伤蝼蚁命，爱惜飞蛾纱罩灯”，这是佛家的不杀生思想。传统生态文化不否认人类为了生存的需要向自然获取资源而不得不伤及其他生命，但人类必须有节制地索取。不仅如此，人类还得关注代际公平。人类只有控制自己的欲望，才能避免自然的报复。传统生态文化对生命的尊重和呵护，对自然资源的有限开采以及对代际公平的关注，都应该成为当下生态道德教育的重要内容。

生态道德教育在方法上要吸收中国传统生态文化的“情景交融”。真实的世界是最佳的道德教育场所。“智者乐水，仁者乐山”，暮春三月，泗水河畔，孔子带着弟子品味大自然山水的品质，畅谈人生理想。朱熹提出通过观察大自然，发现大自然与人类共通的品格，从而爱上大自然。传统生态文化看重人对自然的洞察力，强调“情”与“景”的交融，提倡通过接触大自然、感悟大自然，以触动人的心灵。

道德教育的根本是引导生活的建构。当下的生态道德教育，要提供接触自然、体验自然的机会，从而建构尊重、爱惜自然的道德品格，践行生态行为，过一种生态的生活。人的道德价值观作为高级的心理素质一直很难评价，生态道德教育同样如此。将真实的大自然场景作为生态道德教育的重要途径，能够激发生态实践能力，从而通过外显的、可观察的生态行为对生态道德教育的效果来做出评价和判断。

以乡风文明助推乡村振兴　向红林，学习时报，2019-01-23

乡风文明是建设美丽乡村的题中之义、精准脱贫攻坚的动力源泉、创新基层治理的有效途径、社会平安稳定的重要基石、地方综合实力的组成部分，抓乡风文明建设就抓住了乡村振兴的“牛鼻子”。以乡风文明助推乡村振兴，实现更大程度上的突破，必须要在以下六个方面集中发力。

必须进一步牢固树立“民本”理念。乡风文明建设,既要教化群众,又要造福群众,更要依靠群众。这就决定了在乡风文明建设的过程中,必须牢固树立“以人民为中心”的发展思想,充分尊重群众的主体地位和首创精神,着力让群众在乡风文明建设中拥有更多实实在在的获得感、幸福感、安全感,这样才能提高群众弘扬文明新风、推动乡村振兴的知晓率、参与率。

必须进一步夯实基层战斗堡垒。党风政风连着民风乡风。基层党组织是党的全部工作和战斗力的基础,更是一个地方民风、乡风的“风向标”。只有牢固树立“党的一切工作到支部”的鲜明导向,切实夯实党建底板,着力推动组织振兴,更好地发挥基层党组织堡垒作用、党组织书记头雁作用和党员先锋模范作用,更好地彰显基层党组织在自治、法治、德治中的核心引领作用,才能形成党风政风与家风民风乡风“五风”互促共进的良好局面。

必须进一步优化乡村文化供给。文化是文明的支撑,也是文明传承的内核。因此,在乡风文明建设的过程中,必须将文化建设作为精神文明的基础性、根本性工程,特别是要针对当前群众对文化需求的多样化、多元化、复杂化特点,突出阵地完善、方式创新等重点问题,深入推进文化供给侧改革,让文化服务、文化产品更好满足群众精神需求,更加精准融入群众心灵深处,才能更好地做到举旗帜、聚民心、育新人、兴文化、展形象,引导群众在实践中养成文明新风。

必须进一步深入实施“三乡工程”。无论是“富脑袋”,还是“富口袋”,人都是决定性因素。当前农村青壮年外出人口多、“三留守”人口多,“根正苗红”的领头人越来越少,甚至有的村连“两委”班子成员、书记、主任都只能是“矮子里拔将军”。针对这一现实,必须把人才振兴作为重中之重,大力实施“市民下乡、能人回乡、企业兴乡”工程,特别是要大力引导在外成功人士、优秀青年返乡创业,积极培育各个领域的“新乡贤”,让更多的人在乡风文明和乡村振兴中发挥带头带动作用。

必须进一步加快农村产业发展。仓廪实而知礼节,衣食足而知荣辱。坚实的经济基础是乡村振兴的必要前提,产业振兴更是位居“五个振兴”之首。要以脱贫攻坚为契机,以产业扶贫为重点,坚持扶贫与扶智、扶志相结合,大力推进农业农村综合改革,积极引导群众自力更生强产业,不断做强农村发展主板,拓宽增收致富渠道,为乡风文明和乡村振兴奠定坚实的经济基础。

必须进一步健全工作体制机制。乡风文明建设是一项复杂的系统工程、长期工程，必须要从体制机制入手，推动乡风文明建设常态化、制度化。从主体上讲，要聚焦“三治融合”，建立健全党委领导、政府负责、社会协同、公众参与的立体化社会治理体系，特别是理事会、监事会等群众自治组织和运转机制，更好发挥群众自治作用；从事务上讲，要聚焦“全面全域”，进一步拓展深化村民自治的边界和范围，建立起涵盖基本村务治理、基础设施管护、基础产业发展等多个方面的一整套自主管理机制；从时限上讲，要聚焦“常”“长”二字，既着眼于当前的突出问题，又立足于长远的文明传承，经常抓整治，长期抓涵养，日积月累，久久为功。

总之，乡风文明建设是实施乡村振兴战略的重要组成部分，如何发挥“思想指挥行动”的先决性作用，是探索基层党建和精神文明建设的重要课题，要因地制宜、因时制宜，积极寻找符合县域经济高质量发展的振兴之路。

儒家视域下的人类命运共同体理念　刘培功、单虹泽，中国社会科学报，2019-01-22

人类命运共同体作为中国贡献的一种新型文明方案，既是出于对当前国际新环境和新问题的应对，也源自于传统文化的深厚滋养。传统儒家追求“天下为公”“世界大同”“万物一体”，三者一脉相承，具有价值上的相容性、观念上的相通性。儒家思想既是中华民族的精神内核，也是联结世界人民命运的文化纽带，可以为建设人类命运共同体提供文化支撑。

一、“天下”意味着相同文化价值认同

“天下”在中国古典文化语境中有着独特的意义。从价值上看，“天下”概念与“天道”相关。“天道”具有超验的维度，经常被认为是世俗君主颁布、推行之政令的形上根据。在中国古代，“大道”或“大命”不仅关乎君王统治的合法性，更与其教化民众的责任密切相关，由此而论，当人们谈论“天下”的时候，实际上是将其视为高度文明教化下的政治区域。对于儒家而言，“天”是仁德的来源，故修仁德、行仁道即是践行“天道”。“天道”是文明与道德秩序的象征，而“天下”则是立足于政治合法性和道德文明的统治之域。儒家普遍强调统治者当以仁德为本，否则虽得“天下”而不足以得人心。

笔者认为，“天下”概念在很大程度上意指文明、道德价值对种族、民族、地域的超越。儒家虽强调“华夷之辨”，但华夏与夷狄之区分不是建立在种族差别上的，而是建立在文化差异上的。“天下”概念实为地理空间意义之“天下”与文化价值意义之“天下”的统一,且相较而言,文化意义上的“天下”更为重要。因此,我们可将“天下”视为一种文化共同体,此共同体内,各民族表现出文化上的趋和。

二、“大同”追求公平公正政治秩序

古人将圣王治理时代的美好状况描述为“大同”的世界,“大同”之世是一个大道流行的时代,其本质就是“天下为公”。所谓“天下为公”,本意是指君王治理万民不掺杂私意于其中,而万民在此“天下”之内皆是平等相待之个体。因此,可将“大同”视为一种和谐有序的共同体,在此共同体内人们各安其职、各尽其心。同“天下”一样,“大同”也体现出一种无界限划分、无利益冲突、无种族隔阂的特征,因而“大同”概念本质上是世界主义的。

根据“大同”观念,各民族民众都能够在共同体内和谐发展,谋求“公共利益”。“大同”意味着“天下为公”,故“天下”为共同体内全体民众之天下,应以他们的公共利益作为发展总目标。然而,虽历代儒者皆倡言“大同”,“大同”世界却始终近乎一种乌托邦主义或道德理想主义。有学者将“大同”世界称为一种“境界性”制度,并认为该制度并不在于治理疆域的广狭,而在于治理的原则,即以“大同”为一种超越现实制度的“境界”。笔者认为,“大同”作为儒家所推崇的理想政治制度形态,虽然未能在中国传统社会得到落实,却可以作为现实政治的典范。

三、“万物一体”指涉人我间仁爱平等

宋明时期,儒者特重“一体”观念,并将此观念表述为“万物一体”。“万物一体”观念,可谓是宋明理学的基本精神,而这一观念的发生,实与佛教的传入有关。宋明新儒家借鉴了佛教的“本心”“佛性”等观念,以“仁”为核心,发明了儒家话语下的万物一体思想。理学家都有自己的“仁说”,并围绕此观念申说“万物一体”。在宋明儒者看来,万物处于以仁之生生大德相贯注的共同体中,故需以仁爱平等相待,“一体”之万物实际上是一种道德共同体。理学家普遍强调通过心性修养达到万物一体的境界,并将此共同体内的成员看作与自己密切相关。

综上,儒家视域下的人类命运共同体理念与“天下”观、“大同”观、“一体”观密不可分,对当代人类命运共同体建构也有重要意义。

当代儒家伦理研究的方法论省思 王楷,社会科学文摘,2019(4)

对伦理学形态问题的自觉反省原初只是发生在现代伦理学的语境之下。然而,这一问题本身具有理论上的普遍性,甚至是任何一种哲学形态的伦理学的逻辑基点。在这个意义上，如果儒学在现代社会仍然是一种有生命力的伦理思想，就得直面这一理论问题，做出儒家式的省思和回应。唯有如此，儒学朝着现代学术形态的转化方不失为一种真实的开新。这里所说的伦理学形态问题是指对道德本身的论证，亦即“终极的道德论证”。以此为基点，西方伦理学就有了三大流派的分别：以边沁、密尔的功利主义为典范的后果论、以康德伦理学为典范的义务论以及以亚里士多德伦理学为典范的德性论。

一、后果论与儒家伦理

在道德终极标准问题上，后果论的核心理念在于：一个行为是否道德取决于行为的后果，而不是动机。其最典型的形态是以边沁、密尔为代表的功利主义。

功利主义可以是个体层面的，也可以是社会层面的，就后者而言，则一转而有国家功利主义。作为一种社会本位的道德观，国家功利主义与一向强调民生福祉的儒家伦理精神颇有契合之处。

然而，如果转换到道德与存在的视角，我们所看到的将会是另一种迥然不同的情形。在典型的后果论那里，道德并无任何内在的价值可言。其在儒家，人(格)的内在价值与尊严正在于道德。整体而言，后果论对道德与社会关系的解释只是儒家政治伦理中的一个有限的环节，并不足以概括整个儒家伦理的理论形态。

二、义务论与儒家伦理

以康德伦理学为典型的义务论认为正当是独立并优先于“好”的概念的。正当不依赖于“好”，并非达到某种“好”的手段，它本身即为自在的目的、自在的标准。在康德，一个行为在道德上的对/错取决于行为本身，而不理会后果因素。

与康德伦理学的对话，对于传统儒家伦理的理论重构有着深刻的意义。自其同者视之，被康德作为道德至高原则的可普遍化性原则与儒家“己所不欲，勿施于人”的恕道精神息息相通。康德在道德的意义上对人的尊严的肯定更足可为儒家引以为知音。同样的情形也发生在儒家这里，孔子就特别强调行动者的道德自主性。

自其异者视之，则康德与儒家之间根本性的分别亦非寻常。康德强调道德法则的绝对性，既不考虑特定情形下的经验性因素，亦不理会行为所(可能)造成的后果。儒家虽然也同样重视道德的超功利性，但并非不考虑行为对他人或社会(可能)造成的后果。儒家对道德法则的理解重在其内在的意涵和精神,而非一味地拘泥于形式化的僵死教条。相对于义务论以法则为基点的视角,儒家则表现出一种以主体为基点的视角。在这个意义上,与儒家伦理旨趣相合的是德性论,而非康德的义务论。

三、德性论与儒家伦理

德性论聚焦在道德主体,将道德主体的品格特征作为道德判断的根本标准。德性论伦理关切的核心在于"什么品格使得一个人成为道德上的好人?"

在伦理学的意义上,儒家的"为己之学"实为一种德性论的运思进路。不同的主体践履同样的道德法则,其内在的心志状态是不同的。在儒家,这种不同的心志状态具有根本性的意义。须知真正的道德行为并非仅仅在外在形式上符合特定的客观标准,还得出自特定的心志状态。在伦理学的意义上,这正表现出一种德性论的理论旨趣。

儒家伦理又自有其独特的理论形态,多有德性论所不能范围者。其一,儒家伦理虽然强调道德行动者的主体性,然儒家意义的道德主体并非原子主义式的个体,相反,它内在地蕴含着社会的向度在其中,寻求在完善世界的过程中完善自我。其二,同是寻求主体的道德成长,不同于德性论,在儒家哲学的语境之下,人的完善并不仅仅停留在道德完善的层面,更进而渴望对天人之际发生深刻的觉解,上升为一种宇宙论意义上的存在。儒家伦理虽与德性论旨趣相合,然其自身独特的理论形态亦有德性论所不能涵盖者在。

四、意义与限度

在会通儒家伦理的语境之下,三种西方伦理学理论各有所当,亦各有所偏。要对西方伦理学理论的意义和限度做自觉的省察,从而把握一种哲学会通中必要的分寸感。

马克思主义伦理学:主题、历程与视阈　章海山、曹康莉,道德与文明,2019(2)

一、西方伦理思想研究的转型与发展

曹康莉:章老师,您好!请问您当年是如何走上西方伦理思想研究道路的?

章海山:我最早研究西方伦理思想是在改革开放以后。我 1958 年进入北京大学哲学系,1958 年到改革开放以后一段时间内,中外哲学史的授课内容都受到苏联哲学家日丹诺夫的影响。日丹诺夫的核心观点是,西方哲学的整个历史就是唯物主义和唯心主义的斗争。当时，我觉得这套理论过于简单，无法说明哲学史上复杂的现象和问题。

曹康莉：您的思想是从何时开始发生转变的呢？

章海山：1961 年，我在北京大学哲学系读本科时，周辅成先生开设了西方伦理思想史的课程。在这门课上，周先生运用新的解释方式，许多原本费解的内容都可以解释得通了。当我 1978 年调入中山大学，最初研究西方伦理思想时，就在中山大学开设了一门选修课“西方伦理思想史”。在授课的基础上，我撰写了一本专著《西方伦理思想史》。在这本书中，我表达的基本观点是，从古希腊到近代的伦理思想家都是从他们的人性论中引出各自伦理思想的。

曹康莉：可不可以说，在您开始进行西方伦理思想研究时，国内关于这方面知识体系的建构才刚刚起步？您也是受周辅成老师启发，从研究的新范式出发，从而建构西方伦理思想史的？

章海山：也不能这么讲。把西方哲学和西方伦理学分开，最早是周辅成先生采取的做法。实际上，我也是受周辅成先生的影响。

曹康莉：我们是否可以认为在周辅成先生之前，我国的西方伦理思想史研究一直依附于西方哲学史的研究？周先生为开辟这一知识板块还做过哪些工作？

章海山：可以这样认为，在周先生之前，我国学术界根本没有专门提出“西方伦理思想史”这一学科概念。周先生在 20 世纪 50 年代初就开始编辑《西方伦理学名著选辑》，直到 1964 年才由商务印书馆出版。西方哲学史一直存在，但是在当时的教材和专著中很少介绍哲学家的伦理思想。

二、马克思主义伦理思想的主题与特征

曹康莉：您将马克思主义的研究对象概括为“真、善、美”。您认为，马克思主义伦理学的研究对象主要是“善”。马克思主义伦理学在研究“善”这个问题时，同其他的西方伦理思想传统有什么不同之处呢？

章海山：马克思主义伦理学和西方传统的伦理学在回答“善的源泉和基础是什么”这一问题上存在根本的不同。从古希腊到近现代的西方伦理思想大多从人性角度研究和推演出善，推演出各种道德原则和规范以及理论。马克思主义伦理学则把道德的善建立在经济基础上，从经济基础推演出人类的各种利益关系，最后得出道德的原则和规范。

曹康莉：这是否可以说，马克思、恩格斯的伦理思想主要是一种道德发生学的说明，其核心问题是探讨道德如何产生？

章海山:不能那么说。马克思、恩格斯的伦理思想,确实注重道德的社会根源。相比之下,道德的具体规范和范畴,没有被提到首要位置。

曹康莉:您会如何概括自己在马克思主义伦理学方面的核心观点?

章海山:马克思主义学说体系的核心是人的自由全面发展,每个人的自由发展为一切人自由发展的条件。人的自由全面发展必然包括道德的自由全面发展。

三、马克思主义伦理学的发展与历程

曹康莉:新中国成立以来,我国马克思主义伦理学的发展历程大致是怎样的?

章海山:新中国成立后,国内最早研究和教授伦理学的是中国人民大学。1960年左右,中国人民大学以罗国杰老师为首,宋希仁、许启贤等老师共同组建了伦理学教研室。在北京大学,周辅成先生开设了“西方伦理思想史”课程。当时,华东师范大学的周原冰教授和中国社科院的李奇研究员也研究马克思主义伦理学。不过当时的伦理学没有被设置为一个独立的学科。

曹康莉:改革开放以来,我国的马克思主义伦理学研究又有什么新的进展和特点呢?

章海山:随着我国改革开放的不断深入,社会主义道德建设的不断深入,中国特色的伦理学体系也不断形成和发展。1981年以来,中国人民大学连续主办了多期“全国高校伦理学教师培训班”,后来比较有成就的伦理学者基本上都是从这个培训班中出来的。

曹康莉:改革开放以来,马克思主义伦理学研究这方面的理论构建又有什么标志性的事件或成果呢?

章海山:1986年,宋惠昌先生在红旗出版社出版了《马克思恩格斯的伦理学》。这是我国第一本从马克思主义伦理学史的视角去研究马克思、恩格斯伦理思想的专著。在我1991年出版《马克思主义伦理思想发展的历程》之前,国内学界似乎还没有人明确提出“马克思主义伦理思想史”这个范畴。1993年至1994年,中国人民大学的许启贤教授在《道德与文明》杂志上连续刊发了《马克思主义伦理思想发展史论纲》。2012年,中国社会科学出版社出版了宋希仁教授撰写的《马克思恩格斯道德哲学研究》。这是我国伦理学界目前研究马克思、恩格斯伦理思想最有水平的专著。

四、马克思主义伦理学的视阈与未来

曹康莉:在您看来,中国现阶段的马克思主义伦理学研究应当建立怎样的问题意识?

章海山:现在的青年学者如果从事马克思主义伦理学的研究,除了要着重研究马克思主义的经典文本之外,还建议把研究国外马克思主义作为重点之一。但一定要注意,要适应中国实际情况。因为我们的任务之一,是要在理论上和实践上建立适合社会主义市场经济的伦理体系。

曹康莉:您对青年一代的马克思主义伦理学研究者有何建议?

章海山:要在坚持马克思主义指导的前提下,做到“四多”。“四多”就是要多看、多想、多写、多发表。

论马克思哲学思想的正义意蕴 曹孟勤,伦理学研究,2019(2)

马克思的哲学作为一种世界观和方法论,蕴含着丰富的公平正义思想。哲学作为世界观,是对整个世界、对人与世界关系的根本观点和根本看法,它不仅内在蕴含着对世界之所“是”的本质性洞察,还内在蕴含着对人与世界关系的价值秩序安排。正是在洞察世界之所“是”中包含了人与自然关系秩序的价值排序,由此,哲学世界观本身的正义意蕴得以提出,并能够展开哲学分析与批判。从人类在世生存来说,人们只有从世界观的高度实现公平正义,才能担保自己公平正义地看待这个世界,公平正义地看待人与世界的关系。马克思以前的哲学都是非公平正义的哲学,在看待人与世界价值秩序方面秉持一种“主奴关系”世界观,从而为不平等的人与自然的关系和不平等的人与人的关系做哲学辩护。马克思对以往哲学的革命,不仅创建了辩证唯物主义和历史唯物主义,还创建了一种公平正义的审视世界的哲学视域。正是马克思秉持一种公平正义的哲学世界观,才要求人们彻底改造不公平的世界和不公平的社会,并在此基础上创建一个充分实现公平正义的共产主义世界。

一、马克思前哲学的非公平正义性

马克思以前的一切哲学之所以建构起“主奴关系”结构,以等级秩序的眼光看待这个世界,目的是从世界观的高度肯定现实社会中统治与被统治的关系具有合理性,把不平等的关系结构视为世界上一种合理的存在形式,内在地为世界和社会的不公平性做哲学辩护。如古希腊的柏拉图哲学观为“理想国”中的等级制辩护,近现代的人本主义哲学更是为人征服自然、做自然的主人提供哲学辩护。然而,生态学马克思主义者莱斯经过深入研究指认,近现代形成的控制自然的理念,其实质是为了控制人,即人控制自然是为人控制人、人统治人提供合理辩护。

二、马克思哲学的公平正义性

马克思看到了人被外在世界支配的不幸和自然世界被人类宰制的悲哀，决心扬弃这种非公平正义的“主奴关系”哲学，建构一种新型的、本身就表达着公平正义的哲学，为公平正义的共产主义社会奠定一种公平正义的世界观和方法论。公平正义哲学旨在解构思维与存在、精神与自然界之间支配与被支配、统治与被统治的关系模式，在世界观的高度表明他们拥有平等的价值地位和相同的基本权利。公平正义的世界观最终在哲学层面证明公平正义是整个世界的本质，最终为建构公平正义的大同社会提供哲学基础。马克思既然发现了唯物主义和唯心主义的“主奴关系”哲学的缺陷，就不可能再重复他们的错误，只能通过自己的哲学建构克服它们的缺陷，超越以往的唯物主义哲学和唯心主义哲学。马克思的哲学是公平正义的哲学，保证了思维与存在、精神与自然界具有相同、相等的价值和权利，即二者在价值地位方面各自得到了其所应当得到的东西，谁也不比谁多，谁也不比谁少。为什么在马克思那里，人与自然界得其所应得一定是平等性的所得？因为马克思认定，在现实性上人与自然界是相互影响、相互制约、相互依存的存在。人离不开自然界，离开了自然界的人是抽象的人，同理，自然界也离不开人，离开人的自然界是无，是抽象的自然界。也就是说，思维与存在、精神与自然界是平等性的存在，那么他们各自得其所应得的东西也只能是和必然是平等性的。

三、马克思正义哲学的实践

马克思的哲学是一种实践的哲学，他认为，人的思维是否具有客观真理性，这不是一个纯粹的理论问题，而是一个实践问题，即思维的真理性应当在实践活动中加以证明。既然资本主义社会是不公正的、非正义的，那么，扬弃资本主义异化劳动和生产方式，建立一个公平正义的共产主义社会，就成为历史发展的必然。扬弃异化劳动，必然需要建构一种新的劳动形态，并在这种新的劳动形态中呈现出人与自然之间、人与人之间的公平正义性。也就是说，马克思的公平正义哲学的实践，不仅要完成对资本主义社会非公正性的批判和解构，还要完成在现实社会中谋划公平正义的实现。马克思设定的人与自然之间的物质变换活动，本身内在蕴含着马克思的公平正义哲学的内涵，又由于物质变换的活动本身是人与自然的关系同人与人的关系的统一，因而马克思公平正义哲学的实践，不仅呈现在人与自然之间的公平正义性上，也必然呈现于人与人之间的公平正义性上。易言之，公平正义的人与自然的关系，必然要求公平正义的人与人的关系，而公平正义的人与人的关系必然保证公平正义的人与自然的关系实现。这就是马克思的公平正义世界观实践于共产主义社会的基本要求。

人与自然之间公平正义同人与人之间公平正义的统一,用当代中国生态文明建设话语来说,就是人与自然和谐共生同人与人之间平等共享的统一。人与自然之间的关系唯有平等公正,才有人与自然的和谐,人与自然的"主奴关系"不可能生成和谐。当且仅当人与自然平等和谐时,才能够带来人与自然的共生、共荣。在前现代社会,人匍匐在自然脚下,只有自然荣而没有人自身的荣;在现代社会,人是自然的征服者,只有人自身荣而没有自然荣。超越现代社会和前现代社会,则是人与自然的共生共荣。当然,人与自然共生共荣的出现,还需要公平正义的人与人的关系与之相应,并且是公平正义的人与人的关系担保的结果。只有产生了公平正义的人与人的关系,才能保证人们共享人与自然和谐共生的生态成果。当今国际社会在环境保护运动中出现了一种不公正的现象,即强势群体破坏自然环境,却让弱势群体买单;强势群体享受无污染的生态产品,却让弱势群体吞下污染产品。这种国际环境非正义现象理应受到马克思之公平正义哲学的批判。

美好生活与至善论 曹刚,伦理学研究,2019(2)

美好生活是人类社会普遍追求的终极目的。正确阐释的美好生活必然是自主的生活、成功的生活和有意义的生活,因此具有内在性、绝对性和统合性三个特征。以美好生活为终极价值依据的伦理学具有目的论的结构和特征,但因其具有内在性而跨越了事实与价值的鸿沟,因其具有绝对性而避免了主观主义和相对主义的立场,因其具有统合性而消除了可能突破权利边界的忧虑。由此,至善论可以合理地回应关于善与应当的优先性问题、最大化原则问题以及结果论的问题等所遭到的诸多质疑。

一、美好生活的三个构成要素

(1) 好生活首先应该是自主的生活。我的生活我做主,生活里有力与命。没有自主性,就没有创造性,没有创造性,自然进化和人类实践所凝结在每个人身上的那些自然积淀和文化积淀就难以发挥出来。而好生活有赖于我们创造性地去运用各种生命力,发挥各种生命潜能,实现生活的多样性。

自主选择要求选择的主体要有理性的自主选择的能力。除了具备主体的自主选择能力外,还要有社会可允许的选择空间,社会要提供在质与量上足够多样性的选择。

(2) 好生活必然是成功的生活。一是做事的成功,一是做人的成功。要获得成功,首先要合理地确立目的;其次是要选择有效的手段;最后需要具备一定的品质。完整的行为过程包括了动机确立和行为实施两个阶段,前者是行为的主观方面,后者是行为的客观方面。

(3) 好生活还应是有意义的生活。一个好生活还应该是有意义的生活。生活的意义是对内在于生活的多元的客观价值的主观体验。我们对生活的意义的理解有赖于某种反思性的概念或规范的指引,而不仅仅只是依靠某种主观状态的满足。所谓"美好生活",不过是绝对值得并使一个人一生都好的事情的总和。

二、美好生活与至善

至善本是西方道德哲学中的最高问题,亚里士多德的《尼各马可伦理学》开卷就将善划分为两种,即"具体的善"或"某种善"与"最终的善"或"最高的善"。我们以为美好生活具有三个特征。

(1) 内在性。好生活是人的存在的内在目的。人为事物的目的是外在于事物自身的;有生命的存在具有"内在价值";好生活内在于人的存在,是人的内在目的。人的生活就意味着好生活。

(2) 绝对性。亚里士多德认为,"善事物就可以有两种:一些是自身即善的事物,另一些是作为它们的手段而是善的事物"。我们把价值分为两类:一类是工具价值,一类是内在价值。好生活就是目的价值。好生活具有不以人的主观愿望为转移的不可撤销的绝对性质。

(3) 自足性。思辨活动便是不缺乏任何事物的自足。美好生活是统合性的价值,不是各种价值中的一个具体价值,各项价值都只是美好生活的局部反映。好生活是诸种价值的整合,犹如一根线把散落的珍珠穿起来,成为项链。缺失了任何一个都是不完整的,同样用其中一种价值统摄其他价值也不可能。

三、至善论是否可能

(1) 善与应当的优先性问题。伦理学的基本范畴是"善"与"应当"。而"伦理学理论的结构,大体上是由它怎样界定和联络这两个基本概念决定的"。既然我们在上述"美好生活"的论证中,已经揭示了美好生活的内在性、绝对性和自足性,我们就可以跨越从事实到价值的鸿沟,确立一个客观普遍的终极价值依据,建构其以"美好生活"为至善的目的论伦理学框架,并由此有效地回答道德主观主义、文化相对主义、契约论、神命论等伦理学理论所带来的挑战和困惑。

(2) 最大化原则的问题。"至善论"内在地包含了一种最大化的要求,更是一种充分性的原则,是一种最大程度发展的理想,通俗地说就是"没有最好,只有更好"。好生活包含了价值的层级结构,可以确认的是,终极价值高于过程性价值,内在价值高于工具价值,共生价值高于自我价值。好生活各项价值都只是人生价值的局部反映。实现更多人的价值而不是更少人的价值。

(3) 结果主义及其价值比较的问题。道德决定的正确方法是依据行为的最好结果来确定的。这里所谓的"结果"是广义的结果,即行为所导致的所有价值的结果。为了确定哪些行为具有最好的结果,就必须对所有可供抉择的行为进行比较。最好的结果不只是通过量的计算得到,还通过价值排序实现。至善论认为把不可通约性混同于不可比较性是一个严重的错误,不可通约不意味着不可比较,而要比较不可通约的价值之间的高低,按照与至善即"美好生活"的接近程度来确定价值层级。

人类命运共同体与全球伦理和国际法治 曹刚,北京大学学报(哲学社会科学版),2019(2)

人类命运共同体的形成是史无前例的,要建构和维系人类命运共同体,必须有新的道德知识和实践智慧来处理全球性问题,要树立因应和解决全球性伦理问题的新的道德思维,当然,谈治理,无法不谈法治的问题,但国际法治不是国内法治的简单翻版,要将国内法治的理念与实践推广到全球治理中去,需要实现从国家本位到以人为本、从绝对主权到相对主权、从个体性权利到连带性权利的内在视域和逻辑上的转换。

一、人类命运共同体的三种形态

(1) 生命共同体:人类命运共同体的原初形态。在人类社会的发展过程中,人们基于共存共生的群体意识,必须联合起来应对可能面临的各种生死存亡的问题,这种以生存为目的的结合体叫作生命共同体。从逻辑上来说,生命共同体是社会共同体的前提性存在。从人类发展的历史来看,生命共同体是人类社会最早的共同体形态。

(2) 利益共同体:人类命运共同体的现实形态。人类命运共同体是以经济纽带,包括价值链、供应链和产业链连接起来的利益共同体。每个主体都是通过这种结合关系追求和实现自身的利益,因此,利益共同体是一种共赢的结合关系。

(3) 精神共同体:人类命运共同体的理想形态。由于文化具有多样性与共通性的二重特性,贯穿人类命运共同体的那根精神纽带,必然是既内在于文化的个性之中又共通于彼此之间的普遍精神。

二、全球伦理:人类命运共同体的伦理建构

(1) 从自我中心主义到“他者”思维。人类命运共同体的产生,伴随着一种新的伦理精神的产生,一种新的道德思维、新的道德要求和新的精神气质的产生。其中,通过对自我中心主义的反思和批判,确立关系性思维,是适应人类社会发展趋势的最深刻的变化。正是因为关系性道德思维的确立,人与人以及生态自然之间的深刻的内在一体关系才能逐渐得以展现,人类命运共同体的建构才有可能。

(2) 全球伦理的道德原则:“可持续发展”。《走向全球伦理》把“己所不欲,勿施于人”作为全球伦理的“道德金规则”,这一规则是一种程序性的规则。第一,可持续的“发展”具有伦理内涵。发展的终极目的是好生活。由于好生活是内在于人的存在的终极目的,具有客观性和普遍性,这就赋予了“发展”一种目的论的伦理学视域,由此我们才可以在道德的意义上谈论应当如何发展的问题。第二,“可持续”的发展就是关于“应当如何发展”的一种道德要求。“可持续发展”强调代际公正,把后代人的需要和利益纳入发展的目的性视域中来,并成为约束当代人发展的道德约束。第三,“可持续发展”是绝对道德命令。可持续发展的提出为处理全球伦理关系提供了基准,从而构成全球伦理的基本原则。

(3) 地球人的道德意识。人类命运共同体的主体终究是人,作为“共同生活在地球上的人”,就要有为人类服务的意识与涵养,这就是地球人的道德意识。第一,政治家的地球人意识。地球人意识的形成和普及的关键是要有这样的政治家。第二,知识分子的地球人意识。知识分子是对社会的发展趋势有深刻认知,对时代的问题和需求有自觉回应。第三,普通市民的地球人意识。地球人意识最终要成为普罗大众的生活意识。事实上,分拣垃圾、节电节水、绿色出行等,都是普通市民负责任生活方式的重要内容。

三、全球伦理视域中的国际法治

全球治理要有新的伦理学视域,要有新的治理理念,必然需要新的治理模式。在国际法治模式建构中,也应有与新的伦理学视域相匹配的法治观念和模式。换言之,从国内法治到国际法治的转换应伴随着内在视域和逻辑上的转换。

(1) 从以“国”为本到以人为本。国家法治所谋的是国家利益,那么,国际法治所谋的自然是人类的共同利益。由此,从国家治理到国际法治需要确认立足点的转换:由国家利益向社会利益的回归,国家利益向人类整体利益的转换。全球治理应超越国家的界限,从“国家利益”转移到“人类利益”上面。我们必须通过国际法治使得多元主体为解决人类问题的集体行动成为可能。

(2) 从绝对主权到相对主权的转换。主权是国家的根本特征。任何国家都无法独自面对和解决国际问题,只有全球范围内的国家、国际组织、诸团体和个人等的全面合作和集体行动才能做到这一点,而这意味着绝对主权向有限制的主权的转换。第一,生命共同体层面上对国家主权的限制是最严厉的。第二,利益共同体层面上对国家主权的限制是最常见的。第三,精神共同体层面上的国家主权限制是最棘手的。文化多样性的保护内含了不同文化之间的平等性要求,而文化间的平等性要求又与对民族国家主权的尊重联系在一起。

(3) 从个体性权利到连带性权利的转换。人权问题是国际法治中的重大问题。第一,环境权、和平权、发展权等第三代人权不只是个体的权利,还是集体的权利,这个集体可以是国家、非政府组织,也可以是人类全体。第二,环境权、和平权、发展权等第三代人权所确认和保护的利益,需要通过集体行动来追求和实现。第三,环境权、和平权、发展权等第三代人权所确认和保护的利益是整体的利益。一项权利之所以成立,是为了保护某种利益,是由于利在其中。

何以为人:柏拉图《理想国》中的正义　盛传捷,中国社会科学报,2019-02-26

正义是永恒的哲学话题。早在古希腊,正义问题就是柏拉图《理想国》讨论的核心。在这篇著名的对话中,苏格拉底及其论辩者们先后给出了四种关于正义的定义以及两种对立的正义观。在这两种对立的正义观的背后,其实展示出了苏格拉底及其对话者们对“何以为人”这个问题有着深刻的分歧。

一、作为获取利益工具的正义

克法洛斯认为,那些不正义的事情包括了被迫去欺骗别人或亏欠对神灵的供奉与别人的债务。他这样的想法从成人的角度来看是危险的,因为这无疑承认人能否成为一个正义的人或者扩而大之成为一个有道德的人完全是依靠某种运气。

波勒马霍斯借用了西蒙尼德的说法，认为正义的结果是为了自己个人的利益。波勒马霍斯似乎假定了人具有能随心所欲地给予朋友以利益或者给予敌人以伤害的能力，因为必须存在某种外在的东西能确保我们拥有此种能力。如果是这样，那么他要么承认每个人都具有巨大的能力，能随心所欲地执行自己的意志；要么他承认实际上他所说的正义观念只能适合少部分人，即那些拥有强大力量的人。总之，克法洛斯父子的正义观念基本上是围绕着自己的利益得失，把正义看作某种获得自己利益的工具。

色拉叙马霍斯认定正义就是“强者的利益”。他明确正义只存在于小部分人那里，同时宣布个人利益对于正义的统治。作为人与动物的根本区分，理性也不再重要，只是沦为计算个人利益得失的工具，唯一重要的是个人利益。

格老孔论辩的目的是“重申一遍色拉叙马霍斯的论证”，认为正义的起源是人在没有能力避免或者报复不正义之事的同时又没有能力去做不正义的事情，所以彼此签订契约，保证互不侵犯。但是任何一个有能力去做不正义的事情却能免受惩罚的人都不会去签订这个契约。正义只存在于弱者那里，是为了保护弱者出现的，而非正义是属于强者的利益。格老孔和色拉叙马霍斯都假定每一个人都想随心所欲地做不正义的事情，捞取自己的利益；同时又断定了人就是欲望动物，正义就是为了满足我们对利益的渴望的手段而已。

二、树立理性权威的正义

苏格拉底在阐述自己的正义观时，把讨论从个人的层面上升到城邦的层面，因为个人的正义太小了，所以要把正义放置到城邦的层面上来讨论。他认为我们可以在思想上建立一个城邦，看看在这样的城邦中正义是如何出现的。在这样的城邦中，统治者拥有智慧，而城邦的守卫者们拥有的勇敢、节制的美德则贯穿于整个城邦的各个阶层。而正义就是“每一个人必须在城邦中从事一项适合他本性的职业”，或者说“拥有和做每个人自己的事情就是正义”。这样的正义观念也可以运用在灵魂上。苏格拉底认为人的灵魂可以分为三个部分：理性、激情与欲望。个人层面的正义就是让理性作为统治的部分。

苏格拉底的正义观念明显地不同于他的对话者们。首先，苏格拉底认为正义的基础或者来源不是个人的情绪或者利益，而是城邦的需要。其次，正义的目的是增进整个城邦居民的幸福，而非个人或某个阶级的幸福。这两点就远远超过了他的对话者们的主观的、个人的、围绕着利益时刻变化甚至可以随时放弃的正义，而且有了一个较为客观的基础——整个城邦的需要。最为重要的是，苏格拉底的正义观念真正树立了理性的权威，既要求理性成为个人的统治因素，也要求理性成为城邦统治者的必需。而人就是时刻保持自己的理性，保持理性对自己一切行为的统治力，而不能成为欲望动物，完全受自己欲望或者利益的摆布。苏格拉底认为城邦的需要是由统治者来决定的，统治者的判断依据是他的知识，因而在教育的过程中，要逐步让受教育的城邦未来统治者摆脱感性欲望的束缚，最终进入纯理智的领域——理念的世界。于是苏格拉底得出结论，只有哲学家做统治者，或者统治者学习了哲学，才能真正地增进整个城邦的福祉与正义。在这里，苏格拉底最终把正义的根源归于理念。

发掘儒学道德规范的当代价值 舒大刚，人民日报，2019－02－18

儒学是“顺阴阳，明教化”之学，“顺阴阳”就是尊重天道，“明教化”就是修养道德。从某种意义上说，儒学就是关于道德修养之学。对儒学所倡导的道德规范进行创造性转化和创新性发展，对于加强当今社会的道德建设具有重要意义。

孔子认为“天生德于予”，强调修身过程要以“德”为据，做到“志于道，据于德，依于仁，游于艺”；如果“德之不修，学之不讲”，则“是吾忧也”。《论语·里仁》曰：“德不孤，必有邻。”将德视为交朋结友、安身立命的根本操守。对于从政者，孔子认为，“为政以德，譬如北辰，居其所而众星共之”；孟子称，“为政不难……沛然德教，溢乎四海”；汉代董仲舒认为，“阳为德，阴为刑；刑主杀而德主生”“王者承天意以从事，故任德教而不任刑”。这些论述都表明，儒学十分重视道德修养。

儒学所讲的道德具有不同层次。《大学》倡导“修身齐家治国平天下”，可见儒学所讲的道德有个人、家庭、国家和天下之别。儒家修德，有自修之德、自处之德、治人之德、待人之德，还有如何处理人与自然关系之德。儒家提出了许多德目，仅《论语》就有30余个提法，如孝、悌、忠、恕、仁、智、勇、礼、乐、射、御、义、恭、宽、信、敏、惠、温、良、恭、俭、让、刚、毅、木、讷、学、习、无欲、谦逊、忍让、慎言、知耻等。这么多德目，概括起来主要分属个人品德、家庭美德、职业道德、社会公德、天地大德。儒学中关于道德修养的思想，许多内容对于加强当今社会的道德建设仍具有重要意义。我们要积极汲取其中的合理因素，进行创造性转化和创新性发展，充分发掘中华优秀传统文化的当代价值。

算法推荐中的伦理冲突 林珊珊,学习时报,2019-02-15

技术不断赋予人们新的想象空间与探索能力,算法推荐能够依据用户的行为数据进行信息的精准分发。如何规避算法推荐中的媒介伦理风险,让算法技术更好地服务于人类,应当引起我们的重视。

谁来主导信息的选择?新闻媒介是公众了解社会信息的重要窗口,是掌握社会现实的重要途径,媒介信息对影响公众行为和决策具有不可替代的作用。精准推送固然减轻了用户自身获取信息的成本,增加了用户黏度,但人们对信息的主导权被"让渡"给了算法,基于用户爱好、行为、特性、标签等数据的算法技术,可能会简单地将用户进行划分,容易把用户一次性、偶然性的表面行为解读为用户真实的、深层的兴趣和心理需求,用户的信息选择权无形中受到了限制。此外,掌握了信息主导权的算法运行主体是否存在被个别人利用、操纵以牟利的情形,需要引起我们的警惕。

用户可能被束缚于"信息茧房"。算法推荐技术在有针对性地增强用户阅读体验的同时,却在客观上减少了信息偶遇的可能性,阻碍了用户信息接触的多元化路径。基于用户偏好的信息过滤,可能让用户长期沉浸在自我建构的信息空间中,逐渐脱离与多元信息接触的机会,从而进入"信息茧房"。对于用户而言,那些投其所好的信息会一次次肯定其既有的观点和立场,而与之不同或对立的意见或质疑,即便是合理的,也大多会被算法过滤,网络空间内相似兴趣的人群之间由于"信息茧房",内部统一度不断上升,不利于构建理性讨论的公共空间。

数据权利的归属难以判断。每天都有数以亿计的活跃用户在各类平台的系统中留下各种数字痕迹。用户的浏览痕迹等相关数据,通过算法处理后,具备了商业特征和交易价值。但数据记录天然就该属于这些平台公司吗?用户是否对这些数据具备所有权?我国民法认可了数据权利的财产权属性,但是,这种与个人隐私息息相关的权利究竟归属于谁,行使有无限制,立法却没有予以回应。由此产生现实困境:大量互联网平台在不告知的情形下收集、使用用户信息,但保存、修改、删除的权利却不在用户手中,用户本身也无法限制和选择其使用范围。

内容质量问题难以得到解决。在互联网时代,去中心化以及传受双方身份的变化,使得内容"把关者"角色的缺失现象大量存在。从信息生产的视角看,算法最关注的则是受众的注意力,它以受众需求为导向,强调内容带来的流量效果,对信息的权威性、公共性、可信度的敏感程度有所下降。编辑的缺位容易导致信息泛娱乐化。因此,仅仅依靠点击量和用户兴趣的算法推荐，并不能解决内容质量问题。

算法推荐是新技术在信息传播领域的应用，是技术进步的体现，要使其应用和推广更好地服务网络环境和现实世界，势必经历一定时间的适应和调整。一是健全法律监管。要明确算法技术的使用范围及标准，形成健全合理的平台问责机制，通过立法对分发内容、内容判断标准、推荐标准、干预手段等关键性环节进行更强的公共监管。二是建立多指标推荐系统。可以考虑在推荐系统的算法模型中增加用户满意度、内容影响力、专业品质、时效性等指标，向用户呈现经过重新加权的复杂结果。三是加强对算法运行主体的价值引导。网络平台的价值观偏误是亟待解决的重点问题，一方面要保证新闻客观公正的伦理底线；另一方面通过平衡机器分发与人工编辑新闻的比例，强化"人"在传播中的主体地位。

"能力进路"视阈下的动物尊严与道德地位 张燕，道德与文明，2019(3)

在权利话语体系中，通常将善待动物的要求诉诸动物拥有某种权利。相较而言，"能力进路"的特殊性在于将善待动物的要求诉诸能力和尊严，旨在对罗尔斯《正义论》中未能涉及的三大问题之一的动物问题提出理论批判，并试图在人类与非人类动物之间建构一种跨物种的正义理论。

一、谁的能力

"能力进路"首先要解决的关键问题是谁的能力应当得到计算？对此，纳斯鲍姆提出了五种不同立场的计算方式，并表示基于社会正义的立场，所有具有感知力生物的能力都应作为目的而得到计算。纳斯鲍姆这一论断内含了两层基本意思：一是将非人类动物视为行动主体纳入正义范畴，这是对罗尔斯《正义论》中未能将动物纳入正义范畴讨论的批判与回应；二是将非人类动物视为直接目的，而不是康德式伦理观中的间接目的。

"能力进路"不仅关注人类世界，也关注包括非人类动物在内的整个世界，并询问该如何在这样的世界安排正义制度与社会政策，正义是能力理论追求的一种内在目的。就此而言，"能力进路"确实刻画了一种更加全面的正义理论，从而在研究范式方面发挥了重要作用。在实践领域，承认动物力图兴旺地存在着的基本能力，不仅符合正常的人类直觉思维，也有助于推动、完善动物保护的政治制度与公共政策。

二、如何计算

对于将动物的何种能力纳入计算范围，纳斯鲍姆提出运用“能力进路”的人类基础来试探性地概括、描绘某些基本理论原则，从而引导与动物相关的法律制度与公共政策，其涉及动物的能力清单仍然跟人类能力清单基本一致，涵盖了生命、身体健康、身体完整、感知想象和思考、情感、实践理性、依存、其他物种、玩耍、对某种环境的控制等。

关于以何种尺度去衡量动物能力这一问题，纳斯鲍姆指出一种家长主义的运作形式值得关注。她认为，以睿智的、谨慎的家长主义关注人与动物关系，不仅在理论上是一种人类对动物保护的积极义务，在实践上也是能够推动物种繁荣的一种有效策略。

三、何种尊严

尽管纳斯鲍姆多次强调每一种动物都自有一种尊严，但她并未明确回答这种尊严到底是何种尊严，是与人类尊严平行、一致的一个概念，还是人类尊严的一种扩展？纳斯鲍姆曾明确表示对动物尊严的考虑援引自人性尊严。关于人性尊严的概念，迄今为止哲学领域最权威的解释仍应当回溯到康德，一种基于理性的人类尊严。

纳斯鲍姆并不拒斥理性，但是她反对康德将理性置于高位的安排。实践理性在她的能力清单中只是核心能力的一种，是动物在活动上具有的一种手段。为了能够使尊严概念实现从人到非人类动物的扩展，纳斯鲍姆选择将理性与动物性同等齐观。尽管“能力进路”的尊严观念扩展了尊严的主体，将非人类动物视为尊严拥有者，却消解了尊严内涵中的责任与义务。她以尊严内容上的消解换取了尊严外延上的扩展。

四、能力、权利与有尊严的生活

在传统正义理论并未深入探讨的人与动物关系领域，“能力进路”采取一种以能力为依据、以尊严为导向的方法，试图构建一种跨物种的正义理论，为理解和把握人与动物之间的关系提供了一种更为包容、更加开放的理论视野。

在理论层面，在人工智能已经到来的时代，仅以“理性”作为道德主体的区分依据也确实不能满足现实生活秩序的协调，“能力进路”不啻为一种跳出传统话语体系的大胆尝试。在实践层面，能力方法抓住了直觉吸引力，避免了权利理论造成的人与动物之间的人为紧张关系。纳斯鲍姆将善待动物的要求诉诸能力与尊严，以考虑动物尊严的要求去约束、规范、引导人们对待动物的行为似乎更容易被接纳。

儒家德治思想的现代价值转化 李建华、李彦彦，道德与文明，2019(3)

在我国治理体系现代化的进程中，儒家思想中包含的以民为本、与民同乐、隆礼至法、中庸之道等传统理念，与现代治理体系的构建有着紧密的内在关联，具有积极的当代价值。

一、儒家德治思想与现代治理理念的内在关联

中国自古就有“治理”二字，但其意义与传统的统治、整治、管理并无二致。作为西方舶来品的“治理”，是处理公共事务、实现资源优化配置中政府和市场如何进行有效的权力划分的最新理念，更加强调非政府组织、个人与政府一道在实现公共利益最大化中的积极作用，以实现多元共治的目标。

学界的研究与共识为治理理念进入我国制度架构的顶层设计奠定了基础。但必须指出的是，由于国情尤其是制度流变的根本不同，我们引入和使用治理理念并非简单的拿来主义，而是针对我国的历史背景与政治现实需要进行仔细甄别。作为国家意识形态领域治道理念的变革，必须基于国家的经济社会发展实际，才能实现治理目标。

相比于西方发达国家，我国的治理体系表现出鲜明的建立共建、共治、共享的社会治理新格局与不断强化执政党的领导核心地位两条主线并行不悖的特色。基于此，如何加强执政能力建设、党风廉政建设、党员领导干部为民务实的作风建设，以上率下，以党中央带动全党、以全党带动全国，最终形成多元共治的目标，就成为中国特色社会主义治理体系与治理能力现代化建设的重要内容。在这方面，儒家传统思想有着丰富的理论资源。

二、儒家德治思想在推进治理现代化中的价值

事实上，儒家德治思想在推进国家治理体系与治理能力现代化的进程中既不可能完全去除，也不应该毫无作为。作为中国两千多年漫长封建王朝治道变迁的精神内核，儒家德治思想显然有着强大的生命力与合理性。

(1) 民本思想。如何更好地实现公共利益最大化乃是治理的最终目的。要使相互冲突或不同的利益得以调和并且采取联合行动的持续的过程成为现实，就要求在治理过程中，包括政府在内的所有治理主体都必须把广大民众的公共利益作为共同的治理目标。儒家一直强调的民本主义显然与之相适应。

(2) 官德思想。作为中国特色社会主义治理体系中最主要的治理主体，执政党的党员领导干部的道德建设即官德建设是其重要组成部分。与此相应，儒家德治思想一直重视官德。在儒家看来，应当让官员成为百姓的道德楷模与效仿对象，对百姓加以道德教化和引导。

(3) 家风思想。近年来,创立良好家风成为执政党建设的突出亮点。与之相适应,家风建设一直都是儒家修身齐家治国平天下传统思想中的重要一环。在儒家的道德修炼法则中,能否"齐家"是实现治国平天下理想的重要步骤。

(4) 中庸思想。儒家传统的中庸之道对于当代治理体系与治理能力现代化建设的价值突出体现在,对于包括政府在内的多个治理主体而言,我们既要发挥各个主体的积极作用,又要避免过分注重某个主体而偏废其他,否则,治理体系必然形同虚设。

三、结语

以先秦儒家思想为重要坐标的中国传统伦理文化是文化自信的重要渊源。通过对两千多年儒家德治理念的现代化合理转化,能够更好地树立传统文化乃至整个中华文化的自信,这对于今天的治理体系与治理能力现代化的改革而言仍然不无裨益。

网络直播的伦理审视 龙静云、李楠,道德与文明,2019(3)

网络直播兴发于 2016 年,以实时性、互动性和沉浸性的方式向直播用户展现主播所呈现的现实场景。网络直播极大地便利了受众的生产生活,但其内容的同质化、低俗化也严重地影响了该产业未来的发展。

一、网络直播的内涵特征及分类

目前学者们对于网络直播的定义描述较为多样,但对于网络直播的内涵特征有较为统一的认识:网络直播具有实时性、互动性、内容性、商业性等内涵特征。

网络直播的类型多种多样,以载体类型、直播内容等作为分类标准,可以将网络直播分为以下几种类型。按照载体类型来分,网络直播分为 PC 端与移动端两种类型。按照直播内容来分,网络直播可以分为泛娱乐类直播、游戏类直播、专业类直播三种类型。

二、网络直播的价值

(1) 构建网络直播共同体。当代的"共同体"更多的是以共同目标作为形成的前提,以身份认同作为产生基础,以归属感作为维系关系的纽带。同样地,在网络直播领域,主播、观众、直播平台等共同形成了具有网络时代特点的、以网络直播为表现形式的网络直播共同体。

(2) 激活社交媒体场景价值。对于场景的分类主要有两种:一种是以现实环境为基础的现实场景,另一种是以心理氛围为基础的虚拟场景。场景价值是指在由时间、地点、场合等构成的消费情境中，在产品服务与顾客情感耦合的情况下，顾客所感知到的体验价值。网络直播通过情景的建构，可以在一定程度上满足用户的精神需求。这就使得用户在使用过程中的体验比较好，从而增加了用户对平台的接触概率，同时随着使用时间的增加，接触强度也在增强，扩大了用户的认知范围，最终实现了社交媒体场景价值的激活。

三、网络直播的伦理困境

（1）视觉符号意义传达的错位。在网络直播中，主播就是视觉符号的创造者，他们在用自己特别构建的视觉符号系统传达着自己的理念。为了满足这些主要用户的猎奇心理，很多主播的直播内容就是“炫富”，而通过这些视觉符号传达出了极度物质化的生活理念。受众又因自身特点极易被这种理念所洗脑，对社会产生错误的认识。

（2）对传统伦理文化的消解。网络直播通过网络的匿名化、开源化的特点，使普通受众有了发声的平台和机会，这就使得人们有机会对于传统的伦理道德规则进行质疑。受众在使用过程中往往过于放纵自我，以戏谑、恶搞等在现实社会中不被允许的方式对传统伦理道德规范进行解构，致使传统伦理文化的权威性受到威胁。

在以视觉经济为基本原则的网络直播领域，出现的很多现象是对传统伦理道德中义利观的一种侵蚀。本该纯净的社交媒体，被利欲熏心的直播平台以及主播当成了敛财的工具。这种只为利不为义的行为，不仅扭曲了直播平台的社会价值，同时也给受众的义利观造成了深远的负面影响。

（3）离轨放大作用下的道德恐慌。网络直播以移动设备为主要的使用终端，而移动终端使用户能充分地利用自己的碎片化时间，网络直播的观众在长期的使用过程中，会不知不觉增加对直播软件的使用频次，频次的增加必然会使得网络直播内容对使用者的影响程度加深。这就使得网络直播所传播的信息会深度地影响使用者对所处现实环境的判断力，从而最终可能使受众产生道德恐慌感。网络直播上充斥着各种各样荒诞怪异的内容，有的内容甚至不堪入目，而这种被放大了的“离轨”内容，可能通过网络直播所建构的“拟态环境”使它众多的使用者产生道德恐慌情绪。

四、解决网络直播道德问题的路径

（1）建立健全关于网络直播的相关法律法规。在网络直播各方道德观念还没有确立以及稳固时，法律法规这种他律措施可以给其指出明确的路线，确保主播们不会步入歧途。随着网络直播的快速发展，为了解决新出现的问题,国家各部委以及直播行业相继出台了多个条例和自律公约,虽然不能完全消除网络直播中出现的所有不良行为,但已经极大地扼制了这种趋势的蔓延,同时对未出现的状况起到了威慑作用。

(2) 增强网络直播平台负责人责任担当以及平台直播监管能力。在市场经济社会中,权利与义务是均等的,网络直播平台管理者从社会中赚取巨额财富的同时,需要担负起相应的社会责任,这就对负责人提出了更高的要求。对于网络直播平台的直播监管应是一套完整的体系。在完善数据实时监控的同时,建立健全视频回溯以及问责制度,使得在出现重大播出事故时有据可依,为后续的处理工作提供有力的证据,同时也对直播平台负责人以及网络主播起到震慑作用。

(3) 着力提升网络主播的道德素养。其一,应提高网络主播的道德认知能力;其二,应强化网络主播的道德责任意识。

(4) 加强对直播用户的媒介素养教育。在全媒体时代,从少年到中老年,每个人接触媒介的机会都已大大增加,媒介形态在不断地变化,媒介事件日新月异,因此每个年龄段的人都需要接受终身媒介素养教育。

思想纵横:坚持用明德引领风尚　张浩,人民日报,2019－03－12

哲学社会科学工作者要树立良好学术道德,自觉遵守学术规范,崇尚"士以弘道"的价值追求,真正把做人、做事、做学问统一起来。

习近平同志强调要坚持用明德引领风尚,并对文化文艺工作者、哲学社会科学工作者提出了以高远志向、良好品德、高尚情操为社会做出表率的要求。广大哲学社会科学工作者既要以优秀研究成果促进社会进步,又要做到德为人先,用明德引领风尚。

大学之道,在明明德。哲学社会科学工作者做的是培根铸魂的工作,肩负着启迪思想、陶冶情操、温润心灵的重要职责,承担着以文化人、以文育人、以文培元的神圣使命,其言行对社会有很强的影响力。而且,名气越大,肩上的责任就越重。大学问家之"大",既在于以其学术成果启发思想、推动工作,更在于以其道德情操和高尚人格引领风尚、烛照人生。

明德,首先要明大德。个人的学术理想只有与国家前途、民族命运结合在一起,才能获得持久的生命力。马克思在青年时期就树立起这样的志趣:"如果我们选择了最能为人类而工作的职业,那么,重担就不能把我们压倒,因为这是为大家做出的牺牲;那时我们所享受的就不是可怜的、有限的、自私的乐趣,我们的幸福将属于千百万人,我们的事业将悄然无声地存在下去。"广大哲学社会科学工作者应当志存高远，具有强烈的社会责任感和博大的人民情怀，做到胸中有大义、心里有人民、肩头有责任、笔下有乾坤，成为对国家、对民族、对人民有贡献的学问家。

明德，体现为勤业精业。板凳要坐十年冷，文章不写一句空。事实证明，真正的学问都是潜心琢磨而成的，真正的精品都是呕心沥血铸就的。古人说："吟安一个字，捻断数茎须。"凡传世之作、千古名篇无不是笃定恒心、倾注心血的作品。只有耐得住寂寞、经得起诱惑、守得住底线，不为一时之利而动摇、不为一时之誉而急躁，甘愿为自己的学术理想耕耘一生，才可能创造出有益于社会的成果。

广大哲学社会科学工作者要树立良好学术道德，自觉遵守学术规范，讲究博学、审问、慎思、明辨、笃行，崇尚"士以弘道"的价值追求，真正把做人、做事、做学问统一起来。

教育伦理学的类型、层次及其当代建构 王正平，光明日报，2019-03-18

教育伦理学是研究与教育有关的伦理道德问题的当代应用伦理学新兴学科之一。教育伦理学有不同的理论类型和研究层次与范围。我们应当根据发展我国现代教育事业的需要，积极建构具有中国特色的教育伦理学理论体系。

一、教育伦理学的类型

应用伦理学离不开传统伦理学的理论支撑与指导。作为应用伦理学之一的教育伦理学，因为它在研究过程中借助的基本伦理学理论不同，因而展现出不同的理论特色、研究目标和研究内容，可由此区分为不同理论类型的教育伦理学，如以功利为基础的教育伦理学、以义务为基础的教育伦理学、以权利(契约)为基础的教育伦理学、以正义为基础的教育伦理学、以美德为基础的教育伦理学。

二、教育伦理学的研究层次

教育伦理学是研究教育活动的价值与善恶，探讨教育中的道德关系、伦理原则和行为规范，探索健全教育工作者道德人格，以实现教育的最大利益和最大善的科学。从教育伦理学研究的不同层次看，它可分为宏观、中观和微观三个层面。

宏观层面的教育伦理学研究，是从全社会整体层面，对教育工作和教育活动进行根本性的伦理道德审视和评价。宏观层面的研究，是要维护整个社会的教育,保证社会、集体和个人的正当利益得到最大可能的实现。

中观层面的教育伦理学研究,主要是从学校具体教学工作和教育管理层面,对教师职业伦理道德和教育管理伦理进行分析和研究。中观层面的研究,是全部研究工作的重点和难点,它是要探索教育中"具体的善""看得见的善""可遵循的是非标准"。不确立教育工作中能够为多数人理解和认可的价值尺度和行为准则,便不可能有健康有效的教育秩序。

微观层面的教育伦理学研究,是要从教育工作中个体的角度,对教师、学生、教育管理人员以及其他教育相关者进行科学的教育伦理引导和培育。在这一微观研究层面,教育伦理学关注教育伦理评价、教师道德修养、教师和学生的美德养成与人格完善等。

三、努力建构有中国特色的教育伦理学体系

建构中国特色教育伦理学体系理论范式应当自觉以马克思主义为指导,坚持马克思主义基本原理和贯穿其中的立场、观点、方法,对上述各种教育伦理学理论类型有益成分吸收借鉴,并进行融通和创新;其理论研究应当涉及宏观、中观和微观各个层次,包括教育伦理道德范围的各种问题。

建构有中国特色的教育伦理学体系,要以社会主义核心价值观为根本遵循。研究中国特色教育伦理道德的理论和实践,是要把社会主义核心价值观科学地、恰当地、具体地转化为教育和教育工作者应当遵守的与教育密切相关的教育价值理念、道德原则、道德规范和要求。

建构有中国特色的教育伦理学体系,要以道德科学和教育科学基本理论为基础,并紧紧联系教育工作和教育活动的实际,促进教师和学生自由而全面的发展。

建构有中国特色的教育伦理学体系,要努力继承和弘扬我国教育伦理的优良传统。对我国传统教育伦理思想中包含的一些重要原则、规范和范畴,如"传道""授业""解惑""仁爱""尊师""明辨""笃行""慎独"等,应当进行创造性转化和创新性发展,推陈出新,与时俱进,激活恒久的教育伦理生命力,为教育伦理生活提供正确的精神指引。

建构有中国特色的教育伦理学体系,要认真吸取国外教育伦理研究的一切有益成果,并与中国实际相结合,将其民族化,赋予其民族特征。

建构有中国特色的教育伦理学体系,要面向我国当前教育伦理道德生活实践。我国现代教育事业取得了空前迅速的发展的同时,也面临着深层的伦理道德挑战,需要我们积极建构有中国特色的教育伦理学理论体系,以便对实践问题做出科学的指导。

移情蕴藏德育密码 徐蓓,中国教育报,2019-03-10

当代美德伦理学家斯洛特的移情理论,值得我们思考、借鉴。斯洛特认为,道德根源于我们的情感,也即"道德情感主义"。一切道德活动或道德现象均可从人类自身情感,特别是从"移情"中得到解释。

道德活动或道德现象往往具有利他性质,而利他主义有两种情形。一种是有条件的利他主义,即利他的目的是自利,帮助他人是因为可以带来好名声,在周围有人际影响力,将来有需要时,被帮助的人会反过来帮助自己。这是一种自利理性。很显然,这种意义上的利他主义是可以发挥一定作用的。道德心理学研究表明,人们更容易被自己利益而非他人利益所打动,从而做出一些帮助别人、感化别人的事情,这就是所谓的自利心。但是,人类也有另外一种无条件的利他主义行为。

道德心理学研究表明,人们的道德行为,尤其是无条件的利他行为,并非是理性算计的结果,而是人们的情感反应。而斯洛特认为,移情在我们的道德生活中发挥着至关重要的作用。移情与利他行为有着某种本质的联系,是利他道德行为的必要条件。无条件的利他主义是建立在人们的移情心或恻隐之心基础上的,移情心是人们对他人遭受痛苦所产生的一种不由自主的情感反应,这种情感反应构成人们无条件利他主义的心理基础。

不管是爱国主义教育,还是帮助他人,都具有利他性。所以,道德教育的有效方法是培养人们的道德情感,培养人的移情心或爱心,而不是灌输教条或道德说教。大量生活实例也表明,保护和培育移情心或爱心,能够比说教更有效地提高人们的道德水平。人们在采取道德行为时,往往是一种自然而然的、基于移情心的情感反应。移情就是能设身处地站在别人的角度,理解、欣赏并体验别人的感情。移情又是一种心理品质,对一个人形成良好的人际关系和道德品质,保持心理健康乃至走向成功,都有着重要作用。

因此,培育移情心、深化道德情感,是青少年道德教育的有效手段之一。这种移情心的培育要从小抓起,从家庭抓起,才更有成效。在青少年道德教育过程中注重老师与学生、学生与学生之间的情感互动,显得尤为重要。

另外,培育良好家风,对于移情心的培养也至关重要。习近平总书记在多次讲话中谈到家庭的重要性,要求把家风建设摆在重要位置。因此,父母必须以身作则,树立良好家风,日常生活中要教育孩子学会感恩和分享,通过言传身教培养孩子的优秀道德品质。并保持跟学校的密切联系,通过家校互动方式,引导孩子树立正确的价值观,养成良好的行为习惯,不断提高思想道德素质。

中国古代涵养政德的方法 陈方刘,学习时报,2019-03-15

重视政德修养是中国古代政治文化的特点和优点。中国古代的思想家、教育家都有关于"涵养政德"方面的大量相关论著。在《论语·为政》中,孔子明确提出:"为政以德,譬如北辰,居其所而众星共之。"《大学》开篇就提出:"大学之道,在明明德,在亲民,在止于至善。"长期以来,中华民族形成了丰富的政德修养文化。

博学于文。根据《大学》"修身齐家治国平天下"的逻辑,如要治国平天下必先修身立德,而修身立德一个直接、有效的方法就是读书。在中国传统文化中,知识与道德密不可分,读书也历来是涵养政德非常重要的入手处。孔子在《论语·雍也》中讲:"君子博学于文,约之以礼,亦可以弗畔矣夫!"对于当官为政之人而言,甚至学习的首要目的不是丰富知识而是提升道德。科举制度在隋唐逐渐完善之后,当官入仕必须要学习儒家经典,这一制度不仅提高了官员的文化水平,也提升了官员的政德修养,培养出很多清官廉吏能臣。

约之于礼。涵养政德既要靠自律,也要靠他律,约之以礼就是用"礼"来约束自己的行为,将"克己复礼"的功夫,转化为对"仁"的自觉追求,这就是"克己复礼为仁"的过程,并最终实现"不逾矩"。《吕氏春秋·不苟论》中讲:"欲知平直,则必准绳;欲知方圆,则必规矩。"而当官为政之人尤其不能破坏规矩,在《论语·八佾》中,孔子对于鲁国大夫季氏用"八佾舞于庭"的僭越行为说了一句妇孺皆知的名言,即"八佾舞于庭,是可忍也,孰不可忍也?"《管子·牧民》中把"礼义廉耻"看作"国之四维"的第一维,并提出"四维不张,国乃灭亡"。

心存敬畏。为官者要在各种名、利的诱惑面前保持定力,心存敬畏,这样才会行有所止,做到《大学》所讲的"知止而后有定"。历次农民起义和王朝更替让一些有识之士早就意识到当官为政不仅要敬畏历史、敬畏礼法,还要敬畏人民。《尚书·五子之歌》中就已经提出"民可近,不可下。民惟邦本,本固邦宁"的重要命题。周初的统治者虽然认可天意,但也认为天意就是民意,正因为如此,汤武革命才顺天应人。西汉思想家贾谊在《新书·大政上》中指出:"民者,至贱而不可简也,至愚而不可欺也。故自古至于今，与民为仇者，有迟有速，而民必胜之。”并向为政者提出：“闻之于政也，民无不为本也。国以为本，君以为本，吏以为本。故国以民为安危，君以民为威侮，吏以民为贵贱，此之谓民无不为本也。”

慎独慎微。在有监督的情况下，人们通常会注意自己的德行，但在无人时、细微处容易放松要求。而这也恰恰是涵养政德的关口和良机，慎独要求为官者在面对诱惑时要不断进行反躬自省，始终做到表里如一。宋代吕本中在《官箴》中说：“当官之法，惟有三事：曰清、曰慎、曰勤。知此三者，可以保禄位，可以远耻辱，可以得上之知，可以得下之援。”与慎独相联系的还有慎微，为官者要坚持从小事小节上加强修养。康熙曾言：“凡理大小事务，皆当一体留心。古人所谓防微杜渐者，以事虽小而不防之，则必渐大，渐而不杜，必至于不可杜也。”张伯行在著名的《禁止馈送檄》中说：“一丝一粒，我之名节；一厘一毫，民之脂膏。宽一分，民受赐不止一分；取一文，我为人不值一文。”

知行合一。道不可坐论，德不能空谈，政德是整个社会道德风气的风向标，涵养政德既要化知识为德性，还要化知识为德行，从而实现知行合一。《中庸》中说：“博学之，审问之，慎思之，明辨之，笃行之。”王阳明在《传习录上 · 徐爱录》中指出，如果“知而不行，只是未知”。在《传习录中 · 答顾东桥书》中又指出，“真知即所以为行，不行不足谓之知”。荀子在《荀子 · 大略》中说：“口能言之，身能行之，国宝也；口不能言，身能行之，国器也。”荀子把能言能行者看作国宝，认为治国者应该敬其宝，爱其器。

青少年保护须倡导网络伦理建设　陈卫东，中国教育报，2019－03－19

随着各类手机软件的危害逐渐受到全社会关注，加强青少年网络保护最近成为教育界的焦点话题之一。中国青少年研究中心今年的一项抽样调查表明，未成年人的娱乐休闲、学习求知、社会交往与社会认知、日常消费等都具有明显的互联网化特征，呈现出“深度触网”特点：卷入程度深，影响深，具有全时空特点（上网不再受时空限制）。同时，网络沉迷和游戏成瘾问题在部分青少年中仍十分突出，暴力、色情等有害信息变得更隐蔽。

加强青少年网络保护不仅刻不容缓，而且还要与时俱进。青少年的网络保护不能仅靠职能部门的努力，还需要有关责任主体和利益相关方的共同努力。除了加大执法力度，制定明确政策外，还需要有共同的行为准则，即互联网使用伦理。伦理是使用和开发互联网资源必须坚守的底线，也是不能触碰的红线。

在笔者看来,互联网伦理至少有三条:第一,青少年利益优先。凡是他们能接触使用的互联网应用和资源,都必须从青少年健康成长出发,把他们的利益放在首位。第二,公益性。凡是以青少年为主要用户或者潜在用户的互联网应用和资源,都必须坚持非营利原则。第三,无歧视。凡是互联网应用和资源,严禁歧视任何青少年和青少年群体,严禁对他们进行歧视性教唆和诱导。

伦理是社会运行的基本准则,对各行各业的健康发展都有基础性作用。在今年两会的政府工作报告中,针对我国科研和学术的健康发展,李克强总理强调加强科研伦理和学风建设。因为这有利于营造良好的科研生态,迎来各类英才竞现、创新成果泉涌的生动局面。同样,在移动互联网时代,加强青少年网络保护也需要倡导网络伦理建设,为他们营造更加风清气正的互联网生态,他们就可能获得更多有益身心健康的营养资讯,促进身心的健康成长。

新中国 70 年马克思主义伦理思想研究 孙春晨,道德与文明,2019(4)

对马克思主义伦理思想的研究是新中国伦理学学科建设的起始点,新中国伦理学学科从无到有、从建立到繁荣的发展历程表明,只有以马克思主义伦理思想作为指导,中国的伦理学才能沿着正确的和科学的轨道向前发展,开创具有中国特色的伦理学学科体系,回应中国经济社会发展中的现实道德问题。

一、马克思主义伦理思想研究的奠基

时代需要马克思主义伦理思想,而当时的理论界对马克思主义伦理思想的研究刚刚起步,知识积累不足,在此背景下,有必要学习和借鉴苏联学者有关共产主义道德的研究成果,一些苏联学者的研究论著被引进和翻译,其中包括夏利亚等的《共产主义道德》(作家书屋 1953 年版)、柯尔巴洛夫斯基的《论共产主义道德》(三联书店 1953 年版)、包德列夫等的《论共产主义道德教育的几个问题》(新知识出版社 1954 年版)、施什金的《共产主义道德概论》(三联书店 1957 年版)等。

冯定的《共产主义人生观》(中国青年出版社 1956 年版)一书以马克思主义的世界观和历史观为指导,论证了共产主义人生观的基本特点,以浅显而又透彻的文字讨论了共产主义人生观与个人价值、自我价值之间的内在关系以及如何正确认识和处理个人利益和人民大众利益的关系等问题,把抽象的哲理与人们日常工作和生活的具体实践结合起来,切合了人们自觉地树立共产主义世界观和人生观的精神需要。

李奇(笔名“李之畦”)在20世纪五六十年代发表了多篇以历史唯物主义的立场和方法研究道德科学的论文,涉及当时理论界讨论的一些重大的道德问题,如动机和效果的关系问题、个人利益和个人主义的问题、无产阶级道德原则和功利主义的问题、关于对立阶级道德之间的关系问题以及道德的阶级性和继承性问题等,这些论文在改革开放初期被收入《道德科学初学集》(上海人民出版社1979年版)一书中。

周原冰(笔名“石梁人”)对马克思主义伦理思想的研究有两项标志性成果。一是对共产主义道德的研究。其专著《培养青年的共产主义道德》(中国青年出版社1956年版)阐发了共产主义道德的一般原理,对怎样培养青年的共产主义道德做出了比较系统的论述。二是对马克思主义道德科学的研究。《道德问题论集》(上海人民出版社1964年版)集中反映了周原冰自20世纪40年代末至60年代初研究马克思主义道德科学的成果。

罗国杰于1960年受命组建中国人民大学伦理学教研室,开始汇编《马克思主义经典作家论道德》,在借鉴和研究苏联伦理学教科书的基础上,制定了新中国第一个《马克思主义伦理学教学大纲》。

这一时期马克思主义伦理思想研究具有三个特征:一是确立了马克思主义伦理思想在新中国伦理学学科建设和发展中的指导性地位;二是以马克思主义的唯物史观作为研究方法;三是密切关注时代的道德需要。

二、马克思主义伦理思想研究的丰硕成果

改革开放以来,中国伦理学人从解读马克思和恩格斯的经典文献入手,以研究马克思主义伦理思想发展史为突破口,由史入论、以史融论、史论结合,在马克思主义伦理思想的诸领域取得了丰硕的研究成果。

(1) 马克思主义伦理思想及其发展史研究。改革开放后最早系统研究马克思主义伦理思想的专著是宋惠昌的《马克思恩格斯的伦理学》(红旗出版社1986年版),该著作梳理了马克思和恩格斯在伦理思想上做出的主要贡献,阐述了马克思和恩格斯伦理思想的基本特征、共产主义道德的形成和共产主义道德的基本原则以及共产主义人生观等。章海山的《马克思主义伦理思想发展的历程》(上海人民出版社1991年版)是我国第一部马克思主义伦理思想发展史专著。许启贤在其发表的系列论文中将马克思主义伦理思想史当作一门历史科学,对什么是马克思主义伦理思想史做出了界定:马克思主义伦理思想史是“马克思、恩格斯、列宁、斯大林、毛泽东等许多马克思主义者关于伦理道德的思想史,特别是他们关于无产阶级社会主义道德、共产主义道德的形成、产生、发展规律的科学理论的发展史”。

(2) 马克思主义伦理思想中国化研究。马克思主义伦理思想的中国化成果是在新中国亿万人民参与社会经济、政治和文化生活的实践活动中产生的,它集中体现为新中国几代领导人关于道德问题的重要思想和重要论述。毛泽东认为,道德源于人类的社会生活,是人们的经济生活与其他社会生活的要求的反映,他创造性地提出了为人民服务和无产阶级革命功利主义的思想,主张动机与效果相统一的道德评价论,强调共产主义道德教育与修养的重要性。王泽应的《马克思主义伦理思想中国化最新成果研究》(中国人民大学出版社 2018 年版)论述了邓小平伦理思想、“三个代表”伦理思想、科学发展伦理思想和习近平新时代中国特色社会主义伦理思想的形成与发展。

(3) 马克思主义伦理思想研究视角的创新。安启念的《马克思恩格斯伦理思想研究》(武汉大学出版社 2010 年版)论述了从政治哲学视野研究马克思主义伦理思想的重要性。宋希仁的《马克思恩格斯道德哲学研究》(中国社会科学出版社 2012 年版)对马克思和恩格斯不同时期有关道德的论述进行了哲学意义上的反思和概括。

(4) 马克思主义伦理思想诸领域研究。在中国经济社会发展转型时期,马克思主义经济伦理思想成为研究的重点,出版了多部相关的研究专著,发表了数十篇研究论文。其中,王小锡关于“道德资本”研究的系列论著,讨论了道德作为影响价值形成与增值的精神因素所具有的资本属性,突破了马克思政治经济学中作为反映或批判资本主义社会制度和经济关系的分析工具的“资本”概念的原有意涵,将道德视为一种有价值的生产性资源,并以此来分析道德在经济价值增值过程中的特殊功能和作用,这是马克思主义经济伦理思想的前沿性研究成果。此外,在马克思主义的政治伦理、制度伦理、家庭伦理、环境伦理、科技伦理、发展伦理、民生伦理和劳动伦理等具体论域,学者们亦出版和发表了诸多有价值的研究成果。

三、对马克思主义重要道德论题的回应

中国学者提出的主要论据有:马克思主义对道德的批判是在意识形态批判的框架内进行的,在此之外,马克思主义有自己所秉持的规范意义上的道德;马克思主义在价值判断上并不坚持道德相对主义的立场,马克思主义所追求的是价值判断的客观性和有效性;在马克思主义的正义思想中,既存在法权意义上的解释性正义,也存在规范和价值意义上的评价性正义。

四、结语

在新中国伦理学学科的建设和发展过程中，呈现出一个不同于国外伦理学学科的特殊现象，这就是伦理学、马克思主义伦理学和马克思主义伦理思想三足鼎立，虽然前两者属于学科名称，后者属于一种理论体系，但它们所研究的内容却相互交叉。虽然新中国的马克思主义伦理思想研究取得了丰硕的成果，但是，面对新时代道德文化建设的迫切需要，中国伦理学人理应对自己提出更高的学术追求，将马克思主义伦理思想研究推向新境界。

多视角透视中的现代政治伦理面向——戴木才教授《现代政治伦理潮流》试序　万俊人，道德与文明，2019(5)

政治历来就是一个严肃的论题或论域，于今尤甚，而将政治延展到伦理，或者从政治与道德/伦理之间的交叉视野来讨论政治问题，则无疑大大加重了这一论题的严肃性和复杂性，可这偏偏是政治伦理所欲探究的主题。正因为如此，即使在政治哲学和政治理论极为繁荣的欧美学界，有关政治伦理的研究也并不多见，我国学界的相关研究就更为稀少了。

可是，造成政治伦理研究之所以冷僻的原因，远不只是它所具有的跨学科或多学科交叉的"知识图像"之复杂多维，更主要的是政治与道德之间的现代分隔以及由此分隔所带来的理论"麻烦"，这种"麻烦"有时候"理不清，理还乱"。

戴木才教授的《现代政治伦理潮流》(以下简称"戴著")是他数年来躬身耕耘、播种培植所得来的理论硕果。氏著策十题十数万字，前四题考究政治伦理的缘起、基本要素或要义、政治的"主体承担"和"现代意蕴"，可视之为作者对政治伦理之基本理论原理的纲要式概论。后六题则集中检视了现代政治伦理发展的六大趋势或潮流，即"从共同体到人民社会""从等级政治到平等政治""从人治政治到法治政治""从全能政治到权限政治""从集权政治到分权政治""从强权政治到联合政治"的现代政治伦理的理论演变图景。这无疑是一个极为宏大而富于洞识的政治伦理叙事。

作者将政治伦理看作"一门研究人类政治正当性及其操作规范和方法论的价值哲学"，并着重关注其价值导向、操纵规范和价值关怀等价值理想意义与价值实践意义。进而，作者明确指出并论证了政治伦理的基本问题，这就是政治与"优良的生活"或"善的生活"的关系问题。由此而论，与其说政治与"优良的生活"或"善的生活"的关系是政治伦理的基本问题，毋宁更直接地说,后者本身便决定了政治的伦理本质,因而即可视之为政治伦理的中心主题。

以此为起点,作者检讨了学界对政治与道德(伦理)之关系的几种主要看法,对某种工具主义的倾向做出了批评性分析,从而反证了坚持一种价值论或价值学之政治伦理研究立场的重要性。循此思路,作者确认政治价值理念、政治制度伦理和政治组织伦理乃是政治伦理的"三要素",实际上是以政治理论、政治制度和政治操作三个层面作为其政治伦理研究的基本架构,而把政治主体(政治行为者或"政治人")作为与此相配应的内部"要素"单独展开讨论。这一理论构想或学理思路与我们通常习惯的"理念—制度—人"三位一体构思理路既相通又略有不同。学理路径和学术表达方式的选择常常带有较为强烈的学者主体性或学者个性,非但不必强求一律,反而可以显示作者的学术自主性,甚至是学者思想与理论创新的方便法门。就此而言,戴著的这一架构安排自然是很好理解的,值得关注和学习。

然而,有关政治伦理之基本理论的讨论并不是戴著的重点和主要特色。我的初读直觉告诉我,氏著的后六题才是作者潜心用力的地方,也是其最具特色和寄意之所在。作者对政治伦理演变之六大趋势或潮流的系统刻画与分析,实际上呈现了政治伦理之传统与现代的分野,或曰,政治伦理从传统向现代转化的主要特征或取向。粗略读来,戴著的这些理论刻画应该说还是比较具体客观的,虽然这种"粗线条"的理论刻画并不能十分周到,也难免挂一漏万,甚或有可能面临某些个案例证的挑战乃至否证,但总体上仍然是可以证成的。当然,更为关键的是这种描述刻画所表达的思想意义和现实意义,以及引导读者理解这些意义的理论力量。

传统社会政治与现代政治的分析比较是一个十分复杂困难的学术议题,很难取得较高的学术共识。这不独因为"传统政治"与"现代政治"两大范畴本身极为笼统,用以描述和刻画它们的许多概念也相当模糊暧昧,而且还由于在现代与传统之间,很难划出一条清晰无疑的界限。

就现代政治来说,情形也许更为复杂,其中,最最复杂难理的是政治结构与政治意识形态问题。让我有些意外的是,木才教授在书中似乎讨论政治结构和政治意识形态不多,有关方面甚至尚付阙如。我想,这可能与作者对全书的主题、架构和学术目标等方面的考虑有关,又或许与氏著的篇幅与风格有关,抑或还有一些我们无法了解的因由。现代政治的经验、事件、形态和面貌之复杂多变,绝不逊于人类社会几千年的政治生活史。如现代世界政治史上所发生的战争，无论是次数、规模还是其所造成的灾难，都是前所未有的。对此，若不给予充分的反思和呈现，有关现代政治伦理的研究就会出现明显的遗漏。这是我想就此机会表达的一种学术判断，很可能是主观的、有偏颇的。

人们拥有跨国迁徙的自由和权利吗?——对社群主义跨国移民伦理的反思　杨通进，哲学动态，2019(4)

当今时代，跨国移民数量逐年增加已经是一个不争的事实，就人们是否拥有全球层面的迁徙自由权利的问题上，存在着两种针锋相对的观点：世界主义倡导开放边界和社群主义主张关闭边界。在本文中笔者主要剖析社群主义为自己辩护的四个理据，并指出其中存在的问题。

一、自由结社理据

自由结社被认为是一项基本的权利，在社群主义者看来，“结社自由使得人们有权利拒绝与其他人结社，因而，合法的政治国家也有资格拒绝与任何一个想进入其政治共同体的潜在移民结社”。

依据结社自由权来为单方面的移民政策做辩护存在以下困难：首先，结社自由只是众多互竞的自由与价值之一，其他目标也很重要。其次，个人之间的结社自由与国家之间的结社自由存在着一系列重要的差异。再次，社群主义往往把结婚自由视为结社自由的某种典型，尤其是国家拥有的拒绝接纳外国人的权利常常被类比于人们拒绝与自己不喜欢的人结婚的权利。最后，自由结社权利也可以用来反对国家关闭边界的政策。

二、民族认同理据

社群主义主要从三个角度阐释和论证了民族认同的道德价值。首先，民族认同能够给人们的义务行为提供道德动机。其次，民族认同使得同胞彼此帮助的行为变得更为容易。最后，民族认同还具有重要的工具价值。

然而，把民族认同作为限制跨国迁徙自由的理据会面临三个挑战：第一，民族特性本身是会不断变化的。第二，民族与国家是两个不同的概念。第三，只有在一个国家的成员都共享某种单一的民族认同时，社群主义的结论才可能成立。

三、文化独特性理据

沃尔泽主要从维护本地文化的独特性角度为民族国家有权自主决定是否接纳陌生人做辩护，他认为：“文化和群体的独特性依赖于封闭边界；没有边界的封闭，文化和群体的独特性就不能被当作人类生活的一个稳定特征。”

沃尔泽论点的缺陷有三点：首先，它把法律意义上的国家与共同体混为一谈。其次，任何文化都是不断发展变化的，不存在固定不变的文化。最后，并非任何一种文化独特性都是具有价值或值得保护的。

四、领土权理据

领土权是社群主义用来证明国家拥有边境控制权的重要理据之一。米勒从三个角度论证了民族的领土权：一是国家功能论，二是领土增值论，三是领土象征论。

米勒对领土权之"合理性赤字"的认识并没有使他走向世界主义的移民伦理，他坚持社群主义的观点，这使得他对领土权与移民控制之内在联系的证明存在诸多断裂。首先，政府功能的发挥与自由迁徙权之间并无必然的矛盾。其次，各民族对经过其改造而增值的土地并无绝对的完全享有权。最后，对民族文化象征的保存与移民的迁入并非水火不容。

五、评论与思考

社群主义的理据本身就存在缺陷，还会遇到诸多合理性障碍。第一，地球上的土地是人类的共同财产。第二，自由、平等、博爱、正义等理念已成为全人类的共享价值。第三，认可跨国迁徙自由是相关国际盟约所倡导的价值理念。第四，阻止跨国迁徙自由的移民政策维护的是不公正的全球制度，而这种制度与日益严重的全球贫富差距密不可分。第五，当今时代出现的许多全球性问题，需要全球层面协作才能解决。

总之，社群主义的跨国移民伦理存在以上缺陷，面临诸多挑战，同时，走向人人平等的人类命运共同体是人类的必然选择，因而，跨国迁徙自由应被当作一项基本权利确认下来。

大众传媒道德失范要从严治理——评《大众传媒道德失范治理研究》

张耀灿，中国教育报，2019－04－11

大数据新技术催生了各类新媒体，随着新旧媒体的不断融合，对于传媒的道德要求应该更高。因为，新的信息传播技术更容易在客观上引发传媒道德失范，而目前对传媒道德失范治理的研究成果不仅少，而且系统研究的成果更为薄弱。彭颜红博士的专著《大众传媒道德失范治理研究》就是专门研究传媒道德失范治理的，颇具学术价值和实践指导意义。

该书以马克思主义理论和习近平新时代中国特色社会主义思想为指导，以大众传媒的道德失范为研究对象，深入分析了大众传媒道德失范产生的原因，有针对性地提出了治理大众传媒道德失范、加强大众传媒道德建设的对策和建议，具有鲜明的现实性、针对性和问题意识。

该书在研究视角、观点、材料和研究方法上有诸多创新。提出“治理大众传媒道德失范是个综合工程”的观点，认为要有效治理大众传媒道德失范必须树立全局意识，全盘考虑，综合实施，不能只在行业内部开展整顿；提出“治理大众传媒道德失范要完善四个机制”的新措施，系统运作大众传媒道德维护机制、大众传媒道德失范预警机制、大众传媒道德立体化管理机制和刚性监督机制，完善法律、行政、组织和社会监督管理体系，自律与他律相结合，有效治理大众传媒道德失范。

该书是跨学科研究的成果，综合运用了马克思主义理论、思想政治教育学，以及哲学、法学、政治学、社会学、新闻学、心理学、伦理学、传播学和教育学等多学科的知识与研究方法，论证充分，说服力强，进一步拓展了思想政治教育专业在其他领域的应用。该书还引用大量古今中外的典型实例，更加增添了观点的说服力。

由于上述特点，该书对于提升新闻工作从业者的职业道德水准具有一定实践操作的指导价值，对相关行业做出更加科学合理的决策提供有益的参考和启示，也可以作为高校相关专业的教学参考书籍和学生辅助学习资料。该书对广大受众也有阅读价值，广大受众只有具备较强的传媒素养，才能最大限度地减少因为传媒道德失范而受到的伤害，才能最大限度地让传媒为自己的生活和发展提供尽可能的帮助，有效提升自己的生活质量和工作效率。

论康德的两个伦理学概念　邓安庆，伦理学研究，2019(4)

康德哲学有两个伦理学概念：第一个同“物理学”(探究“自然的因果性”)相区别，把“自由的因果性”或“自由法则”(Freiheitsgesetze)置于思想的中心；第二个同“法权学”(源自罗马法的 ius)相区别，“不为行动立法(那是 ius 的事)，而只为行动的准则立法”，因而是“德性论”的伦理学(ethica)。后人往往遗忘康德第一个伦理学概念，而仅仅依据与法权学相对的第二个伦理学概念言说康德，因而产生了许多误解。本文指出，这个误解源于黑格尔，已经延续了二百多年，但黑格尔对康德的指控自相矛盾，无视康德文本。许多英美的现代阐释者延续这一误解，试图把“法权论”从康德伦理学中分离出去，本文对这些观念进行了批驳，阐释了这两个伦理学概念如何是统一的、一致的，必须把康德伦理学作为一个体系、一个整体，才能准确地理解和把握。

康德哲学中有两个伦理学概念,只要读过康德《伦理形而上学探本》(1785)(Grundlegung zur Metaphysik der Sitten,通常翻译为"道德形而上学奠基/原理/探本")和《伦理形而上学》(Metaphysik der Sitten,通常翻译为"道德形而上学")这两本书的人,对此都应该注意到了。但是,实际上却并没有多少人真正清楚地认识到,康德这两个伦理学概念的区别以及它们之间的关系、张力和因此所引起的问题之所在。本文着力于区分这两个伦理学概念,并试图从概念史上阐明。康德的第一个伦理学概念,通过同"物理学"相区别,把"自由的因果律"或"自由法则"(Freiheitsgesetze)置于伦理学思想的中心,但又因其缘起于斯多亚学派而奠定了其"义务论"的本色,于是,"自由的伦理"如何同"义务"之必然的强制性和无条件的命令性这一矛盾相融,这一课题的解决就使得康德把近代作为"道德科学"的伦理学推进到了一个新的现代典范阶段;康德的第二个伦理学概念,是更为精准化的伦理学学科概念,通过这个概念,康德把作为规范性科学的伦理学与同样是规范性科学的"法权学"区分开来,从而阐明了区别于亚里士多德古典德性论的现代德性论伦理体系。这一伦理学概念导致一个严重的问题是,德性论真的像现代英美的德性论学者规定的那样,必然与"义务论"对立吗?康德"义务论的德性论"就不能被视为德性论伦理学吗?这是当代德性论伦理学出现之后迫切需要我们做出阐释的一个基础理论问题;就康德伦理学的内部理解而言,这两个伦理学概念也不是完全相融的。

一

这是康德做出的第一个伦理学概念规定,根据这一规定,"伦理学"是研究"自由规律"或"自由法则"的"科学",这一"科学"是与研究"自然规律"/必然的因果性规律的"物理学"或"自然学"相对的,但"自然"和"伦理",无论就"对象"还是就"规律"而言,都是"相互从属的"。在这个规定中,实际上"伦理学"的含义就与亚里士多德的规定有了实质上的区别:第一,它没有特别强调其"实践性";第二,没有特别强调其"政治性"即作为城邦共同生活的规范性,而只是特别强调伦理学"陶养心灵"。

虽然关于"伦理学"的内涵不同时代都有不同的规定,但通过伦理学的这种知识谱系学或道德谱系学的演变,我们至少能够十分清楚地看到,康德关于哲学的划分以及伦理学的哲学性质的规定,是直接来源于斯多亚派而不是来源于亚里士多德。康德真正发现并阐释清楚了"道德事实"的本质。"道德"是我们伦理生活和行为的规范,这种规范既规范我们的"伦理生活",同时也规范我们形成一个真正的人格。第二个"过渡"康德的伦理学超越一切“通俗道德哲学”，也即“普通的伦理处世智慧”，其特点是把伦理的处世原则建立在经验、情感、直觉上，使得伦理的“根基”混杂不纯。康德力主首先要确立一门严格的“伦理形而上学”之原因。“伦理形而上学”从“实践理性的优先地位”出发，从“纯粹实践理性”寻求“伦理义务”的“先天立法”原理，由此确认伦理义务“绝对正确的最终根源”。所以，只有过渡到这种纯粹理性的伦理形而上学，伦理义务作为“定言命令”的“普遍法则”“必然要履行的约束力”才得到哲学的证明。当然，谁也无法否认，“伦理形而上学”是康德最为重要的成就，但恰恰因为它太重要、太经典，从而一直造成严重的遮蔽，即把这一显然仅仅只是康德伦理学的一个部分——“纯粹道德哲学”——当作了康德伦理学的全部。无论康德及其研究者如何强调“伦理形而上学”的重要性和不可缺少性，它也毕竟只是伦理学的一个纯粹部分，如果只强调这一纯粹部分，就像物理学只讲“思辨物理学”而不讲“经验物理学”是荒诞的一样，伦理学作为“实践哲学”只讲伦理的先天立法原理，而不讲“实践的人类学”，那么伦理学的自由法则无法实践以范导人类的伦理生活和行动，就变成了完全的空中楼阁。但康德绝不如此。“实践的人类学”在康德伦理学中是其“经验的部分”，从这一部分，我们才能领略到康德伦理学的实践指向性。

二

为了准确地把握康德伦理学，我们还必须考察他的另一个伦理学概念。第一，康德理解的“古时候一般伦理学”（实际上就是我们上文考察过的“希腊化时期”的斯多亚学派伦理学）总体上被称为义务学说，而“后来”“义务学说”只是作为伦理学的一个部分，即“德性论的部分”。第二，按照一般伦理学作为“义务论”，那么“总的义务学说体系”就该有两部分：“法权论”（义务）和“德性论”（义务）。前者服从“外部立法”，后者不服从外部立法。因此，如果仅仅把“德性论”称为“伦理学”（Ethica），那只是一个“小伦理学”概念，伦理学的一个部分。本文将从分析最为著名的黑格尔对康德伦理学之批判——固守道德性观点而缺乏伦理性环节，因而康德的道德命令必然陷入空洞性的内在矛盾——来证明康德自己提出的“法权学是伦理学的第一部分”的观点，从而把康德的第一个伦理学概念和第二个伦理学概念关联起来，作为一个体系来把握。

三

一些英美学者仅仅从法权论与德性论的相对关系出发，试图把“法权论”从康德伦理形而上学中分离出去，以便把政治与道德严格区分开来，实际上是片面理解康德的一个结果。因此,要真正消除对康德伦理学缺乏伦理环节、是空洞的形式主义的误解,研究“法权论”立法的合法性,如何既坚持了康德大伦理学概念确立的自由法则原理,同时又是建立在对传统自然法改造过的自然法的基础上,使人的自由存在成为伦理立法的首要原则,这是摆在我们面前的重要课题。解决了这一课题,康德伦理学的意义才能真正凸显出来。

新中国伦理学 70 年发展述要　王小锡,伦理学研究,2019(4)

新中国 70 年的伦理学始终伴随着我国经济、政治、文化和社会发展的进程而发展,其间有辉煌,也有坎坷。跟随着“雄狮”醒来的步伐,我国伦理学学科建设也取得了可喜的成就,学科体系的快速成熟和学科实践价值的凸显,使得伦理学雄踞我国哲学社会科学殿堂,并在经济社会发展进程中发挥着不可替代的独特作用。

一、新中国伦理学学科的曲折而辉煌的发展历程

新中国伦理学学科的发展大致经历了三个阶段,即前 30 年的伦理学理念乃至伦理学学科的孕育期、从改革开放至社会主义市场经济体制确立的伦理学学科的初创期,以及建设社会主义市场经济以来的伦理学学科的发展期。

(1) 前 30 年的伦理学理念乃至伦理学学科的孕育期。我在《中国伦理学 60 年》的序言中说:“新中国成立后,鉴于前三十年伦理学基本被作为‘伪科学’而无法进入我国人文社会科学的学科殿堂,中国伦理学一直处于被压抑状态中。”尽管在 20 世纪 50 年代末和 60 年代初,我国诸多老一辈哲学家和伦理学家们深入研究并阐发了诸多学术观点,但是,伦理学始终没有正当的学科“名分”,客观上严重阻碍了学科的正常存在和发展。随着经济社会的发展,伦理道德观念也始终或弱或强地展示在人们的社会生活中,伦理道德理论问题也时不时地出现在学者们的思索视野中。特别指出的是,尽管受到左的和相关偏颇思想影响,人们自觉不自觉地在思考或研究人的言行和人际关系处置之应该不应该的理念、规范和行为。虽然“左”的和相关偏颇思想影响下不宜着力宣讲伦理道德规范和行为,但社会主义伦理道德思想以“若隐若现”的方式体现时代精神,充实伦理道德主张,且在影响并指导着人们的思想和行为。

(2) 从改革开放至社会主义市场经济体制确立的伦理学学科的初创期。党的十一届三中全会后,伴随着改革开放的春风,伦理学的学科建设工作也逐步开始恢复。一是初建学科学术平台。1979年,中国人民大学恢复并组建了伦理学教研室,昭示着伦理学有了正式“名分”,其教学和研究工作已经有了立足之地;1980年,全国第一次伦理学代表大会在江苏无锡召开,在研讨了相关伦理学理论问题的同时,中国伦理学会随之成立,标志着我国伦理学学科建设有了重要的交流和合作平台;1984年,中国伦理学会和天津社会科学院主办的会刊《伦理学与精神文明》(1985年改为现刊名《道德与文明》)公开发行,展示着伦理学界有了自己特有的学术领地。二是伦理学学科建设成就也开始凸显。1981年,中国人民大学受国家教委委托,举办了两届(1981年和1982年)有80多人参加的全国高校伦理学教师进修班,为新中国伦理学的发展培养了第一批重要的学术骨干,预示着伦理学学科建设的高潮即将来临;1982年,罗国杰主编的新中国第一部伦理学原理教科书《马克思主义伦理学》的问世(先是作为中国人民大学的内部教材),说明我国有了自己的伦理学理论体系;1984年,中国人民大学在我国最早获得伦理学专业博士学位授予权,这标志着伦理学的学科体系建设已初具规模,大致成型,这为伦理学学科建设事业的发展奠定了重要的基础。

(3) 建设社会主义市场经济以来的伦理学学科的发展期。党的十四大确立了社会主义市场经济体制,这给思想解放带来了新的活力,同时伦理学学科建设和发展也进入了新的发展机遇期。在这期间,伦理学学科建设平台不断提升和完善。一是湖南师范大学继中国人民大学之后成为我国第二所具有伦理学专业博士学位授予权的高校。现今,全国包括哲学一级学科博士学位授予权在内的伦理学专业博士点就已达20多家。二是中国人民大学的伦理学与道德建设研究中心和湖南师范大学的道德文化研究中心先后于2000年和2004年被确定为教育部百所人文社会科学重点研究基地。三是由中国伦理学会委办、湖南师范大学主办的专业期刊《伦理学研究》于2002年创刊,它和《道德与文明》一起同被列为中国伦理学会的会刊。四是中国伦理学会先后设置了一批分支学术机构。五是国内多家高校和科研院所相继建立了涉及经济、政治、科技、工程等诸多方面的应用型伦理学研究机构。六是诸如中国人民大学和湖南师范大学等诸多高校创建了伦理学图书室和学术信息库,且图书资料可以共享。中国人民大学伦理学与道德建设研究中心与南京师范大学经济伦理学研究所合编的《中国经济伦理学年鉴》(2000年以来,并特设“伦理学前沿”)更是为学界提供了系统的经济伦理学乃至伦理学的发展境况。

以上这些是我国伦理学学科发展日趋成熟的重要标志，为推动我国伦理学学科建设事业的发展夯实了坚实的人才培养和学术研究基础。在这期间，伦理学理论建设、中外思想史研究和实践应用发展迅速。尤其是中央决定实施“马克思主义理论研究和建设工程”后，在首批“马克思主义经典著作基本观点研究”项目中就列有“经典作家关于意识形态、先进文化和道德的基本观点研究”的重大课题。而后，《伦理学》《中国伦理思想史》重点教材编写也被列入了“马克思主义理论研究和建设工程”项目。这标志着马克思主义伦理学已正式进入国家哲学社会科学和文化发展战略的规划之中。同时，诸多有关伦理学理论和实践的国家社科基金重大课题、重点课题等先后立项，学术著作、学术论文和学术信息库像雨后春笋般涌现，伦理学应用也已经凸显了其在经济社会发展中的非凡的不可替代的作用和魅力，充分展示了伦理学学科与时代同步、与国际接轨的现时代风格和品位。在这期间，国内国际学术交流日渐频繁。同时，我国学界引进并翻译了诸多国外伦理学方面的重要著作，我国学者的著作也被翻译成多种外国文字在海外出版，有的在全球发行，使得我们在了解世界伦理学发展趋势的同时，也让世界知悉我国伦理学学者的创新思维和学术成果。换句话说，我国的伦理学在世界学术平台上展示了独有的风采和魅力。

总之，70 年来，中国伦理学跟随着中国“雄狮”醒来的步伐，也已经屹立于我国乃至世界哲学社会科学之林，并在经济社会的发展进程中发挥着独特和不可替代的作用。

二、改革开放以来伦理学学术成就

正如前面所说，新中国成立以后的前 30 年，由于各种主客观因素，伦理学还处在孕育期，学术成就还只能是阶段性的、碎片化的展示，作为学科的伦理学的系统学术成就是改革开放以来才得以完整体现的。

(1) 伦理学原理日趋成熟。在伦理学理论体系的建设方面，学界承继前 30 年来虽碎片化呈现但具重要学科知识节点的关于伦理学的研究对象、关于道德的作用、关于道德的起源、关于道德的继承性等相关观点，不断提出了具创新意味的理念，形成了各具特色的理路和方法，并均以不同视角创造性地阐释并建构了伦理学体系，为伦理学原理的完善提供了有重要价值的学术和理论元素。可以说，社会主义道德规范体系的不断探索、发展和成熟是我国伦理学理论体系成熟的重要标志。

(2) 伦理学分支学科或研究方向发展迅速。随着我国伦理学理论体系的逐步成熟，特别是从 20 世纪 80 年代以来，伦理学分支学科或研究方向也从无到有，发展迅速。它们以强有力的发展态势支撑着伦理学学科建设之“大厦”。① 马克思主义伦理思想及其发展史研究提升到新的高度。早在 1991 年章海山就撰写出版了我国系统研究马克思主义伦理思想发展史的第一部力作《马克思主义伦理思想发展的历程》。② 中外伦理思想发展史形成了中国话语。中外伦理思想发展史的研究也是 20 世纪 80 年代以来才开始并快速发展的，其间形成了鲜明的研究特点。③ 应用伦理学研究与时代同步。我国应用伦理学的研究态势也是发力强劲，“特别是经济伦理、生态(环境)伦理、科技伦理、生命医学伦理等当代世界性热点领域的应用伦理研究得到快速发展，相关成果急剧增加，一些方面的研究已经融入国际学术前沿，产生了显著的国际学术影响”。

(3) 伦理学特色范畴(专题)研究展示学科魅力。在伦理学学科的发展进程中，一些开创性和拓展性重要理论，增强了伦理学学科的活力和发展潜力。① 关于人类命运共同体。人类命运共同体是党的十八大报告中提出的新思想，它是新时代中国的世界关系观、国际社会观的集中概括。② 关于道德本质。对伦理学原理的重要理论方面的道德本质的系统而深刻的研究和概括要数夏伟东的专著《道德本质论》。③ 关于道德资本。道德资本理念是经济伦理学或伦理经济学的原创学术观点。道德资本理论，不仅从理论和实践上说明道德可以帮助企业赚钱，而且说明了经济建设离不开道德，更是从根本上说明道德的社会作用和存在理由。④ 关于道德生产力。道德乃经济发展的特殊力量。经济发展速度决定于生产力的发展水平，大凡先进的生产力一定有快速发展的经济。⑤ 关于伦理生态。伦理是人及其关系的“应该”状态，意味着人类社会的理性和谐样态。⑥ 关于道德悖论。道德悖论的提出，源于对我国改革开放进程中出现的“道德困惑”的理论思考。⑦ 关于道德风险。伦理学意义上的道德风险有其自身特定的内涵，它是指在人们的生产和生活行为中潜藏着的并可能出现的与道德有关的危险境况。⑧ 关于底线伦理。底线伦理是指在现代多元的社会中，人们可以追求各式各样的生活和生产目标，可以表现多种多样的生活和生产方式，其中，人们需要确立与之相适应的价值取向和道德目标，需要遵守与之相符合的行为准则。

三、当前我国伦理学发展存在的问题、对策及其未来展望

如前面所说，我国伦理学的 70 年发展历史，虽然进程艰难，但毕竟哲学社会科学之林有伦理学的一席，尤其是改革开放以来，伦理学的显学地位凸显。不过，问题尚存，需要我们正视，并努力克服之。

(1) 尚需正视和改进的相关问题。我国伦理学学科发展进程中,在一定角度和一定程度上存在以下不可忽视的需要进一步改进的问题。① 学术尚需进一步抓好“顶天”和“立地”之两头,衔接好“顶天”和“立地”之逻辑关系,以免造成理论没有根据、现实没能升华的局面。② 学科理论建设尚需进一步走进马克思主义的经典原著,并全面、系统、正确地理解经典作家及其思想,以避免对经典作家思想做形而上学的理解,甚至仅仅是为了贴标签。③ 学风尚需进一步纯正。学界应该避免“学术自恋”,即没有学术比较的自信,缺乏学术创新的自信,脱离实际的自信,自说自话的自信。

(2) 伦理学发展的对策与展望。应对新时代我国伦理学的现实发展态势,需要确立以下主要理念。① 坚持以马克思主义为指导,结合我国新时代的实际情况,兼容并蓄地承继中华优秀传统伦理精华,吸收外国合理的伦理观念。② 面向社会,走进社会,广泛开展社会调查研究工作,切实了解和认识现实社会问题,用伦理学学科视角及其理论分析方法真正解释和解决现实社会问题,并及时地、科学地发声,以独特的学科力量,为社会的和谐发展、高质量发展做出应有的贡献。③ 净化学术风气,让学术回归学术。④ 要进一步加强道路自信、理论自信、制度自信、文化自信,有底气地打造具中国精神、中国风格和中国气派的伦理学。

我国的伦理学学科建设将与新时代发展同步,未来的伦理学将在承继70年可喜发展成就的基础上,凸显于哲学社会科学殿堂,成为经济社会发展的不可或缺的重要“杠杆”和人们社会生活中不可多得的“宠儿”。愿中国伦理学以其独特的功能和作用,服务于精神文明建设,服务于经济社会的发展,服务于人民生活质量的提升。

论责任伦理视阈下绿色生态意识培育　杨文燮,南京师大学报(社会科学版),2019(4)

责任伦理强调行为选择的价值性、主动性和责任性,旨在唤醒社会成员的价值意识和主动意识,促进社会问题的根本性解决。面对生态危机和环境破坏的时代难题,国家、社会、个人都负有无可替代的生态责任。以责任伦理为依托培育全社会绿色生态意识,是应对生态环境危机的现实需求、构建生命共同体的时代要求,致力于满足人们的绿色诉求。倡导绿色理念和价值意识、推广绿色服务意识、保障绿色权利意识,推动构建生态文明建设的观念基础,提供更多优质生态产品以满足人民日益增长的优美生态环境需要,不断促进社会公平正义。

一、责任伦理的内涵

责任伦理是相对于"义务伦理"而言的，它更强调主动选择和积极承担伦理行为，义务是一种具有被动承受性的职责，它由个体自身所处社会位置以及其为了权利而签订的某种契约所决定。"尽义务"是人们出于权责对等的原则而被动承担某些事情，往往只着眼于实现服务对象的基本需求；"负责任"更多地是主动回应担当他者的要求或需求，能够在完成对方基本需要的基础上达到较高的服务水平。强调责任伦理，旨在唤醒每个人的价值意识和主动意识，促进社会问题的根本性解决。

责任伦理作为一种理想型社会行为，兼顾了目的理性与价值理性两个维度的要求。责任伦理是符合生态文明建设需求的伦理规范，它一定程度上促进了对"人类中心主义"价值立场的超越，要求我们着重推广绿色价值意识，强调绿色服务意识，维护和保障权责统一的绿色权利。

二、生态责任意识培育之必要

(1) 应对生态危机的现实需求。污染的加剧和生态环境的恶化，不利于中国社会的可持续发展，更不符合人民绿色精神需求，甚至对人民的生命健康造成急迫威胁，破坏着人与自然和谐共生型社会的构建。为了应对危机，我们必须思考：我们究竟要建设一个什么样的社会？我们想要一个什么样的未来？为此我们应该树立什么样的价值观，以实现可持续的发展？

(2) 构建生命共同体的时代要求。为了避免人、社会、自然之间的相互作用关系沦入恶性循环，减轻甚至避免生态系统遭受破坏，也为了不使本已严峻的环境危机日益加深，必须用整体性思维，树立生命共同体的思想，担当维护地球家园的责任。

(3) 满足人民的绿色诉求。政府应该以人民的绿色诉求为自身职责，其履行职责的表现之一，即夯实绿色社会构建的观念和意识基础，发挥引导和规范作用，推动全社会转变发展观念，培育绿色生态意识。

三、绿色生态意识培育之路径

(1) 倡导绿色理念。在全社会倡导和构建先进的绿色理念，是一种收益巨大的政策行为，能够促使原本不关心生态的人们开始关注和思考生态环境问题，引导关注生态的人们更加深入地探索问题的解决途径，在绿色理念的指引下开展各方面的绿色实践，从而强化人们保护生态环境的意识，增强全社会贯彻绿色发展理念的自觉性和主动性，形成绿色生活方式和发展方式。

(2) 树立绿色价值。首先要尊重自然，尊重万物的存在，尊重共同体各自应有合理的生存空间;其次应保护自然,承认客观规律的存在,当然,保护并非意味着无视人类自身的生存发展,而是要求关注共同体的共同存续,追求人类命运共同体、人与自然生命共同体的实现。

(3) 推广绿色服务。不仅要从理念、价值层面,更要在社会存在的实践层面提供绿色产品和服务,使人们切实受益,不断满足社会成员对于优美生态环境的需求,从而激发他们主动地、自觉地认识自然价值,形成践行生态理念、崇尚绿色价值的社会风尚。

(4) 保障绿色权利。如下的观念十分必要:人们有着迫切的绿色需求,这是社会成员应该享受的权利;维持自然、社会、人类的和谐存续,也是每个人应当承担的义务。简言之,在生态问题频发的今天,"绿色权利"同时意味着社会成员的权利和义务。

食物伦理律令探究 任丑、沈冬香,中州学刊,2019(4)

一、问题的提出

继罗尔斯引发的学术盛事之后,国际伦理学界的另一学术盛事是:帕菲特的《论重大事务》以及一批当代重要伦理学家围绕此著所进行的研讨。这些学者共同关注的重要问题可以概括如下:为"避免人类历史终止",维系理智生命存在,应当如何面对各种生存危机?其实,人类历史延绵的要素固然复杂,但依然可以将其归为两类:人类历史延绵的基础要素和人类历史延绵的发展要素。人类历史延续的两大基础要素包括:饥饿、繁殖。比较而言,饥饿是人人生而固有且终身具有的现实能力要素,饥饿是生殖得以可能的必要条件。因此,解决生存危机、延续人类历史的首要问题是饥饿问题。饥饿问题只有在人与物的关系中才可能得以解决。人们根据满足饥饿的目的,把外物转变为一种是否选择的食用对象。与此相应,饥饿与外物关系转化为食物伦理的三个基础问题:是否应当禁止食用任何对象?是否应当允许食用任何对象?应当食用何种对象?把握它们蕴含的食物伦理关系就是食物伦理律令所要回应的问题。

二、食物伦理第一律令

食物伦理第一律令既是去除饥饿之恶的诉求,又是达成饥饿之善的期望,亦是饥饿之善恶冲突的抉择。

(1) 去除饥饿之恶的诉求。饥饿是每个人生而具有的生理需求与自然欲望,因此构成人类先天固有的脆弱或欠缺。在弥补和抗衡这种脆弱或欠缺的绵延历程中,饥饿可能成为恶。饥饿首先带来的是具有可能性的恶——为善能力的削弱甚至缺失，以及为恶契机的增强。饥饿不仅仅囿于可能性的恶，在一定条件下还能造成现实性的恶。

(2) 达成饥饿之善的期望。尽管饥饿及其带来的痛苦更倾向于恶，但饥饿之善依然是可以期望的。饥饿首先是人类存在的原初要素之一。在维系生命存在的过程中，饥饿及其带来的快乐在某种条件下转化为有益于人类与生命存在的善。

(3) 饥饿之善恶冲突的抉择。去除饥饿之恶、达成饥饿之善是饥饿善恶相互冲突的抉择历程，实质则是食物伦理领域的生死矛盾。化解这种矛盾必须回应两个基本问题：绝对禁食是否正当？允许用食是否正当？用食以血腥的恶作为工具，是为了达成保存生命之善的目的。因此，允许用食或拒斥绝对禁食是自然之善法则的应有之义，也是适者生存法则下化解生死存亡冲突的实践律令。

三、食物伦理第二律令

如上所论，不应当绝对禁食也就意味着应当允许用食。我们自然要问：是否应当允许食用任何对象？此问题涵纳两个基本层面。

(1) 是否应当以人之外的所有对象为食物？这个问题可以从人的身体功能和食物规则两个层面予以思考。总之，为了维系健康和保存生命，人不能以人之外的所有对象为食物。

(2) 是否应当以人为食物？既然不能以人之外的所有对象为食物，那么是否应当以人为食物？这个问题可以分为两个层面：人是否应当成为其他生命的食物？人是否应当成为人的食物？结论是不应当以所有对象为食物，尤其不得以人为食物，因为人性尊严是食物的价值目的。这就是食物伦理第二律令。

四、结语

那么应当食用何种对象？这是第三律令要回应的问题。应当秉持人为目的的食物伦理法则，其实质是食物伦理的积极自由。至此，食物伦理律令已经呼之欲出。不过，还需要进一步追问：食物伦理的三个基础问题的提出有何伦理根据？人们最基本的生存要素是满足饥饿需求的食物，因此，向死而生的最基本的存在形态就是向饿而食。如此，人类必然面临向饿而食的三大伦理困境：生死冲突，生命冲突，生活冲突。应对这三大伦理困境分别是食物伦理的三个基础问题的“应当”根据。据此，回应的食物伦理律令修正为：面对生死冲突，不应当绝对禁食；面对生命冲突，不应当以所有对象为食物；面对生活冲突，秉持人为目的的食物伦理法则。

三大伦理律令分别从不同层面诠释出了食物伦理的根本法则——食物伦理的自由规律,这就是食物伦理的总律令即“食物伦理律令”。其基本内涵可以归结为:在应对诸多食物伦理问题时,人类不应当屈从于自然规律,而应当遵循自由规律——秉持免于饥饿的基本权利,追寻正当的生存诉求和善的生活,进而提升生命质量,彰显人性尊严与生命价值。就此意义而言,食物伦理律令无疑是人类应对生存危机、维系生命存在、延续人类历史的基本伦理法则之一。

明清善书中的妇女伦理　高寿仙,学习时报,2019-04-26

传统“女德”作为一种悠久而复杂的文化积淀,是研究中国传统伦理必须关注的重要内容。目前,社会性别和妇女史研究已渐成显学。明清善书中的妇女伦理,为考察和了解当时民间通行的妇女观以及妇女的实际生存状态,提供了一个窗口。

妇女伦理是明清善书的重要内容。到明清时代,随着善书的兴盛,宣讲妇女伦理规范的专门性作品更是大量涌现。

本文仅以曾经在晚清民国风靡一时的《文昌帝君功过格》为例,对善书中的妇女伦理做一简要介绍。该书大约出现于雍正初年,伪托文昌帝君下凡乩书传授,在民间流传甚广,影响很大。它的文字虽然简约,但内容却十分齐备,几乎为当时社会生活的各个方面都确定了善恶标准。该功过格的“闺门”部分,将妇女应遵守的行为规范分为九大类,详细罗列了闺门功格85条、闺门过格123条,涉及妇女立身处世、待人接物、言行举止等各方面,反映出当时人们对妇女角色的理想预期。

实事求是地说,该功过格所罗列的妇女行为规范,部分是有积极意义的,在今天的道德建设中仍有其价值。比如在家庭关系方面,提倡孝敬长辈、助夫为善、教育子女、敦睦亲族,提出“侍奉疾病无厌倦心”“相夫子成德成学”“赞助义方,教子成立”“妯娌、姑妗、姐妹相敬爱”等;在个人修养方面,提倡持身端正,如“居处端庄”“慎举止”等;提倡纯朴勤劳的,如“勤俭同心作家”“早起夜眠,操作勤苦”等。

另一方面也毋庸讳言,该功过格所罗列的妇女伦理,也有很多歧视性或禁锢性的糟粕。比如在家庭关系及个人自由发展等方面,要求妇女无条件地顺从丈夫,力图把妇女限制在家庭之内,并禁锢其精神自由及个体发展等。

论社会主义核心价值观建设的原则 王淑芹，哲学研究，2019(5)

人的感性与理性、肉体与灵魂、个体与群体的二元存在方式，是人类社会的原发矛盾，也是人类社会发展始终要面对与解决的核心问题。各个国家和民族在致力于这二元矛盾的协调与制衡中形成了不同的文化与文明。核心价值观作为文化多层次体系的灵魂，是社会共同体的思想基础和基本信仰，是国家和民族生存和发展维系的精神命脉和不可或缺的文化软实力，因而，任何国家和民族无不重视核心价值观建设。

一、在正当性的证成上，坚持价值理性与工具理性的统一

人的思想及其构建的意义世界决定了人的行为的价值特性。人的思想对行为的支配性以及人们对行为规则合理性的诉求凸显了维护核心价值观正当性的重要性。在理论研究中，价值理性与工具理性是核心价值观正当性证成的一种分析框架。

核心价值观是人精神世界的一种内在需要，其本身就是目的。核心价值观与社会是同一的，即社会主义核心价值观是我国社会发展规律的本性要求，是内蕴于社会中的构成要素而不是外在强加的。社会主义核心价值观是价值理性与工具理性的统一。因为核心价值观作为个体和社会的一种本性规定，自身就具有价值和意义。

二、在培育内容上，坚持普遍性与特殊性的统一

核心价值观作为人的一种精神建构、社会秩序的一种规则建构、文化和信仰的一种灵魂建构，其内容是普遍性与特殊性的统一。核心价值观内容的普遍性是毋庸置疑的，但也不能无视核心价值观内容要求所具有的特殊性。一方面，核心价值观与社会结构分化所形成的不同阶层或利益集团的价值统合具有差异性；另一方面，核心价值观的实然与应然的价值特性决定普遍与特殊要求的统一。

核心价值观的培育，就要面对市场经济社会不同人群的思想境界及其市场机制的作用而针对性地引导与教育，注意多数人群与少数人群价值的变量关系，形成价值低阶梯人群向价值高阶梯人群的转向和跨界，避免价值高阶梯人群向价值低阶梯人群的滑落，使社会上多数人具有核心价值观。社会的核心价值只有为人们普遍认同和践行，才能发挥社会核心价值观的统摄与规范作用。

三、在培育方式上，坚持社会教化与制度规约的统一

如何培育和弘扬社会主义核心价值观，促进社会成员自觉服膺和积极践行，则成为社会主义核心价值观建设的重中之重。首先，核心价值观的教育引导,需要制度规约创设的社会支持系统。其次,制度规约的良善性需要核心价值观的融入。再者,核心价值观的社会教化与制度规约的同频共振,是人的价值认同与行为习惯养成规律的客观要求。提高社会主义核心价值观培育的成效,需要把核心价值观的教化与制度规约有机结合起来,实现内外兼治,既发挥好社会教化的价值宣导作用,使人们"有耻且格",自觉守法尊德,又发挥好制度的固化与强制作用,使人们"明理守规"。

走出行政伦理困境——一个交往理性的解释框架　王家峰,道德与文明,2019(5)

在复杂的公共行政活动中,行政官僚会在三个不同的层面上遭遇无所适从的伦理困境。解决行政官僚的伦理困境需要重建政治社会的交往秩序,通过将他们安放在一个以商议性原则为基础的民主制度框架内,不同价值要求之间的冲突可以根据依此而生的一个民主程序和"词典式序列"而得到有效的解决。

一、认真对待公共行政的复杂性

行政官僚至少在三个层面上遭遇了伦理上的困扰。首先,公共行政与私人道德之间的冲突所引发的"肮脏之手"的困惑。尽管在"公共善"与"道德善"之间进行区分可以在一定程度上化解上述矛盾,但这并不意味着行政官僚就此可以放弃对道德的承诺。其次,公共行政体系内部不仅存在着种种利益、权力、角色之间的冲突,而且组织原则与政治理想、行动效率与目标正义之间的持久裂痕也很难加以调和。最后,社会的多元化加剧了公共行政在目标或回应上的困境。如果公共政策不能以共识为基础,行政官僚的服务也很难再被视为取向于"公共善"。

二、作为复杂性根源的多重世界

理解公共行政必须采取不同的视角,认真对待不同观点中的公共行政。首先,以组织的视角观之,公共行政的问题就是一个组织管理的问题。在这种观点下,公共行政理论注重对管理原则的寻求以及组织结构的设计,核心是分工与指挥链条的建立,从中产生的是官僚的专业伦理与服从伦理。其次是法律的视角。从这个视角中产生的是官僚的规则意识与守法伦理,以及对宪法的重要承诺。最后是公共行政的政治视角。公共行政在归根结底的意义上是一个政治的过程,它涉及社会不同主体的利益多元性以及它们的代表性问题。民主的代表性与官僚的回应性休戚相关,从政治视角中产生的是民主的价值和原则。

行政伦理的复杂性不仅在于上述三重视角，还在于行政官僚需要以直接或间接的方式去面对多元化的世界。公共行政的政治特质决定了它必须要回应外部世界的诉求。在这个过程中，行政官僚必须对他所处的社会群体的价值观保持忠诚和敏感性，以将这种价值意识整合到他的专家身份之中。

三、解决多样性冲突的交往框架

价值来源的多样化及其相互之间的根本差异虽然是冲突产生的重要原因，但仅此并不一定导致冲突。问题不仅在于视角与价值上的差异，而且还在于立足这些差异而产生的那些社会交往。冲突是在交往或互动的过程中制造出来的。既然差异避免不了，那么理智的选择显然是从交往的角度来理解冲突的解决。从交往的角度来理解道德冲突，意味着将对话和理解置于核心的位置。

价值多元化所导致的道德困境，意味着冲突的解决实际上只能交付于交往过程中的对话与理解，取决于公共商谈。人们可以通过向别人叙述他们的故事来交流对于彼此背景的不同看法，以改变冲突的形式。在这个新的理解方式中，结果并不是最为重要的，相反，对话以及解决冲突的过程是最为核心的要素。它要求致力于冲突和解的各方要具有公平、开放以及宽容的心态，并且要有坚定的责任感以保证公共商谈的质量以及解决冲突新途径的制度化。建立在商谈原则基础之上的程序性民主就这样成了解决现代社会道德冲突的公共机制，民主程序所做出的决策虽然具有明确性与社会效力，但在原则上应具有“可错性”，并接受后续商谈过程的检验。

四、一个商谈民主下的伦理决策

以商议性原则为基础，可以形成一个合理公共行政的过程模型。当一个社会问题成为需要政府来加以解决的对象时，围绕这一议题所产生的不同道德价值以及政治规范之间的竞争，以及不同的社会阶层、社会团体之间的多元利益竞争，都需要在以商谈原则为基础的民主程序框架中取得共识并形成政治意志，并转化成公共组织所执行的法律或政策。只有在这个程序民主的框架中，以商谈原则为标准，复杂的道德、政治议题才可以合法地转化为具有客观性与确定性的法律而为人们所遵守；而一种具有社会有效性的法律或政策事实要被视为正当的，获得社会的承认和接受，也必须要经过以商谈原则为基础的民主程序来加以合法化。

道德完整性、专业化与社会合作——专业化时代的道德理论主题　张乾友,道德与文明,2019(5)

道德理论是关于具有道德完整性的人的理论,它的任务是去寻求使人在不同方面具有道德重要性的各种可能性,而这一任务面临着专业化的挑战。在社会专业化不断加深的趋势下,社会需要承担个体的再专门化成本,当每个人都可以自由地游弋在分工体系中时,社会就将变为一个合作体系。其中,每个人都完全基于道德判断来做出专门化和再专门化的选择,并通过这种选择来实现其道德完整性。

一、专业化时代的道德难题

要保障所有人的道德完整性,社会就需要分担个人的再专门化成本,否则,专门化就可能成为个人使自己从一个潜在的具有道德完整性的人变成一个“单向度的人”的一种机制,而如果所有人都基于这种担忧而拒绝做出专门化的选择,则意味着社会将无法通过专业进步来推动自身的进步。这样一种紧张构成了专业化时代道德理论面对的一个基本难题。

二、分工—协作体系及其变异

在现代社会,专业化所造成的这种紧张是通过社会的分工—协作体系来予以解决的。当社会的分工—协作体系运行良好时,所有人之间存在一种道德分工,整个社会则是一个道德化的分工—协作体系。不过,在实践中,这一分工—协作体系并不总是运行良好的。当这种情况普遍存在时,不同事情的从事者之间就只有分工,没有协作,而在缺乏协作的条件下,社会的分工体系就变成了一个分隔体系。它将处于市场底端的人们变成了一种单向度的存在,而且是一种廉价的单向度的存在,他们又因为是廉价的,就失去了通过再专门化来重新获得道德完整性的能力。

三、走向社会合作

在权力源于产权的前提下,要消除权力对人们之间交往的影响,一个合乎逻辑的解决办法就是取消产权。权力因素是最可能对个人的道德判断产生非道德甚至反道德性影响的因素,是我们最应当致力于消除的因素,以此来维护所有人道德判断与专门化判断间的一致性,进而维护社会的专业化趋势与人的道德完整性追求之间的一致性。只有这样,专门化选择才完全是一种道德选择,而社会的专业化才能服务于实现每个人之道德完整性的目的。他们可以非常方便地根据社会道德需求的变化来调整自己的专门化选择,与不同的人进行道德分享,由此,他们间的关系就变成了一种合作关系,而整个社会也将成为一个合作社会。

美德伦理学为何不是一个错误的分类范畴 陈真,道德与文明,2019(5)

玛莎·努斯鲍姆曾被许多人视为美德伦理学家。然而,努斯鲍姆本人郑重声明这并非她本人的观点,她明确质疑"美德伦理学"的概念。她认为,按照人们的标准看法,美德伦理学是与功利主义、义务论一样鼎足而立的三种伦理学研究进路之一,而这样的看法是一种错误的范畴分类。本文旨在反驳努斯鲍姆的上述论点。

一

努斯鲍姆认为按照标准教科书和标准的论述,美德伦理学是与功利主义、康德义务论并驾齐驱的第三种伦理学的研究进路,她质疑这种分类。她认为"美德伦理学"本身就是一个"混乱的故事",按照这一故事,"我们正在从一种基于关于普遍化的启蒙理想的伦理转向一种基于传统和特殊性的伦理,从一种基于原则的伦理转向基于美德的伦理,从一种致力于阐释系统理论的伦理转向某种怀疑理论却尊重具体的实践智慧的伦理,从一种基于个体的伦理转向一种基于友情和关爱的伦理;从一种与历史相分离的伦理转向一种根植于特定的历史共同体的伦理"。

按照努斯鲍姆的上述描述和她后面正文中对"美德伦理学"概念的批判,"混乱的故事"主张美德伦理学是伦理学研究的第三种进路,其主要依据有三,即都以美德作为主要研究对象,都反对功利主义和反康德主义,有着可描述的共同根据。努斯鲍姆的主要任务是要反驳这些依据,并由此证明并不存在美德伦理学这样的事情。

二

她认为"美德伦理学"的概念犯了一种基本的分类错误,因为并不存在统一的美德伦理学的研究进路,并不存在"美德伦理学"这样的东西,她通过反驳"混乱故事"的三条依据以证明她的上述断言。

第一,按照"混乱的故事",美德伦理学就是以美德作为主要研究对象的伦理学,然而,这一分类依据无法将美德伦理学与康德主义和功利主义区别开来,因为康德主义者或功利主义者也研究美德。

第二,反功利主义或反康德主义曾是"美德理论家"之间共同的重要标志,但努斯鲍姆认为它们也无法成为衡量一种理论是否是"美德伦理学"的依据,因为反功利主义或反康德主义的立场本身就南辕北辙。这种南辕北辙的立场很难将这些美德理论家的研究变为一种统一的、具有某种一致性的美德伦理学研究进路。

第三,努斯鲍姆承认捍卫"美德伦理学"的美德理论家之间确实存在一些共同的根据或主张,但它们依然无法作为判断一种理论是否是美德伦理学的依据。努斯鲍姆认为这些共同的根据或主张没有一个能将美德伦理学与功利主义或康德主义义务论区别开来,因为功利主义者或康德主义者也可以关注这些问题或接受这样的主张,这些主张与功利主义或康德主义的主张是相容的。

三

然而,努斯鲍姆所说的“美德伦理学”范畴概念是一个过时的、不合理的范畴概念,尽管这一美德伦理学的概念曾经,甚至今天依然普遍流行且为英美大学哲学教科书所普遍采用,按照这一流行的概念或标准,美德伦理学是以研究的对象或问题来界定其概念的内涵的。这一标准无法将美德伦理学与功利主义和康德主义区别开来,因为功利主义和义务论也可以并且也研究美德和美德问题,这一标准混淆了美德伦理学与关于美德的伦理学之间的区别,因为并非凡是研究美德或美德问题的伦理学都是美德伦理学。

正确界定美德伦理学的方法应当是以研究进路,而不是根据理论表面上的共同特征来界定。所谓以研究进路来界定规范伦理学的理论类别,就是以伦理学的基本概念来决定其理论的类别,亦即以其理论的逻辑起点来界定其理论的类别。严格意义上的美德伦理学主张以美德概念作为其伦理学的基本概念,以说明其他伦理学概念和行为的正当与否。以基本概念来定义美德伦理学不仅可以清楚地说明严格意义上的美德伦理学家之间的统一性或一致性,还可以清楚地将其与其他两种规范伦理学的研究进路区别开来,从而可以避免以往的以对象或问题来界定美德伦理学所出现的种种问题。

我们应当放弃旧的“美德伦理学”范畴,而采取新的、以伦理学的基本概念来定义的美德伦理学范畴,新的美德伦理学范畴并不是一个错误的分类范畴,并且确实存在着满足这一范畴标准的美德伦理学理论,美德伦理学确实可以成为规范伦理学研究的第三种研究进路。

制度功利主义　姚大志,南开学报(哲学社会科学版),2019(5)

功利主义面临一个巨大的理论困境:要不要进行功利的人际比较?无论是传统的行为功利主义,还是当代的规则功利主义,都无法解决这个问题。制度功利主义试图克服这个困难:能进行功利的人际比较的地方,就进行人际比较;不能进行人际比较的地方,就按照制度行事。制度功利主义在理论上有两个目的：一个目的是克服原有功利主义的困难，并且对功利主义的基本原则（功利最大化）给予更合理的解释；另外一个目的是挑战主流的自由主义（以权利为基础的自由主义），为功利主义在当代政治哲学中争得一席之地。

一

与罗尔斯相似，制度功利主义是在社会基本制度的背景下来考虑利益冲突和分配正义的。与罗尔斯不同的地方在于，制度功利主义主张，制度安排能够导致功利主义的后果，权利能够发挥保护人们利益的功能。人们的利益在某些场合是一致的，在另外一些场合则是冲突的。按照功利主义的观点，在利益发生冲突的场合，只有对福利进行某种程度（序数的或基数的）的人际比较，才能处理这种冲突所引起的道德问题。也就是说，如果功利主义者要证明在处理这类问题上所采取的功利最大化是正确的，那么他们必须能够确认一方（或一个群体）的所得超过了另一方（或另一个群体）的所失。

对于制度功利主义，所谓功利就是指福利。制度功利主义把福利当作终极目的加以追求，而且在面临各种行为选择的时候，它总是选择能够导致福利最大化的行为。要选择福利最大化的行为，就要对各种行为之后果进行功利比较。只有当我们进行了这种功利比较之后，才能够知道某种资源转移是否会产生福利的最大化。这样，制度功利主义会涉及三个基本问题：第一个是功利的人际比较，第二个是功利比较的尺度，第三个是功利比较的范围。

二

从后果主义的观点看，权利的重要性在于为人们的利益提供了保护。制度功利主义对保护利益的三种方式进行了区分：我们可以保护个人的利益，而这种个人利益独立于其他个人的利益；我们可以保护当事双方的利益，而当事双方的利益独立于更大群体或社会的利益；我们可以保护更大群体的利益甚至社会整体的利益。与保护利益的三种方式相对应，也存在三种权利：第一，属于个人的权利；第二，自愿交易或缔结契约的权利；第三，属于整个社会的权利，如言论自由的权利和福利再分配的权利。

我们可以把制度功利主义的基本观点归纳如下：因为理性是有限的（如我们没有足够的信息），而且决定行为后果的因果关系是复杂的（如行为者的战略互动），所以我们在某些场合无法进行功利的人际比较，也容易犯各种各样的错误；因为我们在某些场合无法进行功利比较并且容易犯各种各样的错误，所以我们需要设计出一套制度(及其权利)来保护我们自己，来达到功利最大化。对于制度功利主义者，制度的功能是保护和增进人们的利益，而权利在保护利益时发挥了最大的作用。

三

作为一种新版的功利主义，制度功利主义在理论上有两个目的。一个目的是克服原有功利主义的困难，特别是行为功利主义和规则功利主义在人际比较问题上的困境，对功利主义的基本原则(功利最大化)给予更合理的解释。另外一个目的是挑战主流的自由主义(以权利为基础的自由主义)，从而在当代政治哲学中争得一席之地。为了达到这两个目的，制度功利主义吸收了主流自由主义的某些优点，特别是罗尔斯式自由主义的一些优点。

就功利主义的理论传统而言，制度功利主义奉行这样一种原则：能进行功利的人际比较的地方，就进行人际比较；不能进行人际比较的地方，就按照制度行事。就与当代自由主义的关系而言，制度功利主义持有这样一种态度：坚持功利主义的立场，但吸收当代自由主义的某些优点；并且在此基础上提出一种功利主义的自由主义，以取代义务论的自由主义。前者的问题在于，按照制度行事并不能保证功利的最大化；在这种情况下，制度功利主义就不再是功利主义了。后者的问题在于，用功利主义的自由主义取代义务论的自由主义，前景渺茫；在这种情况下，制度功利主义作为政治哲学的一种派别也危机重重。

伦理学的繁荣发展与历史使命　江畅，人民日报，2019－05－27

学科意义上的伦理学研究，20世纪初才开始在我国出现。新中国的成立特别是改革开放为伦理学发展注入了强大动力，伦理学出现持续繁荣的局面，目前已成为哲学大家庭中的一门显学。同时，伦理学也为我国改革开放和社会主义现代化建设做出了重要贡献。在新中国成立70周年之际，回顾和总结伦理学的成长与进步，展望伦理学的未来与发展，进一步明确伦理学承担的历史使命与社会责任，无论对于伦理学本身更好发展，还是对于新时代加强道德建设、以明德引领风尚，都具有重要意义。

一、学科的兴盛与贡献

学科体系日渐完善。伦理学原理研究不断拓展和深化。伦理学理论还被运用于研究现实问题，并与相关学科融合，兼具应用性和交叉性的应用伦理学异军突起。

综合实力显著增强。伦理学工作者不断探索前行,在一系列伦理学理论问题上有所创新和建树,研究解答了许多现实道德问题和人生难题。1980 年成立的中国伦理学会在组织、协调和推动全国伦理学研究方面发挥了重要作用。杂志以及集刊的创办,为伦理学研究新成果提供了发表园地。各高校和社科研究机构设立完整的伦理学专业人才培养体系,伦理学研究和教学队伍不断壮大。伦理学重点学科和研究基地的设立,推动了伦理学研究的拓展和深化。中国特色伦理学教学体系逐步形成。

助力观念更新和道德建设。伦理学推动了善恶观、道德观、人生观的更新,为人民追求美好生活提供了学术支持和理论依据,增进了人民群众对美好生活的正确理解和普遍认同。伦理学倡导的爱国、敬业、诚信、友善成为社会主义核心价值观的重要内容。近年来,伦理学界积极参与研究构建人类命运共同体和人类共同价值,努力为完善全球治理贡献中国道德智慧。

二、存在的问题与不足

重大原创性理论成果不够多。中国正处于从富起来走向强起来的新时代,许多关涉中华民族伟大复兴和社会主义现代化强国建设的重大问题日益凸显,且中国伦理学在世界上发声不够,国际话语权较弱,解答这些重大问题需要伦理学积极参与。

中外合作研究不够深入。改革开放以来,伦理学"引进来"的多、"走出去"的少。很多中外伦理学交流合作还停留在浅层次,缺乏深度交流与实质性合作。

道德体系的理论构建亟待加强。建设社会主义现代化强国,不断满足人民日益增长的美好生活需要,应该有与之相适应的道德体系。道德体系的实践构建,需要以理论构建为前提。

三、肩负的使命与责任

加快构建中国特色伦理学。加快构建中国特色伦理学,要坚持以马克思主义为指导,克服伦理学研究存在的学科界限模糊、缺乏共同架构和范式的问题,要突破各自学术视野的局限,从不同方向开展各有侧重的研究,努力实现中国传统伦理思想资源的创造性转化和创新性发展,将伦理学发展植根于中华优秀传统文化的沃土,进一步彰显中国特色和中国智慧。

为新时代道德建设提供智力支持。伦理学界要积极进行理论探索,为党治国理政提供正确、合理、可行的理论道德体系,为加强新时代道德建设出谋划策,提供智力支持。伦理学要发挥自身特有优势,以明德引领风尚,以人生哲理引导公众,积极从事伦理学教育、宣传、普及工作。要多出说服力强、感染力大、雅俗共赏的伦理学精品,为人们的人格完善、事业成功、生活幸福美好提供指导和帮助。

积极参与重大现实问题研究。中国伦理学界要有国际视野和人类情怀,加强对全球性重大问题和人类重大关切的研究,特别是对人工智能、生物工程等提出的重大伦理难题进行研究,勇于在国际学术舞台上发出中国声音。积极参与国际学术对话,扩大和深化中外交流合作,将中国伦理文化和最新研究成果推向世界,为推进人类共同道德体系构建做出应有的贡献。

应对新兴科技带来的伦理挑战 邱仁宗,人民日报,2019-05-27

基因技术、3D打印、人工智能、大数据、纳米技术等新兴科技在为人类社会带来巨大便利的同时,也可能带来巨大风险和挑战。例如,人工智能技术可以让人类从一般的智能活动中解脱出来,集中精力从事各种创新性发现、发明活动。然而,人工智能系统一旦失去控制或被不正当利用,就有可能对人类构成重大威胁。因而,人们在享受新兴科技带来的便利的同时,必须保持审慎态度,有效应对新兴科技可能带来的伦理挑战。

新兴科技所带来的伦理影响纷繁复杂,且彼此之间相互影响、相互作用,加之相关经验和知识积累不够充分,导致人们目前对新兴科技可能引发的伦理挑战还难以精准预测和把握,这加剧了新兴科技使用中的不确定性。例如,当今困扰许多国家甚至全世界的粮食、营养、能源、环境保护和防病治病等问题也许可以通过合成生物的技术来解决。如果将合成的基因组置于细胞内,制造出新的能源、新的可生物降解塑料、清洁环境的新工具、富有营养的蛋白质以及药物和疫苗,那么,由合成细胞产生的产品不仅是全新的,而且更干净、更好、更便宜。然而,与其他新兴技术一样,合成生物技术既可为人类造福,也可能带来风险隐患。合成生物技术具有较简便实用、容易掌握、成本低廉等特点,但也有可能被恶意利用,甚至制造出流行的病毒。这说明,为了更好地发展、利用合成生物技术,有必要对其可能带来的伦理风险做出预判和防范,并进行正确引导。

新兴科技的迅猛发展还可能导致一些新的伦理问题。当人类做出涉及未来的决策时,人工智能技术往往能够发挥一定的积极作用。人工智能技术能够在大数据中发现并总结出人们行为的规律,然后据此预测某人或某群体未来采取某种行动的可能性。比如,消费者有多大可能购买某种商品,什么人可能担任企业的高级执行官,某种疾病在某一地区或国家发生的概率有多大,等等。在此基础上,人工智能技术会引导人们做出相应的干预策略。但也要看到,人工智能技术所发现的规律一般是根据大数据识别出来的,而大数据往往是人们以往行为留下的信息,根据这种以往行为留下的信息预测未来行为,很可能发生偏差或造成偏见,出现伦理问题。

因此,在制定关于新兴科技的创新、研发、应用政策和战略时,不能简单采取“技术先行”或“干了再说”的办法,而要充分考虑新兴科技可能引发的伦理风险和挑战。对科技的管理不能仅仅着眼于效益和产出,还应着眼于能否实现基本的伦理价值,如科技成果能否增进人民的健康、能否保护环境以及维护社会安全等。这就要求在立项之前对新兴科技进行充分的伦理研究,伦理学工作者要为制定合适的监管办法积极提供伦理学根据。

新兴科技具有设备精密、技术复杂、知识结构繁复等特点,这使得科技工作者大多集中精力于科学技术问题,往往无暇关注所涉及的伦理、法律等问题。此外,还有极个别科技工作者受利益驱动做出有悖伦理规范的行为。这就要进一步加强对科研活动的伦理规范和监督,有效防范相关伦理风险。

随着新兴科技的迅猛发展,伦理学工作者不能坐而论道,也不能对科技发展中的问题就事论事,而要将理论与实际联系起来,运用伦理学的理论和方法加以分析研究。可以先研究制订一套初步的、暂行的伦理规范和管理办法,随着相关知识、经验不断丰富而适时加以调整和完善,将新兴科技可能引发的伦理风险降到最低。此外,还应将科技工作者和科学共同体的自我监督同政府主管部门以及相关立法机构的监管有机结合,严格实行问责制和公开制,以有效应对新兴科技可能引发的伦理挑战。

新时代青年要打牢道德根基　商卉,人民日报,2019-06-19

在纪念五四运动100周年大会上的重要讲话中,习近平同志勉励广大青年要把正确的道德认知、自觉的道德养成、积极的道德实践紧密结合起来,不断修身立德,打牢道德根基,在人生道路上走得更正、走得更远。广大青年要深入学习贯彻习近平同志重要讲话精神,在投身实现中华民族伟大复兴中国梦的火热实践中加强道德修养,追求更有高度、更有境界、更有品位的人生。

深化道德认知。学习是成长进步的阶梯。习近平同志指出:“青年有着大好机遇,关键是要迈稳步子、夯实根基、久久为功。心浮气躁,朝三暮四,学一门丢一门,干一行弃一行,无论为学还是创业,都是最忌讳的。”青年思想活跃、思维敏捷,观念新颖、兴趣广泛,探索未知劲头足,接受新生事物快,正处于学习的黄金时期,也处于世界观、人生观、价值观养成的关键阶段。广大青年不仅要认真学习专业知识,还要通过学习形成正确的道德认知。只有对道德关系和道德规范有深刻认识,才能对道德事实有正确评判,树立正确的世界观、人生观、价值观,逐渐完成自身道德观念体系的构建。在理解道德规范的过程中,要对道德事实进行理性分析,对道德情感进行认真审视,思考应该如何做、为何这样做,使道德认知逐步从感性走向理性。

强化道德养成。打牢道德根基,不能仅仅停留在道德认知阶段。不断深化道德认知、获得更多道德经验,将道德规范在自愿认同的基础上逐步融入自己的思想,是道德自觉养成的过程。新时代青年要始终坚定对马克思主义的信仰、对中国特色社会主义的信念、对中华民族伟大复兴中国梦的信心,自觉抵制拜金主义、享乐主义、极端个人主义和历史虚无主义等错误思想,警惕和防止理想信念滑坡、价值观念扭曲、利益取舍失衡。要在与他人交往相处中、在学习先进典型中、在评判社会生活中,形成理性的道德判断,承担应尽的道德责任,更加理智地认识问题、分析问题、解决问题,真正养成道德自觉,让青春之花绽放在祖国最需要的地方,在实现中国梦的伟大实践中书写自己的精彩人生。

突出道德实践。青年人要于实处用力,在知行合一上下功夫,将精神追求外化为自觉行动,进行积极的道德实践。广大青年要与时代同频共振,不断增强“四个意识”、坚定“四个自信”、做到“两个维护”,厚植爱国主义情怀,积极践行社会主义核心价值观,明大德、守公德、严私德,将正确的道德价值融入具体的生活实践中。

教师伦理的建构 *晏辉,光明日报,2019-06-10*

中国特色社会主义进入新时代,人们在“幼有所育、学有所教”上有了更多的期待和需要,对教师提出了更高的道德要求。我们应该从社会进步、个人发展、民族命运的高度正视和重视新时代教师伦理的建构。

中国特色社会主义伟大实践为教师伦理创造了条件和环境。总的来说,建构教师伦理目前主要从以下三个方面展开。

一是规范伦理学的视角。从建构教师伦理的主体看,有国家、学校和教师,而从建构的内容看,则有规范论和德性论两种类型。国家一般给出的有关教师伦理的政策设计和制度安排,只是原则性的,而对教师进行直接管理的学校,则致力于制订可操作的规范和规定。教师的素质由德性、知识和能力三个核心要素构成。在建构教师伦理的具体过程中,还必须区分作为的义务和不作为的义务。不作为的义务乃是每个教育者均不得做违背教师伦理规范的事情。不得做什么的道德要求乃是底线伦理,是一种不作为的自由,而就教师的使命说,他必须有作为的义务。

二是美德伦理学的视阈。如果说,政策设计和制度安排只是重塑教师伦理的外部环境,构成了他律式的道德律令,那么建构教师伦理的根本道路乃是"主观意志的法"的重建与培养。简约说来,就是教师道德人格的完善,亦即信、知、情、意四个核心要素的培养。教育者之道德人格的养成,都需在反复进行的道德实践中实现。

三是履行教师使命的现实需要。在现代社会中对教师的德性有着更高的理性要求。因为,无论是就现代科学的发展水平看,还是就现代社会的日常和非日常交往看,理性的地位都愈来愈重要。其一,在拥有逻各斯的意义上,理论理性具有重要的科学意义。事实逻辑优先于价值逻辑,但价值逻辑却重要于事实逻辑。其二,在创新的意义上,科技创新和规范创新乃是教师伦理结构中的进取性道德。其三,在行动的意义上,实践理性具有实践哲学的意义。教师作为面向自然世界和心灵世界的神圣职业,其直接目的是探索世界之序和心灵之序,而终极目的则是使教育者和受教育者形成健全的人格结构。在行动的初始阶段,教师应该通过"善良意志"把行动指向目的之善,这就是令教育者和受教育者养成道德人格、形成健全人格,出于和合乎责任地去履行教师的使命。在行动过程中,实践理性表现为顽强的意志品质、克服内心的冲动、抵御外部的诱惑。在行动的结果上,教师应当反思自己行为的正确性和正当性,为仁由己,修己惠人。总之,教师伦理就要在道德人格基础上实现四个统一:德性与规范的统一、德性与幸福的统一、行动与行动者的统一、自律与他律的统一。

列维纳斯:伦理学才是第一哲学　王向华,中国社会科学报,2019-06-18

区别于萨特"人是绝对自由的"自由观,列维纳斯给自由设定了"责任"和"正义"的前提,提出"责任先于自由"或"正义先于自由"的论断,始终将他者作为主体自由的基础和目的。"主体性的原初状态就是伦理的,时刻与责任的担负勾连在一起。"在伦理学或形而上学的视域中,他者以一种原初的、不可还原的关系呈现在“我”的面前,“我”必须为他者担负起责任,必须将责任纳入主体性的本质规定之中。在列维纳斯看来,伦理学的核心准则是“他人的自由先于我的自由”“他人的存在比我的存在更重要”,因而自由只可能是被给予的,“是一种以他者作为中介的授权”,他者是与自我并非同一的绝对他性。

列维纳斯所探寻的具有绝对性、无限性和彻底性的他者,在伦理学中居于核心的位置。只有在人与人之间的有限关系中实现可持续的、无限的责任,真正的关系性伦理的构建才成为可能。在列维纳斯那里,自我与他者的关系不再是主客二元的对立,自我与他者的相遇绝非仅仅是一个经验性的事件,而是“一种伦理结构的可能性”。自我与他者的关系就是一种伦理关系,自我要对他者担负起永恒的伦理责任。

列维纳斯在为法国引入胡塞尔和海德格尔的现象学与存在哲学的同时,对西方哲学挥之不去的“本体论乡愁”进行了大尺度批判和颠覆,提出了一种认可和尊重异质性他者绝对先在性的伦理或形而上学言说。在他看来,西方哲学的本体论传统始终固守“总体性”或“同一性”原则,把人的本质归为自我利益,在“同一性”的狂热追求中遗忘了异质性的他者,给现代社会带来不可估量的伦理危机。在整个西方哲学传统中,他者被肆意、粗暴地吮吸、咀嚼、化约直至被彻底吞没,沦落为“自我”维持生存整体的一种能量来源。本体论的思想传统无视他者的绝对先在性,粗暴地使他者从属于自我,是一种自私狭隘的“为自己负责”的论说,从中无法推导出真正的、纯粹的伦理学。只有承认差异,尊重和发现他者的哲学价值,从自我走向他者,主动担负起对他者的伦理责任,才能达至真正意义上的正义与和平。

在列维纳斯看来,存在的意义问题本身必须返回到伦理学才能得到更为根本、有效的解答,伦理学应与本体论相异并先于或高于本体论,超越本体论的任务最终只能托付给伦理学,伦理学才是“亲身的”哲学,是第一哲学,而并非只是奠基在存在论或本体论之上的一个哲学分支。将第一哲学从知识论、本体论转到伦理学,是列维纳斯哲学最为显著的特点之一,对于西方传统哲学而言具有革命性的意义。列维纳斯对第一哲学与伦理学关系的“翻转”不仅是现象学伦理学的最高成就,而且也彻底“翻转”了整个西方哲学史自亚里士多德以来的传统,使我们能以一种全新的眼光去真实地把握最为古老的形而上学和本体论。

列维纳斯反对这种康德过分强调主体的道德哲学,认为道德不应从自我开始,而应自他者而来,道德首先应观照他人的存在,然后才是为自己存在。每个人都必须超越狭隘的“自我”而抵达他人,抵达他周围、他之外的他者,从先在性的他者出发寻求自身存在的意义。自我对于他人早已具有一种“无端”“绝对”且“永恒”的责任,“我”对于他人的关系首先是一种伦理关系而非存在关系。不同于海德格尔,列维纳斯始终坚持善与正义的优先性,认为伦理优先于存在的知识,人格关系优先于存在的真理。

在列维纳斯那里,作为“第一哲学的伦理学”思考的核心主题有两个:一是“由死亡定义的时间”,二是“来到哲学中的上帝”。真正的伦理学不是对本体论或认识论的妥协或退守,而是对上帝的敬畏和他者的责任。列维纳斯相信,只有作为第一哲学的伦理学才能无限接近和跟踪那个“既不在场也不缺场的上帝”。

践行“君子之道” 提升道德修养 梁国典,学习时报,2019-06-21

领导干部要把加强道德修养作为人生必修课,习近平总书记提出要从传统文化中汲取修身立德的营养,指出,要“利用好中华优秀传统文化中的这些宝贵资源,增强人们的价值判断力和道德责任感”,要“重视反躬自省、自我批评”“心存敬畏,手握戒尺”“防微杜渐、不弃微末”。中华传统文化博大精深,儒家文化的一个重要主题,就是探讨如何成为君子,即“君子之道”,其思想精华和道德精髓,对于当今的领导干部提升道德修养颇具借鉴意义。

“君子”,即道德高尚的人。君子的标准古有仁、义、礼、智、忠信、勇、中庸、和而不同、文质彬彬和自强不息等标准,后世在此基础上明确为仁、义、礼、智、信。君子追求被概括为“为天地立心,为生民立命,为往圣继绝学,为万世开太平”。如何成为君子?儒家把进阶之道总结为“八条目”,即格物、致知、诚意、正心、修身、齐家、治国、平天下。格物即在读书和实践中求知,而后明辨道理;致知即认清事物本质,探究发展规律;诚意即意念诚实,不矫饰;正心即动机纯正,不为诱惑所动;修身即提高修养,正德服众;齐家即管好家庭,教化他人;治国即治理国家;平天下即让天下太平,实现“大同”。其中“格物”“致知”“诚意”“正心”,就是要通过对客观事物的认识和把握,掌握科学的立场方法,树立正确的世界观、人生观、价值观。

“不忘初心、牢记使命”主题教育,要求“找差距”,就需要内省精神;要求“抓落实”,就需要“笃行”,脚踏实地。反观古者举其要义以做借鉴。一是正己。“政者,正也。”领导干部要“正”,要有公心、讲公道,“民不服我能而服我公”。有“正己”的觉悟，坚守初心，养成浩然之气，不徇私情、不纵私欲，“为天下民，谋天下利”。二是内省。“见贤思齐焉，见不贤而内自省焉。”领导干部要经常反省自己的不理智之思、不练达之举、不完美之事，知过而能改之。在日常工作中多用放大镜、显微镜照照自己，发现不足，反省差距，使自己不断完善、不断进步。三是恕道。恕道就是宽容、推己及人。“己所不欲，勿施于人。”说话做事要设身处地考虑对方感受、他人利益。在工作中，大家总会碰到这样那样的问题，需要多讲“恕道”，善于换位思考，多站在别人的角度考虑问题。领导班子要坚持“和而不同”，求大同、存小异，取长补短。四是笃行。“笃行”就是持之以恒地去践行。干好一件事，须咬定目标、不务虚名、脚踏实地。“以天下为己任”“讷于言而敏于行”，党员干部面对艰难困苦要矢志不渝、甘之如醴，禀有“以天下为己任”的使命感、担当精神和埋头苦干的精神，成为带领人民群众战风险、渡难关的主心骨。

相对主义：在可能有道理的地方设立一道墙　陈嘉映，社会科学报，2019-07-05

近日，首都师范大学特聘教授、著名哲学家陈嘉映做客中国艺术研究院艺术与人文高等研究院主办的“艺术与人文高端讲座”，以“普遍主义与相对主义”为题现场开讲，他指出，克服相对主义，不是靠上升到普遍者，靠的是在貌似不可沟通的地方发现可沟通之处，促进两个个殊者之间的相互理解。

一、相对主义与普遍性

相对主义在哲学和一般的话语中总是被当作负面的东西论说，一说就说到我们不要陷入相对主义的泥淖，或者当一个人发表某一种观点，有点相对主义的嫌疑的时候，他一般都会声称我这并不是相对主义，可见相对主义天然就不是好的，而克服相对主义一般被想成是要确立绝对的标准或者上升到普遍性，以普遍性来克服相对主义。

关于普遍主义的主张，我选择基督教神学家汉斯·昆做一个样本。汉斯·昆是我特别尊重的一位神学家，一个开明的现代人，他不认为基督教是唯一的拯救之路，其解决方法是区分了三层标准，我们就讲两层，即最普遍的是人性的普遍标准，特殊标准就是基督教标准。基督教的上帝具有怎样的普遍性呢？汉斯·昆说，真正的上帝是最普遍的，他超出基督教，是所有宗教的上帝，在末日的时候，基督教消失了，真正的宗教就是真正的人道的世界。

那么,既然有人性的普遍标准,为什么还要设立特殊的标准?既然特殊标准都要符合那些普遍标准,为何不直接说我们作为一个大写的人、普遍的人呢?汉斯·昆的回答是:只有当某种宗教(对他来说就是基督教)成为我的宗教的时候,对真理的讨论才能达到激动人心的深度。

只有当一件事情、一个道理、一种信仰、一种文化,与你休戚相关的时候,你对其中存在的问题才会深深地激动。但是,人们并非只深深激动地讨论真理,人们深深激动地互相斗争、互相残杀,往往也同样因为一种特殊信仰或文化深深涉入人心。汉斯·昆像大多数论者一样,从抽象层次来理解普遍性,然而,这条思路无法把我们从相对主义领出来。

二、相对主义跟我们的感知和认知相关

我们重新审视就会发现,很多分歧、冲突、斗争跟相对主义无关。相对主义是跟我们的感知和认知相关的东西。例如,赤裸裸的利益冲突跟相对主义没有关系,一般也不可能靠调整人的感知和认知来加以解决。利益之间的分歧和斗争,一般来说不是靠改变人的认知来解决的,往往是靠斗争,靠巧取豪夺,靠谈判,这一部分是人类生活中的巨大的部分。但谈判与改变认知不是一回事,我们不能把一般的这种谈判的共识和我们理解中的所谓共识混为一谈。还有一种常被看作相对主义的是带有视角的认识,但我想说,视角也并不都带来相对主义,横看成岭侧成峰,你站在那里看的是岭,我站在那里看的是峰,这只是一个简单的事实,这个事实并不支持尼采所主张的视角主义。首先,各种视角并不是平等的,有的视角让你能看到广阔的景观,有的视角一叶障目不见泰山。其次,无论在日常生活还是在理论争论和讨论中,我们经常可以转换视角,从而克服片面性。

中国传统伦理学的特点 宋希仁,光明日报,2019-07-08

一、中华民族究竟有没有自己的伦理学

在中华民族几千年的文化发展史上,究竟有没有自己的伦理学?笔者认为,中华民族自古就有自己的伦理学,只是它的表述方式有自己的特色。有关这类问题的思考和讨论,早在先秦时代就有了明白的表达,即“人伦之理”。古代设立学校以教天下之人,教育的主要目的,是除去偏于个人物欲之蔽的脾性,复其善性而尽其人伦之理的理性。使人通晓并践行的“人伦之理和为人之道”,也就是中国几千年传承下来的伦理学或道德哲学。而中国古代的经典,也是结合当时社会生活的实际,对治国理政、人伦道德和礼仪文明分别讨论。这是中国特有的探讨“道”的一种方式。

那么,这个“人伦之理”的源头在哪里呢?《周易·序卦传》有关于夫妇、父子、君臣等人伦之序的说法。古语有“伦类以为理”之说,一旦有人伦关系就有自然且必然的伦序之理。再者,人伦本身就有自然的先后、本末、秩序之理。关系之理也就是关系之道,这是自然而然的辈分、顺序、秩序。

那么,中国古代人伦的实存状况又如何呢?对于个人关系和行为来说,爱、情感、欲望的作用是生命的根基,但家庭成员之间的交往联系,更需要有理性的主导,要有自觉地对情感和意志的自制。相应地,设置大小官位和吏制,是仁政治世、防治暴君污吏的一个重要的伦理制度建设。这体现了一种农业社会的伦理关系和伦理秩序的形态。在这里,伦理精神和礼法制度就自然且必然地产生了、融合了,并且具有中华民族的特色。

二、“伦理的造诣”就是中国古代统称的“德法”

在中国传统伦理文献中一般是礼法德法并称。遵行伦理道德和礼义之心而外化为法象,则成为能理德法的人,能理法者为有能(曰廉能),能成德法者为有功(曰国功)。德法是治国之本。

所谓“法”的本意,是指“理念的精神之自我规定,规定即法”。理念在其不断外化的过程中,不断地特殊化、实在化,与其所化之客体同一而成为实在的规定,即概念及其定在。

德是什么?个人的德行、品德或操守是个人选择的结果。道德行为选择是个人的,而且从特殊情况来说只有个人意志才能最终做出抉择。这种能力和权利是别人所不能代替、不能剥夺的,必须由个人对自己的行为选择负责。正因为这样,道德行为才能被认为是自觉的、自主的。道德选择的意志自由和责任直接关系到人的内在良心。这种内在的良心,是主体的主观意志摆脱了个人狭隘性的束缚而达到了对他人、对社会利益和共同意志的反思,也就是在内心中达到了特殊性与普遍性、个人利益与他人利益、个人意志与共同意志的统一。

中国的道德传统,一向重视修身践行。看一个人是否有德,不在于他懂得多少道德知识,能背出多少道德规范,而在于他能否知荣知耻,慕荣祛耻,尊重相关的道德规范践履行动;在于他在日常生活和工作中,在家庭生活、职业生活和社会政治生活中的道德践行。

强调人的道德践行的内在良心,也就是强调人生的内在性原则。人心是人的主宰,失去心的主宰,人就要受役于物欲、情欲而失去理性和仁义原则。要用理性所确立的道义原则,遵从做人之正道,在内心树立起道义原则。

三、中国传统伦理思想重在道心与德心的统一

道与德是什么关系呢？道之由虚而实，由隐而显，由体而用，由变而常，是由道而成德的过程。从道德本身来说，这就是由道而化德，由德而显道的逻辑体现，体现为个体的德操和人格。这实际上说的就是个人之德是伦理关系和习俗交往所铸成的结果。讲社会道德的起源可以追溯到社会意识的根源，但讲道德意识的发端则要换一个角度，追溯到人的内在自我意识的发端点和成长过程。它虽然依赖于现实的人和人的具体关系，但它毕竟属于个人意识、心性发端的内在精神形态，体现为个人的自我意识、自由意志、良心选择和人格操守。自我意识、自由意志是德行的开端和能动力。

心灵美的根本意义，在于心术的善良和智慧，在于人格的淳朴和正派。中国古代讲“道心”。《尚书·大禹谟》有“人心惟危，道心惟微”之说。“人心”“道心”，都是一个心。发于“形气”之自然叫人心，发于义理之人为就是“道心”。宋明理学重视义理，认为人心在还不知道义理之时，常有不正和偏邪，而得道于心之后，就能辨微明理，守正谨度。

四、“德化礼仪”的中国传统道德建设

中国道德文明发展几千年，记载着许多伦理思想、道德规范、圣人箴言和德行事迹。其中凝结着丰富的道德生活体验，记载着民间活动和各界杰出人士的事迹。有许多有价值的道德建设思想，是我们今天仍然需要认真研究和借鉴的。

中国传统道德建设经验很多，其中有一条重要的，可以说是基本的经验，即社会道德价值导向规范化、制度化。中国古代的经验是把没有规定性的向善精神化为具有一定规定性的纲纪、原则、礼仪，以及各种特殊规定等。这样，比较抽象的原则、规范就有了比较具体的、确定的、可操作的规定。但是对具体的道德行为来说，纲纪、原则的规定还是一般、笼统的规定，行动起来有时遇到特殊情况，还会无所适从。于是又有许多依据各种特殊情况制定的特殊指导方法，进一步做出更为具体可行的操作规定。

一个社会的风俗就是这个社会的时代精神，就是这个社会用以判断善恶是非的直接价值标准——这个社会的善恶是非从风俗中获得直接具体规定。风俗习惯的文明变迁，离不开教育。教育不仅是理智理性的知识教育，更是一种实践理性的生活教育。教育在改变社会风俗习惯中的作用机制基本有二：其一，激发、唤醒主体对善的渴望及其人生理想，形成善的精神习惯；其二，通过规范塑造与示范引领，使主体形成好的行为习惯。示范引领是疏与生，法制规范是堵与禁，二者配合一体，方可促成社会习惯、风

尚习俗的定向转变。

信息时代的伦理审视 曾建平,人民日报,2019-07-12

一、信息时代的伦理变革

信息化正在广泛而深刻地影响和改变着人类社会,它不仅对人类引以为荣的智能唯一性发出有力挑战,而且有可能动摇人类的道德主体地位。信息时代,人工智能创造物已不仅仅是技术化的工具,而是越来越具有类似于人类思维的能力,甚至在某些方面具有超越人类思维的能力。人与人工智能创造物的关系,是一种主体与类主体之间的关系。从伦理学角度看,当大数据和人工智能的发展改变甚至颠覆人类活动的主体地位时,传统伦理就会发生解构,人具有排他性主体地位的伦理时代就可能结束。

二、信息时代的伦理进步

信息技术已渗透到人们的日常生活中,也深度融入国家治理、社会治理的过程中,对于实现美好生活、提升国家治理能力、促进社会道德进步发挥着越来越重要的作用。信息化深入发展有助于改善政府部门与人民群众的关系。信息化深入发展为最大程度实现社会公平提供技术条件。信息化深入发展扩大社会交往,提出更高的伦理道德要求,从而促进形成以普遍的诚实、守信为价值基础的现代社会公德。

互联网是一个实时、动态、开放的社交平台,各种悖德行为一旦曝光,就会在很短时间内遭到广泛的舆论谴责,在使悖德行为者承受压力的同时,让更多人受到潜移默化的教化。信息化深入发展使包括身份信息和行为信息在内的各类信息变得更透明、更对称、更完整,大大提升了对悖德行为乃至违法犯罪行为的防控、识别、监督、追究与惩处能力。

三、信息时代的道德风险

在可以预见的将来,人工智能将重塑生产力、生产关系、生产方式,重构社会关系、生活方式。人工智能算法带来的歧视隐蔽而又影响深远。信息的不对称、不透明以及信息技术不可避免的知识技术门槛,客观上会导致并加剧信息壁垒、数字鸿沟等违背社会公平原则的现象与趋势。信息技术在加速大数据传播、搜集、共享的同时,也为一些国家或组织利用网络霸权干涉别国内政或实施网络攻击提供了漏洞和暗网,严重威胁国家主权和安全。互联网时代出现的一些现象和趋势,应当引起高度重视。

四、应对信息时代伦理风险的道德原则

服务人类原则。要确保人类始终处于主导地位,始终将人造物置于人类的可控范围，避免人类的利益、尊严和价值主体地位受到损害，追求造福人类的正确价值取向。

安全可靠原则。新一代信息技术必须是安全、可靠、可控的，要确保民族、国家、企业和各类组织的信息安全、用户的隐私安全以及与此相关的政治、经济、文化安全。

以人为本原则。信息技术必须为广大人民群众带来福祉、便利和享受，而不能为少数人所专享。保证公众参与和个人权利行使，鼓励公众提出质疑或有价值的反馈，从而共同促进信息技术产品性能与质量的提高。

公开透明原则。新一代信息技术的研发、设计、制造、销售等各个环节，以及信息技术产品的算法、参数、设计目的、性能、限制等相关信息，都应当是公开透明的，以避免人工智能机器对特定人群产生偏见和歧视。

兼顾人工智能应用和隐私保护 杨明，人民日报，2019－07－12

作为新一轮科技革命和产业变革的重要驱动力量，人工智能正在深刻影响社会生活、改变发展格局。如果应用不当，就可能带来隐私泄露的伦理风险。

人工智能应用存在隐私泄露的伦理风险。人工智能应用需要以海量的个人信息数据做支撑。数据是人工智能的基础，正是由于大数据的使用、算力的提高和算法的突破，人工智能才能快速发展、广泛应用，并呈现出深度学习、跨界融合、人机协同、群智开放、自主操控等新特征。人工智能越是“智能”，就越需要获取、存储、分析更多的个人信息数据。今天，各类数据信息采集无时不有、无处不在，几乎每个人都被置于数字化空间之中，个人隐私极易以数据的形式被存储、复制、传播，如个人身份信息数据、网络行为轨迹数据以及对数据处理分析形成的偏好信息、预测信息等。可以预见，在不远的未来，越来越多的人工智能产品将走进千家万户，在给人们生活带来便利的同时，也会轻易获取更多有关个人隐私的数据信息。借助获取的数据信息，基于日益强大的数据整合、处理能力，人工智能技术可以为用户精准“画像”，而其中就潜藏着不容忽视的隐私泄露风险。如果人工智能应用得不到合理管控，人类将被置于隐私“裸奔”的尴尬境地，从而产生严重的伦理风险。

人工智能应用与隐私保护并非不可兼得。一方面，人工智能应用决不能以隐私泄露为代价。隐私权不容侵犯，它既是公民的基本权利，也是社会文明进步的显著标志。有效保护隐私有利于人们维护人格尊严、保持心情舒畅,有利于促进人的全面发展。人工智能技术无论如何发展、发展到什么程度,归根结底都是为了辅助人、服务人,为使用者提供便利,而不能成为肆意损害人格权利、恶意泄露个人隐私的工具。另一方面,不能因为存在隐私泄露的伦理风险,就延缓甚至放弃人工智能应用。目前,人工智能应用得到世界主要国家的高度重视,被认为是科技创新的下一个“超级风口”,具有溢出带动性很强的“头雁”效应。在一定程度上讲,谁把握住了人工智能技术,谁就把握住了未来。加快发展新一代人工智能技术,是我国发展必须牢牢抓住的宝贵机遇。我们既要有效防范伦理风险,又要加快人工智能技术发展。事实上,人工智能应用与个人隐私保护之间并不是非此即彼的关系,完全可以通过多种手段从伦理层面对人工智能应用加以正确引导,将隐私泄露的风险降至最低。作为一种新兴技术,人工智能本身并无善恶、对错之分,关键在于使用者能否在符合伦理规范的前提下对其进行正当应用。隐私泄露现象是人工智能应用不当导致的,从深层看则大多是利益驱动的结果。所以,不能将隐私泄露简单归为技术层面的问题,也不能简单归咎于人工智能。

在推进人工智能应用中加强隐私保护。在技术层面,要加快研发和应用隐私保护的安全技术,可将用户隐私保护需求嵌入人工智能系统设计中,让最大限度保护隐私成为系统的默认规则。在伦理层面,要探索和确立保护个人隐私的原则。2019 年 6 月 17 日,我国新一代人工智能治理专业委员会发布《新一代人工智能治理原则——发展负责任的人工智能》,要求人工智能发展应尊重和保护个人隐私,充分保障个人的知情权和选择权。人工智能从业人员要树立社会主义核心价值观,加强自律,规范技术应用的标准、流程、方法,最大限度尊重和保护个人隐私。在法律层面,应加快制定加强隐私保护的法规制度。当前,我国隐私保护法律体系还不能完全适应人工智能发展需求,应在相关法律法规中进一步强化隐私权保护,并在条件成熟时制定针对人工智能应用中保护公民隐私的法律条文细则,充分保障公民在人工智能应用中的知情权和选择权,严格规范人工智能应用中个人信息的收集、存储、处理、使用等程序,反对窃取、篡改、泄露和其他非法收集利用个人信息的行为。

网络诚信建设刻不容缓　孙伟平,人民日报,2019 - 07 - 12

进入信息时代,智能手机、移动互联网、在线社交软件等日益普及,大数据、云计算、物联网、人工智能、区块链等新兴科技快速发展。借助信息技术,人们在家中指尖轻点就可远程购物、远程学习、远程就医,“互联网+政务服务”让社会治理更加智能化、精准化、科学化。从迭出爆款的新媒体到热点不断的网络综艺,从如火如荼的电子商务到改变生活的共享经济,信息技术正在为社会生活带来越来越多的精彩和便利。

但也要看到,同其他新技术一样,信息技术具有明显的双刃剑效应,正当使用带来的是便利,不正当使用则会造成严重的伦理风险,这其中就包括诚信缺失问题。例如,利用信息技术,一些不法分子盗用他人社交账号诈骗钱财;极少数商家通过疯狂刷单来伪造好评;少数新媒体一味求快,未经调查核实就发布信息,导致新闻时有“反转”;等等。出现这些问题,一方面表明在信息时代少数人诚实守信的“螺丝帽”拧得还不够紧;另一方面反映出社会诚信建设仍存在一些亟须补齐的短板。

信息时代之所以出现诚信缺失问题,主要有以下几方面原因:从技术层面看,信息技术具有数字化、虚拟化、开放性等特点,借助信息技术,人与人之间的交流更多呈现符号化、超地域性、隐匿性等特征。这让人际交往似乎进入一个互不熟识、缺少监督的“陌生人社会”,从而使一些人放松或忽视了诚信自律,做出失信行为。从利益驱动层面看,少数门户网站、自媒体重经济效益轻社会效益,为最大程度攫取经济利益不惜当“标题党”,甚至传递虚假信息,恶意透支社会信用。从体制机制层面看,相较于快速更新迭代的信息技术,诚信监督体系建设比较滞后,对失信者的威慑和惩戒还不够及时、有力,甚至在个别领域存在“牛栏关猫”的现象,从而让失信者有机可乘,造成诚信缺失问题。

在信息技术快速发展的当下,有效提升公众诚信意识和社会信用水平,关键是加强网络诚信建设,坚持法治与德治并举、线上与线下联动,推动网络诚信建设法规越来越严密、覆盖越来越广泛、要求越来越严格。要在不断完善顶层设计、解决突出问题、形成长效机制上下功夫,打好网络诚信建设“组合拳”,综合运用互联网、大数据、云计算、人工智能等信息技术手段,广泛发动公众监督举报网上失信行为,开展诚信等级评价,动态发布诚实守信“光荣榜”和失信者“黑名单”,让诚实守信者受到尊重,令失信违约者处处受限,在人人参与、多元共治中大力营造诚实守信的健康网络生态。

新中国70年中国伦理思想史研究 孙春晨,中州学刊,2019(7)

优秀的道德文化传统是一个国家和一个民族的精神命脉,中国伦理思想史是中华民族精神宝库中最具特色的文化财富之一。新中国成立后,中国伦理思想史研究经历了一段曲折的探索历程,在改革开放后逐渐走向发展和繁荣。

一、从新中国成立到改革开放中国伦理思想史研究的曲折探索

从新中国成立到改革开放,中国伦理思想史研究经历了一段曲折的艰辛岁月。张岱年的《中国伦理思想发展规律的初步研究》是新中国第一本系统阐述中国传统伦理思想发展的著作,对中国传统伦理思想的演变和传统伦理的基本概念等做出了创建性研究,是新中国伦理思想史研究的奠基之作。

1957年1月8日,冯友兰在《光明日报》发表《中国哲学遗产底继承问题》一文。在当时的政治状况下,冯友兰试图以抽象继承法来应对传统哲学研究和传统道德文化研究中的教条主义与斗争哲学。冯友兰的上述观点,在理论界引发了广泛的争论,大多数批评者主张用阶级分析法和批判继承法取代冯友兰的"抽象继承法"。

1962年,吴晗在《前线》第10期和第16期先后发表了《说道德》和《再说道德》(署名"吴南星")两篇文章;1963年8月19日又在《光明日报》发表了《三说道德》一文。通过这三篇文章,吴晗阐明了对道德继承问题的主要观点和见解。

接踵而至的十年"文革",更是以简单粗暴的阶级斗争方式全面否定了传统道德文化的价值,根本无视道德文化遗产的继承性特质。直到改革开放之初,有关道德文化遗产继承性的讨论才重见天日。

二、改革开放以来中国伦理思想史研究的发展与繁荣

1982年7月,受中国伦理学会委托,中国社会科学院哲学研究所伦理学研究室组织召开了一次关于中国伦理学史研究的小型座谈会,近20名专家学者聚集于北京密云水库之畔,就中国伦理学史研究的诸多重要问题展开讨论。这次座谈会虽然规模不大,但其对改革开放后中国伦理思想史研究的推进作用不可低估,尤其是张岱年关于中国伦理思想史研究什么、怎样研究等重要问题的阐述,为伦理学工作者开展中国伦理思想史研究指明了前行的方向。

(1)中国伦理思想通史和断代史研究。新中国第一部中国伦理思想通史研究专著是陈瑛、温克勤、唐凯麟、徐少锦、刘启林等合著的《中国伦理思想史》。朱贻庭主编的《中国传统伦理思想史》梳理了传统伦理思想变革的轨迹。与此种写法相比,樊浩的《中国伦理精神的历史建构》以"伦理精神"

透视中国传统伦理思想,探究中国伦理精神生长的逻辑起点、结构体系、建构原理和内在矛盾,独具特色。罗国杰主编的《中国伦理思想史》在全面系统梳理中国伦理思想史的基础上,明确地归纳了中国传统道德文化的基本特点。张锡勤作为编写课题组召集人出版的"马克思主义理论研究和建设工程"重点教材《中国伦理思想史》,以唯物史观为指导,科学地揭示了中国伦理思想产生、发展、演变的内在逻辑和历史进程。

与中国伦理思想通史纵横数千年相比,中国伦理思想断代史研究专注于某一特定历史时期的伦理思想的演进和发展。朱伯崑的《先秦伦理学概论》从道德规范、道德准则、道德评价和道德修养等方面论述了先秦儒家、墨家、道家和法家的伦理思想。张锡勤等编著的《中国近现代伦理思想史》是我国第一部研究中国近现代伦理思想的专著。张岂之等著的《近代伦理思想的变迁》既从总体上考察了近代不同时期的伦理思潮,又对近代改良派和革命派的伦理思想进行了个案分析。唐凯麟的《走向近代的先声——中国早期启蒙伦理思想研究》论述了泰州学派以及李贽、顾炎武、黄宗羲、王夫之和戴震等人的伦理思想。

(2) 中国伦理思想史专题研究。中国伦理思想史专题研究涉及的内容非常广泛,大体包括四个方面:一是按学派划分的伦理思想史研究;二是以道德命题、道德范畴等为研究对象的伦理思想发展史;三是以人生论、修养论、道德教育论等为研究对象的伦理思想史;四是按人物撰写的伦理思想史。

杨国荣的《善的历程:儒家价值体系的历史衍化及其现代转换》对儒家价值体系进行了考察。牟钟鉴的《新仁学构想——爱的追寻》阐发了我国传统价值系统的核心——孔子的"仁爱""仁德"学说。陈来的《儒学美德论》检视了儒家伦理思想与美德伦理的关系,通过辨析两者之间的异同,从中国伦理思想未来发展的视角,阐释了儒家伦理思想的现代意义。

张岱年的《中国伦理思想研究》对中国伦理思想中的基本问题、道德的层次序列、道德的阶级性与继承性、义利之辨与理欲之辨、仁爱学说、三纲五常、意志自由、天人关系、道德修养与理想人格等问题进行了深入的研究。焦国成的《中国古代人我关系论》对伦理与道德这两个重要范畴进行了区分。由罗国杰主编,国内多位著名中国伦理思想史专家参与编写的《中国传统道德》包含规范卷、德行卷、教育修养卷、理论卷和名言卷,反映了编写者们对中国伦理思想某一专题领域的独到认识和理解。钱逊的《中国古代人生哲学》阐述了德刑之争、义利公私之辨、推己及人严己宽人的人我关系原则、天人合一、致中和之道以及人性论和修养论等与人生哲学相关的伦理问题。蒙培元的《人与自然——中国哲学生态观》从“天人合一”命题与可持续发展的观点出发,集中探讨了中国传统生态伦理思想,构建了中国传统哲学生态观的框架和体系。肖群忠的《中国道德智慧十五讲》从人生观、价值观和道德观的维度,分析了人性、处世、处己、处人、义利、公私、理欲、德才等传统的伦理问题和道德概念,既有历史梳理,又有义理分析。

(3) 道德生活史研究。道德生活史是对个体日常道德生活的历史叙事,大体上属于描述伦理学和历史人类学的研究范畴。进入 21 世纪以后,在继续进行中国伦理思想史学理性探究的同时,一些学者开始转向研究中国传统社会的道德生活史,通过展现传统社会日常道德生活的面貌,来为当代社会的道德生活发展和伦理秩序建构提供有益的借鉴。

徐少锦、陈延斌的《中国家训史》并不是一般地阐述和摘录有关中国古代家庭教育的思想,而是从家训教化实践的视角,描述生活世界中家训实践的历史发展轨迹。

陈瑛主编的《中国古代道德生活史》是系统研究古代社会道德生活的通史类著作,该著以中国古代各个社会历史时期为“主要经线”,以家庭婚姻道德、政治行政道德、士农工商行业以及不同阶层的道德为“主要纬线”,涉及古代社会与道德生活相关的主要方面。

唐凯麟主编的《中华民族道德生活史》按历史分期,分为先秦卷、秦汉卷、魏晋南北朝卷、隋唐卷、宋元卷、明清卷、近代卷和现代卷,以民族道德传统的形成、发展、演变和弘扬为基本线索,按不同的历史时期深入考察中华民族的道德生活历史。

三、中国伦理思想史研究的主要特色

纵观 70 年中国伦理思想史研究从曲折探索到发展与繁荣的历程,可以发现其有几个显著特点。

(1) 坚持马克思主义的唯物史观。改革开放以来的中国伦理思想史研究摆脱了对传统道德文化的革命性批判的意识形态束缚,主张辩证地看待中国伦理思想和道德理论的社会历史作用和现代意义,以同情理解的态度发掘、阐发中国传统伦理思想及其人文精神的内在价值,既反对道德虚无主义,又反对道德复古主义。

(2) 研究范式的自觉转换。中国伦理思想史研究者已经走出了“以西释中”“削足适履”的学术窘境,以中国伦理思想史的可靠史料为基础,努力发现中国伦理思想与西方伦理思想不同的特性和价值。

(3) 伦理思想观念史研究与道德生活史研究并重。中国道德文化传统作为一种历史形成的价值观念和行为规范,之所以能够为世代中国人所广泛接受,是因为它有着独特的道德教育和文化传播方式,将其所倡导的道德文化和价值观与人们的日常生活联系起来,有效地介入了人们的日常人伦关系,成为人们处理社会伦理关系和应对道德生活冲突的基本行为规则。

第二肉身:数据时代的隐私与隐私危机　高兆明、高昊,哲学动态,2019(8)

一、问题的提出

数据信息技术引发了人类存在方式、生活方式前所未有的变化,但该技术也为人性、人格及其尊严等带来了新的挑战,隐私危机就是其中重要的一项,甚至是智能时代重大社会问题之一。

隐私危机成为重大社会问题的原因有三:第一,现代电子信息技术的突破性进展及其广泛应用。第二,大数据技术的广泛应用使得碎片化的信息有了意义。第三,私人信息的高度垄断,使得私人信息有了被应用于各种目的的可能。

数据时代是一个去隐私的时代,人正变得毫无秘密可言,人、人性正面临着严峻考验。

二、作为人的第二肉身的数据

数据时代隐私的核心问题是“数据”隐私。问题的关键在于:为什么数据时代的“数据”隐私变得如此重要?在数据时代,人不仅有自然肉身,也有了数据肉身。数据肉身和自然肉身有许多不同之处,首先,数据肉身不仅集物质与精神、躯体与灵魂为一体,甚至消除了它们之间的区别,一切只是数据。其次,数据肉身可以脱离人的生命有机体而存在,其显现具有重复性与时空重置性。再次,自然肉身具有时空唯一性,数据肉身则可以同时在无数空间存在且样式各不相同。最后,自然肉身与数据肉身均有意义世界,但自然肉身的意义世界依赖于自然肉身的主动参与构建,数据肉身的意义世界更多在于对原初数据或素材的不断叙述、发现、理解。

赫拉利对人的本质的理解是:人是生物算法。他的这一认识有两个内容应当被重视:其一,数据技术带来的“数据化”普遍认知方式具有某种普遍有效性。其二,他以特殊方式所揭示的“数据、算法在某种意义上可以成为人的本体”思想不失合理成分。一方面,在数据化技术面前,一切自然现象和文化现象均可被理解为数据性存在;另一方面,人工智能技术打破了人是唯一能够自觉创造与利用数据的主体的局面,人工智能技术内在地隐含着对每个人存在信息的侵袭,在大数据中人正变得赤裸。现代人必须思考:赤裸对人性及其塑造意味着什么?

"数据"肉身向数据时代的人类提出的极为重要的任务就是自觉对抗赤裸,捍卫人的"隐""私",守住自我独处空间。如果没有单数、隐私的一面,人类社会就无法维系。数据时代的人性塑造同样不可缺少隐私与独处。当一个人习惯无所"隐""私"时,其羞耻心就会变得麻木。人的高贵之处就在于人能够与自己独处,听从心底的声音。

三、"隐私"向谁敞现?

"隐私危机"意味着"隐私"向观看者"敞现"。"隐私"及其"敞现"总是人际间的,且总是对"他者"而言的。在数据技术的背景下,是否人类将变得毫无隐私可言?我们应当区分两个不同层面的问题。第一,在数据技术面前,人类作为一个整体面临数据技术带来的挑战和风险。第二,面向权力的敞现并为权力控制、支配。

更为严峻的一个问题是,在日常生活中,一部分人在"观看"和"敞现"方面处于优势地位,这样,我们还可以进一步提出下面两个问题:第一,哪些人、又因何原因而能够成为无"隐""私"的"裸在者"和有"隐""私"的"隐在者"?社会中哪些人因哪些能力而能够拥有并使用观察工具和享有观察权力?第二,有两种"观察者"及其"观看"。一是较为平等的公众彼此"观看";二是不平等的权力单向度的"观看"。

四、数据时代的人们可以免于被支配与奴役吗?

现代数据技术至少从两个方面为一方控制和奴役另一方提供了有效帮助,这就促使我们思考,在技术面前,人真的可以有效保护个人数据吗?日常生活中,我们直接或间接需要用到"云"技术,该技术确为我们带来了巨大便利,但相关问题与挑战也极为严峻。

在数据时代,对数据隐私危机的探讨并非要阻止技术的发展,而是企图在数据的收集、持有、使用、监管方面做好相应措施,促进技术的健康良性发展。

"公共的"与"存在于公共空间的"——大数据的伦理进路　徐圣龙,哲学动态,2019(8)

大数据的发展已然成为不可避免的趋势,大数据对于人类社会生产及交往活动的改变是系统性的、革命性的。不少人对于大数据的颠覆性角色表示出深深的忧虑。由于大数据的发展及其革命性影响不可避免,大数据这一“知识的基础设施”需要确立与之相适应的交往方式,大数据需要伦理治理,更需要基于大数据生产属性和技术特性的适应性伦理治理。

一、大数据的伦理实现:一个隐私权问题?

多数学者围绕隐私权保护展开大数据伦理治理的相关研究,作者认为应首先将隐私保护问题与其他伦理问题“切割”开来,明确大数据带来的伦理议题的相互关系,进而界定隐私权保护的研究边界。第一,大数据的外生伦理问题。第二,大数据的内生伦理问题。

隐私权保护确实构成大数据伦理治理的重要议题,并且是内生伦理问题,但是,大数据提出的伦理治理绝不仅限于隐私权保护。那么,大数据的伦理治理体系是如何构成的?隐私权保护又处于怎样的位置呢?其一,需要区分传统的信息伦理与数据伦理之间的差异。其二,大数据伦理治理体系应该覆盖数据生产、处理与应用的各个环节。总之,只有从大数据的生产属性和技术特性出发,从大数据的内生伦理议题出发,才能构建大数据时代适应性的伦理治理体系。隐私权保护只是开始,并且它需要不一样的内涵确证与边界界定。

二、大数据伦理实现的张力关系

如何有效应对大数据生产、处理与应用等各个阶段的相关伦理议题,首先需要明晰大数据伦理治理区别于之前信息伦理治理的特殊之处,其特殊之处在于,它需要互联网全部主体的有效参与,并基于全体参与实现目标结果输出,如果拒绝任何个体信息“被使用”,大数据的生产属性和技术特性将无法有效实现,这一点是大数据带给信息伦理的治理挑战,也是大数据伦理实现的内部张力。

在大数据伦理背景下,这一挑战是我们不得不面对的。简而言之,需要处理好“公共的”与“存在于公共空间的”关系,这一要求不仅针对大数据研究人员,也针对大数据的各类使用者。一方面,大数据依赖于海量数据,海量数据又直接来源于全体人员有效参与所产生的“数据足迹”;另一方面,大数据的伦理实现又必须顾及数据的伦理性,特别是隐私权利的保护。这两者从表面上看难以调和。现在,我们需要明晰“公共的”与“存在于公共空间的”这对概念的内涵边界,并在数据生产、处理与应用各个阶段加以讨论,以期融合这对概念的张力关系。笔者在界定了“公共的”与“存在于公共空间的”概念内涵后提出,大数据内在张力的化解,需要摆脱工业社会既定的刚性伦理规范,做出适应大数据发展的伦理调整。一方面,数据的公共性需要以公共价值的实现为依据;另一方面,数据存在于公共空间与公共价值实现的统一,需要破除刚性的隐私权利保护,更需要修正非公共性组织的利益目标实现。

三、大数据伦理实现的双重设定

大数据的伦理治理应从数据生产、处理和应用等各个环节入手,解决相关伦理议题。

(1) 前置性权限设定。在大数据的生产环节,问题是保护数据生产者的隐私权,前置性权限设定是解决这一问题的重要方式。第一,前置性权限设定要求确立个体使用者控制机制。第二,它要求透明性原则规定。大数据生产环节的伦理治理,主要围绕隐私权利保护来完成实现大数据社会价值的准备工作。

(2) 嵌入性权责设定。大数据的处理与应用阶段,涉及的伦理议题主要围绕大数据社会价值的实现展开,有效应对这一议题,主要依赖于制度规范和伦理约束,笔者将这一系列规定概括为嵌入性权责设定。在数据处理阶段,需要处理算法伦理议题,在数据应用阶段,则涉及大数据的应用伦理。

四、结语

大数据有其固有的生产属性和技术特性,也具有十分重要的社会价值,相应地,有效实现大数据的伦理治理也显得愈发重要,甚至是实现"良善社会"的重要议题。

数据挖掘与技术伦理学的内在路径构建 闫宏秀,哲学动态,2019(8)

数据挖掘技术正在调节着人类。这种调节也包括伦理学的维度。正是这种伦理学维度的调节引发了从技术内部对技术伦理学予以思考的技术伦理学内在路径。该路径力图从技术内部对技术所引发的伦理问题予以应对。

一、重新审视人的伦理主体地位:从技术内部进行的伦理学缘起

关于伦理主体是否局限在人之中的讨论,与技术的发展紧密相关。特别是近年来,神经科学、数据科学与数据技术、深度学习、人工智能等的迅猛发展,人机交互、具有能动性的智能体等渐渐涌现,并在某种意义上履行着人类的功能,甚或人类在按照技术的逻辑走向自我的建构。伴随着技术的发展,能动性(agency)、行动者(agent)、意向性等概念与技术或技术物等的关联越来越备受关注。拉图尔(Bruno Latour)从人与非人的视角、瓦拉赫(Wendell Wallach)和艾伦(Collin Allen)从机器人的视角、弗洛里迪和桑德斯(J. W. Sanders)从抽象等级的视角、维贝克(Peter - Paul Verbeek)从设计意向性与技术意向性的视角均展开了关于人工能动性(artificial agency)、道德行动者(moral agent)、伦理主体等的诠释。

在人类被日益数据化的当下,数据挖掘无处不在,在该技术将人类的行为进行呈现的同时,也在创构一种新的语境。在这种呈现与创构中,数据挖掘技术与伦理的动态关联渐次展开。这种关联既包括传统意义上伦理学对技术的审视与追问,也包括技术对伦理学的践行,即从内部进行的伦理学。那么,数据挖掘技术是如何从内部进行伦理学的呢?

二、调节:从数据挖掘技术内部进行伦理学的理论基础

调节是对人、技术与世界关系进行解读的一把钥匙。拉图尔、伊德、维贝克等对人、技术、社会及世界关系的探究将技术与社会的互动予以了理论化,这种理论的产物之一就是技术调节。

基于海量数据的数据挖掘技术对人类社会的调节不仅仅在于对自然界进行描述甚或预测,而且已经开启了对自然界的铭刻。但无论是数据挖掘技术的描述、预测功能,还是铭刻功能,都已经将伦理囊括其中。特别是数据挖掘技术的预测与铭刻使得人类在伦理中处于被技术导引或规约的地位,而技术则出现了走向能动性与主体性的趋势。技术调节理论对这种趋势的解读为从数据挖掘技术内部进行的伦理学提供了学理基础。

三、数据挖掘技术中的伦理主体

“数据挖掘技术以构建数据自然界的方式重塑了伦理学存在的场所,而这种重塑需要人类重新思考技术在伦理学中的位置。”这种思考是基于技术智能化与人类深度科技化的现状而对伦理学的一种追问。

虽然数据挖掘技术的能动性与意向性在人与技术的关联中呈现,但这并不意味其拥有自由意志。因此,数据挖掘技术并不能成为完全意义上的伦理主体,但人本主义伦理学对伦理主体的界定因此而遭到了质疑。不可否认的是,数据挖掘技术呈现出了伦理主体所具有的某些属性,这为从内部进行的技术伦理学提供了可能性。

四、走向技术对伦理的构建:通过设计保护隐私

在通过设计保护隐私的理念与实践中,隐私保护的伦理诉求借助技术的方式得以呈现出来。易言之,技术构筑了伦理观念实现的平台。技术与伦理之间的关系呈现了技术对伦理的参与,技术以做的方式对伦理予以应答,且应答的方式是借助伦理观念的技术化植入,也即从技术内部展开了对伦理的构建。

五、结语

通过设计来保护隐私则是其从内部进行的技术伦理学的一个实际应用。因此,从内部进行的技术伦理学是可能的。

事实上,从内部进行的伦理学是基于技术的发展而对当下技术伦理学的一种突破及其发展前景的展望,而不是对人本主义伦理学的简单否定,也不是将伦理中人的地位降低或人的伦理功能让渡,而是将被遮蔽的技术从技术伦理学的框架中重新激活,力图冲破主体与客体二分传统的樊篱,走向技术伦理中的技术本体论地位的确立。

因此,技术伦理学的内在路径并非是人作为伦理主体的推翻,而是对人类深度技术化现象的一种哲学反思,这种反思是对技术与人类地位的一种重新审视。

中国社会大众伦理道德发展的文化共识——基于改革开放40年持续调查的数据　樊浩,中国社会科学,2019(8)

2007年至2017年持续10年的三轮全国调查、四轮江苏调查所提供的数据流和信息链及其精神哲学分析表明,改革开放40年,中国社会大众的伦理道德发展的文化共识已经形成。我们发现,现代中国社会大众已经形成关于伦理道德发展的三大文化共识:关于伦理型文化的自觉自信的共识;“伦理上守望传统—道德上走向现代”的伦理道德转型的共识;以“伦理优先”实现伦理道德的文化自立的伦理精神共识。

一、伦理道德的文化自觉与文化自信

这主要体现在三个方面:对中国伦理道德传统的文化认同与文化回归;对现实生活中伦理道德优先地位的文化守望;对现代中国伦理道德状况的肯定及其未来发展的文化信心。这一自觉自信的要义,不仅是关于伦理道德状况的文化共识,而且也是对伦理型文化的现代认同,是关于伦理型中国文化如何继续在世界文明体系中自立自强的共识。

传统认同—文化守望—信念信心,构成连接历史、现实、未来的数据流和信息链,展现出中国社会大众关于伦理道德的自觉自信的文化共识,复原出伦理型文化的精神图像,由此可以哲学地回应当今中国伦理道德发展的诸多重大理论前沿和现实难题。

第一,伦理道德与社会主义市场经济的关系。第二,关于宗教和伦理的关系以及应对宗教挑战的文化战略和文化信心问题。第三,关于善恶因果律。

二、“新五伦”与“新五常”:伦理—道德转型的文化共识

父母子女、夫妻、兄弟姐妹、个人与社会、个人与国家的“新五伦”。“新五伦”所释放的最重要的信息是两大共识:一是家庭伦理关系的最大和最普遍共识,二是关于“新五伦”或“新六伦”要素的共识。它表明,现代中国关于伦理范型的文化共识已经形成,区别只在于:前三伦是绝对共识,后两伦或后三伦在位序变化中表现出某种多样性。第一个共识表明现代中国文化依然是伦理型文化,因为家庭血缘关系依然是伦理关系的自然基础、神圣根源和策源地;第二个共识表明传统伦理型文化正处于现代转型中,转型的两个新元素是个人与国家、个人与社会的关系。五次调查的信息表明:现代中国社会大众关于最重要的德性即所谓“新五常”的价值共识正在生成或已经形成。“新五常”便可以表述为:爱、诚信、责任、公正、宽容。

“新五伦”—“新五常”既演绎伦理—道德转型的文化轨迹,也演绎伦理—道德一体的哲学共识,是伦理道德现代转型的基本文化共识,呈现“伦理上守望传统,道德上走向现代”的转型轨迹。“新五伦”—“新五常”及其转型轨迹,可以诠释和回应三个具有哲学意义的前沿问题:其一,家庭伦理的文化地位与伦理型文化的关系;其二,“不宗教”的伦理基础;其三,问题意识与道德发展。

三、伦理实体发展的集体理性与伦理精神共识

伦理型中国文化之所以特立于世界文明数千年,与宗教型文化平分秋色,重要文明密码在于它建构并不断发展了伦理—道德一体、伦理优先的独特气派,形成一种以伦理实体的集体理性为重心的伦理精神传统。调查发现,改革开放40年,一种新的伦理精神共识正在生成,其要义有三:一是伦理认同,尤其是对伦理实体的认同;二是伦理忧患,以道德批判和道德发展保卫伦理存在,捍卫伦理实体;三是伦理建构,在文化宽容中建构新的伦理实体。

家庭伦理守望中问题意识由道德品质向伦理能力的转化、分配公正与社会伦理实体的文化认同、干部道德与国家伦理实体的认同,形成家庭—社会—国家三大伦理实体的文化共识。这三大共识展现出中国伦理型文化“认同—转型—发展”的精神谱系。

四、结语:伦理型文化的共识

综上,经过改革开放40年的洗礼,中国社会大众的伦理道德发展已经形成三大文化共识，其要义一言概之：伦理型文化的共识。

科研伦理是安全线 孙正凡，光明日报，2019-08-01

科研伦理是安全线，既保护科学研究在社会伦理规范下顺利进行，也保护人类社会秩序不受太大冲击。

科研伦理问题越来越为大家所重视，各国、各研究机构都纷纷出台政策规范或发出提醒和警告。例如，日前中国科学院科研道德委员会就生物医学研究中有悖于伦理规范的常见问题发出“伦理提醒”，要求相关领域的科研人员了解和遵守国际和国内的生物医学伦理基本规则，提前进行伦理审查，不得事后“补充”。

这项“伦理提醒”，让我们继续深入反思近来引发国际舆论的违背科研伦理事件，提醒大家，在保护科学家自由创新、继续取得高精尖科研成果的同时，也要保护人类社会基本伦理不至于受到太大冲击。遵守基本规则，有利于双方共赢。

现代科学兴起之后，人们一方面为科学技术展现的伟大力量而欢呼，从工业革命起利用这些力量为人类社会的进步和福利服务；另一方面也为这种力量可能带来的危害而忧虑。著名的诺贝尔奖设立者发明安全炸药的初衷是想为工业革命开矿修路服务，但各国无法拒绝它在军事上的巨大威力。而核武器、生化武器等的发明和使用，也令科学家和政治家们意识到基础科学研究和人类社会的公众安全已经联系得太紧密，必须寻找双方能够共同接受的规则，也就是科学研究要在基础伦理规范下进行。因为伟大，所以要限制。

而在医学研究中，伦理规范一直被人们所重视。在中国传统文化中首重医德——“德不近佛者不可以为医”。医学生从入学开始就要了解著名的《希波克拉底誓言》(Hippocrates Oath)，1948年世界医学会在此基础上，制定了《日内瓦宣言》，强调医生的道德规范，尊重病人隐私，不拿病人的秘密牟取私利。

现代生物医学对生命秘密的掌握，早已超出传统“病人隐私”的范围，这些秘密不仅涉及个体生命，还关系到人群和民族的遗传信息，包括遗传病家系和特定地区遗传资源。1998年我国科技部和原卫生部联合颁布了《人类遗传资源管理暂行办法》，但之后仍然发生多起未经批准的中国人群基因外流事件。特定的遗传病基因资源对研究和开发药物具有弥足珍贵的价值。基因研究领域必然需要国际合作，但不能以牺牲公众的知情权和国家的根本利益为代价。中国管理部门、美国卫生与公共服务部都对此类违规操作提出了严重警告。

那么,科研伦理审查是否会阻碍科学研究的创新呢?有评论认为,人类还有很多疾病尚未攻克,相当庞大的人群仍然在病痛折磨下生存,需要新一代的基因技术来解救。

大多数科学家和伦理学家认为,伦理审查不会阻碍科学创新。这是因为伦理审查要求的,是我们不能把有较大风险的尚未成熟的技术匆忙用于人体实验,并不是一概否定人体实验。就像药品在投入临床之前要求经过实验室细胞培养、动物实验等过程一样,基因技术也可以在理论论证、模式生物等程序上进行充分的探讨,取得科学界共识之后,再尝试临床人体实验。

伦理审查的安全线并非是一成不变的,科学突破和人类社会伦理之间不是零和游戏,在规则范围之内的创新,可以减少非议,也更有利于在全社会推广。

科技伦理研究与教育的时代使命　范春萍,光明日报,2019－08－26

当今世界正处于新科技革命和产业革命之中,物理科技、生命科技、信息科技等发展迅猛。科技风险、科技伦理渐成社会核心关切话题。以必要的伦理原则、规范来约束不良科学技术的研究和应用,使科技过程的每个参与者都明了自己的责任,使伦理原则和规范能够落实到工程技术和管理制度中,极其必要。科技伦理原则和规范如何设立,如何让相关人员深刻领会并化为行动,违背伦理如何惩戒等,需要一个达成共识和教育推广的长期过程。

一、当前科技风险的特征及挑战

由于科技应用已进入物质结构和规律深层,多种学科交叉融合,世界全方位互联互通,当前科技风险呈现如下特征:全面性,几乎关涉所有学科和领域;系统性,牵一发而动全身;深层性,一旦发生灾难难以在表层解决;连锁效应性,杠杆放大、节点连带、蝴蝶效应等;指数增长性,狂飙突进;于科技体之上形成一个风险体,使科技呈现天使与魔鬼的两面。

这样的风险特征,对科技和社会发展至少构成如下三方面挑战。

一是价值观和学理的挑战:科学只为研究而研究、为真理而研究、科学研究无禁区等曾经的科学精神核心价值是否需要重估;在自然生态系统遭受破坏的情况下,是否要对人类中心主义进行更全面深刻的反思;超越人类智能是人工智能的重要追求之一,又如何要求其可以为人类所理解和控制;等等。挑战中深藏着逻辑背反性,难以达成为所有人接受的普遍共识。

二是经济及国际竞争的挑战:前沿科技应用常与经济甚至国力的竞争相关联,且存在赢者通吃的可能性,导致囚徒困境,即如果大家不能同时遵守伦理规约,则很可能出现守规者输。当然,最后输掉的会是整个人类,但短期争胜也是人类发展至今出现的一种较为普遍的现象。

三是实践性挑战:与"休谟问题"所提出的从"是"到"应该"之间的巨大鸿沟一样,反过来从"应该"到"是"亦非通途,若不能将宏观伦理原则落实到技术细节中,等于取消了宏观共识,使所谓监管流于形式,还会使人们认为已经在监管了而放松警惕。这其实是更大的风险。另外,观念落后、专业分工过细、技术壁垒等导致许多具体技术过程的研究和应用者沉溺于流程,对宏观技术走向和可能产生的结果并不了解也不关心。

因此,需首先改造人的观念,从价值观和学理上厘清思路,再在技术细节和管理机制上找到出路,而这需要一场新的思想观念变革和一场真正指向可持续发展的技术革命。

二、科技伦理何为

科技伦理是人类一般伦理在科技领域的体现,要求科技体系履行推动社会健康发展、造福人类的社会职责。科技实践环节的每一位成员都是科技与自然、社会、公众的伦理接口,面对科技风险,防患于未然是理想状态。伦理原则和规范的制定需要多方利益相关者和不同层面知识拥有者的广泛参与,伦理向技术过程和细节的转化只有技术人员才能完成。最好的预防,是将伦理规约制度化到技术和管理细节中,融入人的观念深处,使科技系统本身及其每一步发展都在伦理规范中运行。

成立国家科技伦理委员会,作为制度性举措,对我国未来科技健康发展及参与国际科技风险治理意义重大。科技风险的社会关注、学界多年的风险预警和伦理呼吁、人工智能和环境危机引发的越来越集中的伦理治理讨论,以及设立国家科技伦理委员会决议的发布等,使得科技风险治理成为社会关注的重点。而风险辨识和伦理厘清,是风险治理的重要条件。

三、时代呼唤科技伦理研究和教育

科技伦理研究任务主要在三个层面:一是价值选择和理论基础,即我们想要怎样的生活、想将怎样的未来传给后代,这将决定我们想要怎样的科技,决定以怎样的价值选择和理论基础来建构科技伦理理论和规范体系;二是科技伦理理论、原则和规范体系的建构,这要求研究者对自然环境、人类生存状况、前沿科技进展及趋势、人类可持续发展价值取向，有较好的把握；三是如何将抽象的伦理原则和规范体系落实到管理实践和技术细节中。

针对科技风险积极展开科技伦理研究和教育，是时代的召唤和使命。现在，对伦理的理解和运用能力已经与科研和技术能力同样重要。当前在岗及未来将上岗的科技人员都需要充分理解科技伦理的价值、历史和逻辑，理解其职责和规范，并且将科技伦理相关要求纳入章程等，贯彻到教育教学中。唯此，才能培养出有能力使科技向善、向好发展的人才，也才能为人类社会的可持续发展夯实良好根基。

让科技伦理贯穿科技发展的全过程　胡明艳，学习时报，2019－08－07

在现代社会，科学知识已不再是唯一的知识权威。科学技术和政治、经济的紧密关联，导致公众对科学家的信任度下降。此时，试图单纯依靠科学技术知识解决与之有关的社会和伦理争议的方式是不够的。如何应对新兴技术可能带来的风险，已经不仅仅是科学家、技术专家和工程师们的使命了，也需要包括伦理学者在内的社会各界的广泛参与。

一、科技发展需要伦理出场

进入21世纪，随着科学、技术、生产和市场的一体化，一批高技术尚处于萌芽和起步阶段，就展现出了创造一个新行业或改变一个现存行业、对社会经济结构产生的重大影响力，它们被称作“新兴技术”(emerging technologies)。一项新的科学技术到底会产生什么样的影响，只有在其产品被真正引入社会之后，我们才能得知。而现代科学技术与经济、政治的深度融合，放大了不确定性，将人类拖入了一场规模庞大、影响深远的社会实验，这对既有的道德与伦理观念产生强大冲击，在涉及公众切身利益时，往往会引发巨大社会和伦理争议。

二、被动响应科技发展的伦理

20世纪后半叶，随着现代科技对社会的影响日益显著，伦理学家缓慢地将注意力转向了技术。但最初，伦理学家受制于一种“社会影响框架”，把技术主要理解成科学家和工程师工作的成果，伦理学家的唯一角色就是决定是否以及如何应用科学家和工程师所输送的技术。此刻，伦理学是以被动反应的方式出场的。

处在被动回应角色中的伦理学家更有可能注意到扰乱了或威胁了道德实践或价值的技术，而非那些契合或改善了主流道德实践与价值的技术。所以,伦理学家会给人产生一种反技术主义者的印象。这样的伦理学家形象无法真正影响和参与科技发展的进程。

三、主动贯穿科技发展全程的伦理

今天,学界已经普遍认识到,现代科学、技术、社会、政治、经济、自然与文化等因素都处在一张异质性的网络中,互动并影响着彼此。科学技术不能看成隔离于社会关系之外,科学家和工程师们不是在真空中孤立地去做研究。现代科学技术问题往往与有关的政治、经济和文化等议题紧密缠绕在一起,我们不能把价值和伦理因素从科学知识生产中撇清。科技发展的轨迹也是不同利益群体博弈、协商的结果,而非遵循什么既定的秩序运行。总之,科学技术和社会是协同演化的。

如果说,前述“社会影响”框架正是由于让伦理考量只关注科学技术研发的下游影响或后果,没有关注仍在生产之中的科学知识和技术本身,以至于其作用受到了很大限制。那么,今天,当我们重新审视伦理在科技发展中的角色时,伦理考量就不再是置身事外的被动响应者,而是作为科技的塑造者之一,从科学技术发展的一开始,就与其他行动者一起积极地参与科学技术未来的建构,贯穿科技发展的全过程,成为一股行动的力量。尤其是对于新兴技术而言,由于一项技术仍有可塑性,在其发展和嵌入社会中仍存在大量选择空间,伦理考量的及早干预更有可能让技术遵循人类社会理想的方向发展。

欧盟在这方面率先做出了大胆尝试。2011 年前后,“负责任研究与创新”理念被欧盟委员会采纳成为其最大的科技资助计划“地平线 2020”计划的重要目标和贯穿性议题。此时,我们不再将新技术的伦理方面视作限制或约束。代替之,我们视之为技术发展的目标。这一尝试将以往被排除在科技创新决策过程之外的人文社会学者、普通公众纳入政策制定过程,通过参与和调解的方式,让各个利益相关方的想法和诉求被吸纳到决策准备过程中,在避免争议观点极化的前提下,经由充分磋商之后携手打造一个各方可以接受的解决方案。虽然这一尝试的实际效果还有待评估,但无疑体现了人类在面对科技高速发展时的伦理勇气和审慎态度。

智能时代需要“向善”的技术伦理观 司晓,学习时报,2019-08-14

随着人工智能技术的快速发展和广泛应用,智能时代的大幕正在拉开,无处不在的数据和算法正在催生一种新型的人工智能驱动的经济和社会形式。人工智能能够成为一股“向善”的力量,持续造福于人类和人类社会，但也带来了隐私保护、虚假信息、算法歧视、网络安全等伦理与社会影响，引发了对新技术如何带来个人和社会福祉最大化的广泛讨论。人工智能伦理开始从幕后走到前台，成为纠偏和矫正科技行业狭隘的技术向度和利益局限的重要保障。

在此背景下，从政府到行业再到学术界，全球掀起了一股探索制定人工智能伦理原则的热潮，以人工智能为代表的新一轮技术发展应用离不开伦理原则提供的价值引导。因此，我们需要构建以信任、幸福、可持续为价值基础的人工智能伦理，以便帮助重塑数字社会的信任，实现技术、人、社会三者之间的良性互动和发展，塑造健康包容可持续的智慧社会。

一、构建让人信任的人工智能规则体系

虽然技术自身没有道德、伦理的品质，但是开发、使用技术的人会赋予其伦理价值，因为基于数据做决策的软件是人设计的，他们设计模型、选择数据并赋予数据意义，从而影响人们的行为。构建能够让人们信任的人工智能规则体系，让技术接受价值引导。人工智能发展与应用需要遵循以下四个方面的理念。

一是可用。让尽可能多的人可以获取、使用人工智能，让人们都能共享技术红利，避免出现技术鸿沟。可用性还意味着以人为本的发展理念、人机共生、包容性以及公平无歧视。

二是可靠。人工智能应当是安全可靠的，能够防范网络攻击等恶意干扰和其他意外后果，实现安全、稳定与可靠。

三是可知。人工智能应当是透明的，是人可以理解的，避免技术“黑盒”影响人们对人工智能的信任。在发展和应用人工智能的过程中，应为社会公众参与创造机会，并支持个人权利的行使包括隐私、表达自由、救济等。

四是可控。人工智能的发展应置于人类的有效控制之下，避免危害人类个人或整体的利益。应遵循预警原则，防范未来的风险，使未来可能出现的通用人工智能和超级人工智能能够服务于全人类的利益。

在这些原则之下，人们可以探索制定标准、法律、国际公约等，需要采取包容审慎、敏捷灵活的治理方式，可以采取各种方式支持行业自律。

二、确保人人都能追求数字福祉

其一，保障个人的数字福祉。一方面需要消除技术鸿沟和数字鸿沟，弱势群体未能充分享受到数字技术带来的便利；另一方面减小、防止数字技术对个人的负面影响，呼吁互联网经济注意维护、促进用户数字福祉，并要求科技公司融入到数字产品及服务的设计中。

其二,保障个人的工作和自由发展。未来 20 年内,90%以上的工作或多或少都需要数字技能,这将在很大程度上影响当前的就业和经济结构。现在需要做的就是为劳动者提供技能教育或再培训、再教育的公平机会,支持早期教育和终身学习。

三、塑造健康包容可持续的智慧社会

技术创新是推动人类和人类社会发展的最主要因素。人工智能等新技术本身是“向善”的工具,可以成为一股“向善”的力量,用于解决人类发展面临着的各种挑战。与此同时,人类所面临的挑战也是历史上任何时候都无法比拟的。联合国制定的《2030 可持续发展议程》确立了 17 项可持续发展目标,实现这些目标需要解决相应的问题和挑战,包括来自生态环境的、来自人类健康的、来自社会治理的、来自经济发展的等等。

将新技术应用于这些方面,是正确的、“向善”的方向。因此,企业不能只顾财务表现、只追求经济利益,还必须肩负社会责任,追求社会效益,服务于好的社会目的和社会福祉,给社会带来积极贡献,实现利益与价值的统一,包括有意识有目的地设计、研发、应用技术来解决社会挑战。

情感能否为正义奠基　付长珍、郦平,探索与争鸣,2019(8)

西方伦理学史上形成了两种主流的正义论传统,即理性主义传统与情感主义传统。占据主导地位的理性主义传统主要从美德德性论、义务论、契约论等角度为正义进行奠基。然而,情感主义传统的主要代表休谟和斯密则认为,理性提供的是事实判断,理性的作用是辨别真假,情感才能提供价值判断。情感究竟能否为正义奠基?休谟和斯密并未对此做出彻底的、一致的论证。当代情感主义伦理学家斯洛特等人在对传统情感主义进行修正与发展的基础上,通过对移情论的系统阐发,进一步论证了移情不仅是道德的基础,也是社会正义的基石,从而对传统正义论困境做出了别开生面的有力回应。

陈忠教授的《涂层正义论——关于正义真实性的行为哲学研究》提出了一个极具解释力的思想命题——“涂层正义”。但这样的思路依然聚焦在启蒙理性、自主性、控制性的一面,反而遗忘了启蒙的情感面向。如何通过复活情感的力量来重建正义的基础?当代情感主义德性伦理学家斯洛特做出了有别于伦理理性主义的有力回应。情感究竟能否为正义奠基?对这一问题的追问,或许可以为我们思考当今社会正义过度的被涂层化,以及如何去涂层化提供可资借鉴的思想资源。

一、正义的理性主义传统及其局限

在西方伦理思想史中，理性主义者主张道德问题主要表现为正义相关的议题。对于"正义"进行诠释的理性主义传统从古希腊时期"应得"正义观，接通近代基于人是目的的"平等"正义观，发展到现当代基于社会制度设置与改良而提出的"公平"正义观。为了给"正义得以可能"提供理论上的支撑，以维护和保障正义的实施，伦理理性主义者分别从美德德性论、义务论、功利论和契约论的角度为正义进行奠基。然而，强者如何能够发自内心的、而非完全受制度规约来保护弱者并给予其所需，传统的德性论、义务论、契约论者对此都未给出必要的诠释。

二、正义的情感主义传统及其非彻底性

情感主义者提出应该基于人类自然情感的需要来论证正义何以可能。从情感的角度解说正义者可分为两派，即英国传统情感主义的代表休谟、斯密以及当代美国情感主义德性伦理学家斯洛特。休谟和斯密都提出正义是为了保护契约的双方不受伤害的观点，他们都看到了不正义是源于同情或移情关怀的缺乏，但是他们都没有为情感或同情作为正义的基础提供证明。英国传统情感主义者对正义奠基于情感做出的论证具有不彻底性、不一致性。

三、情感为正义奠基何以可能的当代回应

当代情感主义伦理学家斯洛特从正义是基于移情而对自主性的尊重、正义意味着移情的不缺乏角度，回应了理性主义传统对正义诠释的有限性以及传统情感主义对正义奠基于移情的不彻底性、非一致性的论证。斯洛特将移情作为正义的基础，旨在表明的是我们可以从移情方面为正义提供必要和充分条件。首先，斯洛特说明了移情可以回应"应得"正义观及其困境。移情论还有助于避免"应得"正义观与恶的关联。其次，移情能够解释"平等"正义观及有效性。最后，将正义奠基于移情可以推进"公平"正义观。

综上所述，情感作为正义的基础可以弥补美德德性论、义务论与契约论对正义之诠释的有限性。当代情感主义伦理学的重要代表斯洛特以及其他相关学者在对传统情感主义进行修正与发展的基础上，提出了将移情作为正义的基础是因为人们可以从移情方面为正义提供必要和充分条件，可弥补理性主义传统对"应得"正义观、"平等"正义观以及"公民"正义观的有限诠释。斯洛特在其思想发展的近期，又把移情的基础诉诸"接受性"和"目的规导"，对二者之关系的诠释又立基于其修订后的阴阳学说。那么，被重新进行哲学诠释的阴阳学说是否可以成为正义的更新、更有力的基础,还有待于进一步研究。

人工智能:人类挡不住的诱惑? 赵汀阳,社会科学报,2019-09-25

对于人工智能问题,我所能做的就是从分析哲学的角度来澄清一些问题。对人工智能虽然一直都有反对的声音,对之持有一种伦理上或者是情感上的批判,但是在我看来这是无效的问题。那么有效的问题是,人工智能带来的哪些结果是我们可以接受的,或者是不可以接受的呢?

一、在未来服务就是力量

我们想要人工智能提供更好的技术服务,那么一定就会有代价,这个代价就是一部分的个人自由、相当程度的隐私甚至我们的个性也会牺牲掉。人工智能所带来的系统化服务,就像我们现在由"互联网+"所提供的各种东西,都有整齐划一的倾向,人工智能的系统服务更是如此。我们人类在技术上不断地追求技术的无限发展,因为技术越发展,生活水平越高。但是,我们同时在意识上又要追求一切事情的平等化,这是当代社会的特点。在我看来,这暗含了一个严重的问题,这种技术化和平等化,事实上是创造了更容易形成专制的条件。

相反,追求平均好处,是整齐划一,都是标准化、程序化,那么这些好处就非常容易被记住,被系统所控制,天然的思维被技术来控制。而未来的技术系统将会提供人人都离不开的服务。大家为了获得技术提供的服务,只好屈服于技术系统的控制。所以未来可能会有一种新的装置。

二、最好的机器人就是按规则办事的机器人

任何感情、价值观或者说其他的选择偏好,都意味着一种叫作"有别的看法",即我们会对事物、人进行区分。有了这个"有别"就会有优先性的问题,即哪件事情哪个人是需要优先的,就有所谓的价值排序,只要出现优先性和价值排序,这个结果就是歧视,虽然说我们今天一般都回避这个词。那到底什么样是最好的价值排序?在我看来,最好的机器人就是按规则办事的机器人,即保持其机器人的身份而不要成为另外一个主体。我们人类社会不缺主体,主体已经太多,不需要再增加主体。

三、真正的危险是反思

如果一种思想思考得只是外部世界,那么无论多么高超的思维能力都是不危险的,它仅仅是思想的思,对外部事物的思考产生的是知识,知识越多越好,就意味着能力的增强,能力强不等于危险。真正的危险是反思,人类只要一反思就会提出各种危险的要求。当然反思有很多种，我们只讨论两种比较危险的反思，这两种反思能够提出两种原问题。第一个问题是，我能够解释我自己吗？第二个问题是，反思“我是自由的吗？”

四、合理限度：不能超越人类的主体性

最后，根据理性的风险规避原则，我们能够为人工智能设想一个什么样的合理限度？在我看来，唯一的办法就是人工智能的研究或者制造应该在某个地方发展到一定程度的时候，是不是可以考虑要停步，即停在一个高能力的水平上，但是又没有害，没有自我意识。但是能力强不怕，危险之处不在于能力，而在于自我意识。人工智能能力再强，只要没有自我意识，就没有反叛之心，就会为人类创造无穷的财富。

我最后的结论就是：目前我们对人工智能的恐惧是夸大的，但是未来的危险是一定的，可能性是存在的。（根据速记稿整理，感谢凤凰国学频道整理支持）

我们准备好迎接机器人了吗？ 熊一舟，社会科学报，2019-09-05

随着人工智能技术的高速发展，其安全性也日益受到全世界的高度关注。美国《外交事务》杂志 2019 年 7/8 月刊发表学者肯尼思·库克耶(Kenneth Cukier)的文章《我们准备好迎接机器人了吗？如何思考人工智能的未来》探讨了人工智能的安全性问题。

一、维纳的警告：深度学习唤起恐惧

维纳是人工智能领域的创始人之一，他是个神童，14 岁大学毕业，四年后在哈佛大学获得哲学博士学位。为了描述他关于动物和机器如何依赖反馈机制来进行控制和交流的研究，维纳选择了“控制论”(cybernetics)这个词。1948 年，他将自己的著作命名为《控制论》。自从《控制论》出版以来，维纳就开始考虑这项技术的社会、政治和伦理方面的问题，他得出了一些令人灰心的结论。他担心由真空管组成但具有复杂逻辑的弗兰肯斯坦怪物有一天可能会攻击它们的创造者。

从 20 世纪 50 年代到 90 年代，大多数人工智能都是用手工编码的规则编写计算机程序。相比之下，统计方法使用数据根据概率做出推断。由于计算机处理技术的飞速发展和数据的爆炸式增长，如今更为复杂的版本——深度学习——已经取得了长足进步。深度学习的成功再次唤起了维纳对电脑怪兽横行的恐惧，如今人工智能领域最大的争论围绕着安全展开。

二、警惕“迈达斯国王问题”

一般来说,人工智能有两种类型。第一种是通用人工智能,即 AGI(Artificial General Intelligence):能够像人类一样思考、计划和反应的系统,同时还拥有“超智”(superintelligence)。第二种是狭义的人工智能:能够很好地完成独立任务的系统。对于通用人工智能是否可能完全实现,专家们甚至没有达成共识。但是那些相信通用人工智能系统的人担心,如果通用人工智能系统不共享人类价值观,它就可能会引起麻烦。问题在于如何确定这样一个系统的目标,或者工程师们所说的“价值对齐”。人们担心的不一定是人工智能会变得有意识,想要毁灭人类,而是这个系统可能会误解人类给它的指令。人工智能研究人员斯图尔特·拉塞尔将这一问题称为“迈达斯国王问题”,这一说法源自古希腊神话,说的是国王实现了他的愿望,把他接触的所有东西都变成金子,结果却发现自己既不能吃也不能喝金子。通用人工智能被比作“迈达斯国王问题”,它能够执行几乎所有要求它执行的任务。

三、创意性预防操作漏洞

持不同观点的另一方则对这种担忧不屑一顾。他们认为人工智能的危险极小,至少目前如此。失控的人工智能系统会危害人类的观点虽基于科学,但更是一种想象。投入大量资源防止这种结果将造成误导。正如平克所指出的,反乌托邦预言忽视了规定、法律和制度在规范技术方面的作用。更有说服力的论点考虑到了这些因素,并要求严格执行基本的保障措施。在这方面,网络安全的历史提供了一个有用的参照。当工程师们创建互联网时,他们忽略了在软件协议中构建强大安全性的必要性。今天,这构成了互联网的一个重要脆弱点。人工智能设计师应该从这个错误中吸取教训,在一开始就把安全因素融入到人工智能生产中,而不是试图在以后加以补救。

儒家何以重修身 张文珍,学习时报,2019－09－13

修身,就是修德,指道德上的自我修养和人格上的自我完善。儒家经典《礼记·大学》有言:“自天子以至于庶人,壹是皆以修身为本。”从最高统治者到普通老百姓,都要把修身作为为人处世的基础与根本。修身是儒家文化最重要的话题之一,其内涵是通过陶冶、锻炼自身的道德品质不断完善自我、实现理想人格,进而影响他人、奉献社会。

修身能够抑恶彰善、濯污扬清,成就道德高尚之人。古人对人性的认识，说法不一。孔子认为每一个个体后天所生长的环境、所接受的教育对其成长至关重要，即所谓“习相远也”。孟子认为人生而具有仁、义、礼、智四种道德情感，但这四种道德情感只是“善端”，即善的萌芽，能不能显露出来且成长壮大，有待于后天的努力，需要自我修养、爱护、培养。荀子认为人生而好利疾恶，有耳目之欲，故必须制定礼仪法则和制度规范，强制人们遵守。董仲舒认为人性兼善恶，善须后天着力培育才能成就。自先秦以来，思想家们都强调后天修养的重要性，认为唯有修身才能抑恶扬善，成就世间最高贵的人。

修身是齐家治国平天下的基础。《礼记·大学》谓：“古之欲明明德于天下者，先治其国。欲治其国者，先齐其家。欲齐其家者，先修其身。”“齐家”是“治国”的前提，因为家庭是社会的最小细胞，家庭和睦团圆与否，直接关系到社会的稳定与和谐。孟子把这一过程说得更为直接：“人有恒言，皆曰‘天下国家’。天下之本在国，国之本在家，家之本在身。”要想使家齐、国治、天下一统，个人必须拥有良好的道德修养与品行情操，这是治国安邦的基础。

修身能够自我约束、自我完善，更好地发挥示范群体的表率作用。儒家文化特别重视执政者的道德修养，认为他们具有强大的示范带头作用。有人向孔子问政，孔子回答说：“政者，正也。子帅以正，孰敢不正?”“正”是对“政”的最佳诠释。正人先正己，执政者自身端正，才可要求百姓端正。要想使执政理念迅速实施，最好的办法是以身作则，自我修养，自我提升，自我完善。为政者的一言一行不是纯粹的个人行为，而是代表着一种风尚、一种榜样，民众不知不觉在模仿学习。孟子曾以伯夷、柳下惠为例说明圣贤之士对整个社会风气的良好的影响带动作用，还强调应把道德修养高的人置于领导地位，其所作所为会产生广泛的积极的正面的影响；反之，如果居高位者道德堕落、品行邪恶，就极容易把恶劣的影响在更大的范围内传播，产生不良后果。《孟子·告子下》记载的关于乐正子的故事可见孟子认为为政者有“好善”的品德胜过足智多谋与精明强干。为什么“好善”如此重要呢? 孟子说：“夫苟好善，则四海之内皆将轻千里而来告之以善；夫苟不好善，则人将曰：‘訑訑，予既已知之矣。’訑訑之声音、颜色距人于千里之外。士止于千里之外，则谗谄面谀之人至矣。与谗谄面谀之人居，国欲治，可得乎?”意谓，一个道德修养高的当政者具有巨大的凝聚力和向心力，他能把良善正直之士吸引过来，大家同心同德，众志成城，就能把一个国家治理好。

人工智能算法伦理及其风险　孙保学，哲学动态，2019(10)

本文尝试为人工智能的算法伦理研究提供一种可能的讨论框架，并对算法的伦理风险问题做出初步探索。

一、何为算法伦理

算法正在改变我们的生活，重塑我们的社会。毫无疑问，算法在未来社会的地位和作用将会越来越突出。它不仅调节机器与机器的关系，而且调节机器与人以及人与人的关系。算法越来越多地参与到人们的道德生活是一种必然趋势。在人工智能所涉及的伦理问题中，算法伦理居于基础地位。在试图解答算法伦理问题时，我们首先要明确“算法”所针对的话语系统，否则将会陷入算法的学术定义和日常用法来回跳跃的混乱情形。

算法在计算机科学、数学和公共话语等领域的内涵是不同的，试图为算法寻找一个涵盖所有领域的定义非常困难。如果想要全面地理解算法的伦理影响，我们必须考察算法在执行层所产生的问题，分析算法在实际操作中可能对人类和其他主体所造成的影响。事实上，那些涉及人类权益可能受到侵害且决策者面临多重选择的情境更有可能发生道德冲突。

算法伦理研究的价值导向是算法在道德上的可接受性。这种价值导向使研究者的关注点主要聚焦于以下两类算法：一是人类很难预测其行为后果的算法；二是造成的事实背后的决策逻辑难以解释的算法。它们将不确定性和不透明性引入计算过程，进而将其延伸到社会生活领域，无形地增加了伦理风险。

这两类算法给伦理学带来全新的挑战，而且由于算法所引起的伦理问题与其他技术引起的伦理问题有明显不同，因此具有更大的讨论价值。

二、算法伦理研究的三个维度

本文则试图基于算法的使用过程，从算法的自主性特征、应用性场景和归责性困难三个方面理解算法的伦理问题。总之，算法正在通过它所触发的一系列行为从社会的底层架构重塑我们的世界观，甚至修改我们的社会规则。

三、算法的伦理风险

在算法嵌入社会的过程中，人们需要应对的更多的是伦理风险。人类在应用人工智能算法时，必须保持谨慎，既要加强监管，也要做好风险防控工作。为了防控人工智能的伦理风险，算法应该是可理解的和值得信任的，这将是人工智能技术开发的基本共识和伦理要求。事实上，当前的算法还远远达不到可理解性和值得信任的要求。算法的伦理风险防控实质上仍是人类对自身伦理风险防控的一部分。因而，算法不是绝对可靠的，算法事故风险评估机制的建立是必要的。面对数据分析和算法的复杂性，这项工作的展开可能面临种种困境。它可能要求我们从两个方向努力“驯化”算法：一是通过技术手段努力使算法尽可能地可解释和可追溯，能够对决策步骤或推理过程以人类可理解的方式（文字、声音或图像等）呈现。当然，这种解释必须是经得起实践检验的，而不是欺骗人类的随机语义组合。二是重新定位智能机器与人类的关系。随着算法的自主性不断提高，智能机器将从辅助型发展为协作型。人们越来越多地使用算法来辅助决策，同时算法也越来越依靠人们的使用来提高其性能表现。

四、结语

本文简要地勾勒思考算法伦理的一种可能的思考架构，并没有急于为算法的伦理问题提供具体的可能解答，更没有提供解决算法伦理困境的具体方法和工具。

算法所引发的伦理问题往往都是非常具体和适应于情境的，它们带来的是全新的伦理挑战。这些挑战所涉及的问题主要来自于算法的自主性的提高和应用层面的价值传承及参数调整，算法的伦理责任归属往往也需要追溯到数据作为参考证据，但不能完全还原为数据的伦理问题。算法所引发的伦理问题有些可以随着技术进步得到缓解，但也需要我们从提升社会认知和完善制度建设方面做出积极的推动。

总之，算法功能的发挥不能摆脱伦理约束的“紧箍”，使用算法解决现实问题同样要有伦理风险的“防火墙”。

自动驾驶汽车的罗尔斯式算法——“最大化最小值”原则能否作为“电车难题”的道德决策原则　余露，哲学动态，2019(10)

自动驾驶汽车必须拥有应对“电车难题”的道德决策程序。为此，人们援引伦理理论构想了不同的算法，如功利主义的、康德式的。在《自动驾驶汽车的罗尔斯式算法》一文中，德瑞克·雷本（Derek Leben）提供了另一种可能的方案。他援引罗尔斯在《正义论》中所阐释的“最大化最小值”原则，为自动驾驶汽车应对“电车难题”设计了一套算法。

一、罗尔斯式算法

顾名思义，“罗尔斯式算法”是受罗尔斯所提出的方法和原则的启发。

在呈现算法前，雷本概要地回忆了罗尔斯在《正义论》中对“最大化最小值”原则的论述。首先，罗尔斯承袭了契约论传统。其次，在罗尔斯的文本中,理想的情境是由“无知之幕”造就的。最后,原初状态下的无知之幕是厚实的,它遮蔽了决策所影响的个体数量以及每个特定个体的收益,使任何概率的演算都变得不可能,因而,理性的人就会遵循“最大化最小值”原则进行决策。在此基础上,雷本为自动驾驶汽车设计了一套算法,用以在“电车难题”困境中进行道德决策。

这一模型包括三类实体(entities),即被自动驾驶汽车的行动所影响的个体(Players:P1,P2,…,Pn)、自动驾驶汽车所采取的行动(Actions:A1,A2,…,An)以及表征每个行动下个体收益的功利函数(utility function)。功利函数基于个体的“生存概率”这一单一的维度进行计算(假定自动驾驶汽车足以评估个体生存的可能性),用0到1之间的数值表示。换言之,在自动驾驶汽车的罗尔斯式算法中,所被分配的“善物”即是个体的生存。

罗尔斯式算法包括两个步骤:第一,对行为进行数据表征;第二,依据流程图进行运算。为了更好地理解雷本的设想,笔者结合《自动驾驶汽车的罗尔斯式算法》一文中所提及的案例,以及自动驾驶汽车可能遇到的“电车难题”设计了如下情境。

清晨,自动驾驶汽车搭乘若干乘客(限乘人数内)按照规定限速行驶在高架桥上,一行道路维护工人突然从花带中走出准备作业(无明显过错)。此时,自动驾驶汽车已无法通过行车制动器停止,它只有两个选择:一是在开启制动的同时继续前行,造成工人死伤;二是急速转弯撞向防护栏,造成乘客死伤。根据雷本的假定,自动驾驶汽车可以借助自身速度、撞击角度、涉事人员的身型来计算每个人的生存概率。

二、批评与回应

在描述算法并进行简单应用后,雷本设想了三个可能的反驳并做出回应。最后,雷本承认,他的描述是一种“简化”,他只考虑了孤立的自动驾驶汽车面对“电车难题”时的情境,并没有将之纳入自动驾驶汽车的连接网络之中,而后者恰恰是汽车公司的发展模式。但雷本相信,罗尔斯式算法是“最有价值的,如果罗尔斯的理论被证明是正确的”,其主要的优点在于,“它将每个人作为平等的个体予以尊重,而且,它不会为了他人的利益而牺牲每个个体的利益”。

三、“最大化最小值”原则的限度

“最大化最小值”原则是否可以充当自动驾驶汽车遭遇“电车难题”时的决策原则?这就关涉“最大化最小值”原则的限度问题。

只有在平等的自由和公平的机会满足之后,“最大化最小值”原则才会起作用，践行差别原则。通过这一系列规则，罗尔斯在确保一切人享有平等的自由体系的前提下尽可能地提高最小收益者的自由价值。

如前所述，就是在这里，雷本的罗尔斯式算法与罗尔斯的理论产生了不可逾越的鸿沟，因为生存和健康并不是罗尔斯的正义理论关切的对象。

综上所述，在笔者看来，虽然雷本为自动驾驶汽车面对“电车难题”给出了可操作的“罗尔斯式算法”，但这一算法只在极其有限的意义上是“罗尔斯式”的，而且，由于雷本对罗尔斯适用“最大化最小值”原则的限制理解不够深入，导致了“罗尔斯式算法”产生了无法解决的困境。

爱国何以是一种公民美德 吴俊，哲学研究，2019(10)

无论何种形式的爱国主义，都是一种对国家和同胞的特殊关切。实际上，全球化时代仍然是民族国家竞争的时代，由于人们处于不同的权利义务关系之中，对权利和义务的均衡践履（得其应得，付其应付）乃是正义的基本要求，道德规则本身允许区别对待。公民与国家、同胞的特殊关系要求彼此承担特殊义务，公民以履行义务的方式对保障自己权利的国家和同胞表示特殊关切，不仅是合理的，也是必要的。然而，这种特殊关切也是有限度的，其界限是不能损人利己。总之，只看见国家而看不见人类，是短视的；只看见人类而看不见国家，则是幼稚的。

一、关于爱国主义是否是一种美德的争议

在本文中，笔者把对国家的忠诚与热爱理解为爱国主义。共和主义历来都把公民的爱国心、热心公益的精神视为共和国赖以生存和发展的德性基础。自由主义和社群主义则围绕这一问题展开了争论：基于爱国主义强调整体利益的倾向与自由主义所倡导的个人主义之道德立场互不相容。总体上看，自由主义者不赞同把爱国主义视为一种美德，他们认为爱国主义是一种无条件的、没有理性的情感，爱国主义对人的约束太大，它是对公民个体权利的侵犯。

不赞同爱国主义是一种美德的学者，基本上是从爱国主义可能导致的弊端或其危险性来谈的，其观点可以归结为以下三种：第一，爱国主义与基本美德是相冲突的；第二，爱国主义不是一种绝对的美德；第三，对于爱国主义是一种美德的最常见的指责来自于持普遍主义立场的人。在他们看来，许多最重要的伦理判断是从中立、公正的立场出发，摒除特殊忠诚做出的。

二、评价爱国主义是否是一种美德的关键在于热爱方式

通过对爱国主义是否是一种美德之争论,尤其是反对者观点的简单考察,我们不难发现,评价爱国主义是不是一种美德的关键在于如何爱。这涉及对爱国主义的理解问题,所有的爱国主义都要求热爱自己的国家,但热爱方式不相同,这就形成了不同类型的爱国主义。不管哪种类型的爱国主义,如果它拥有正确的热爱方式,是不会被反对者排除在美德之外的。相反,那些容易导致国家间紧张和冲突、狂妄自大唯我独尊、漠视甚至损害他国人民利益等极端的、狭隘的爱国主义,因为在道德上很难得到辩护而成为反对者们批判的对象。

三、对爱国主义是一种美德的辩护

不管哪种类型的爱国主义,如果它拥有正确的热爱方式,没有因为爱国而敌视他国和对其他人漠不关心,没有因为自己的国家是世界上最伟大的国家而无法接受她的过错和缺陷,尤其没有以牺牲他国和他国人民的利益作为爱的代价,是不会被反对者排除在美德之外的。相反,那些容易导致国家间紧张和冲突、狂妄自大唯我独尊、漠视甚至损害他国人民利益等极端的、狭隘的爱国主义,因为在道德上很难得到辩护,而成为反对者们批判的对象。

四、爱国主义在国家政治语境中的优先性

爱国主义是世界主义的基础。人类社会的发展不会由国家而止,世界主义是爱国主义的未来。国家对公民和公民对国家的义务是显见的。当全球义务和国家义务相冲突时,国家认同、爱国主义是最敏感、最切身的认同。由于资源和精力的有限性,个人与国家不能无限地尽责任,先尽好国内的责任,才能承担起对世界的道德责任。

五、让爱国主义成为一种健全美德的辅助条件

我们把对国家的爱表现为一种健全的情感,在道德上可辩护的爱国主义称为健全的爱国主义。健全的爱国主义之形成需要一些辅助性美德,如尊重、宽容和理性等。之所以称其为辅助是因为如果拥有这些美德就有利于作为美德的爱国主义的生成和生长;如果没有这些美德,作为一种美德的爱国主义之形成就比较艰难。在特定的情况下,这些辅助性美德是必要的而非充分的。

健全的爱国主义意味着要承认民族国家历史中有某种值得称道的东西,这种令人值得称道的东西并不意味着比他人引以为傲的东西更优秀,这需要相互尊重、彼此承认和崇尚差异。健全的爱国主义需要打破感觉和信念上的恐惧障碍，敢于接受文化互竞，勇于参与文化对话，善于汲取不同文化的精华，加强本民族文化的发展和创新，增强本民族文化的生机活力，这才是有自信心和自尊心的表现。

早期儒学友爱伦理的范围、功能与地位　陈治国，光明日报，2019－10－28

“友”或“朋友”在早期儒学中构成一种不容忽略的人类社会关系和伦理价值，跻身于“五伦”或“五达道”之序列，并对后世儒家哲学、文学艺术乃至一般社会生活产生了深远影响。然而，荣列五伦的友或友爱伦理，在早期儒家所构想的良好社会秩序中，究竟具有什么实质性范围、功能和地位？

学界有关这一问题的讨论虽不多见，但分歧比较明显。以愚拙见，一方面，早期儒学中的朋友之伦作为一种非血亲性的基本社会关系，尽管与家庭关系存在着某种连续性、类比性，但是，它明显具有不可还原、不可替代的某些独特结构、功能和特征，是促进个人德性之充分发展和自我实现的重要场所与方式，也是沟通家庭与社会乃至天下世界的重要桥梁和媒介。另一方面，友爱伦理虽然在某些情况下可以浸润乃至超越形式上的政治关系，然而，它很少被允许去克服、替代或超越作为整个伦理政治秩序之根本性基础的家庭关系。

一

据文字考证，“朋”、“友”以及“友朋”这类字眼首现于商周甲骨文和青铜器铭文上。在西周时期，主要用来指称、强化以宗法血缘为纽带的宗族共同体内部之成员关系。友或友爱伦理在西周时期的运作领域，主要是以宗亲血缘为纽带的宗族共同体内所有成员关系，范围十分宽泛。

春秋以降，西周宗族共同体逐步松动，地域国家和个体家庭日渐起兴，友爱伦理的活动领域开始由宗族共同体转移到个体性家庭、家族之外非血缘亲情的社会关系，即一般个体——主要是士阶层成员以及儒门弟子之类的群体成员之间、君臣之间的社会关系。因此，从整体重心上以及发展趋势上看，孔孟荀代表的早期儒学友爱伦理着重措意于个体家庭、家族外非血缘亲情的个体关系，尤其是以一般士阶层个体为主要成分的伦理政治共同体。

二

作为家庭、家族外的一种基本伦理关系和社会规范，朋友之伦在早期儒学整体伦理政治秩序中拥有什么不可替代、不可还原的特征和功能？在与家庭关系、君臣关系的复杂区分和关联中，具有何种实质性地位和价值？

就朋友关系同家庭关系的比较性关联来看,尽管存在着某种连续性,但是前者不能简单归结为后者,而是有其相对独立性和不可替代性。

第一,两者各自得以建立和维持运转的方式明显有别。家庭关系以血缘亲情之自然纽带为基础,并且原则上要通过不同成员之间伦理义务的等级互惠性方式而展开。友爱关系则没有天然且不容摆脱的生物性基础,是可以自由进入的一种关系。由此,朋友也是五伦中唯一没有规定性礼仪和制度的基本关系,是非正式、非形式化的。“信”被看作建立和维持友爱关系的首要品质。

第二,从功能和结构上看,友爱关系和家庭关系的侧重点有所不同。家庭关系是德性的源泉和根基,在家庭教育中,人与人之间相互的情意、关怀和理解,对互惠性责任和义务的领会,以及某种形式的伦理共同体意识,首次浮现出来。但同时,友爱伦理是家庭(德性)和社会(德性)不可或缺的沟通桥梁。在朝向德性的共同追求中,友爱主体凭借相互的同情、同感或共鸣,逐步将家庭德性所包含的爱意、关怀和尊重等积极要素扩展到非血缘亲情性的社会关系领域。友爱关系与家庭关系在结构上也有相当差异。后者侧重于一种复杂网络的和谐状态,前者则呈现为某种焦点同一性结构。

第三,基于上述种种差异和区分,友爱关系和家庭关系的各自地位也就清晰可见,不容混淆或错置。家庭关系不仅是人类个体关系化本性的原初实现方式,而且也将为人类社会的伦理政治秩序提供一种基本框架、源泉和模式,具有不可动摇的基础性、根源性地位。友爱关系更多专注于道德和智识上的提升与实现,并且也不是一个可有可无的环节,而是家庭和社会间的桥梁。

在早期儒学根深蒂固的家庭观念中,友爱伦理并不能完全超越家庭伦理本身。在积极意义上,友爱同家庭伦理共同构成君子修仁成己过程中不可或缺的“并修科目”。在消极意义上,即某种情形下两者发生冲突或者无法兼顾,家庭关系无疑是首要选项。

三

早期儒学友爱伦理,对于今日思考和建设个体、国家以及人类命运共同体层面的伦理政治关系问题,提供了有益启迪。当然,以“学”作为友爱伦理重要活动方式的早期儒家,为了更好实现自身的因革与转化,为了更好地贡献于当前时代和世界,也需要更为开放、自觉地向其他诸家诸派的友爱伦理观念学习。

儒家“君子之道”与领导干部道德修养 梁国典，学习时报，2019－10－21

领导干部的道德修养，不仅关乎个人的成长和发展，更关乎党委、政府的整体形象乃至事业的成败。当前，面对纷繁复杂的社会现实，党员干部特别是领导干部务必把加强道德修养作为十分重要的人生必修课。

一、加强道德修养是领导干部人生必修课

党和政府用人讲求德才兼备、以德为先，这与中国古代的用人智慧一脉相承。道德修养决定了一名干部的基本素质，是抵抗不良作风的“第一道防线”。当下，经济社会体制不断变革、利益格局深刻调整、新旧观念相互激荡，给人们的道德观念带来了深刻影响。

习近平总书记特别重视从传统文化中汲取修身立德的营养，他指出，“中华优秀传统文化蕴含着丰富的思想道德资源。我们要利用好中华优秀传统文化中的这些宝贵资源，增强人们的价值判断力和道德责任感”。要“吾日三省吾身”“见贤思齐焉，见不贤而内自省也”“见善如不及，见不善如探汤”；要“防微杜渐、不弃微末”“慎权、慎独、慎微、慎友”。

二、儒家“君子之道”的深刻启示

相对于西方文化，中国传统文化对道德修养有着更深邃的思考。春秋时期，管仲提出“礼义廉耻，国之四维”“四维不张，国乃灭亡”的思想。以孔子为代表创立的儒家学说，提出了诸如“为政以德”“三人行必有我师”“修身、齐家、治国、平天下”“吾养吾浩然之气”等道德思想主张，聚焦的都是如何做人、如何做个有道德的人的问题。

孔子眼中的君子标准有10条——仁、义、礼、智、忠信、勇、中庸、和而不同、文质彬彬和自强不息。后世学者在此基础上总结提炼，将君子的标准逐渐明确为“五常”，即仁、义、礼、智、信。

儒家把进阶之道总结为“八条目”，即格物、致知、诚意、正心、修身、齐家、治国、平天下。格物就是多做调查研究，发现规律；致知就是探究事物发展的本来面目和规律；诚意就是要意念诚实；正心就是动机纯正；修身就是提高修养，端正品德；齐家就是管好自己的家庭和家人；治国就是治理国家；平天下就是让天下太平。“格物”“致知”“诚意”“正心”更具基础性意义，通过对客观事物的认识和把握，掌握科学的立场、观点和方法，进而树立正确的世界观、人生观、价值观。这是君子人格养成的前提和根本，也是一个人人生、事业成功的扎实基础。

三、现代“君子”加强修炼的四个关键词

领导干部弘扬“君子之德”，践行“君子之道”，对发挥好“关键少数”作用，抓好新时代各项工作都具有重要意义。当下领导干部加强道德修炼，可从以下关键词入手。

一是正己。对领导干部而言，能力水平很重要，但第一位的要求是“正”，要有公心、讲公道。只有时时刻刻坚守初心，始终保持警觉，才能坚定理想信念，“为天下民，谋天下利”。

二是内省。反省自己的不理智之思、不练达之举、不完美之事，往往能够得到真切、深刻的收获。敢于直面问题、勇于修正错误是我们党的显著特点和优势。“人患不知其过，既知之，不能改，是无勇也。”领导干部要让所作所为经得起群众“评头论足”。

三是恕道。即宽容，推己及人，恕道是面向他人的。孔子强调说话做事要设身处地考虑对方感受、他人利益，这是正确处理人与人关系、人与社会关系的不二法门。善于换位思考，多站在别人的角度考虑问题，不能光算自己的账、讲自己的理。

四是笃行。即不怕艰难困苦，持之以恒地践行。干好一件事，须咬定目标、不务虚名、脚踏实地。反思我们日常工作的成败得失就会发现，想干好一件事情，必须有不怕困难的担当精神和一锤一锤钉钉子的实干作风。只有胸怀“以天下为己任”的使命感，具备主动担当的自觉、敢于担当的勇气、善于担当的本领，才能直面风险挑战，知重负重、攻坚克难，战胜前进道路上的一切艰难险阻，成为带领人民群众战风险、渡难关的主心骨。

难民伦理：世界主义与非世界主义的视角　张永义，哲学动态，2019(11)

难民伦理与一般意义上的移民伦理不同。作为“我们这个时代的核心道德议题之一”，极具道德复杂性和舆论争议性的难民问题正在深刻地改变着当代世界，也正在深刻地影响和塑造着国际伦理，影响和塑造的显著标志之一是这个里程碑事件：联合国大会于2018年12月通过了《难民问题全球契约》。

一、道德模糊：概念与生成

面对这些数量庞大的难民给国际社会带来的道德责任挑战和伦理共识缺失，道德模糊就成了难民伦理的关键词。概念界定的道德模糊源自问题生成本身的道德模糊。与移民问题相比，难民问题的道义属性更强，但依然伴随着与生俱来的道德模糊。国家对通常意义上的移民具有自主处

置权，这是现代国家体系的默认设计，难民问题则在现代国家体系设计中处于悬而未决的道德模糊地带。

在威斯特伐利亚体系的道德假设之下，人类社会就不会出现难民情形，人们自然也就不需要考虑本国对异国难民的道德义务。各国在获取威斯特伐利亚体系带来的益处的同时，也应该为其失灵情形承担责任，为无法从其来源国获得基本保障的难民提供必要的救助与庇护。这既是体系及其成员的自然义务，也是国际社会道德补偿法则的必然要求。这样的道德逻辑，既有助于消解难民问题的道德模糊状态，也解决了威斯特伐利亚体系之下共同体成员对难民语境中的异国公民的道德义务论证问题。

二、道德断裂：非世界主义言说

在初步完成对国际难民的道德义务论证之后，分歧依然存在。具体而言，这些源自道德模糊的分歧包括且不限于：对威斯特伐利亚体系之道德假设的坚守程度、对难民资格的具体厘定、对国家边界之道德排斥意义的基本认知、对难民权益与共同体权益之冲突的伦理认知等。这些分歧无论在理论层面还是实践层面，都深刻反映了在国际社会难民救助与庇护资源供给不足的背景下正义实现与既得利益之间的内在矛盾。滥觞于道德模糊的难民伦理，遂形成道德断裂和道德连贯两种认知走向。因此，依据上述分歧点，人们的观点可被分为世界主义和非世界主义两个类别。

世界主义难民观具有强伦理性特征，非世界主义难民观具有相对弱伦理性特征，其阵营涵盖社群主义、现实主义、主权主义、民族主义等。

非世界主义难民伦理建基于道德断裂立场——民族主义强调民族利益与民族认同，现实主义注重国家利益和权力，主权主义坚守国家主权原则和不干涉义务，社群主义则以封闭边界内的共同体文化认同和亲缘关系为诉求。

三、道德连贯：世界主义论证

世界主义难民伦理采取道德连贯原则，以每位个体平等的世界公民身份、平等的全球性道德地位和个体间普遍道德义务关系，来论证共同体对难民救助或接纳的自主权不应成为难民获得救助或庇护的障碍，不应将共同体边界视同道德边界。

因此，世界主义的道德连贯主要体现为世界公民之间道德义务关系的普遍连贯、移出权和移入权的完整连贯、难民救助之道德责任在边界内外的接续连贯三个方面。这意味着在实务层面上，世界主义难民伦理诉求个体生存权的底线平等，不赞成在难民救助或接纳方面的不合理管制，其最终指向是具有普遍意义的难民救助目标。

四、结语

难民伦理是国际社会的底线伦理之一,蕴含着人类社会对底线状况之下的个体的底线承诺,是对个体尊严与基本人格的底线保障。世界主义则使其个体的全球性平等道德地位之诉求在难民伦理中得到了实质而具体的诠释和实现。

因此,世界主义更需要认知的是,仅将世界主义的自身规范诉诸难民伦理是不够的,毕竟除了世界主义的道德规范之外,包括现今国际体系在内的任何有组织社会体系都还拥有保证其自身顺畅运转的一系列组织规范和道德规范。就难民伦理而言,世界主义应该寻求其自身规范与国际体系的组织规范和道德规范的可能相容而非直接取代。

发展科技伦理:*从原则到行动* 张霄,光明日报,2019-12-09

中央全面深化改革委员会第九次会议不久前审议通过了《国家科技伦理委员会组建方案》(以下简称《方案》)。会议指出,科技伦理是科技活动必须遵守的价值准则。组建国家科技伦理委员会,目的就是加强统筹规范和指导协调,推动构建覆盖全面、导向明确、规范有序、协调一致的科技伦理治理体系。要抓紧完善制度规范,健全治理机制,强化伦理监管,细化相关法律法规和伦理审查规则,规范各类科学研究活动。根据会议精神,发展科技伦理,不仅要明确科技活动必须遵守的价值准则,更要把这些准则落实在行动中,通过各种制度、机制、监管和审查,构建切实有效的“科技伦理治理体系”。

一、规范科技活动的伦理原则

发展科技伦理,就是把价值、原则、规范带入科技活动,从而在各个环节、各个层面提升科技活动的伦理质量,使科学技术更好地造福人类社会。要做到这一点,需要在以下两个方面着力:一方面,不断消解科技活动可能带来的负面后果。特别是对那些技术发展不成熟、应用后果不明朗的前沿新兴科技,要通过建立评估体系和预警机制进行风险管控;另一方面,再次明确科技活动的属人本性,不能偏执于“科技中立”的价值观念。

尽管科技伦理问题在当代的重要性已不言而喻,但在现实生活中,普通民众对这个问题还很陌生,远没有形成对应的概念。高科技多掌握在技术专家、商业领袖、政府管理者等社会精英手中。如果这些人在从事科技活动的时候不考虑伦理问题,那么普通民众就更难意识到专业的科技伦理问题。科技不伦理所带来的恶性后果将不可避免地使民众陷入恐慌。不过,值得庆幸的是,在那些频繁接触和运用前沿新兴科技的人们中间,开始涌现出越来越多关注科技伦理的人。他们不仅研究科技伦理问题,也热衷于科技伦理实践,并身体力行地推动科技伦理的发展。这些先行者的研究成果和实践经验大致可以被归结为如下一些伦理原则:后果应风控,信息应公开,知识可解释,行为可问责,减少不平等。

二、建立可行的“科技伦理治理体系”

后果应风控、信息应公开、知识可解释、行为可问责、减少不平等,这些都是科技活动应当遵守的价值准则,或称科技伦理原则。当然,科技伦理原则显然不止这些。不仅如此,在特殊的科技领域,这些原则还各有其特定内涵并需要根据价值重要性进行排序。更为关键的是,只有当这些原则转化为具体的科技伦理规范,才可能切实有效地发挥作用。这需要科学家、发明家、伦理学家、企业家、监管机构、第三方组织开展专项的跨学科研究,合作建立科技伦理治理体系,同时把普通公众纳入更加广泛的科技伦理决策系统。在这个面向行动的过程中,需要认真对待以下三方面问题。

(1) 协同经济伦理发展科技伦理。在现代社会,科技造福人类的方式在很大程度上是由经济活动来安排的。因此,建立科技伦理治理体系就需要统筹考虑经济活动及其伦理问题。我们实际上需要开发的是一种统筹“科技—经济—伦理”的治理体系。这种治理体系需要融合三个领域的价值结构,并根据侧重不同的层次和环节吸取各自的分析框架。

(2) 定向开发专业的科技伦理治理技术。面对更为实证化、标准化、技术化的科技活动,伦理学需要把抽象的价值、原则、论证推理方式转化为更加可度量、可评价、可操作的伦理治理技术。这项技术的本质是在伦理与科技之间建立一种有弹性的平衡机制。不仅如此,这项技术还可转化为科技伦理发展指数,引导资本投向更值得信赖的科技应用。

(3) 把科技伦理研究和职业伦理培训结合起来。职业伦理培训必然是科技伦理治理体系中极端重要的一个环节。要发展科技伦理,首先需要解决人的观念问题。价值观念的养成有两个途径:一个源于道德知识,一个源于道德经验。要做好这两点“人的工作”,最好的方式就是开展专门的职业伦理培训。与此同时,要把职业伦理培训和各个层级、各个环节上的科技活动结合起来,有机地嵌入到伦理治理体系中,真正做到有的放矢、行之有效。

技术与伦理秩序 刘鹏,光明日报,2019-12-09

一

技术对人类身体乃至人类社会的这种重大影响,自古以来思想家们就非常强调人类伦理秩序与技术的和谐发展。柏拉图在对希腊神话的解读中,正是从此角度指出了普罗米修斯给人类所带来的技术与赫尔墨斯所带来的秩序,共同构成了人类社会;近代科学诞生以来,就一直存在的"两种文化"之争,同样也反映出了思想家们试图弥合技术与伦理之分裂所做的努力。

二

事实上,在谈到科学技术与伦理之间的关系时,正统观点往往坚持事实与价值的二分,进而强调科学技术的价值中立性。如果说伦理的目的在于约束或调整人的行为,从而构建出一个更加和谐的社会,那么,不管是在日常生活之中,还是在前沿的科技领域,科学技术都参与到了伦理秩序的维持或建构之中。为了做到这一点,人们通常会将某种伦理秩序内嵌到科学技术特别是以人工制品形式呈现的技术物之中,于是,技术物就成了伦理秩序或道德原则的一种制度化呈现方式。相较于传统强调以道德约束作为主要手段维持伦理秩序,这种制度化的优势在于其强制性程度更刚性、执行效率更高。然而,科学技术对伦理或社会秩序的建构方式并不是决定论式的,它具有高度的不可预见性和偶然性。这种偶然性、不确定性以及未来开放性,给科技管控带来了很大困难,进而也就给伦理和社会秩序的维持带来了较大风险。那该如何通过伦理治理降低风险呢?

三

这就要求我们改变对科技伦理学的传统认知和建构模式,不能再简单地将科技和社会一分为二,前者由科技专家负责,确保其可能性;后者由伦理专家等负责,对之进行伦理反思,而是应该打破分割,强调伦理介入科学的必要性。

一方面,我们需要建构一种新的行动导向的科技伦理学。在谈到伦理、道德时,人们往往会强调底线思维,底线思维本身并没有错,问题在于该如何确定底线。如果我们只是将底线落脚于某些终极的价值理念,甚至强调这些理念的非历史性,就很容易导致科技与伦理的割裂。其原因就在于,理念与现实之间存在着一个执行鸿沟。因此,伦理理念的讨论是必要的,但必须将之落实到科学技术为我们所重构过或所可能重构的具体情境之中,进而根据科学技术的不同情境,设计出不同的具有可操作性的伦理规范。这样,科技与伦理之间彼此隔离的问题,也就可以被克服。

另一方面,考虑到科学技术及其人工制品对伦理秩序的影响,对科学技术的伦理关切必须要前置到科学技术的设计与研发过程。目前,伦理审查制度主要承担了这种伦理关切的任务。然而,尽管各个国家对伦理审查制度做出了较为详细的规定,但在实际执行过程中,从相关规范、政策的解释到具体操作同样存在执行鸿沟,导致伦理审查制度从技术层面和操作层面而言,都面临较大的执行困境。因此,伦理审查作为一种制度性原则,该如何加强其可操作性,减少审查盲点和解释柔性,这需要科技政策、伦理学、法学等领域的工作者参与进来,共同制定伦理审查制度。

当然,对科学技术进行伦理治理和风险管控,并不意味着要完全束缚科学技术的发展。事实上,在以科学技术大规模应用为典型特征的现代社会中,风险的外延已经发生了很大变化。传统的风险总带有地方局限性,而现代社会的风险则超出了具体时空的限制,成为一个世界性和跨世代的问题。基于此,德国学者贝克才指出,现代化日益成为其自身的反思主题。正是在这种反思中,人们提出了对待科学技术的不同原则和不同态度。目前,居于主导性地位的是预防性原则,其核心是要求技术主张者必须提供无伤害证明,在此基础之上,技术才能得以应用。这种原则很容易导致对待科学技术的保守立场,特别是在当前国际竞争日趋激烈的情况下,这种立场的坚持会非常困难。另一种立场可以称为主动性原则,其核心是技术乐观主义,主张技术可以放心应用,在应用中发现问题然后解决问题。当然,这两种原则的本质出发点实际上都是人类。因此,只要做到了科技与伦理同行,潘多拉的魔盒所释放出来的就不再是罪恶,盒子底部的希望就一定能找到。

从生命哲学到生命伦理学 谢地坤,光明日报,2019-12-23

现代哲学家们几乎都承认,哲学的所有命题最终都指向了"人是目的"这个总纲。哲学虽然是一种以理论形态表现出的文化自觉,研究的范围十分广泛,但其核心使命就是认识生命、尊重生命,进而促进人的自由全面发展。现在的问题是,从生命哲学到生命伦理学的转向,又表明了现代哲学的什么倾向?

一

我们知道,生命哲学的兴起这件事本身就表达了现代西方哲学对以黑格尔为代表的旧形而上学的不满,同时也是对哲学面临着科学技术挑战的一种担忧。德国哲学家狄尔泰是生命哲学的主要代表,他认为,哲学研究不应把物质与精神割裂开来,而应当直接考查和分析把这两者紧密联系起来的生命,达到主客的绝对同一。而齐美尔则强调,生命是一个生生不息的创造过程,同时生命还有超越生命自身的能力,不断创造出其他东西。到了法国哲学家柏格森这里,他更强调知觉对生命认识的重要性,但他又否认生命具有物质特性,认为生命是一种“盲目的、非理性的、永动不息而又不知疲惫的”生命冲动,是一种“时间的绵延”或“生命之流”。

后期的生命哲学将历史与现实、生命与物质、空间与时间、理性与感性割裂开来,生命变成了一个纯粹神秘的概念,已经与现代的生物学的科学解释毫无关系。这样,生命哲学便不能继续前行。为此,现代哲学家们首先是赋予哲学以实践内容,选择伦理学来打通哲学理论与生活实践;其次,他们有意识地把哲学的基本原理与某门具体学科联系起来,把哲学的普遍抽象的真理与各门学科的具体方法结合起来,从方法论上为哲学的发展开辟一条新路径。

这样,生命伦理学就应运而生,20 世纪 70 年代首先产生于美国,随后在欧洲诸国迅速发展起来。最初,生命伦理学只是被当作解决具体生命问题以加强生命医学科学策略与方法研究的一门交叉学科,没有思考它作为当今世界上发展最为迅速、最有生命力的学科之一所蕴含的人类思想革命的意义和学科范式转换的价值,没有理解它所指向的是澄清和解决关涉人类生存状态、生命的价值和生命的目的这个最根本的目标。

二

正是基于这样的思考,在生命伦理学最近几十年的发展中,赫里格尔斯、佩里格瑞诺等人在关于这门学科的性质讨论中提出,这个学科的事实价值已经获得普遍承认,人们因此就要注重它的理论意义的阐释。

生命伦理学作为当代的一门交叉学科,植根于当代生物学和医学的发展之中,同时又与人类思想史有着一脉相承的关联;生命伦理学的产生和发展,不是一个偶然的、简单的学术现象,而是哲学适应现代社会的发展和需要而出现的一种变革和进步!从 19 世纪末的生命哲学到 20 世纪后半叶及至当下的生命伦理学的这一发展进程,反映的恰恰是哲学研究在当下的范式转换和正在发生的现代哲学的转型。对中国哲学家来说,我们要充分认识这种哲学范式转换的建构意义,从而为构建新时代中国哲学体系做出我们应有的贡献。

三

生命伦理学的这种既有理论、更关乎实践的显著特点，使得这门学科在全球受到欢迎，表现出勃勃生机。但是，这门学科一方面在扬弃生命哲学无关现实的玄思冥想、勇于认识和解答人类面临的普遍性问题这点上确有其独特的长处。但另一方面，欠缺的是作为道德伦理研究的精神部分，而后者当然是我们在这个领域研究的基本内容，是不可或缺的。

在研究生命哲学或生命伦理学方面，绝对不能把生命当作一种孤立的自然现象，因为人类作为一个族类，彼此之间是有很多联系的，当人类进入文明社会以后，人就不只是一个个自然的个体，而是属于某一个社会的成员。就此而论，马克思主义经典学说无疑更具理论意义和实践价值，马克思说"物质生活的生产方式制约着整个社会生活、政治生活和精神生活的过程"，就已经让我们认识到，人作为一名社会成员，其生命质量不仅与其生存的自然环境有关系，而且也与社会环境、政治环境和文化环境有密切的联系，假如这些环境不好，人的生命无论如何也得不到应有的尊重和保障。因而，马克思主义经典著作的基本观点对我们研究生命哲学或生命伦理学有着重要启发意义。我们在生命哲学或生命伦理学的研究中，要坚持以马克思主义为指导，不仅关注生物科学和医学方面的问题，同时也要关注文化的、宗教方面的问题，甚至还要关注经济的、政治的、社会层面的问题。这样，我们的研究才能在构建中国特色哲学社会科学体系方面发挥作用，同时也能对国家的建设和民族的复兴做出应有的贡献。

人工智能伦理问题的时代镜像与调适　夏少昂，中国社会科学报，2019-12-03

作为一种具有颠覆传统、重塑未来强大力量的技术，人工智能所带来的伦理问题已引起学界的广泛关注。如何准确把脉人工智能的时代镜像，透视人工智能发展的伦理风险，构建和谐共生的人机主体间性伦理新形态，是摆在我们面前亟须解决的一个重大时代课题。

一、人工智能时代的伦理问题

人工智能正处于蓬勃发展的大好机遇期，人类社会吁求高阶科学技术力量的伦理支撑。一方面，人工智能的发展离不开伦理反思的支撑作用；另一方面，人工智能又被称为伦理学科发展的新引擎。

机遇与挑战并存，人工智能发展在取得巨大成就的同时，也面临着严峻的伦理挑战。从人与技术的关系来说，人工智能在一定程度上威胁着人的主体性。人工智能与一般人造物存在巨大不同,它不是单纯延伸人的体力的机械物。人工智能模拟的对象是人的大脑和思维方式。而人作为思维主体,是人之为人的本质所在。基于人工智能的特殊性,许多人担心一旦人工智能发展到某个临界点,如诞生强人工智能,它就可能解构人的主体地位,彻底压倒人类。从技术与社会的关系来看,如何有效控制技术力量的消极作用,是社会发展过程中日益凸显的难题。人工智能在给人类带来巨大利益的同时,也产生了诸多社会性问题。

二、伦理风险与挑战的学理透视

人工智能本质上是人类智慧和智能高度聚合的表现形式,是人类价值和意义在技术层面的展开与呈现。它所面临的伦理困境就是当前人类社会面临的伦理风险。首先,从人工智能的运行场域来看,伦理情境发生了深刻变革。越来越强大的人工智能的出现,催生了跨人类主义的伦理学问题,传统的伦理学旨趣与伦理情境已然发生重大变化。其次,从人类的伦理认知角度来看,正确认识人工智能的伦理地位,积极避免人工智能带来的伦理失范,是推进人工智能技术的前提。最后,从人机关系的伦理模式来看,当前以人为主导的人机关系模式,具有单纯的规范性取向,即人类已有道德能力和水平决定了人工智能的道德能力建构水平。

我们当前所面临的人工智能伦理风险,一方面是传统伦理情境、伦理形态面临着总体性困境,人工智能不断解构传统伦理,并在日渐紧张的伦理冲突中提出愈加迫切和急需解决的伦理问题;另一方面是人与自身造物之间关系模式面临解体与重塑,人类自身的伦理禀赋与人工智能的伦理地位之间存在着一定矛盾,特别是在技术力量全面突破人类智慧的时候,如果没有有效的伦理建构和调适,人类社会将会在"技术决定论"中迷失伦理和道德责任。

三、建构和谐共生的伦理关系

在推动人工智能技术发展水平的过程中,我们不仅在创制"提高人类劳作效率"的机器,也在创制"提升人类思维能力"的机器,更是在创制"契合人类伦理责任"的机器。为此,我们应顺应时代对人工智能发展的新要求,积极进行伦理调适。

其一,明确目标,厘清人机责任。人工智能的伦理调适,其终极目标在于增进人类利益,促进人类整体发展。所有创制人工智能的人类个体,必须把全人类共同利益放在第一位,并且在人机合作中重新定义人类利益,使其更加符合时代发展的新要求。同时,我们还必须厘清人机责任,这是责任伦理的重要体现。

其二,制定原则,体现人文价值。人工智能作为一种技术发展到现在,其工具性一面有了长足的进步和体现。而在人工智能伦理挑战日益凸显的今天,必须在人工智能发展过程中厚植深厚人文价值尺度。首先,必须遵循开放合作原则。其次,必须谨守伦理底线。最后,必须体现人的目的性。

其三,重构伦理形态,协同主体关系。重构人工智能时代伦理形态的核心在于构建人机协同合作新模式,这是基于合作化道德准则做出的化解伦理风险、重塑伦理意蕴的理性选择。人机之间的相互学习和伦理共鉴,能够不断丰富人机关系的时代内涵,在伦理调适中不断变革传统伦理形态,构建出主体间性的伦理新形态,最终实现人机和谐共生。

在守正创新中推进新时代公民道德建设 吴潜涛,人民日报,2019-12-19

加强公民道德建设、提高全社会道德水平,是全面建成小康社会、全面建设社会主义现代化强国的战略任务。党的十八大以来,以习近平同志为核心的党中央高度重视公民道德建设,立根塑魂、正本清源,做出一系列部署,推动思想道德建设取得显著成效。中共中央、国务院不久前印发的《新时代公民道德建设实施纲要》(以下简称《纲要》),彰显了新时代的鲜明特征,为在守正创新中推进新时代公民道德建设提供了科学指导。

一、以习近平新时代中国特色社会主义思想贯穿始终

《纲要》无论是在逻辑框架、内容安排方面,还是在理论分析、实践举措方面,都始终坚持以习近平新时代中国特色社会主义思想为指导。

党的十八大以来,习近平同志发表一系列重要讲话,提出了许多关于公民道德建设的新思想新观点新要求,为新时代公民道德建设提供了根本遵循。《纲要》运用习近平同志关于公民道德建设重要论述中的新思想新观点新要求,科学回答新时代公民道德建设中的一系列重大问题。

二、对公民道德建设规律的认识达到新高度

《纲要》总结了2001年党中央印发《公民道德建设实施纲要》以来,特别是党的十八大以来我国公民道德建设的基本经验,赋予其适应新时代要求的鲜活内容,标志着我们党对公民道德建设规律的认识达到新高度。

坚持教育引导与实践养成相统一。坚持道德教育与制度保障相统一。法安天下,德润人心。公民道德建设是一个复杂的社会系统工程,坚持道德教育与制度保障相统一,是我国公民道德建设在长期实践中积累的基本经验,也是道德建设必须遵循的基本规律。《纲要》从强化法律法规保障、彰显公共政策价值导向、发挥社会规范的引导约束作用、深化道德领域突出问题治理等四个方面,深刻论述了法治对道德建设的保障和促进作用,增强道德教育实效性的基本要求和具体举措。

坚持目标导向与问题导向相统一。《纲要》坚持目标导向与问题导向相统一,在紧紧围绕新时代公民道德建设总体目标谋篇布局的同时,始终贯穿着强烈的问题意识与鲜明的问题导向。

三、公民道德建设理论的新突破

时代是思想之母,实践是理论之源。《纲要》在公民道德建设理论上有不少新突破。概括起来讲,主要有以下几个方面。

道德领域问题根源的新揭示。《纲要》深刻揭示了公民道德建设领域道德失范现象的根源,反映了我们党对社会主义市场经济条件下道德建设规律的深刻把握。

公民道德建设内容体系的新发展。习近平同志在党的十九大报告中指出:“必须推进马克思主义中国化时代化大众化,建设具有强大凝聚力和引领力的社会主义意识形态,使全体人民在理想信念、价值理念、道德观念上紧紧团结在一起。”《纲要》按照这一要求构建新时代公民道德建设的内容体系。这一内容体系是对《公民道德建设实施纲要》中提出的社会主义公民道德建设内容体系的完善和发展。

个人品德内涵的新界定。加强公民道德建设,提高公民文明素养,最终要落实到公民个人品德的养成上。《纲要》对《公民道德建设实施纲要》中倡导的“爱国守法、明礼诚信、团结友善、勤俭自强、敬业奉献”的基本道德规范加以提炼和发展,把个人品德的主要内容概括为“爱国奉献、明礼遵规、勤劳善良、宽厚正直、自强自律”,是新时代公民道德建设理论的又一创新。

中华传统美德的新概括。中华传统美德是中华优秀传统文化的道德精髓,是支撑中华民族生生不息、薪火相传的强大精神力量,也是新时代公民道德建设的不竭源泉。《纲要》把中华传统美德的主要内容概括为“自强不息、敬业乐群、扶正扬善、扶危济困、见义勇为、孝老爱亲”等。这种概括是对全国各族人民共同美德的凝练反映,也为按照新时代公民道德建设要求对中华优秀传统文化进行创造性转化和创新性发展提供了方向指引。

弘扬中国精神的新要求。习近平同志指出:“实现中国梦必须弘扬中国精神。这就是以爱国主义为核心的民族精神,以改革创新为核心的时代精神。”这些重要论述,从民族精神和时代精神的维度,创造性地阐发了新时代弘扬中国精神的科学内涵和基本要求。

著作简介

当代元伦理学导论(第2版) (英)亚历山大·米勒著,张鑫毅译,上海人民出版社,2019.3

该书第1版的序言中指出,该书的主要内容是对20—21世纪当代元伦理学中的主要论证和论题,创新性地提供了一个极具可读性的批判性概述。从G.E.摩尔的著作开始,到最近自然主义与非自然主义、认知主义与非认知主义之间的各种争论,米勒追溯了当代元伦理学研究的发展历程。该书旨在"对当代元伦理学中的一些重要主题和问题提供一个批判性的概述"。由此,他以认知主义和非认知主义之争为背景和线索,对1903年摩尔《伦理学原理》以来的西方元伦理学研究进行了颇为全面的梳理和阐发。作者在第2版中新增了两节内容,讨论理查德·乔伊斯的"变革道德虚构主义"和马克·卡尔德隆的"诠释道德虚构主义"。作者还对每一章做了修订,希望在此过程中改进了第1版。

全书共十章。该书第一章为绪论,探讨了元伦理学领域中的所有核心理论和观念,对相关术语和分类做了扼要说明。实质性的讨论从第二章分析摩尔对伦理自然主义的批评开始。第三至五章依次考察了三种非认知主义或者表达主义立场,即艾耶尔的情绪主义、布莱克本的准实在论和吉伯德的规范表达主义,这三章的论述主要以弗雷格—吉奇问题为焦点而展开,这个问题公认是非认知主义面临的核心困难。余下的五章则详尽阐述了当代元伦理学中占主导地位的各种认知主义观点:麦凯的"错误论"、古怪性论证和道德虚构主义;对道德性质的判断依赖解释;以康奈尔派实在论为代表的自然主义,集中关注斯特金与哈曼围绕道德性质的解释效力所产生的争论;以雷尔顿的道德价值论为代表的自然主义,有力地回应了威金斯和史密斯的相关批评;最后以麦克道尔的当代非自然主义作为收尾,令人赞叹地消解了麦克道尔对非认知主义的"分解"反驳,并检视了史密斯对休谟式动机论的辩护。

公益与私利:亚里士多德实践哲学研究 刘玮,北京大学出版社,2019.5

该书以公私问题为切入点,探讨了其在古希腊政治哲学中具有的价值和存在的困境,展现了高尔吉亚式的修辞术和柏拉图的立法学说。公益与私利向来是一对处在对立面的概念，解决两者的关系是所有政治哲学家面对的问题，该书试图通过对亚里士多德实践哲学的研究探讨公益与私利的关系。亚里士多德继承与批判了高尔吉亚的修辞术和柏拉图的立法学说，在此基础上赋予了修辞术合法的地位，又通过对德性和政治学的探究调和公益与私利的关系，并且在修辞与立法之间建立了动态的良性循环。

全书共十章。第一章为高尔吉亚与修辞的神圣力量。高尔吉亚是古希腊哲学家和修辞学家，著名的智者，他革新了修辞学，开启了对修辞学本质和价值的探讨，提出了矛盾的思考和命题，为修辞学的发展做出了极大贡献，对后来的思想家产生了重要影响。第二章为高尔吉亚的精神子嗣：伯里克利和阿尔西比亚德。这一章主要介绍了伯里克利和阿尔西比亚德两人对修辞学的应用，伯里克利是古希腊著名的政治家，毕生致力于奴隶制民主政治，他将修辞术服务于公益，旨在推动雅典民主政治的发展；阿尔西比亚德是一个政治、军事天才，虽是伯里克利的养子，但他跟其父亲完全不同，他使修辞术服务于私利。第三章为柏拉图对修辞术的批判。柏拉图在《高尔吉亚》篇中对修辞术进行了批判，批判的重点在于其陈述内容为意见而非真知，其劝说方式是诉诸听众情感而非理性。通过对高尔吉亚修辞术的批判，柏拉图逐渐克服说服的局限从而成就了《理想国》。第四章为柏拉图对立法的诉求。柏拉图在研究公益与私利时，试图采用立法的形式解决公益与私利之间的关系问题，在这一问题上柏拉图还探讨了各种关于立法的问题。第五章为辩证法的精微与动态特征。这一章主要针对辩证法本身做了简单介绍，明确辩证法与修辞术。第六章为公与私：道德心理学与政治人类学。从这一章开始作者开始完全聚焦于亚里士多德，探讨了亚里士多德眼中的公益与私利，指出在他那里道德心理学对应的是理性与欲求平衡的人，道德政治学对应的则是公私兼顾的人。第七章为亚里士多德论修辞的合法性与局限性。亚里士多德在其哲学中揭示了修辞学的合法性与局限性，提出了修辞与公益的三种修辞与三种说服方式，最终确立了修辞的合法地位——“辩证法的对应物”。第八章为作为理性说服的伦理学：公益与私利的协调。本章解释了人的功能、德性与幸福，说明了德性的两种维度——利己和利他，在此基础上阐释伦理德性和理智德性，并将它们作为公益与私利之间的桥梁，借此协调公益与私利。第九章为伦理说服的局限性与立法的必要性。在道德实践中，伦理说服存在无法忽视的缺点，缺点的克服在于立法，只有在法的条件下，正义才得以彰显，因此我们需要有最佳政体及其法律。第十章为法律的局限与修辞对法律的补充。

虽说伦理说服存在缺点需要立法,但这并不意味着法就是完美无缺的,法同样有局限性,而如何弥补便需要修辞。修辞可以作为法律的补充,以此完美整体才得以可能。

变革社会中的道德冷漠问题研究　于建星,上海三联书店,2019.6

该书是2015年河北省社会科学基金项目的最终研究成果,作者试图探讨变革社会应该确立的道德秩序与伦理规范,调和变革的社会中的欲望的个体、自由的秩序和社会的公义,为构建更合理的社会提供理论指导。变革社会即社会变革,它以一种进步的社会形态推动既有的社会体系发生改变以及人自身的全方位的改变。变革社会不是一蹴而就的,通常需要比较长的时间,在这过程中也会伴随着不适应变革而产生的存在物,在文化层面就会出现道德危机和信仰危机。新的社会取代旧的社会,进步的力量冲击旧有的习惯,人自身的力量不断彰显,道德对人的约束力减弱,在这样的背景下,人与人之间的冲突疏离也暴露出来,以“道德冷漠”的样态呈现。道德冷漠即道德上的冷漠,在人与人打交道的世界漠视对他者的责任,甚至允许恶的肆虐。那么,在一个正在发生变革的社会,个体应该如何行动,社会应该如何规约,就是该书的任务。

该书立足于变革中的现实社会,力图对道德冷漠问题进行整体性研究,尝试找到一条适合现代社会的道德重建之路。全书共五章,前三章提供概念、分析成因,后两章寻找走出道德困境的方法。第一章为道德冷漠概述,首先研究道德冷漠和道德自我等基本的道德概念,为后面的探讨打下坚实的理论基础。第二章为道德冷漠产生的个体根源,点明道德冷漠问题总是与人直接联系的,因此将关注点聚焦于人是解决道德冷漠问题的关键,只有分析人、研究人性才能真正达到我们的目的。第三章为道德冷漠产生的社会根源,立足于现代社会,从社会结构和制度安排中发现问题。第四章为健全的人:道德冷漠治理的个人之维,针对第二章发现的“个体根源”提出对策,为解决道德冷漠问题提供个体层面的指导。第五章为健全的社会:道德冷漠治理的社会之维,针对第三章发现的“社会根源”提出对策,为解决道德冷漠问题提供社会层面的指导。

优生学的伦理反思——人类遗传学的历史教训　张迪,中国社会科学出版社,2018.12

该书从生命伦理学视角对优生学和生殖遗传学技术应用中的现实问

题进行剖析,希望以此促进遗传学、伦理学、社会学、法学等多学科之间的合作,促进相关卫生政策的修改与制定,避免历史上优生学错误的再次出现。此伦理学维度之分析,还有助于人们在尊重生殖自由和公正的前提下,充分发挥遗传学技术在生殖领域中的作用,并促进个体和群体的健康与福祉。在对中西方优生学历史进行详细梳理的基础之上,该书对历史上的优生学进行伦理反思,并指出优生学概念的核心,如何使用遗传学知识提升人类质量。这一概念不单是对历史及当下优生学的概括,同时也有利于人们对优生学的探讨。在对我国现有法律法规和高等教育教材中优生学思想的梳理及现有生殖遗传学技术应用的基础上,本书归纳了法律法规与技术应用中所面临的伦理难题,并通过对主要伦理学理论的梳理和历史的经验,提出评价优生学问题的伦理学框架:受益、不伤害、自主性、公正、公众参与、学术自由。

该书依次从生殖自由、公正、歧视三方面,对优生学和生殖遗传学技术的应用进行伦理分析:首先,明确生殖自由在个体生殖决策及公共卫生干预中的重要性,并通过引入伤害原则及确保后代开放未来的权利这两个原则明确父母在生育中的义务;其次,明确生殖遗传学技术对后代健康的重要性,提出确保个体生殖自由和后代健康福祉的必要条件为医疗卫生的公正分配,并指出公共卫生中此类技术的应用并不必然会引发历史上优生学的复活;最后,针对残疾人权利保护者对生殖遗传学技术应用的批判进行有针对性的反驳,明确此类技术应用的目的在于促进后代的健康与福祉,并非是对残疾人的歧视,同时从公正原则出发指出社会整体应当给予残疾人必要的支持。该书在对以上伦理问题分析的基础之上,提出具有针对性的政策建议:第一,明确优生学在中英文语境下的含义,指出“优生学”一词的使用必须谨慎;第二,建议对我国现有法律法规中出现的婚姻与生育捆绑、非自愿绝育与人工流产、残疾人歧视等相关条目进行修改,加强专业人员及公众在政策制定中的参与度;第三,针对我国当下生命伦理学和遗传学教材中的问题提出修改建议,并建议加强对教材的审批,以确保这些教材在人才培养中发挥其应有之作用。

生命伦理学中人的尊严问题研究 李亚明,中国社会科学出版社,2019.3

人的尊严是国际学界研究的一个焦点问题。生命伦理学的根本目的就是在生命科学技术高度发展并运用到人体时保护人的尊严。通过分析生命伦理学中有关人的尊严的研究,该书提出,人的尊严概念可以在三种意义上被有效地使用,即“人类物种的尊严”“普遍尊严”“获得性尊严”。

该书共六章。第一章为导言部分,对人的尊严概念的意义及含义进行了界定。本章从人的尊严是生命伦理学中的重要概念但也是一个含义模糊的概念出发,指明了生命伦理学中尊严问题研究存在的缺陷;进而从人的本质与人类物种的尊严出发,分析了个体的普遍尊严与获得性尊严;最后论述了人的尊严与生命伦理学中其他重要概念的关系,并阐释了人的尊严和道德地位、人权以及自主性之间的关系。第二章从人类胚胎基因编辑技术、克隆技术、人兽嵌合体等进行研究,从儒家的视角看待人的出生方式与人的尊严,探讨了胚胎基因编辑技术、克隆技术、人兽嵌合体研究是否可能威胁或侵犯人的尊严。第三章为医患关系视域下人的尊严,主要从临床医疗中的“自主原则”和医疗领域中的生命观与患者权利的辩证关系进行研究,分析了在医患关系的伦理探讨中,我们可以根据人的尊严概念给出什么样的道德意见。第四章则从精神问题的医学化和人类增强两个视角分析行为和生活问题的“医学化”与人的尊严关系,从人的尊严的视角评述了社会、心理和行为问题的“医学化”所造成的后果,并以人的尊严的道德要求为“医学化”的发展划定了界限。第五章主要从安乐死、生前预嘱来分析人的死亡方式与尊严的关系,研究了生命维持技术和安乐死所带来的死亡方式的改变同人的尊严相关联的方式,以人的尊严为依据对此类临床实践做出评价。第六章为结语部分,分析了尊严的不同含义,界定普遍尊严及其规范性内容,探索了人类物种的尊严及其道德要求与获得性尊严及其道德价值。

生命的深度——《三体》的哲学解读　吴飞,生活·读书·新知三联书店,2019.9

《三体》以科幻的方式将宇宙的起源、文明的演变、生命和环境的相互作用乃至宇宙未来的走向做了独特的猜想,刘慈欣以其天才的想象力描绘了一部恢宏壮阔的宇宙史诗。《生命的深度——〈三体〉的哲学解读》一书是对《三体》的哲学解读,围绕《三体》三部曲层层推进的情节设计,分别从生命与人性、死亡与不朽、社会契约与差序格局三个维度解析这部宏大史诗。

该书共四章。第一章为宇宙很大,生命更大,将关注点聚焦于生命,这也是该书的核心。作者从自然状态和黑暗森林入手,认为黑暗森林是霍布斯自然状态的宇宙版本,但不同于自然状态,黑暗森林法则是无法订立契约的。通过对黑暗森林的层层分析,不断揭示宇宙社会学的各种真相,从虚无中发现生命的意义。第二章为生之谓性,延续了第一章对生命的思考,分析主人公的心路历程、点明地球三体运动的两条思路,直面人性之恶,以此重新审视生与性的问题。第三章为心在生命深处,通过对面壁计划的分析进一步揭示生命的意义——活着本身就很妙。第四章为死亡与不朽,处处体现着生命的律动,作者借此探讨存在与生命的关系问题、爱的问题、尊严的问题。作者以哲学视角揭示《三体》用科幻的思维思考现实的道德问题,想象的力量不可忽视。人类的尊严和道德本身有着巨大的魅力,人性与理性之间的张力推动着文明的发展。关于宇宙、关于现实世界、关于未来,生命是永恒话题也是这三者不可缺少的联结点。

伦理与事理——三思斋时评及其他 李建华,社会科学文献出版社,2019.8

当下中国社会的转型是史无前例的,古今中外都没有任何成功经验可以给予指导。短短几年间中国社会发生了天翻地覆的变化,伴随着经济的快速发展,我们的伦理道德似乎没有跟上脚步,人与人之间的交往、人与社会的关联都存在一些让我们觉得不可思议的问题。因此,当下社会亟须一套与之相配的伦理道德规范,这是伦理学人的责任与义务。《伦理与事理——三思斋时评及其他》正是这样一本文集,关注面极为广泛,立足于中国现代社会的具体事件,总结中国伦理经验,捍卫中国人的道德基础,提供直面当下道德环境的有益理论指导。

该书是作者近两年来 50 多篇时事道德评论、10 多篇书评和 20 多篇书序的汇编。全书围绕伦理与事理这一主题,结合当下社会道德热点事件,探究人伦关系和人物关系,讨论做人、做事的基本道理,涉及政治伦理、经济伦理、教育伦理、法律伦理、职业伦理、家庭伦理等领域,为处于转型期的中国社会寻找伦理道德方面的支撑。全书分为三部分:时评、书评和书序。时评紧跟社会时事热点,字里行间充满了作者对中国当代伦理生活、道德建设的深切关注,涉及社会生活的方方面面,以伦理学视角分析现代社会生活中的种种难题,给予人们在充满复杂性的社会中过道德的生活的理论指导,体现了一个伦理学人的家国情怀。书评主要是作者在阅读一些伦理学学者的书籍之后做出的思考,可见作者的阅读量之大,亦可看到伦理学同行之间的交流,这是伦理学发展中不可缺失的。书序体现了作者对其他伦理学人以及伦理学学科发展的关注,是具体的社会伦理实践中道理、伦理、事理三者的结合。

清代理学伦理思想研究 陈谷嘉,湖南大学出版社,2019.11

该书是关于“清代理学伦理思想”的研究专著,首先对清代理学中的伦理思想的理论系统和概念系统进行了梳理,然后对这一时期的理学家的伦理思想的特点、内容及实质、产生该思想的历史背景进行了剖析。全书主要介绍了五位清朝理学家的伦理思想,他们有许多共同点:摒弃心学,继承发展理学;反对空谈,注重实践;提倡修身,强调有志。学术界一般认为清代学术以考据学为主体,理学相对而言已经衰落,但在该书中我们看到了清代理学的发展,而且理学占据了不可忽视的地位。

该书共有五章,每章介绍一位理学家,阐释其理学思想。第一章为张履祥理学伦理思想。张履祥是清初理学史上最为重要的传道人物之一,他的学术实现了“继往圣而开来学”。他继承了传统儒学的伦理道德观念,持“无不善”的人性论思想,认为“儒者之学,修身为本”,这也是儒家的一贯主张,他极为重视修养功夫,摒弃“姚江之教”,是清代儒者中“辟王学的第一人”。第二章为陆世仪理学伦理思想。陆世仪生于理学世家,学问广博,坚持缘起于“理”的道德本体论,主张“性原无二”。他重视实践,摒弃王学,倡行务实学风,推崇儒者,力推圣人之道。第三章为陆陇其理学伦理思想。陆陇其被清廷誉为“本朝理学儒臣第一”,与陆世仪并称“二陆”。他极力尊崇朱熹理学,力辟王守仁心学,认为明朝不是“亡于朋党”而是“亡于学术”;持“宇宙太极本原论”,主张理气一体;重视仁义礼智,这些都是人本来就有的,只需要让它们“发出在外”即可,仁是人的心,义是人的路,不可不有;力主修身论,做官时重视教化百姓“传道重镇”。第四章为李光地理学伦理思想。李光地是清朝的理学名臣,在易学方面著述颇丰,治易学注重实用性和综合性。他持“理”本体说,认为仁义礼智“是由天以之人”;主张“圣门言性,皆以人性而言也”的人性论,指出“人性皆善,非曰性善也”;宣扬“修身为本”的道德修养思想,端正身心志于学。第五章为曾国藩理学伦理思想。曾国藩一生奉行程朱理学,但在政治实践和军事实践中看到了其不足之处,开始对心学表现出宽容的学术态度,主张两者都应扬其长避其短,共同推进儒学的发展。他主张格物致知,“由内圣开外王之道”,发展礼治思想,“讲求诚正修齐之道”,反对空疏学风,力求真实无妄。

实践哲学语境下的生态伦理研究——保罗·汤普森哲学思想的启示 于川,上海社会科学院出版社,2019.11

伦理概念随着人们对世界认识的不断加深而不断扩展,从人与人之间的关系扩展到人与自然的关系。农业是人类生存发展的基础,但在伦理学的发展过程中,农业伦理时常是容易被忽略的。随着农业现代化的发展,人与土地的关系不断发生改变,农业发展过程中涉及的生产、消费等无一不涉及伦理问题。该书从农业行为这一视角切入,以当代美国哲学家保罗·汤普森的农业哲学思想为内核,用科学技术哲学的话语来探讨人与生态系统之间的关系,介绍目前国内外农业生态伦理的研究现状并且对未来做出展望。生态农业是未来农业的发展方向,也是人类的未来。工业化的发展将资本带入了农业领域,使得农业在很长的一段时间内只关注短期利益,这虽然提高了农业效率,但不利于人类的长期发展,因此反思我们当下的农业伦理是十分必要的。中国自古以来就有天人合一的思想,这是中国的幸运之处,在农业发展中遵循这一理论必然会给我们带来意想不到的惊喜。

该书共六章。第一章为绪论,介绍该书的研究背景、意义、行文思路和创新之处,对该书做了大致的概述。第二章为生态价值的"异体—同构—中心"建构,从价值层面研究作为人类生存需求的农业。第三章为生态(中心)多样性伦理和生命行为的固有价值,讨论了生态伦理的物种边界问题以及其存在的理论和实践问题,介绍了利奥波德的大地伦理、汤普森的农业伦理和存在争论的动物伦理。第四章为生存需求(农业行为)与生态伦理的容摄,聚焦于农业行为,从哲学角度分析这些行为和工业化对农业伦理造成的影响以及农业行为的管理问题。第五章为生态伦理与现代农业生物技术,主要探讨现代农业生物技术的应用带来的争议挑战与伦理问题。第六章为结语,对未来农业发展和生态伦理的预想进行了展望,探讨了这些理论观念对现实问题的指导意义。

他者伦理视野中的道德教育 吴先伍,上海三联书店,2019.12

该书主要是一本探讨道德教育的理论研究著作,是作者多年来对道德教育进行思考的成果的总结。道德教育不仅要为人们寻找安身立命之所,更重要的是获得通向未来的起点。人要"成人",要进行自我超越,道德教育要想真正发挥作用就必然抛弃过去那种灌输式的知识教育寻求变革。道德教育旨在通过进行道德方面的教育让人成为人,也就是说,"成人"是道德教育的使命。中国人高度重视教育,因此也极为重视道德教育,从先秦时代开始道德教育就是学校教育中的重要内容,不仅如此,社会生活中的方方面面都有道德教育的影子。不过即便如此,道德教育依然成效甚微。以往的道德教育多是一种压迫式教学,教师和学生分别是道德教育的主体和客体,这种教育模式在实践中展现出不小的弊端,并不能实现道德教育的目的。于是我们开始寻求变革,从20世纪80年代开始,我国引入西方的主体间性教育理论,开始发展师生双主体模式的教育方式,尽管这跟之前相比有进步,但依然没有达到理想的效果。在这种背景下,作者追溯双主体理论的发展路径,发现列维纳斯在这种理论的发展过程中被忽视了。于是,通过对列维纳斯的研究发现他的协调自我与他者之间关系的责任伦理学对于当下的道德教育极为重要。

作者认为道德教育不仅要反映在实践中,更重要的是找到道德教育现实问题背后的理论根源。该书聚焦于道德教育的理论思考及其未来发展的方向,分为三篇。上篇为"他者伦理原论"。这一部分主要研究列维纳斯的他者伦理,以便为后面的道德教育研究提供理论基础。他者伦理是一种责任伦理,人们会对他者有无穷无尽的欲望,但他者总会随着时间的流逝而走向死亡,基于此,人们会对他者产生责任意识。中篇为"反思与重构"。这一部分主要用列维纳斯的责任伦理对我们当下的道德教育进行反思,并基于此构建我们理想中的道德教育模式。道德教育应当是系统性的,其动机、后果和过程一定都得是道德的。道德教育不是成才教育,不是知识技能的培训,它是为了让人们认清自己的本质从而实现对现实的超越。下篇为"儒家的回应"。这一部分主要介绍了儒家的道德教育方式,指出不同于苏格拉底的对话式教育。儒家是一种回应式道德教育,而且儒家高度强调不受身份制约的责任。

《正义论》导读　刘莘,四川人民出版社,2019.11

《正义论》是伦理学和政治哲学的经典作品,是罗尔斯关于正义问题的体系化著作,是其思想之大成。《正义论》一书是该书的核心,作者在全方位地介绍了《正义论》的前提下联系当下社会探讨理想与现实的关系,这更能帮助读者理解《正义论》,而且将正义问题延伸至更多新生领域也是对《正义论》多学科交叉特点的继承发展。《〈正义论〉导读》是对罗尔斯《正义论》一书的解读,同时也将罗尔斯政治哲学的核心观念与先秦儒家、柏拉图、康德、马克思的相关思想进行了有趣的比较。

该书共有四节,作者全方位地介绍了《正义论》一书和罗尔斯其人以及阅读此书的方法和自己的思考。第一节为《正义论》及其作者。约翰·罗尔斯,是美国著名哲学家、伦理学家,他关注社会正义问题,试图构筑一种理想性质的正义体系。《正义论》一书是罗尔斯二十年来思考正义问题的心血之作，它延续了西方的契约论传统，罗尔斯在该书中对一些批评进行了辩驳并且改正了自己之前的错误和不严谨之处，因此该书在逻辑上更严谨、更完善。第二节为思想史视野中的《正义论》。罗尔斯研究正义理论涉及广泛的领域，他作为一个伦理学家从伦理学视角研究社会基本结构中关于分配的权利和义务问题，如此一来，他就必然会涉及社会的方方面面。在罗尔斯研究正义的年代，分析和实证哲学在整个哲学界占主导地位，《正义论》的问世标志着哲学的转向，这种转向是对传统哲学的复归。正义问题的研究古已有之，而且是哲学史上最重要的研究之一，罗尔斯在已有研究的基础上进一步概括、总结和发展，提出了"作为公平的正义"理论。罗尔斯将伦理学由形式问题研究拉回实质性道德问题研究，这在思想史上是一次大的转向。第三节为如何阅读《正义论》。罗尔斯的思辨方式和学术风格与我们所习惯的并不相同，而且此书是关于正义问题的理论体系，这导致此书比较难读。作者在这一节中主要介绍了阅读《正义论》的方法，试图帮助读者厘清《正义论》的思路。第四节为人类的现实与理想。罗尔斯清楚地知道原初状态只是一种论证方式，他要从此引出适用于一切社会的抽象的道德原则，所以他的理论是理想性质的，但他要解决的问题却是现实的，这也是《正义论》招致批评的地方所在。作者巧妙地借用外星文明、人工智能、人类未来等话题探讨了人类的现实与理想问题，这是其创新之处。

中华民族道德生活简史　王泽应、陈丛兰、黄泰轲，东方出版中心，2019.12

中华文化博大精深、源远流长，对应的伦理思想也极为丰富充分，该书梳理了中华民族在不同历史阶段道德生活的生活规范、养成方式和价值追求，彰显了中华民族的精神追求，也让读者更加了解中国的伦理道德和文化，是一种独特的道德教育。该书是对中华民族道德生活的介绍，涉及政治、经济、文化三大方面以及婚姻家庭道德、职业道德、社会公德三大领域，上起先秦，下讫当代，将道德实践和伦理思想相结合，立体呈现出了中华民族数千年丰富多彩的道德生活画卷。

《中华民族道德生活简史》一书首先梳理中华民族道德生活史的发展进程、主要内容和基本特征，探讨伦理思想、民族精神与道德生活价值的探索与确立以及中国伦理思想的形成、发展及对道德生活的影响，提倡道德观念、主流价值的确立与社会性倡扬，介绍以爱国主义为核心的民族精神的构建与传延以及礼文化的发展；然后从先秦时期开始介绍本时代的伦理思想。先秦时期，礼是重点，但在经历了战乱后礼的内涵和外延都发生了巨大改变。中国的传统经济伦理始终和农业联系在一起，呈现出“正德、利用、厚生”的特点，义利之辨也是一大特色，这是所有思想学派都关注的伦理问题。家国同构与忠孝伦理的确立奠定了中国几千年道德生活的基础，家庭与国家一体，政治与伦理联结。中华民族自古以来就重视人民，正如孟子所言“民为贵，社稷次之，君为轻”，民为邦本是中华民族的政治理念和实践。中华民族的伦理道德观念体现在生活中，以文学艺术为载体，通过“诗教”“乐教”等实现现实生活和精神世界的沟通。婚姻伦理是中国伦理的重要组成部分，中国人认为婚姻不是夫妻两人的私事，而是关系到家庭家族的兴衰以及社会的长治久安，因此我们可以看到“五伦”中属于家庭的就有三个，而婚姻是“万伦之始”，可见其重要性，家庭教育在此意义上也就具有不可忽视之作用。除家庭这样的私人领域外，公共生活中的伦理观念也值得探讨。商德、师德和医德是公共伦理的重要组成部分，义道当先是公共生活的价值目标与追求，诚信为本是公共生活的准则与风尚，文明礼貌是公共生活的规范与要求。

中国机器人伦理标准化前瞻(2019)　北京大学、国家机器人标准化总体组，北京大学出版社，2019.11

该书由一个跨文化、跨领域和跨学科的专业团队共同讨论和撰写完成。这个团队中既有来自美国和中国的哲学家，也不乏来自中国的人工智能和机器人专家。该书是北京大学哲学系受中国国家机器人标准化总体组委托，承担制定的“中国机器人伦理标准”，也是我国首部“机器人伦理标准”。世界机器人业的发展已逾半个世纪。中国早已成为全球首要的工业机器人市场。今天专业服务机器人和个人或家用机器人也已迎来蓬勃发展的曙光。机器人业正在为各国经济增长、人类生活质量提升以及人类能力增强做出自己的巨大贡献。

全书共五章。第一章对机器人业与伦理的新型关系进行了探讨，首先对人类的伦理生活进行阐释，进而凸显机器人的现实伦理挑战，机器人带来的伦理挑战不再是科幻电影和文学作品玄想的主题，而已然成为我们必须面对的严峻现实，最后从英国标准协会(BSI)和电气和电子工程师协会(IEEE)分析机器人伦理的经验与局限之处。第二章界定了中国机器人伦理的宗旨,国际上机器人主要研发国家和地区(美国、英国、欧盟、日本和韩国)都无一例外地在开始采取主动措施,制定机器人相关的伦理框架、指南或标准。这些都是世界机器人业发展中具有远见卓识和社会责任担当的系统性工程。为了促进中国机器人业健康发展并提升国际竞争力,中国政府在机器人伦理规范制定工作中同样责无旁贷。第三章进一步构建中国机器人伦理标准化体系,从优化共生框架的主要伦理目标与实施方法着手进行探讨。第四章探讨了机器人伦理风险评估与应对,从评估范围、评估表结构说明着手,构建了机器人伦理风险评估表。第五章则是对护理机器人的伦理进行考量,界定了护理机器人及其一般伦理原则,根据其不同存在方式探讨不同伦理后果,最后以智能假肢和机器宠物予以护理机器人伦理问题更清晰的示例。总的来说,该书是关于机器人伦理监管的系统性研究,它所致力提供的是中国机器人伦理标准化体系。这份文件并不是要成为中国机器人业科技创新的桎梏,而是要推动伦理价值以前瞻性方式呈现在未来机器人的设计之中。本书提供的中国机器人伦理标准化体系既植根于中国多元的文化传统资源,也广泛吸纳现代人类价值和其他文化的伦理观念。这套标准化体系由中国优化共生设计方案(COSDP)和相应的实施方法共同构成。它的核心目标在于通过卓越的机器人技术设计和研发来优化世界共生秩序。

西南少数民族传统生态伦理思想研究 谢仁生,中国社会科学出版社,2019.11

该书立足于当代生态伦理学,对散落在西南少数民族传统天体崇拜、山地崇拜、动植物崇拜等原始自然崇拜文化、宗教文化、传统生产方式、饮食文化、服饰文化、居住文化、水文化以及古老的乡规民约中的生态伦理思想进行系统归纳和阐释。在此基础上,该书从当代生态文明建设角度对西南少数民族传统生态伦理思想的当代价值进行了阐发,提出生态文明建设不仅要加强制度建设,重要的是唤起人们的生态意识,须用传统生态伦理文化培育民众敬畏自然、尊重生命、保护环境的意识。

该书的第一章到第十一章,详尽阐述了原始自然观中的生态伦理思想、山地崇拜文化中的生态伦理思想、动物崇拜文化中的生态伦理思想、植物崇拜文化中的生态伦理思想、宗教文化中的生态伦理思想、生产方式中的生态伦理思想、水文化中的生态伦理思想、饮食文化中的生态伦理思想、服饰文化中的生态伦理思想、居住文化中的生态伦理思想、乡规民约中的生态伦理思想。第一章从中国文化中的天与自然、创世神话中的生态整体观出发，挖掘其中与自然和谐相处的朴素生态意识和日月崇拜文化中的生态和谐意识。第二章从土地崇拜文化、石崇拜文化与神山崇拜文化三个方面出发，挖掘敬畏自然思想。第三章从动物崇拜文化、动物禁忌文化中挖掘了尊重与敬畏生命思想。第四章从树木崇拜文化、竹文化和植物图腾文化中挖掘出生态和谐、敬畏植物等思想。第五章从佛教、道教的生态伦理观进行分析。第六章则是从生产方式变迁过程中对生态伦理思想进行研究。第七章从水文化的发展演进中研究生态伦理实践。第八章到第十章从人们生活必要入手，如饮食、服饰、居住等，分析其中蕴含的生态伦理思想。第十一章则从乡规民约等意识规范角度着手进行研究。最后谈到了这些思想的价值，对现在生态问题进行了伦理反思和价值重建，告诫我们尊敬自然，敬畏生命，阐述了信仰的积极作用，并对如何协调自然与人的矛盾提出方法。

学术活动

“大数据伦理”研讨会

参加人员:国内高校、研究院所、企业专家近20人

主办单位:世界工程组织联合会创新技术委员会(WFEO-CEIT)、中国大数据专家委员会、中国新一代人工智能发展战略研究院、全国工程专业学位研究生教育指导委员会与清华—青岛数据科学研究院共同主办

时间:2019年1月19日

地点:清华大学

主要议题:大数据伦理问题。

大数据技术在推动社会发展进步的同时也对人类社会的伦理道德带来深远的影响,与会专家就大数据伦理问题展开了热烈的讨论,一致认为应在全球科学与工程领域内推动建立关于大数据应用和发展的共识,从工程角度就大数据伦理起草相关立场文件,倡导负责任的创新,平衡好创新与风险,共同推动联合国可持续发展目标的实现。

2019年“环境哲学与生态文学”国际学术研讨会及首届亚洲环境哲学论坛会议

参加人员:来自中国、尼泊尔及世界各地的近百位环境哲学与生态文学的专家学者和业界人士

主办单位:中国自然辩证法研究会环境哲学专业委员会、中智科学技术评价研究中心编辑部、尼泊尔文学协会与尼泊尔特里布文大学共同主办

时间:2019年2月28日至3月2日

地点:尼泊尔奇特旺国家森林公园

主要议题:围绕环境哲学与生态文学的联系、自然文学的哲学启示、人与动物关系的伦理研究、亚洲生态文明建设的理论与实践、绿色发展理论等议题进行深入探讨。

一、首届亚洲环境哲学论坛宣言:来自尼泊尔奇特旺国家森林公园的倡议

森林是人类生存不可或缺的伙伴,也是人类生活重要的物质家园之一。作为地球绿色之肺的森林,是人类生活与生产的忠实依靠。基于人与森林亲善友爱和谐之关系,立足于人类温和地走向森林的价值旨归,北京林业大学周国文代表与会的近百位学者提出了以下八点共识式倡议。

一是森林始终在那里,它需要不同文化的持续滋养,也需要人类关爱的细心呵护。二是森林所蕴含的哲学与文学特质,需要学界更多地加以关注。三是森林是亚洲自然地表环境的重要载体,也是不同类型的亚洲环境哲学共同面对的自然对象。四是亚洲丰富多彩的自然地理与文化地理资源,是正在趋于成形的亚洲环境哲学的基础。五是自然是世间最好的教科书。六是以森林为代表的自然环境,是影响我们生活方式与生产活动的重要存在。七是置身尼泊尔奇特旺国家森林公园的体验,不仅仅是来自环境哲学与生态文学的联动感悟,更是一种正处于修复之中的自然的美妙启示。八是融入森林、珍爱森林与保护森林,是我们真正领悟森林之后的必然选择。

二、生态文明建设的理论与实践研究

随着人类社会的发展,我们生存的环境涌现出越来越多的环境问题。从农业文明、工业文明到现在的生态文明,我们看到各国已经开始重视环境问题,并结合自身国情提出了许多改善环境的措施。

文明总是在或缓慢或快速地发展,文明的发展与自然进化有着根本的不同。清华大学人文学院卢风指出,中国古代文明是典型的农业文明,发展是绿色文明;工业文明的发展可称为"黑色文明",工业文明在给人类带来巨大财富的同时也带来了全球性的生态危机。从生态学的角度来看,中国古代文明比现代工业文明更具可持续性。卢风提出绿色发展是与生态系统健康相协调的发展,黑色发展是与生态系统健康相冲突的发展,生态文明将是人类文明的未来。

北京师范大学刘孝廷结合森林的意象,阐析了哲学与森林的逻辑联系,特别是对森林哲学表达了关注及富有历史感的思考。广东社会科学院杨丽婷副研究员以岭南文化为范例,探究了现代社会心灵秩序重建与传统文化传承创新之内在关联。华侨大学薛子燕博士则回顾了中国近现代哲学领域中的价值观变革如何重构了20世纪中国人的精神世界。

三、关于中国梦现实展开过程中的相关问题探讨

厦门大学张有奎教授强调中国梦就是强国梦，实现中国梦，建成社会主义现代化强国必须有六个不可或缺的标准：既重总量也重质量的经济水平的足够发达，这是社会主义现代化强国的核心；社会主义经济制度和政治制度的先进，这是社会主义现代化强国的基石；军事上能达到"不战而屈人之兵"的实力，以保障人民安全；社会不是两极分化，而是共同富裕；人民生活幸福，对国家和社会形成高度认同；中国在国际政治经济事务中拥有较大话语权。

华侨大学刘荣军教授提出，马克思"共和国"理念的本质是"民主共和国"即社会解放的政治形式与"劳动共和国"即社会解放的经济内容相互统一的"社会共和国"。中国梦的追求和实现是对"人民共和国"理念和现实的双重展现。

暨南大学田明副教授认为，意识形态在历史唯物主义语境下并不是负面的。历史发展必然以意识形态为显性内容，以物质生产为隐性根据逐步构建人的历史性。意识形态实质上是不同时期人自我理解与认同的理念基础。正因如此，中国梦就成为新时代国人自我认同的根基之一。

四、文学作品中人与动物关系的伦理研究

人类自身是一种动物，自古至今人类的物质和精神生活都不能离开其他动物，无数动物种类"参与"并影响着人类经济、社会和文化；人类活动亦不断改变着许多动物的历史命运，并赋予它们无比丰富的文化内涵。印度哈里德沃·B. D. 帕格学院阿诗玛·史拉万(Ashima Shrawan)指出，人类倾向于把自己的情感投射到自然世界，认为人类世界是高贵、善良的，而动物世界是贪婪、嫉妒、有欲望的，殊不知动物和人类这两个世界，一个反映了另一个，认为人类对动物世界存在偏见。马希沙达尔·拉吉学院英语系安塔拉·阿迪卡里(Antara Adhikary)批判了人类中心主义，认为以人为中心导致了生态空间的不平衡状态，人类对野生动物栖息地的崩溃负有责任。

印度教大学苏博德·马哈托(Subodh Mahato)从基于对印度作家坦米尔的《一部分女人》《黑山羊的故事》两部作品的研究，指出人类通过非人类的动物来复述真理，从而以一种更加微妙的方式揭露了人类社会的虚伪。

五、亚洲文学意象中人类与自然界之关系及儿童环境教育研究

一直以来，人与自然的关系始终是人类关注的问题。我们可以在许多文学作品中看到反映人与自然关系的作品。树木不仅是日常生活中普通的非人类的自然生物，而且在我们物种和文化的发展中发挥着重要的作用。北京语言大学张华阐述了沃尔特·惠特曼、约翰·缪尔和罗杰·迪肯在时间和空间上对树木的朝圣之旅，从感官视角、科学视角和文化视角三个视角审视了人与自然的关系，指出在未来的发展中，人与自然会更加相互依存、相互尊重。

儿童的环境教育包含着环境道德教育。环境道德是人与自然环境、人与人关系中的一种自觉的内化行为模式，它影响着我们赖以生存的自然环境。北京怀特海科学技术研究院阎晓霞指出，保护、利用和维护生态平衡深刻影响着儿童环境道德的形成和发展，最终将影响人类社会与自然的平衡、可持续发展以及人类的长远利益和整个生态系统的利益，认为从儿童入手，注重环境道德的培养，是环境道德的形成、发展和自然环境保护的需要。

“同感与道德”学术研讨会

参加人员：中山大学哲学系教授陈立胜，清华大学马克思主义学院教授李义天，中国人民大学哲学院伦理学教研室主任、副教授张霄，中国社会科学出版社副编审凌金良，中国石油大学马克思主义学院副教授康建伟，中国政法大学光明新闻传播学院教授阴卫芝，中国政法大学国际儒学院教授王心竹、副教授李春颖，中国政法大学哲学系副教授倪寿鹏、讲师吕明烜，北京大学哲学系博士秦晋楠等中青年学者

主办单位：中国政法大学

时间：2019年4月23日

地点：中国政法大学哲学系

主要议题：围绕“同感与道德”这一主题展开了探讨。

陈立胜教授以“儒家思想中的道德情感之本原”为题，向中国政法大学师生做了精彩报告。他首先梳理了儒者对“身”这个最基本概念的理解，阐述了儒家视域中身体的特殊地位，认为“尊身主义”是儒家思想一大特色。接下来，他从“债”字入手，认为古代之“债”本是“责”，儒家对身体的理解在存在论上即是一个“负责的身体”，这不是一种抽象的义务，而是道德义务的源头，是扎根于身体之中的强烈的情感体验。这种义务感、责任感不是对法则的敬畏，而是对生命的敬畏。陈立胜教授又以“情”“性”与“心”的关系为纲领，认为“情”在根本上是“性”的表现，是生命力的流露，而“性情”是儒家对心的最重要的界定，以“性情”论心是儒家哲学的最富有特色的心论，“仁”是心的最基本的内涵。在儒家所描述的道德情感之中体现的是人

我、人物、人天相通的“存在论的觉情”。“做人”“成人”即是培育对生命的感通与敬畏之情感,是儒家伦理学的根本问题。

报告结束后,诸位学者和同学们就报告内容与陈立胜教授做了深入的交流与探讨。张浩军老师认为,对“empathy”和“sympathy”词语概念进行辨析是讨论的基础;李春颖副教授就对他人之痛和自己之痛的区分做了探讨;李义天教授肯定了人因为有情绪才能感受到他人的痛苦与快乐。但感受到他人的痛苦,不代表就会主动去帮助他人去除痛苦,在亚里士多德的著作中也有相关的论述。一个人是具有优良品质的人,才会去帮助他人去除痛苦。去除痛苦是一个欲望问题,已经脱离了情绪的层面。移情只能保证心理层面,不能保证行动上对他人进行帮助。在不相信天人一体的情况下,如何保证道德的成立?在承认天人一体的情况下,敌我关系和普通人与人之间伦理关系的介入是否会影响到形而上的道德同感框架?倪寿鹏副教授从康德哲学的思维方式出发对儒家道德伦理进行了探讨,儒家思想接受来自西方哲学的外部挑战能变得更加坚实。王心竹教授讨论了人禽之别。凌金良副编审探讨中西道德和信仰差异带来的中西身心关系之别。参会的老师提出了自己的看法,内容横贯中西,陈立胜教授一一作答。

“当代社会的伦理挑战及应对”——第十九届《哲学分析》论坛

参加人员:来自中国人民大学、中国社会科学院、上海社会科学院、华东师范大学、浙江大学、南京师范大学、广西大学、上海大学、宁夏大学、东北大学、上饶师范学院等单位的30余位专家学者

主办单位:《哲学分析》编辑部主办,上饶师范学院承办

时间:2019年4月27日至28日

地点:鹅湖书院

主要议题:与会学者围绕“当代社会的伦理挑战”主题,就人工智能主体性、人工智能技术、人机关系、可信任度问题、人类增强、人体冷冻技术、教育焦虑、社会伦理、网络伦理等一系列重大理论和实践问题进行了深刻而热烈的讨论。

一、当今科技的伦理挑战

智能科技伦理底线需要我们达成共识。智能革命是当代非常重要的问题,对经济、社会各个方面将产生重大的影响,尤其会带来人的深度科技化。人的深度科技化所带来最大变化是:所有的东西都更需要抉择,所以必须对智能科技进行伦理学思考。在人工智能时代,智能机器与人该如何

相处？中国人民大学一级教授刘大椿指出，智能科技伦理的伦理底线有两条：科研无禁区，但科研人员有责任，要遵守一定的伦理规范；开发（创新）是社会发展之源，但也是社会建构，所以要遵循一定的行规和法规，这是可以形成共识的。

人工智能机器人的主体性或道德地位存在争议。关于人工智能是否具有主体性，有什么样的主体性，这个问题存在争议。上饶师范学院詹世友教授认为，人和机器人的界限在于，人有自由意志和道德本质，这是人工智能无法加以模拟的。人工智能可以模拟人的思维活动过程，在知识储备、数据处理、计算、准备性、逻辑推理以及应对环境任务方面能够比人更强大，甚至能模拟人的情感表现，与人顺畅地互动，但是它们可能无法理解各种符号的含义。

当代新技术发展的伦理审度。浙江大学哲学系徐向东教授做了"人类增强技术的伦理审视"的报告，他提出，由于人类生命的复杂性及其独特的重要性，我们确实需要对基因技术的可能应用采取认真负责的态度。上海社会科学院哲学研究所计海庆副研究员在"人类增强伦理与自然主义谬误"报告中指出，无论是彼得·辛格的功利主义，还是哈贝马斯把人性道德化的尝试，或是福山用自然权利理论来捍卫人性，都没能完成对超人类主义价值主张的实质性批评，他认为，涉及人类增强技术的实质性批评只能在伦理自然主义框架内进行。

除此之外，还有很多学者发表了关于科技发展的伦理问题的见解，提出了"造世伦理""同理心""可信任度""非人格化权力"等概念和新的观点，精彩纷呈，令人耳目一新。

二、当代社会伦理问题研究

党的十九大报告提出中国特色社会主义进入新时代，我国社会主要矛盾已经转化为人民日益增长的美好生活需要和不平衡不充分的发展之间的矛盾。这种变化是关系全局的历史性变化，对我国社会治理的现代化提出了许多新要求和新挑战。

社会治理中的伦理思考。宁夏大学李伟教授指出，在新时代社会治理中，民生问题成为最突出的要求。一是社会管理由过去"管群众"的社会管控转向现在"群众管"的社会治理。农业转移人口市民化、"城市病"、矛盾纠纷化解成为新时代社会治理现代化过程中迫切需要解决的难题。这些难题的解决，使得社会伦理中个人与社会、目的与手段、公平与效率的价值关系的重新研究成为破解社会治理现代化中社会难题的价值需求。

教育焦虑的哲学分析。教育焦虑不仅仅是中国现象也是世界普遍的现象。童世骏教授对教育焦虑进行了存在论分析、伦理学分析以及方法论分析。

网络伦理的挑战与应对。宁夏大学政法学院的潘忠宇教授对网络信息传播的伦理问题进行了探讨。他认为,网络伦理问题的关键和实质是人的问题,尤其是网络传播主体问题。应对当代社会的网络伦理问题挑战必须立足于当代的时代条件和特征,把握网络传播主体这一关键要素。

三、学术观点的启示

论坛主题始终强调了以人为本和人的尊严。童世骏教授在最后点评环节指出:"我们今天讨论内容的基础和核心问题是关于在这样一个技术加速度发展的时代如何维持人之为人的尊严。"怎么以人的方式维护人的尊严?人的尊严包括两个概念:自主性和责任性。付长珍教授在其报告的最后部分中强调,无论"奇点"是否终将到来,人类都应该更加关注人的类本质和尊严,开掘属人的人性能力和情感独特性,守护人与机器人的分际。

力图立足自身社会现实,形成自己的解释系统和思考系统,并用新话语体系匹配新的生活世界,探索问题的解决之道。刘大椿教授指出,我们今天论来辩去之所以没有解决问题,那就是我们的话语体系和新生活世界、智能科技世界没有匹配,用原来的话语体系解释新的生活世界,这显得有些勉强。

社会观念需要转变,价值理论需要重新审视,以此应对未来的挑战。成素梅研究员点评时指出:"我们讨论的话题都是从工业文明概念框架和制度框架到人工智能等新技术的发展之间造成的冲突带来的问题。教育焦虑、永生等问题放在工业文明框架中都是问题。如果智能文明的到来,这些问题可能都不再成为问题。"过去不确定性的东西未来也许会成为确定性的标杆,所以,我们的价值理念需要重新审视,这恰恰是哲学和伦理学要做的工作,哲学思考具有前瞻性,伦理学面对现实问题时具有反思批判性。

第三届网络伦理论坛

参加人员:各界专家

主办单位:中国伦理学会网络伦理专业委员会主办,北京师范大学文化创新与传播研究院、首都文化创新与文化传播工程研究院承办

时间:2019年5月5日

地点:北京师范大学

主要议题：以“赋权与赋能：新媒体时代青少年媒介素养反思”为议题。

北京师范大学副校长郝芳华在致辞中谈到，作为北京市首批高端智库试点单位，北京师范大学文化创新与传播研究院在构建新时代家庭伦理、发挥家庭教育在青少年成长成才过程中的作用等方面取得了重要的研究进展，拥有一定的话语权。由文化创新与传播研究院发起组织的网络伦理论坛，聚焦于网络时代伦理规则的重建和伦理价值的重塑，产生了广泛的影响。

北京社会科学联合会党组书记、北京市哲学社会科学规划办公室主任张淼在致辞中表示，家庭环境是影响青少年网络伦理行为的重要因素，家长是无可替代的角色。在全民介入数字化生存的今天，如何学会与新媒体相处，如何基于新媒体与家人建立和谐稳定的家庭成长环境，培养孩子健康网络行为习惯，进而全民族提升青少年的心理素养是摆在新时代的新媒体课题。

中国伦理学会常务副会长李建华肯定了网络伦理专业委员会自成立以来所做出的贡献。他提到，中国伦理学会网络伦理专业委员会致力于网络时代中国社会伦理价值体系重建的工作，在于丹教授的领导下，开展了一系列研究工作，前两届网络伦理论坛已经取得一定的影响力。他认为，当下中国家庭面对的主要问题，就是新媒体作为居间化媒介对家庭伦理建设的冲击，当务之急就是青少年媒介的网络媒介素养教育问题。本次论坛将媒介素养与家庭伦理结合起来，探讨如何利用新媒体赋能青少年不断提升网生代公民的媒介素养，这为促进传统美德与现代伦理融合、推动伦理价值体系重建提供了新思路。

家庭教育作为媒介素养教育实践的三大主体之一，在青少年媒介素养教育中担当的角色不可小觑。面对鱼龙混杂的新媒体网络环境，以科学方式探究当下公民对于家庭媒介素养教育的认知现状，用权威观点解读如何引导青少年提升新媒介素养，构筑健康和谐的家庭伦理关系势在必行。第三届网络伦理论坛聚焦于家庭教育对培养青少年媒介素养的重要性，为提升家庭教育在新媒介素养培育中的作用积极发表意见、提出建议，力图培育“中国好网民”，为建设更加良好的新媒体环境贡献力量。

基于中国传统文化视域的生命伦理之争鸣——第十三届“建构中国生命伦理学”学术会议

参加人员：广州医科大学党委副书记颜勇，香港浸会大学宗教与哲学系主任张颖，广东省医学会副秘书长苏焕群，中华医学会医学伦理学分会副主任委员、《中国医学伦理学》杂志主编王明旭和河北医科大学边林教授，以及来自全国各地高等院校、科研院所等单位的领导、专家及代表100多人

主办单位：广州医科大学卫生管理学院/马克思主义学院、香港浸会大学应用伦理学研究中心联合主办，广州市医学伦理学重点研究基地、《医学与哲学》杂志社、《中国医学伦理学》杂志社协办，广东省医务社会工作研究会、广东省医学会医学伦理学分会承办

时间：2019年5月10日至13日

地点：广州

主要议题：基于中国传统文化视域的生命伦理之争鸣。

一、生命伦理的内涵、儒家思想下的生命伦理

香港城市大学范瑞平教授、香港浸会大学宗教与哲学系主任张颖、云南财经大学蔡昱教授、北京师范大学李建会教授、中山大学王志康教授、广州医科大学刘涛副教授等分别就生命伦理的公共政策蕴涵、机器人护理对生命伦理学的挑战、儒家家庭与古希腊家庭的比较、儒家视角下的人类尊严、“进化论、理性、道德与社会发展”、人类基因编辑技术的儒家伦理反思等问题做了主题报告。

香港城市大学范瑞平教授指出，以美德为基础的儒家公共理性为制定现代公共政策提供了有效的方案。公共政策既要体现普遍之爱原则，也要接受差等之爱原则，两者不得偏废。香港浸会大学宗教与哲学系主任张颖以近年来杭州市社会福利中心引进智能护理机器人“阿铁”这一热点事件为切入点，从关怀伦理、效益主义、儒家孝道思想等多重向度分析了机器人护理给生命伦理学带来的挑战。她分析指出，人与人的关系由于出现了第三者机器，同时这个机器并不是一般意义上的工具，由此改变或颠覆了传统(包括儒家)的人伦关系。云南财经大学蔡昱教授从自由与专制的区分出发，考察了儒家家庭与古希腊家庭在观念上的差异，认为儒家家庭是以“仁爱”联结的共同体，它能够帮助人们克服畏死的恐惧，从而使自由具有现实性。北京师范大学李建会教授阐释了儒家文化中的人类尊严的概念，指出在儒家视角下人类尊严的根本在于维持自己与他人的道德关系，就尊严的获取而言，儒家认为高尚的德行比身居高位更加根本。在此基础上，他进一步区分了儒家的“普遍人类尊严”和“获得的人类尊严”概念。中山大学王志康教授通过解析各种进化理论对人的理性和行为的影响，指出人

类的未来在于人类是否能够合理地利用所掌握的进化规律来规范自身行为。广州医科大学刘涛副教授从儒家伦理中包含的生化原则、慈爱原则、诚信原则、前定原则、公正原则、中庸原则等六个方面，对人类基因编辑技术引发的伦理问题做了深入剖析。

二、中国传统文化视域下的生命伦理

在本次会议中，与会的专家学者还从身体伦理、健康伦理、医患关系、死亡伦理、生命科技前沿伦理等当下中国生命伦理学的热点问题出发，以中国传统文化为视域展开了热烈的讨论。

在身体伦理方面，广州医科大学马克思主义学院院长刘俊荣做了“基于儒家身体视域的德性之养成”专题报告，他认为儒家文化的身体思想与柏拉图否定身体及笛卡尔“抑身扬心”的身体观截然不同，儒家不但没有否定身体的价值，将身体降格为简单的“躯体”，更没有把身心截然二分，而是将身体视为“身心一如”的有机整体。在健康伦理方面，长沙市卫计委副主任刘激扬结合长沙市健康民生项目开展情况，阐述了目前出生缺陷防控中的伦理问题主要集中在筛查前的知情同意不充分、高龄孕妇的筛查方式、国内孕妇普筛所面临的伦理挑战以及确诊的染色体患儿选择终止妊娠是否合乎伦理原则等方面，强调在出生缺陷防控中应遵循遗传筛查和检查的伦理准则，如尊重患者的知情权、自主权、隐私权，并做到对患者的有利、公正等。在医患关系方面，安徽医科大学马克思主义学院何绵锦博士对新时代和谐医患关系构建中的制度公正问题做了深入解析。在死亡伦理方面，来自觉行义工工作室的社工师蓝嘉明分享了基于医院场景的临终关怀服务状况，指出其服务目标在于形成“病患＋家属＋服务人员”的支持生态。在工作内容和策略方面，其以“身心社灵”为服务导向，联合医疗、心理、社工、义工等具有多方联动意义的服务团队，提供安宁疗护、危机干预、社会关系处理、病床陪伴等服务。围绕着养老等备受社会关注的伦理问题，西安电子科技大学王珏副教授就养老视域中的代际冲突与代际公平问题，从儒家伦理的视角提出“代际相互依赖”的解释范式。围绕知情同意、医疗决策等领域中的伦理与法律问题，南方医科大学陈化教授阐释了临床代理决策中的利益冲突及其可能的解决机制。

三、儒家伦理视角下的相关问题辨析

在报告与讨论中，有许多学者从儒家伦理的视角出发，对医学价值、道德创伤等问题做出伦理辨析。河北医科大学社科部副主任刘云章论述了儒家责任伦理可以为维护现代医学价值性提供理论支持，主张传承、弘扬儒家责任伦理并使之为现代医学发展与医疗实践服务。中国社会科学院哲学研究所李亚明副教授以“人类整体的尊严”概念为切入点,认为儒家伦理中对“人类的尊严”有较为充分的论述,主张借助儒家的理论资源来回应伦理研究中的相关问题。她指出,我们有道德义务保护那些为人类整体授予了尊严的特征不受侵蚀。河海大学马克思主义学院胡芮博士指出,在包括儒家传统在内的优秀传统文化中包含着丰富的生命伦理学资源,可以为重建中国生命伦理价值体系贡献力量。

第五届全国马克思主义伦理学论坛

参加人员:来自全国54所高校、8家知名期刊的100多名伦理学学者、道德文化研究者

主办单位:中国伦理学会、清华大学高校德育研究中心、中国人民大学伦理学与道德建设研究中心、浙江师范大学马克思主义学院、国家哲学社会科学重大项目“中国政治伦理思想通史”课题组共同主办

时间:2019年5月11日

地点:浙江师范大学

主要议题:以“新中国马克思主义伦理学:七十年回顾与展望”为主题。

中国伦理学会执行会长、浙江师范大学马克思主义学院李建华教授主持大会。浙江师范大学党委副书记朱坚教授代表学校致辞。上午,伦理学界知名学者分别就马克思主义伦理学发展的历史与现实等问题做主题发言。中国伦理学会会长、清华大学人文学院院长万俊人教授,中国伦理学会副会长、南京师范大学王小锡教授,中国人民大学臧峰宇教授,清华大学李义天教授分别做了主题发言。第二阶段、第三阶段分别由《天津社会科学》赵景来主编、《浙江社会科学》俞伯灵主编主持,由南京大学周嘉昕教授、《齐鲁学刊》赵昆副主编做点评。下午,大会还举行了分论坛研讨活动。在四个分组研讨现场,来自全国各地的专家学者就马克思主义伦理学七十年的发展与成就、马克思主义伦理学与西方伦理学的交融与对话、中国传统伦理文化及其当代价值、伦理学的应用与发展等诸多伦理与现实问题进行了热烈的讨论。

本届会议采取以文参会的方式,秉承学术至上、学者为先的宗旨,倡导简洁、清晰、高效的会议风格,呈现出热烈的学术氛围和崭新的会议风气。本次研讨总结回顾新中国马克思主义伦理学的发展历程,展望新时代伦理学发展,积极热烈、硕果累累。在主旨报告、分论坛、专家对话会等环节中,

专家学者思想碰撞、深入交流、践行使命，努力寻找改善社会道德风尚的有效路径，显现了全国伦理学人的责任担当。与会学者表示，以召开“新中国马克思主义伦理学：七十年回顾与展望”主题的学术研讨会的方式庆祝新中国成立七十周年，是哲学社会科学工作者特有的方式和光荣使命。

青年伦理学家论坛

参加人员：来自北京大学、清华大学、中国社会科学院等高校和科研院所的20余位中青年学者

主办单位：天津社会科学院伦理学研究所暨《道德与文明》杂志社主办

时间：2019年5月11日

地点：天津

主要议题：论坛主题为“儒家伦理与当代中国道德话语体系构建”。

一、体系

本次论坛共设有四个讨论环节。第一场讨论的关键词是“体系”，由北京大学吴飞主持，北京大学李猛、清华大学唐文明、中国社会科学院赵金刚、湖南大学殷慧做主题发言。

李猛的发言主题为“‘中国式的石化’：韦伯论儒家生活之道的世界文明后果”。韦伯眼中的儒家生活之道缺乏激情，反对与世界的紧张对立，主张心灵的平静与和谐，这与清教徒和世界“充满激情的紧张”关系形成了鲜明的对照。韦伯批评儒家这种“唯一真正一贯的‘适应可能之事’的伦理”是一种“非人格性”的伦理文明，虽然在进化选择的过程中能够非常迅速地适应环境，但这种适应性的伦理反而会导致我们和世界紧张关系的丧失。唐文明的发言主题为“儒教美德伦理传统的衰落与复兴”。他认为，作为成德之教的儒教，一方面，深入内心的修行功夫必不可少；另一方面，既然修行必须在共同生活中进行，那么相应的教化制度以及如何将教化寓于社会制度之中就是一个重要主题。通过借鉴麦金太尔对亚里士多德人性论三重架构的分析理路，唐文明认为儒教美德伦理传统的复兴可从三个层面入手。第一，要在经典的引领下，回到我们的实际生活经验，获得一种对自我的理解。自我不是一种原子式的孤独个体，而是人伦中的自我。第二，基于这样一种自我理解重构我们对共同生活的理解。第三，制度建设。作为儒家美德伦理传统复兴的关键，建立独立的教化制度必不可少。赵金刚的发言主题为“从‘文化心理’与‘文化自觉’看儒家伦理的当代挑战”。他从分析李泽厚的“文化心理”与费孝通的“文化自觉”入手，认为两者皆从客观

上对儒家伦理价值的客观存在有所“证成”,都在某种意义上回应了儒家传统走入“博物馆”的说法。湖南大学殷慧的发言主题为“仁与爱之间:儒家伦理走向的思考”。

二、概念

第二场讨论的关键词是“概念”,由北京大学李猛主持,华东师范大学陈赟、方旭东、付长珍,北京大学孟庆楠,同济大学陈畅做主题发言。

陈赟的发言主题为“儒家思想中的道德与伦理”。他认为,从儒家思想的视阈出发,道德归属于“天爵”,伦理与“人爵”相关。道德集中在人的“性分”,伦理聚焦于人的“位分”与“职分”。“性分”的问题,其实是人之所以为人者何在的问题,关涉人在宇宙中的地位与意义;“位分”与人所处的社会地位与角色有关,回应的是“我是谁”的问题。道德是心中所具之德,伦理是道德的现实化与客观化,道德之“实”对应着相应的伦理之“名”。在他看来,道德与伦理的统一是儒家的根本主张。方旭东的发言主题为“还债、感恩与友爱”。他基于亚里士多德、康德以及鲁迅、李晨阳、张祥龙等人的典型观点,比较了孝的三种解释模型——还债、感恩、友爱,认为子女有受扶养的权利、父母有生育的权利,我们应当尊重生命,在世代接力中实现正义。付长珍的发言主题为“探寻中国伦理精神的原乡”。在她看来,做中国伦理学,既要告别单纯哲学史的心态,又要警惕过度理论化的陷阱,应该重返中国伦理学的精神“原乡”,立足中国伦理思想原典,探究元问题和元概念,重建中国人自己的伦理精神家园。孟庆楠的发言主题为“天道与人性——从早期《诗》学的线索看天道秩序的内在化”。陈畅的发言主题为“良知与恕道——心学伦理的内在张力及其克服”。他以“感应”思想为中心,深入对比、考察陈白沙、王阳明、黄宗羲三位心学家的不同诠释,厘清心学伦理的内在张力及其克服途径,进而开发心学思想的当代伦理意义。在陈畅看来,朱子学和阳明学都没有承认事物的独立性,其所追求的天理相对于物而言都是先在之理。而黄宗羲直接把个体事物自身之条理提升为本体,在肯定个体性和差异性的基础上兼顾“主宰性”,在多与一、个体与公共之间于“事”的场域中实现恰当平衡。

三、人物

第三场讨论的关键词是“人物”,由清华大学唐文明主持,山东大学翟奎凤、厦门大学李若晖、清华大学高海波、南开大学范广欣做主题发言。

翟奎凤的发言主题为“仁爱与近现代东亚世界的大同思想”。他认为心学的人心仁体、一体之仁的思想可以看作是“大道之行,天下为公”大同社会理想的哲学本体支撑，是社会大同的本体论根据。李若晖的发言主题为“论正常之恶：郭店竹书《鲁穆公问子思》的哲学分析”。高海波的发言主题为“自律还是他律——反思朱子的真知问题”。针对陆王心学的批评，高海波认为朱子的穷格外物之理是一个“求诸外以明诸内”的过程，并非“析心理为二”，朱子的终极目标也是“心即理，理即心”，即道德原理与道德意识完全合一。范广欣的发言主题为“民主还是贵族制——黄宗羲道德政治理想的实质”。他先是以亚里士多德《政治学》为基础探讨《明夷待访录》中的政治理想是否符合古典民主的标准，再从洛克《政府论》和卢梭《社会契约论》出发探讨《明夷待访录》中的理想是否与现代代表民主的精神合拍，最后得出结论：“天下为公，选贤与能”在西方政治哲学中体现为贵族制（贤能政治）理想，其本质是精英共治。

四、话语

第四场讨论的关键词是“话语”，由华东师范大学付长珍主持，中国人民大学郭清香、南开大学叶树勋、中国政法大学李春颖、武汉大学廖璨璨做主题发言。

郭清香的发言主题为“大同社会理想与人类命运共同体建构”。她认为大同社会理念以天下意识作为世界观基础、以忠恕之道作为方法论依据、以天下为公作为价值目标，体现了中国人对国家社会未来发展的美好愿望和基本设计，包含着对合理性社会的建构尝试、对人类未来价值理念的设定，具有普遍性的意义。它为今天人类命运共同体的构建提供了有益的启发。叶树勋的发言主题为“万物皆备于我如何可能”。他立足于孟子的思想语境，结合历代以来的解释思路，分解孟子“万物皆备于我”这一命题的要素及其结构，追问其“意义”并探讨它所传达的“主旨”。他将孟子“万物皆备丁我”这一命题中的“物”解为“德性”，“万物”也就是“所有德性”，并进而将此命题的意义归结为“所有德性在我这里都具备了”。李春颖的发言主题为“性善论、儒家道德情感与个体超越”。她从情感的理性化、情感的超越性、个体与个体超越三个方面分析了孟子思想中的“四端之心”作为情感如何具有道德价值。“四端之心”作为情感之所以能推出仁义礼智的普遍德性，成为德性的基础、本源和开端，与儒家的个体观念密不可分。廖璨璨的发言主题为“明清之际气论的重构及对性命论的诠释”。她认为朱熹和明清之际的思想家因为对“气”的理解不同，因而对性、命关系特别是对命的理解也呈现出差异。

与会专家学者围绕在当代中国语境下如何做中国伦理学；儒家伦理与

西方伦理的概念关系是否对等,比如德、福关系与性、命关系是否能够两相对应与契合;儒家伦理与西方伦理各自的概念,比如“情”和“爱”,在进入对方话语体系时,其含义和范围是否出现了变化并如何翻译;儒家话语体系中道德与伦理、情感和理性的关系等相关议题展开了友好而热烈的讨论。

教育伦理与教师道德国际研讨会

参加人员:来自美国罗格斯大学、台湾清华大学、香港教育大学、芬兰赫尔辛基大学等高校的专家学者及山西师范大学教育学相关专业师生共计200余人

主办单位:山西师范大学教育科学研究院、山西基础教育质量提升协同创新中心主办

时间:2019年5月23日至25日

地点:山西师范大学

主要议题:会议主要围绕教师道德与立德树人、自我修养与师德养成、教育伦理与青少年思想道德、教育伦理与师德建设等主题进行了研讨。

一、教师道德与立德树人

芬兰赫尔辛基大学教育科学院牛双红研究员从芬兰师范生的选拔及教师教育角度与大家一起分享了芬兰教师教育所注重的关键能力、大学教师教育的基本原则、芬兰教师的职责和角色等悦人耳目的新观点。美国罗格斯大学拉维特·戈兰·邓肯(Ravit Golan Duncan)教授从科学骨干教师所面对的真实认知及更复杂的探究学习环境入手,提出科学课堂应呈现学生认知的混乱并支持学生能够批判性地评估和运用证据推理,以培养具有科学素养的公民。罗格斯大学卡洛琳·西伊·克劳斯·埃勒斯(Caroline Seay Clauss-Ehlers)教授就中学生面临的巨大学业压力、家长期望以及渴望独立与认同等问题,提出了一个基于社会支持的情感健康模式。

二、自我修养与道德养成

台湾教育大学章月凤博士介绍了当前香港中小学及社区通过静观练习推广正向关爱文化的经验,并现场展示了如何使用静观情绪四元素框架的操作流程,以帮助大家认清和管理情绪、恰当表达情绪,提升自我价值、发展同理心,最终达成尊重、肯定和关爱的正向“沟通教育”。罗格斯大学乔苏·贝尼安宁·法莱兹(Josue Benianin Falaise)教授通过今昔学校课堂的变化,从教学内容的多样化、过程的多样化、结果的多样化等层面对教师提出了伦理道德、责任兼修的专业素养诉求。罗格斯大学艾丽莎·安·贝

尔泽(Alisa Ann Belzer)教授提出了促进所有教师专业高质量发展的以协作体验和参与者为中心的在线专业发展计划。山西师范大学教育科学研究院杨晓教授从自我修养的内涵与理念、自我修养的内容(意识志向双修、内外兼修、德知同修)及自我修养的行动(读书、慎独研究、主敬)三个方面对新时期教师自身修养与道德养成问题进行了深入阐述。

三、自我修养与道德养成

教育伦理与青少年思想道德。罗格斯大学坦贾·萨金特(Tanja Sargent)教授通过大规模调查数据与观察数据的分析以及对学校、教师、学生深入的定性访谈,探讨了中国以学生为中心的教学与课程改革之间的紧张关系。罗格斯大学本杰明·詹姆斯·贾斯汀(Benjamin James Justice)教授认为公立学校是社会再生产的场所,存在种族、经济和文化的不平等,以致在工作实践中经常出现违背正义理想之事,使教学与正义之间呈现复杂、矛盾的关系。

四、教育伦理与师德建设

山西师范大学党委书记卫建国教授从“为什么要加强师德考核与评价”“中小学师德考核评价的问题、出路与解决办法”等方面对目前中小学教师师德考核与评价问题提出了建设性意见。台湾清华大学师资培育中心阮凯利教授针对社会加速发展造成的人们“自我认同”迷失、传统伦理价值渐趋脆弱、人际关系疏离等现象,用隐喻的形式提出了“斜坡上的自我认同与师德想象”这一发人深省又颇富新意的观点,并从追求本真性的自我认同、建立共鸣关系的道德实践、培养道德想象力等方面提出了一些实践设想。

中外生态环境哲学的传统与创新——2019年中国环境哲学·环境伦理学年会

参加人员:来自全国各地的80多位专家学者

主办单位:中国自然辩证法研究会环境哲学专业委员会、中国伦理学会环境伦理学会和天津外国语大学欧美文化哲学研究所举办

时间:2019年6月15日至16日

地点:天津外国语大学

主要议题:围绕“中外生态环境哲学的传统与创新”的会议主题,以分组报告与专题讨论的形式,从新时代下马克思主义生态思想的再阐释、环境哲学的理论基础及时代趋向、环境伦理概念及时代发展、生态文明实践

的取向及热点问题等四个方面阐述了对于生态文明理论基础、生态环境问题的哲学反思及有关生态伦理学理论的看法，并在凝聚共识的过程中形成了学术年会的十点倡议。

一、新时代下马克思主义生态思想的再阐释

马克思有着丰富的生态思想，包括人与自然关系、生态危机的根源、解决生态危机的方案等。新时代下对马克思主义生态思想进行再阐释，有利于丰富我国生态文明建设理论，更好地指导我国生态文明建设的实践。

党的十九大报告指出，我国社会的主要矛盾已经是人民日益增长的美好生活需要和不平衡不充分的发展之间的矛盾，而美好生活包括对良好生态环境的追求。东北大学秦书生以“习近平生态文明思想的理论阐释”为题，分析了习近平生态文明思想的理论基础，阐发了“人与自然和谐共生”“绿水青山就是金山银山”“共谋全球生态治理”等生态表述中的理论内涵，指出习近平生态文明观无论是在理论层面还是在实践层面对新时代生态文明建设都具有重要的指导意义。生态危机产生于工业文明下，生态文明的提出是对工业文明的反思。清华大学哲学系卢风做了题为“论伊林·费切尔的生态文明观念——纪念提出‘生态文明’观念 40 周年”的报告，论述了费切尔“生态文明”的提出过程，阐释了生态文明提出的意义。劳动，是马克思研究人类历史的起点。

二、环境哲学的理论基础及其时代趋向

环境哲学以人与环境之间的关系为研究对象，通过对环境存在的终极意义进行思考与追问，对后工业时代人与自然关系进行深刻反思，以求得人与生存环境的和谐与可持续发展。新时代的环境哲学应有新的时代内涵。北京林业大学周国文以“面向新时代的环境哲学”为题，对世界环境哲学的概念、面临的挑战、内涵特征、发展趋势做了解读。周国文从世界视域中的环境哲学、关于世界环境的哲学、对世界哲学的环境审视等三个层面对世界环境哲学做了概念分析，指出面对世界环境和工业化的不断变化，世界环境哲学面对的挑战是问题倒逼的意识困境——观念如何完善实践，思想如何优化行动，精神如何提升存在。南京师范大学董美珍和张聪惠的报告“生态哲学中的精神生态研究——以苏轼人生、思想为例”，通过苏轼的精神生态思想介绍了当下生态哲学中研究的冷门领域“精神生态”，指出“精神生态”由内向外扩散地研究整个人类身心的和谐发展，立足于个体的人类的精神气质之上，反思当下人类社会发展过程中存在的精神上的“不生态”问题对自然和社会和谐发展造成的割裂，进而从最根本处构建一个人与自我、社会、自然和谐发展的生态体系。

生态德育是社会公德教育的一个新内容，它以伦理的标准去评价人对环境的自然行为，中国传统思想中对人的品德要求有很多适用于如何对待自然。欣赏自然是尊重自然、保护自然的必要前提，这样对自然的审美就显得尤为重要。南开大学薛富兴以“自然美育论”为题，谈论了自然美育。他指出，自然审美解决的核心问题是自然审美到底欣赏什么，自然美育欣赏的是物相、物性、物功和物史，恰当欣赏自然需要培育社会大众的格物之趣，培养尊重自然、关爱自然、感恩和敬畏自然的环境美德，二者共同构成欣赏自然的社会文化背景。

三、环境伦理概念及时代发展

新时代生态文明建设满足自然和环境自身可持续发展的需要是尤为重要的一面，这就需要环境伦理学与时俱进。“天人合一”是中国古代对人与自然关系的一个特殊性解释，东南大学陈爱华以“论我国传统‘天人合一’的伦理精神及其当代价值”为题，论述了中国传统“天人合一”的伦理精神及其当代价值。陈爱华分析了“天人合一”伦理精神的内涵，指出“天人合一”观念强调人与天内在本质上的一致性，人要认识自然、探索自然规律，同时要在实践中“遵天命”“循天理”，按照自然规律去改造自然为人服务。她认为“天人合一”伦理观有助于理解“人与自然是生命共同体”。中国人民大学滕菲做了题为“人类世是后自然的时代吗——生态现代主义的环境伦理思想及其批判”的报告，阐述了生态现代主义的环境伦理思想。生态现代主义认为人类世的到来意味着作为独立主体存在的自然消亡了，主张重新解构人与自然的关系，强调人类主体性以及人类对自然界的改造，自然在这一伦理思想下被纳入人类社会的道德准则之中，被印上了主观色彩。

四、生态文明实践的取向及热点问题

党的十八大以来，生态文明被提升到国家发展战略高度，不管是国家、社会还是个人层面，都在习近平新时代中国特色社会主义思想和生态文明思想的指导下展开了丰富且多样的生态文明实践活动。

北京大学郇庆治做了题为“生态文明及其建设的基础性概念问题”的报告，指出“生态文明”在中国提出之后由于多重解读和阐释发展成了包含四重意蕴的概念。他依据环境政治理论分析的不同视角分析了“生态文明”理论的三个亚向度或层面，着重谈了自己对“生态文明”理论是一种“红绿交融”理论的认识。最后，他从变革目标的确定与阐释、理论自身的系统性和说服力、实践的需求或限制三个方面，分析了生态文明(建设)理论的绿色变革指向与现实变革潜能，以及目前我国生态文明(建设)与实践之间的各种张力样态及其程度、实践与理论存在的差距，认为我国生态文明领域的观念与制度创新要对传统认知与制度框架有着实质性突破才能在实践中更进一步。

五、中国环境哲学·环境伦理学 2019 年学术年会的十点倡议

一是习近平生态文明思想是我国社会主义生态文明建设的理论基础与指导思想，也是马克思主义中国化的最新时代成果，这一新思想符合中国社会自然环境的历史与现实，也是引领中国社会绿色发展的旗帜。二是全球生态文明建设步入新时期，也是新时代其他各项建设的自然基石。三是绿色发展理念将引领生态文明建设的未来方向。只有实现绿色的可持续发展，才能促进社会的良性循环，才能真正将生态文化理念落实。四是可持续发展与绿色发展互为表里，以人为本的可持续发展是未来社会发展的核心。考虑环境中的人的福祉，也是可持续发展的要义，要将可持续的循环发展理念融入社会各项建设中。五是为了传播生态文化理念，有必要推进生态文明教育，在生态文明建设中突出环境教育，培养健全的生态公民。六是环境哲学与环境伦理学应是生态文明建设的思想先导，只有转变社会整体的发展理念、实现人的行为的转变，才能实现发展方式的转变。七是马克思主义生态思想的发展是马克思主义中国化发展的方向之一，将马克思主义生态思想的理念融入到我国生态文明的建设中。八是展望未来全球治理的进程，全球环境治理势必成为新趋势。只有实现全球化合作的环境治理，才能为地球环境的改善寻求解决之道。九是生态美学是未来环境哲学研究的新热点。人类在自然的审美中领悟生态保护的重要性与意义，将生态审美意识与自然生态环境融为一体。十是环境哲学应当与环境美学、环境史学相融合，未来环境哲学的发展不是单一学科，而应该是多学科领域的融合与进步。

新时代政德建设研讨会

参加人员:来自全国高校和党校系统的 60 余位专家学者

主办单位:中共中央党校(国家行政学院)哲学教研部、中国伦理学会政治伦理专业委员会、北京伦理学会、中国马克思主义研究基金会、重庆大学马克思主义学院、浙江师范大学马克思主义学院共同主办

时间:2019 年 6 月 22 日

地点：北京

主要议题：会议围绕新时代政德建设研究的理论和现实价值、中国政治伦理学的研究现状与未来发展、新时代政治伦理学科建设和相关研究、中外政治伦理思想等问题进行了研讨。

一、新时代政德建设研究的理论和现实价值

中国伦理学会会长、清华大学人文学院院长万俊人教授指出，在从“富起来”迈向“强起来”的历程中，要真正建构起新时代中国特色、中国气派、中国风格的政治伦理学，就必须立足于新时代政德建设，在政治伦理学研究对象的确立、研究方法的选择、逻辑体系的架构、具体内容的表述、语言风格的形成等各个方面有所突破。中共中央党校（国家行政学院）哲学教研部主任冯鹏志教授指出，政治与道德的关系研究是经典的学术问题，政德是从道德主体的角度讲政治伦理。中国人民大学伦理学与道德建设研究中心主任曹刚教授指出，德教、德政与法治应是德治的三个抓手。从某种意义上说，政德建设应是一种“爸爸”和“妈妈”的结合。爸爸式的政德建设强调的是德政，德政强调为政者是社会关系的协调者、组织者和主流价值观的统帅者；妈妈式的政德建设强调的是德教，德教强调为政者应注重以身作则、导之以德、以德服人。

二、中国政治伦理学的研究现状与未来发展

中共中央党校（国家行政学院）哲学教研部宋惠昌教授指出，伦理学是一门实践性很强的学科。政治伦理学的相关理论研究如果脱离社会实践，就会成为无本之木和无源之水。本质而言，中国的政治伦理学不仅是一门理论学科，更是一门实践学科。因此，中国政治伦理学研究必须立足于中国的政治实践开展理论研究，不断回应和解决中国政治实践中的问题。中国伦理学会执行副会长、浙江师范大学马克思主义学院李建华教授指出，政治伦理学有别于政治哲学，政治伦理学有着一套相对独立的研究范式和方法，有其独立的话语和解释体系，有着自身的概念、现象和语词系统。中国政治伦理学研究者未必一定要借重于西方的某些理论来说明中国问题，其实，中国传统伦理思想的有关概念完全可以呼应与解释中国政治伦理学的元问题。

三、新时代政治伦理学科建设和相关研究

中国伦理学会秘书长、清华大学马克思主义学院戴木才教授指出，新时代政治伦理学科建设和相关研究要明晰的首要问题是，领导干部讲政德到底要讲什么？应该从哪里聚焦？南京艺术学院党委书记杨明教授指出，政治伦理学的研究对象问题包含理论和实践两个维度。清华大学马克思主义学院李义天教授指出,对政治德性的考察可以有道义和历史的双重维度,政治权力是否运用得好、运用得当、运用合理,也可以从双重维度予以审视。

四、中外政治伦理思想

中国马克思主义研究基金会秘书长薛伟江指出,从中国传统政德建设经验来看,政德建设重在治吏,而治吏重在治心,当前政治伦理学应该着眼于在马克思主义思想的指引下推动中国共产党人的心学研究与构建。中南大学公共管理学院院长左高山教授指出,团结是需要采取行动的积极义务。对政治共同体而言,政治团结的正当性仅包含特殊义务。而政治团结成为问题的原因在于无权威、无公正和无友爱。政治团结具有变革、凝聚和稳定的功能,要注重在政治共同体之中发挥和运用其功能。中共中央党校(国家行政学院)哲学教研部刘余莉教授指出,研究和阐释习近平总书记的“我将无我,不负人民”中的“我”是什么至关重要。从哲学的角度上看,“我”可以划分为“小我”“本我”“大我”;从中国优秀传统文化视角看,习近平总书记的“我将无我,不负人民”自觉运用一体思维对人类命运共同体予以关注,包含着丰富而深刻的政德智慧。中共中央党校(国家行政学院)哲学教研部伦理学教研室主任靳凤林教授主持闭幕式并做会议总结。他指出,经过广大研究工作者的不懈努力,政治伦理学已逐渐成为一门相对独立的学科。

第三届中国电影伦理学学术论坛

参加人员:来自北京、上海、浙江、重庆等地高校和研究机构共80余名学者

主办单位:西南大学和北京电影学院主办,西南大学影视传播与道德教育研究所、北京电影学院未来影像高精尖创新中心承办

时间:2019年6月29日

地点:西南大学

主要议题:本次论坛围绕“中国电影伦理学的本土立场及其学科建构”的主题,对中国电影伦理学的历史演进及其学科建构、电影的“原罪”及其“救赎”、中国电影的伦理叙事及其批评、中国伦理道德在电影文化中的表现研究、中国电影伦理批评的学术范式、中国电影伦理学视角的文本批评及其个案研究等问题进行深入的学术探讨。

在当天上午的论坛中，中国艺术研究院原副院长、北京电影学院未来影像高精尖创新中心特聘研究员贾磊磊教授，中国电影家协会秘书长饶曙光教授，西南大学新闻传媒学院院长虞吉教授等专家学者为论坛致辞和发表主题演讲。下午则进行了以"本土与世界：跨文化视域下的中国电影伦理学""原罪与救赎：中国电影伦理学的价值皈依"为主题的两个圆桌分论坛，来自北京大学、清华大学、北京电影学院、中国传媒大学、上海大学、中国艺术研究院、浙江传媒大学、重庆交通大学、重庆师范大学、西南大学、重庆大学等多名高校专家学者，就伦理救赎、伦理失范、中国电影伦理研究的公共性价值、电影的伦理叙事及其批评等学术问题进行了广泛的交流与探讨。

新时代医学伦理学如何回应现实问题——中华医学会医学伦理学分会第二十届学术年会会议

参加人员：参会学者与专家300余人

主办单位：遵义医科大学承办

时间：2019年7月20日至21日

地点：贵州遵义

主要议题：理想的医学与理性的医学。

一、机构伦理与伦理审查问题

《医学与哲学》杂志原主编、现名誉主编杜治政教授以"善治与改革呼唤医疗机构伦理"为题做大会报告。医疗机构在现代医疗秩序与医疗服务中的关键地位决定了机构伦理是全面落实医学伦理学的重要环节。首都医科大学原党委副书记李义庭教授做了"伦理管理、伦理审查面临的新形势、新要求及审查重点"大会报告，从生命伦理学经典文献的诞生与生命伦理丑闻事件切入，结合近几年国内科研领域发生的重大事件，阐述了伦理审查在现实中面临的新形势与新要求。国家卫生健康委员会医学伦理专家委员会副主任委员、上海中医药大学樊民胜教授做"医学伦理审查的热点与面临的挑战"的大会报告，以医学发展离不开伦理为切入点，剖析医学伦理审查的热点与面临的挑战。陆军军医大学周吉银副研究员的报告"我国受试者保护体系的现状与建构"，指出受试者保护体系比较薄弱，需要从国家层面与医院层面完善体系建设。北京大学肿瘤医院伦理委员会秘书廖红舞报告了"临床研究的监管与伦理审查"，指出需要提升伦理审查能力，辨识研究特定风险，落实受试者权益保护。南通大学附属医院张涛教授论证了“伦理委员会的道德责任”,指出道德责任缺失。武汉大学中南医院黄笛讲师从制度、组织、技术、监管四个层面对比分析国内外医学研究伦理管理。南方医科大学陈化教授系统性考察了医患信任与知情同意制度建构的历程变迁。复旦大学上海医学院研究院伍蓉研究员阐述了多中心临床研究伦理审查模式。复旦大学附属金山医院医学伦理委员会主任委员乔田奎考察了某医院初始伦理审查的问题。上海市医学伦理学会常务理事薛迪教授报告了“干细胞研究与应用的伦理问题、伦理规范与伦理审核实践”。

二、身体伦理与器官移植伦理

中华医学会医学伦理学分会秘书长、广州医科大学刘俊荣教授以“当代生命技术伦理的困惑与反思——基于身体伦理的视角”为题做大会报告,刘教授从现实中变性手术、器官移植等伦理问题提出,身体在场是回答生命、自我等生命技术伦理的本体论问题。人的生命是一切生命技术理论的最终指向,是不同生命伦理学派不可回避的问题,贯穿生命伦理学发展的始终,决定了伦理学派的基本倾向与性质。广州医科大学叶岸滔博士以“脑机增强的伦理挑战”为题做报告,考察了脑中插管、脑机治疗到脑机增强的知情同意、公平可及性与记忆力增强等伦理问题,强调高度重视技术风险,明确技术的边界,明确主体责任。中南大学刘星副教授考察了神经成像技术的发展,疾病、个性与智力的信息,大脑与行为之间的关系,指出“是”与“应该”间的鸿沟决定了需要建构符合伦理的科学研究与技术应用规范。周吉银副研究员做题为“人工智能的医疗伦理审查”的报告。香港城市大学翁若愚副教授考察“香港的器官捐献模式”的特点以及价值。福建医科大学附属漳州市医院伦理委员会秘书蒋辉则以“公民死亡后器官捐献的伦理审查与监督程序设计及法律依据”为题做报告。

三、学术治理与医学伦理教育

北京大学张大庆教授以“学术治理体系的建构”为题做大会报告。张教授指出,近五年来我国论文撤稿数量未见明显下降趋势,学术不端论文数量不断增加,加强学术治理的重要性日渐凸显。赵明杰主委以“科研诚信与负责任的科研行为”为题做大会报告。他认为,诚信是科研的基础,然而科学知识生产方式与行为规范的变化,使科研诚信受到诸多因素的干扰,科研不端行为的核心在于科研诚信的缺失。山东大学齐鲁医学院曹永福教授总结了新中国成立以来的医学伦理建设成就,尤其是新时代“健康中国战略”对于医学伦理学建设的意义。云南财经大学蔡昱教授从畏死的恐惧审视了人的“道德—伦理”状况，提出人类文明再启蒙及其医德培养的可能路径。厦门大学附属中山医院周鸿艳副教授从伦理视角考察了标准化病人应用于医学教育中存在的问题。海军军医大学常运立副教授从科尔伯格的“三水平六阶段”道德发展理论入手，认为道德创伤是不同道德水平的对抗。

四、医学伦理准则与临床伦理

会议邀请世界医学会《医学伦理学国际准则》修订工作组主席、德国医学会国际事务部负责人拉明·W.帕萨·帕西(Ramin W. Parsa-Parsi)医生做主题报告“超越医生誓言：世界医学会对于医学伦理学国际准则的修订”。世界医学会的核心使命在于确保医学伦理学的最高标准，培育良善的医学实践，提升与健康相关人群的权利等。修订内容包括：将尊重的对象拓展为“老师、同事与学生”；医者首要考虑的内容是“病人健康与福祉”，尊重病人的自主与尊严；为了病人利益与医学进步，我愿意共享我的医学知识；为提供高标准的照护，我将保护好我的健康、福祉与能力。在临床伦理分组中，学者围绕临床伦理困境、临床伦理咨询、抗菌药物使用与家庭医生签约等展开讨论。协和医科大学张新庆教授认为，伦理难题与临床困惑是临床伦理研究的突破口。

五、生命伦理与公共政策

会议邀请香港城市大学范瑞平教授做“生命伦理研究与公共政策”特约报告。范瑞平教授认为，理论研究与应用研究是生命伦理学研究的两个向度，后者具有公共政策的意义。

2019年第四届全国哲学伦理学博士生学术论坛

参加人员：来自全国各高校哲学伦理学领域的专家学者及博士生80余人

主办单位：中国伦理学会、中国社会科学院应用伦理研究中心主办，贵阳孔学堂文化传播中心、西南大学政治与公共管理学院、贵州大学哲学与社会发展学院共同承办

时间：2019年8月10日

地点：贵阳孔学堂文化传播中心

主要议题：围绕“中华传统伦理与当代道德问题”展开学术研讨。

论坛以小组讨论与专家点评、哲学伦理学学术沙龙、博士生论文颁奖仪式、传统伦理与当代道德之行等形式，展开关于中西方哲学思想、中西方

伦理思想、哲学及伦理学的当代价值与应用等问题的研究与讨论。此外,专家学者与青年博士们还走进孔学堂,参观贵州道德大讲堂、阳明大讲堂、西南大学(孔学堂)中华传统伦理文化研究院等,通过实地参访,感受传统伦理在当代的发展建设。据介绍,贵阳孔学堂作为贵州省高端的文化学术交流平台和传习研修基地,近年来与海内外30余所高校及科研机构签订合作协议,定期举办四季论辩大会等高端学术会议,营造活跃的学术氛围;逐步建立贵阳孔学堂高等研究院、"阳明心学与当代社会心态"研究院、高端课题招标和成果发布、学术互联等四个平台,旨在汇聚海内外学术名家开展各类研修活动,打造中华优秀传统文化学术研究成果的产出高地。

科技发展与治理——生命伦理专题研讨会

参加人员:来自校内外的近30名生物科技、生命伦理、科技政策专家学者

主办单位:清华大学科技发展与治理研究中心主办

时间:2019年8月16日

地点:清华大学公共管理学院

主要议题:研讨会分为"合成生物学与基因技术前沿与发展""生命伦理研究与治理""科技治理及其影响""科技发展与社会治理"四大主题。与会专家结合我国生物科技发展与生命伦理发展现状,对生物科技、生命伦理发展过程中的制度设计、治理方法、伦理困境等问题进行了热烈而充分的讨论。

一、合成生物学与基因技术前沿与发展

清华大学科技发展与治理研究中心副主任、清华大学社会科学学院副院长李正风教授主持,天津大学生物安全战略研究中心主任张卫文、北京大学医学人文学院陈海丹副教授、浙江大学百人计划研究员俞晗之分别以生物技术"前沿:生物安全问题及潜在问题解决方案"(Cutting edge biotechnology:biosafety concerns and potential solution)、"大数据时代中国人对基因隐私的感知问题研究"、"人类基因编辑研究的全球治理——推动全球科学共同体广泛参与的必要性"为题做主题演讲,演讲嘉宾结合我国生物科技发展与生命伦理发展现状,对前沿生物科技发展、基因隐私及基因编辑研究等进行了深入阐述。

二、生命伦理研究与治理

中国科学院科技战略咨询研究院李真真研究员,清华大学科技发展与

治理研究中心副主任、清华大学社会科学学院副院长李正风教授，北京协和医学院人文和社会科学学院张新庆教授，温州医科大学健康与生命伦理学中心李恩昌教授分别以“社会系统中的生物技术：伦理的作用”“生命科学与生命伦理：对若干基础问题的思考”“医学科技伦理治理要素及治理原则辨析”“应用伦理学研究中值得注意的问题及对科技治理的启示”为题对前沿科技存在的风险、个人和社会行动中的非道德化的倾向等做集中讨论。

三、科技治理及其影响

“科技治理及其影响”主题研讨由中国科协调研宣传部调查处副处长、清华大学公共管理学院院长助理(挂职)、科技发展与治理研究中心主任助理马晓琨主持，中国人民大学社会与人口学院赵延东教授，清华大学科技发展与治理研究中心副主任、清华大学公共管理学院副院长朱旭峰教授，中国科学院自然科学史研究所刘益东研究员分别以“科学技术的治理及其社会影响评估”“知识产权保护是否以及如何影响后续创新？以人类基因研究为例”“科技伦理法律失灵及其引发的新科技革命与新产业革命”为题进行主题发言。

四、科技发展与社会治理

由清华大学科技发展与治理研究中心副主任、清华大学公共管理学院副院长朱旭峰教授主持，清华大学科技发展与治理研究中心学术委员会秘书长、清华大学公共管理学院梁正教授，中国科学院动物研究所研究员、干细胞与生殖学国家重点实验室副主任李伟，中国科学院动物研究所副研究员彭耀进分别以“从适应性治理到战略性治理：新兴技术治理模式初探”“以特定生物学研究案例剖析内在的生物学问题与伦理交叉”“专利法在科技伦理治理中的作用——以胚胎干细胞研究为视角”为题进行主题演讲。最后，与会嘉宾就生物科技、生命伦理、基因技术、合成生物学、生命科学家的社会责任和公众参与、科技政策等几大议题做了深入探讨，并对未来的相关领域研究建言献策。

“传统德性伦理与现代政治哲学”学术研讨会

参加人员：各地专家学者

主办单位：天津社会科学院伦理学研究所暨《道德与文明》杂志社联合武汉大学哲学学院、比较哲学与文化战略研究中心共同主办

时间：2019年9月14日至15日

地点:武汉大学

主要议题:与会学者围绕德性、正义、公共性、仁爱、孝道等相关问题进行了深入讨论。

一、正义与公共性

香港中文大学黄勇讨论了作为个人德性的正义与作为制度德性的正义及其关系。上海大学朱承认为,儒家的王霸之辩体现了伦理化政治的特点。在先秦儒学,王霸之辩主要围绕公共权力如何运行的问题来展开;在宋明理学,王霸之辩主要围绕掌握公共权力的帝王具有何种动机来讨论。历史上,传统儒家的王霸之辩在建构政治理想、促使政治家注重个人品德等方面都起了一定的作用,但在公共权力的来源、约束和运行上,缺乏有效的解释能力和现实措施,而这正是现代政治哲学致力思考的领域。首都师范大学朱慧玲指出,在桑德尔看来,民粹主义表达出更深层次的对“贤能的暴政”的反抗。市场分配过于强调贤能,激发了成功人士骄傲自大、恃才傲物的心态;落魄者则有羞辱、憎恶、自怨自艾的心理。故桑德尔强调分配正义理论应讨论公共善,界定贤能与贡献,主张用“对公共善的贡献”取代根据“市场价值的大小”来分配。朱慧玲认为,如何确定公共善、如何避免相对主义地理解“贡献”是桑德尔面临的难题。天津师范大学高景柱从共同体主义的视角考察了代际正义理论。有学者构建了以“跨代共同体”为内核的代际正义理论。高景柱认为,共同体主义的代际正义理论能够容纳上述诘难。不过,这一理论需要克服自身“排他性”的缺陷,扩大共同体的边界。

二、美德与政治

武汉大学吴根友考察了《国语》中的美德思想。他指出,《国语》蕴含了丰富的伦理道德思想,大体上可以从“德性”“德行”“德政”三个层面对《国语》中的“德”字内涵进行归类。《国语》中有表彰和强化“德”的许多典型案例,目的是劝诫统治者推行德政来教化民众。《国语》还涉及礼、敬、忠、信、仁、义、智、勇等具体德目。武汉大学储昭华提出,“王”的源初义有多种说法,其中认为源自斧钺之形指部族军事首领之说已获考古证实。而《说文》所谓“天下归之之谓王”的阐释更具影响。这两种说法是“文”与“质”的关系。储昭华深入分析了“王”的文质二重或二维特性,进而揭示出中国传统政治本身的文质两面性,并将此释为领悟其本质特征的一个重要指引。上海师范大学晏辉讨论了三种历史场域下的意志自由与道德责任。他将何以要负责、何以能负责的问题放在具体场域中加以分析和论证,认为这是道德哲学从形上学走向实践哲学的根本道路，也是将德性论与规范论联通的根本方式。三种场域是指前现代、现代与后现代三种社会结构及其运行方式，它们分别决定着实现意志自由的可能性空间。华南师范大学詹莹莹分析了麦金太尔关于自我与共同体的思想。她指出，麦金太尔面对现代道德危机，重新梳理了自我、共同体与美德之间的关系，重构了一种自我观。要在叙事与传统中理解自我与共同体，因为叙事性自我概念具有自然性与可理解性，且人格同一性以此为前提，所以必须回到可理解的叙事历史传统中才能对个人生活统一性有所认同。另外，实践的内在利益作为自我与共同体的规定性内容，与目的论的美德理论相关联。由此，麦金太尔提出爱国主义可以作为一种美德。

三、先秦专论

北京师范大学王楷讨论了荀子道德主体性的生成和活动。王楷提出，荀子的性恶只是现象的恶而非实体的恶。克服人性中恶的自然倾向乃是克服自我之中的他者。主体的自我克服、自我超越以“人心”为基础。作为一种自我反思的心理能力，“人心”意味着主体的自我对象化，将自我前此的意识活动作为对象省察，为超越感性欲望提供基础，并由此证成主体的道德自主性。而且，作为先天的心理能力，“人心”要有后天的教化才能完成自身的主体化。武汉大学刘乐恒报告的主题是“孔子有心性论吗?”他分别从孔子论心、性、心性功夫三方面考察孔子的思想，指出孔子有自觉的仁学，并有关于心、性、心性功夫的表达，但孔子朴素、日常地理解心与性，对之尚未形成哲学的自觉。可以说，孔子尚未有自觉的心性论，但其思想取向是孟子心性论的先导。北京大学赖区平提出，先秦儒家伦理有两种基本类型：君子伦理与民众伦理。华中科技大学白辉洪以孟子与告子围绕义之内外的辩论来勾勒问题框架，认为此辩牵涉仁内义外的思想背景和性、情、心概念。仁内义外说远承春秋时期德的内在化，在孔子后学发展为经由心的主动修养，自然人性与外在礼义相结合而成德的思想。子思前期持仁内义外说，后期以《五行》篇为标志，从内心寻求德性的根据以彰显心的主动性，并最终归结为《中庸》的性命说。孟子在子思的基础上论证人性与仁义的本质关联，并将心奠基于性之上以证成心的主动性，完成德性根基由心到性的转变。

四、道德综论

清华大学万俊人指出了美德伦理学的三个基本要点：一是美德的特殊性，即每个人的特殊身份与他的品格直接关联；二是重视语境，因为每个人生活在不同的共同体之中，个人身份、行为意义和生活目的都是依据我们所生活的共同体来确认；三是强势目的论。清华大学李义天论述了美德伦理学为何需要现代化，应实现何种现代化，以及美德伦理的现代化如何取得成功。他指出，古典美德伦理学存在缺陷，如作为基础的自然主义、角色主义、精英主义都已不再成立。而现代伦理生活仍有许多问题，如行为动机、心灵品质和美好生活等，都没有得到现代道德哲学的有效回答。中国社会科学院赵金刚的发言主题是"'父子相敬'与'父子相亲'"，他通过分析三个不同的"哪吒"形象，来揭示父子关系的古今变迁。传统父子关系有亲和敬两个面向，《封神演义》中哪吒与李靖正是这二重关系的体现；而电影《哪吒之魔童降世》中的父子关系则只剩下了"亲"，父子之间的"敬"以及与之而来的传统政治秩序都消解了，这反映了核心家庭形态下人们对家庭关系的理解。湖北大学江畅介绍了自己 2018 年与美国伦理学家斯洛特的对话。对话以中国儒家的仁爱和西方关怀伦理学的关爱之间的关系为主题，主要围绕仁爱的含义和根据、关爱的道德情感基础、仁爱和关爱的践行这三个方面展开交流，希望借此促进中西伦理学的互鉴、交融。华东师范大学葛四友以农村养老问题为引，认为孝道行为有三种动机：出于亲情的动机、出于道德的动机和出于利益的动机。相应的有三种孝道文化：亲情孝道文化、道德(感恩)孝道文化和权威(法律强制)孝道文化。中国伦理学会会长万俊人、武汉大学哲学学院院长吴根友先后在研讨会闭幕式上做了发言。

2019 年全国第七届教育伦理学术研讨会

参加人员：来自吉林大学、北京师范大学、华东师范大学、中山大学、华中师范大学、上海师范大学、首都师范大学、湖南师范大学、福建师范大学、湖北大学等 70 多所高校与教育机构的 160 多位专家、学者、教育工作者

主办单位：中国伦理学会教育伦理学专业委员会主办，吉林大学马克思主义学院、上海师德研究与评价中心承办

时间：2019 年 9 月 20 日至 23 日

地点：吉林大学

主要议题：以"新时代教育伦理、师德建设与教育现代化"为主题。

一、会议的第一阶段

由吉林大学马克思主义学院吴宏政教授主持。上海师范大学哲学与法政学院晏辉教授做了题为"新时代我国教育伦理学的理论进路"的报告；

华东师范大学教育部卜玉华教授做了题为“新时代教书育人的新使命”的报告;浙江师范大学博士生王果做了题为“论人工智能时代的师生伦理关系”的报告;山东师范大学车丽娜教授做了题为“论教师的社会理性及培育”的报告;华中师范大学道德教育研究所博士生季轩民做了题为“教师良知与教育改革”的报告,他指出目前自上而下的教育改革依然是主要趋势,但基层的草根运动动力明显不足。教育改革最终还是要依托作为内源型动力的教师群体,良知正是教师群体与教师个体最根本的保障,进而从教师良知推动教育改革的理论论证、教师良知在教育改革中的遮蔽表现、教师良知推动教育改革的实践策略三方面进行了论述。北京师范大学教育学部王本陆教授在点评中指出,各位专家的理论探讨集中表现教育伦理研究面向新时代,以道德良知和教育理性探索教书育人和教育改革的使命。针对季轩民博士的报告,王本陆教授给予了充分的肯定,他指出教育改革中知识、价值、良知等显然都是非常重要的。良知处于最高位置,只有良知在最高的位置上,其他的才能发挥作用。

二、会议的第二阶段

由华东师范大学马克思主义学院余玉花教授主持。华东师范大学教育学部刘竑波教授做了题为“教育惩戒权的伦理原则与保障机制”的报告;广州大学教育学院蔡辰梅教授做了题为“复杂境遇下教师的完整责任认知及其实践培育”的报告;上海师德研究与评价中心副研究员黄素珍做了题为“信念与责任视域中的教师伦理”的报告;首都师范大学附属中学副校长梁宇学做了题为“正治笃行成德达材——首都师范大学附属中学师德建设实践与创新工作汇报”的报告;福建师范大学教师伦理委员会廖志成教授做了题为“新时代我国教育伦理学的理论进路”的报告。华中师范大学教育学院道德教育研究所杜时忠教授在点评中肯定了五位老师将理论探索与实践沟通相结合,认为其发言过程具体表现为“五个度”,即理论研究的广度、论述的深度、思想的力度、道德情感的温度和演讲的风度。

三、大会总结交流阶段

由中山大学马克思主义学院林滨教授主持。武汉纺织大学马克思主义学院喻学林教授代表第三会场发言,并发表自己的观点。全体与会专家学者认真听取了四个小组交流发言代表的发言。本次学术研讨会紧扣主题,对新时代教育伦理、师德建设与教育现代化进行了深入的探讨。会议闭幕式上,教育伦理专业委员会秘书长何云峰教授介绍了学会下一阶段的工作重点和计划。会长王正平教授在会议闭幕致辞中提出了“习近平关于师德师风建设论述与中国特色教育”“提高教师‘三个地位’”“当代中国的师生伦理关系问题”“家校伦理关系”“大中小学师德评价的适宜性、科学性”“教育工作领导者与普通教师之间的关系”“教育自由与教育创新”“教师的社会责任与学术自由”“教育公平与教育均衡发展”“教育领域高科技的运用与师德观念变化”等十二个当代中国值得研究的教育伦理前沿问题。

第26次中韩伦理学国际学术大会

参加人员:来自中国和韩国的100余位伦理学研究者和道德教育工作者

主办单位:中国伦理学会、韩国伦理学会共同主办

时间:2019年9月29日至10月1日

地点:韩国

主要议题:中韩两国与会者围绕“网络时代的伦理与道德教育”展开了深入的学术研讨。

一、网络社会的伦理变革

韩国东国大学金辰仙博士从客观主义伦理学的视阈讨论了网络时代超链接(高度互联)社会的道德意义。客观主义伦理学重视每个人的发展,主张道德价值建立在理性的基础之上,鼓励个体的成长与社会发展有机共存。东南大学蒋艳艳博士认为互联网引发的伦理道德问题的根源在于互联网交往存在的伦理悖论。云南大学昌明君博士将网络世界的“人”与“人”交互视为人之“符号”与“符号”的交互,而这样的交互最终带来的将是“自我”的虚无化,存在着丧失“自我”的危险。作为道德主体的自我要完成伦理认同,必须走出被网络“消解”与“幻化”之歧途,方能获得“重塑”。北京师范大学刘丹副教授针对网络时代的社会认同困境,将互联网公益视为社会认同构建的新场域。韩国西原大学崔文沂教授提出在网络时代需构建“伦理型的领导力和追随力”。网络时代出现职场伦理问题的一个重要原因就在于缺乏伦理型的领导力。中国社会科学院孙春晨研究员讨论了大数据时代的个人隐私伦理问题。个人信息或个人数据的自由流动和全面开放,自然会带来对个人隐私的侵犯。面对数据共享所导致的个人隐私泄露的恶果,需要反思大数据时代数据共享与隐私保护的关系,以寻求通达二者和解的桥梁。韩国京仁教育大学林相秀教授认为,社交媒体增加了每个人言论的影响力,由此也赋予了个人必须承担的更大的责任。网络用

户不能在扩展其言论影响力的同时,忽视自我的道德责任,应履行“说话前注意的义务”和“对说话后果的责任承担”。浙江大学程龙博士通过对8个发达国家的18部典型法规的文本分析,探究了推进我国反网络霸凌法规体系建设的问题。

二、人工智能的伦理挑战

韩国交通大学李妍熹博士分析了人工智能时代的人类尊严问题。在人工智能时代,是否应该抛弃基于人性的尊严概念?未来模仿人性的人工智能的出现有可能导致人机道德边界的瓦解,作为人类特殊价值的尊严概念将受到危害。汕头大学成海鹰教授提出了人工智能时代我们如何“在一起”的伦理问题。宁波大学曲蓉教授探讨了人工智能时代的分布式道德责任问题。东南大学陈伟宏博士认为,讨论人工智能伦理问题的目的,不是要捆绑住科技发展的“翅膀”,而是要为科技发展寻找到合乎人文和伦理价值的前行方向。韩国春川教育大学李祈勋教授分析了神经科学界预测的“意识上传”与未来人性之关系问题。中国石油大学(华东)汪怀君副教授认为,随着新一代人工智能的崛起,愈益严重的算法歧视现象引发了人们普遍的担忧与焦虑。中南财经政法大学冯琼副教授讨论了个性化推荐技术带来的伦理问题。个性化推荐技术丰富和便利了人们获取信息的方式,促进了大数据时代媒体传播方式的革新,但也对信息资源的分配正义观念造成冲击与挑战,有必要在数据资源的分配过程中体现公正平等的伦理原则。

三、网络时代的道德教育

韩国庆尚大学宋善永教授探究了边沁的功利原则在道德教育中的应用以及通过伦理算法将机器人运用于道德教育的可能性。在边沁的义务论系统中,功利计算使得所有主体都能够开发道德能力来思考生活中的各种情绪和感觉,其义务论方案有可能成为一种道德发展的指导思想,并被用来设定具有人类“有限自主性”的编程机器人的道德算法。浙江传媒学院李耀锋副教授分析了拟态环境下的文化传播及其政策伦理。拟态环境下的文化传播具有人人参与的开放性、不断更新的即时性和可扩展性以及社交过程的非对称性等特征。在媒体融合时代,应通过文化政策规范引导,建构良性的社会舆论场,推动网络文化治理的有效实现。

四、网络时代的道德教育

韩国教员大学柳志汉教授讨论了阿玛蒂亚·森从能力进路对功利主义予以批判的有效性和局限性。阿玛蒂亚·森对基于心理状态效用的功利主义(如边沁的功利主义)的批判是有效的,因为这是一种狭隘的结果主义的功利主义,而对复杂的功利主义,如理想功利主义和密尔的功利主义的批判是无效的,因为这两种功利主义都将能力和自由作为福利的组成部分。东南大学邵永生副教授分析了“爱”与道德选择的关系。道德选择是人的存在方式,做人的过程就是通过不断进行道德选择而逐渐成“人”的过程;“爱”具有“伦理”属性,是道德选择合理性的标准;“爱”与道德选择需要对人之生命予以尊重,而尊重人之生命又是建立在人存在的意义和价值基础上的。

“未来全球化发展趋势的哲学思考”国际研讨会

参加人员:来自美国、俄罗斯、加拿大、英国、捷克、挪威和奥地利等国的专家学者

主办单位:中国人民大学哲学院主办,中国社会科学院哲学研究所、捷克科学院全球化研究中心协办

时间:2019年10月12日至13日

地点:中国人民大学

主要议题:以全球化的中国道路、全球化视野下的地方性问题、全球化的发展趋势等问题为主题,展开热烈的交流讨论。

一、全球化的中国道路

会议的第一场专题讨论由中国社会科学院魏小萍研究员主持,讨论主题为“全球化的中国道路”。首先,中国人民大学国际关系学院金灿荣教授做了题为“如何理解百年未有之大变局”的演讲。他对习近平总书记提出的“百年未有之大变局”的判断进行了解读与探究,并且根据这一论断提出了他对全球化未来道路的理解。北美全球研究协会杰拉尔德·哈里斯(Gerald Harris)教授分别从纵向的历史的视角和横向的全球化的视角阐述了中美两国关系的深层含义。法国洛林大学彼得森·恩纳吉奥弗(Peterson Nnajiofor)教授通过对比西方国家和中国在非洲的投资和援助模式的不同,阐述了中国在推动全球化走向新阶段的重要作用。捷克社会科学院全球化研究中心马雷克·赫鲁贝克(Marek Hrubec)教授阐述了多中心的现代化发展趋势,他认为中华文明的复兴是中国特色社会主义全球化道路的重要文化资源。

二、全球化视野下的地方性问题

会议的第二、三场专题讨论都以“全球化视野下的地方性问题”为主

题，捷克社会科学院全球化研究中心马雷克·赫鲁贝克和中国人民大学哲学院罗骞教授分别主持了这两场讨论。四川大学詹姆斯·麦克杜格尔(James Mcdougall)通过对晚清时期的以小说为代表的文学作品的分析，展示了清末华人在海外的生活境遇，以及在全球化的过程中，美国的本土主义的主要表现和问题。北德克萨斯大学约翰·威廉姆斯(John Williams)博士通过梳理英国脱欧的起源和现状，指出了在全球化过程中需要关注反恐、民粹主义、资本和市场等问题。来自约克大学格伦登学院萨宾·德雷尔(Sabine Dreher)以土耳其为案例，阐释了新自由主义的宗教起源，并且深入地分析了宗教、资本和地缘政治是如何在全球化的背景下互动的。中国人民大学臧峰宇教授以“人类命运共同体思想的时代内涵”为题，通过对马克思的人的共同体思想的阐述并结合对中国传统文化的解读，分析人类命运共同体的时代内涵以及全球化的中国道路。

在第三场专题报告中，中国人民大学郝立新教授发表了题为“全球化及其挑战：中国发展道路的选择”的演讲，郝立新教授从马克思主义的理论出发，分析了经济全球化存在的两个层面的内在矛盾，并在此基础上阐述了在全球化的挑战中的中国的立场和选择。来自澳大利亚格里菲斯大学约翰·博斯科·恩根达库里奥(John Bosco Ngendakurio)博士以肯尼亚为个案研究，展示了全球化对东非的发展带来的影响，他指出，在经济全球化过程中，西方的投资模式尽管为当地带来了收益，但也让当地人成为经济的局外人。因此，他呼吁非洲的发展应该更多地借鉴中国模式。奥地利约翰内斯·开普勒大学卡琳·菲舍尔(Karin Fischer)教授以巴西、阿根廷和玻利维亚国家的土地解放运动为案例，分析了拉丁美洲国家在社会运动和改革中的不同道路和选择。捷克社会科学院米兰·克鲁齐格(Milan Kreuzzieger)教授分别从全球视角的欧亚历史、现代性问题以及未来发展道路几个方面，探索了欧亚大陆的融合以及地缘政治在全球化中的发展趋势。

三、全球化的发展趋势

第四、五场专题报告的主题为“全球化的发展趋势”。中国社会科学院哲学研究所、哲学动态编审强乃社研究员主持了第四场报告。加拿大约克大学格伦登学院尼科拉·肖特(Nicola Short)教授从历史视角分析了新自由主义的发展阶段与资本主义危机的关系。随后，俄罗斯圣彼得堡州立大学亚历山大·库特伊尼科夫(Alexander Kuteynikov)教授发表了题为“在多极的国际秩序中的未来国际体制”的演讲。他在演讲中提到国际社会的结构在全球化的过程中不断发展,然而国际机构的体制和运行逻辑的改革却没有跟上时代变革的步伐,新的全球治理需要建立跨民族跨国家的国际机构新机制。中国社会科学院魏小萍研究员从跨国资本带来的贫富分化、国际贸易争端等问题出发,以马克思主义哲学为根基,对未来全球发展的前景进行了深刻的哲学反思。

中国社会科学院哲学研究所贺翠香副研究员主持了大会的第五场专题报告。美国北伊利诺伊大学阿布·巴卡尔·巴(Abu Bakarr Bah)教授分析了民粹主义产生的历史根源和美国当前的一系列危机,他主张全球化的发展道路应该关注社会公正、环境问题和人的发展。英国罗汉普顿大学达伦·J.奥伯恩(Darren J. O'Byrne)教授展示了资本主义自产生以来所呈现的不同存在形式。他指出,因技术的个人化而形成的新的个人化的新文化反映了当前资本主义的一系列矛盾。随后,中国人民大学姚新中教授从伦理学的角度分析了全球化的本质和历史形态,他强调全球化并不仅仅是经济的全球化,我们应该更加关注于审视文化价值的全球化问题。中国人民大学谢富胜教授从马克思主义政治经济学的理论出发阐述了当代帝国主义的本质和五个基本特征。

四、全球化发展路径的哲学思考

英国里士满美国国际大学拉法尔·索博斯基(Rafal Soborski)教授的演讲主题是“全球化和未来的意识形态”。他认为应对当前的世界新趋势和新问题,我们需要从语言学的角度重新审视意识形态的哲学概念。中国人民大学张霄教授对构建人类命运共同体的设想进行了深刻的哲学阐述,并在讨论环节强调了为实现文化的相互融合,就应该将抽象的价值观念和我们的具体文化载体相结合。北京外国语大学大卫·巴托什(David Bartosch)教授在他的演讲中回顾了从丝绸之路以来中国文化对世界的影响和贡献,他主张人类世界未来的发展过程必须要根植于道德的基础。最后,中国社会科学院哲学研究所毕芙蓉研究员在主题发言中阐述了她对全球化发展的几点思考,其中包括全球化所带来的机遇和挑战、全球化发展的哲学基础以及全球化发展的未来道路。

第七届全国人权与伦理学论坛

参加人员:全国100余位专家学者

主办单位:中国社会科学院应用伦理研究中心主办、汕头大学马克思主义学院承办

时间:2019 年 10 月 19 日至 20 日

地点:汕头大学

主要议题:主题为“马克思主义人权观与美好生活”。与会专家学者讨论了马克思主义人权观的基本理论与研究方法、马克思主义经典文本中的人权思想、马克思主义人权观与当代美好生活建构等议题。

一、马克思主义人权观的基本理论

人权建基于对人的内在价值与尊严的尊重,既是人的道德权利,也是人际文明相处的基本准则,它的第一层面的内容通常指人身安全,第二层面的内容则指社会安全。中国社会科学院哲学研究所甘绍平研究员认为,马克思主义人权观具有丰富的内涵,其巨大贡献之一是清晰地揭示了人身安全和社会安全的重要性。他指出,马克思创建的人权观突破了西方传统人权观提出之初仅仅局限在第一层面人权内容的片面和狭隘的视野,对社会安全的强调极大地丰富和推进了人类对人权内涵的全面认知,为后来三代人权理论的阐发奠定了坚实的基础。中国社会科学院哲学研究所孙春晨研究员认为,从伦理学视角研究马克思主义人权观具有广阔的学术空间。他将马克思主义人权观的本质特征概括为三方面:其一,以人权的历史性反对人权的永恒性;其二,以社会伦理关系中的人权取代自私自利的人权;其三,以共产主义社会的真正人权超越资本主义社会的不平等人权。中国人民大学龚群教授认为,马克思的人权观是发展着的,他以马克思的博士论文《德谟克利特的自然哲学和伊壁鸠鲁的自然哲学的差别》与《莱茵报》时期对普鲁士书报检查令的批判为文本依据,呈现了马克思早期以自由为核心内容的人权思想。

二、美好生活的人权意涵

汕头大学成海鹰教授以“后物质主义时代的美好生活”为题,论证了美好生活与后物质主义时代的价值观有着内在同质性。美好生活与人们的经验产生广泛共鸣,是新事物,它的迅速流行本身就反映了后物质主义时代人权内涵变迁的特征:人们对美好生活的界定从注重人身安全和财富转变为看重归属感、自我实现和生活质量。上海师范大学黄素珍博士提出了基于反思平衡的人权证成和推理路径,揭示了“人作为人所应该享有的权利”的实在性、普遍性、无条件性和平等主义特征,论证了人权相对其他人类道德价值或道德考虑的优先性。中国社会科学院哲学研究所王幸华博士以罗尔斯的《万民法》为蓝本,讨论了与美好生活关系密切的人的自尊需求。

三、应用伦理学视阈下的人权

中国社会科学院哲学研究所张永义副教授从世界主义与非世界主义的人权视角讨论了难民伦理问题。他认为关于难民伦理的所有争论的焦点最终都可以被归结为两个核心问题:其一是权利问题;其二是道德排斥问题,亦即人们究竟应如何认知共同体边界的道德排斥意义。浙江财经大学冯庆旭副教授认为,美好生活是以生态幸福为基础并包含生态幸福在内的幸福生活,没有生态幸福的美好生活是难以想象的。中国社会科学院哲学研究所余涌研究员在总结发言中指出,人权与美好生活具有非常密切的内在关联,如何以马克思主义人权观指导当代中国人权理论和人权实践的发展,为建设美好生活提供价值指引,有待伦理学者进一步深入研究。

第六届全国赛博伦理学研讨会

参加人员:来自政府部门、高校、科研院所、出版社、杂志社和基金会等单位的100余位专家学者

主办单位:中国自然辩证法研究会科学技术与工程伦理专业委员会、国家社科基金重大项目“大数据环境下信息价值开发的伦理约束机制研究”、大连理工大学大数据与人工智能伦理法律与社会研究中心、大连理工大学科技伦理与科技管理研究中心、中国人民大学伦理学与道德建设研究中心科技伦理研究所、大连理工大学人文与社会科学学部等共同主办

时间:2019年10月19日至20日

地点:大连理工大学

主要议题:与会代表围绕“智能伦理与生命伦理的会聚”这一主题,对人工智能和基因编辑等新兴科技伦理问题及其治理进行了广泛而深入的研讨。

2019年7月,中央全面深化改革委员会第九次会议召开,决定组建国家科技伦理委员会。这些重大举措极大地促进了我国科技伦理的学科发展,推动了我国科技伦理制度化的进程。

大连理工大学校党委副书记、纪委书记李成恩教授出席研讨会开幕式并致辞,他认为,此次会议探讨人工智能和基因技术等新兴科技的伦理问题具有重要意义,这既是对新兴科技伦理问题的学术关切,也是对国家和时代提出的科技伦理治理要求的及时响应。他强调,我们应高度重视新兴科技的社会风险和伦理挑战,加强科技伦理的学术研究,建立完善的科技伦理治理体系,确保科技在造福人类的轨道上发展。研讨会设三场大会报

告及四个分会场。大会报告围绕“智能伦理与生命伦理的会聚”主题进行，四个分会场分别以“智能伦理”“生命伦理”“数据伦理”“技术伦理”等议题进行成果报告和讨论。

2019中华民族传统美德教育研讨会

参加人员：来自全国的170名学科代表

主办单位：中国伦理学会传统美德专业委员会

时间：2019年10月24日

地点：北京

主要议题：以习近平中国特色社会主义思想为指导，围绕“新时代中华民族传统美德教育如何有效推进”主题进行了深入研讨与系列培训。

一、指导思想理论

在指导思想理论方面，要坚定以习近平中国特色社会主义思想为指导，落实习近平关于中华优秀传统文化和传统美德系列讲话精神，不能用传统美德教育代替马克思主义教育；选择确定传统美德内容要以有利于社会主义为思想政治标准，不利于社会主义道德体系建设的不应吸收、不应选择；开展中华民族传统美德教育要为全面实施素质教育服务，要有利于学生道德素质、全民族素质的培养与提高，有助于中华民族伟大复兴中国梦的实现，有助于人类命运共同体的建设与推进。

二、传统美德内容

在传统美德内容建设方面，要继续挖掘整理、构建扩大中华民族传统美德资源，进一步创建、丰富中华民族传统美德文库，包括传统美德人物库、故事文库、诗词文库，创建中华美德教育馆、中华美德博物馆；丰富、完善中华美德网、中华美德应用程序、公众微信号等传统美德教育研究平台。

三、实施传播

在实施传播方面，要继续探讨中华民族传统美德教育有效实施体系。在传统美德专业委员会下设高初小幼科研联盟，强化传统美德专业化、专项化的针对性研究，既要在网下结合现实生活搞好传统美德习惯养成的教育，也要在网上注意开展好多种形式的传统美德的传播推广活动，坚持网上网下在结合上下功夫，切实提高德育总体水平。

四、组织机制建设

在组织机制建设方面，要继续探讨建立传统美德党政一把手共管的组织保障系统，建立党委领导，行政推进，群团合力，部门落实，齐抓共管，切实落实顶层设计规划。要切实将中华传统美德纳入领导、干部培训内容规划,要层层带头,层层落实,发挥带头作用、表率作用、模范作用、传导作用。

五、构建人类道德共同体

在构建人类道德共同体方面,加大世界传统美德教育研究与推广力度,助推人类命运共同体的构建。传统美德是建立和谐世界的重要精神资源。构建人类命运共同体不仅需要经济合作共赢,也更需要传统美德互信共建。

"伦理道德发展的文化战略"国际论坛暨"道德发展智库月"系列论坛

参加人员:100余位专家学者

主办单位:江苏省道德发展智库、江苏省公民道德与社会风尚协同创新中心、东南大学人文学院、东南大学道德发展研究院共同主办

时间:2019年10月26日至27日

地点:东南大学九龙湖校区

主要议题:围绕"伦理道德"与"文化战略"两大关键词进行研讨。

一、"东大伦理"战略发布:现代中国伦理道德发展的伦理型文化战略

2018年12月,在东南大学举办的"伦理共识与人类道德发展"国际论坛上,东南大学持续十多年的道德国情调查成果《中国伦理道德发展数据库》正式发布。调查分析表明,中国文化不仅在传统上,而且在现代依然是一种伦理型文化。此次论坛在此基础上进一步凝聚共识,旨在推进现代中国伦理道德发展的战略谋划。樊和平教授代表"东大伦理"团队做了最新研究成果发布,将现代中国伦理道德发展的文化战略概括为由四大结构、十二个要素构成的伦理型文化战略。在战略理念方面,秉持"以发展看待伦理,以伦理看待发展"的战略理念,坚守"有伦理、不宗教"的战略气派,以及自五四运动以来"第二次伦理觉悟"的战略期待;在战略要义方面,推行"伦理—道德一体""伦理优先""伦理精神"三大战略;在战略重心方面,实施保卫伦理存在战略、集团伦理战略以及新信息方式下的伦理世界建构战略;在战略推进方面,着力集体伦理记忆战略、道德国情调查与研究战略以及发展的伦理评估战略。此次论坛还陈列并发布了江苏省道德发展智库和公民道德与社会风尚协同创新中心2007—2017年三次全国调查、五次江苏调查所建立的十二卷、一千多万言的《中国伦理道德发展数据库》和近三百万字的《中国伦理道德发展报告》。

二、国际论坛嘉宾对话:文化战略研究的学术前沿

围绕伦理型文化战略论题,与会嘉宾展开了深度对话和讨论。清华大学万俊人教授对伦理型文化战略给予高度评价,认为这一文化战略虽然出自东南大学,但将贡献中国并走向世界。中山大学李萍教授概括了"东大伦理"研究成果的三重革命性意义:开放的精神和学术态度,立足中国、沟通世界和贡献人类,实证与理论相结合的方法论革命。维也纳大学施密德(Schmid)教授对"伦理道德"这一话语进行了历史回溯与中西比较,并对后果主义、义务论、美德伦理进行了评述。伦敦国王学院戴维斯(Davies)教授认为,全球化进程、科技进步、全球气候变化等让我们越来越意识到人是宇宙的一部分,人是社会性的动物,人的意识与身体紧密关联,这将改变我们对待伦理道德的态度。莫斯科国立大学丘马科夫(Chumakov)教授反思了当代哲学的定位问题,认为人类不得不重新思考哲学是否还具有绝对价值以及哲学如何更好地服务于人类生活。韩国交通大学洪容熹(Hong Young Hee)教授认为儒家的仁爱思想始终是人类共同生活的重要资源,但它也可能滋生裙带关系主义等负面问题。澳门大学王庆节教授深入讨论了古今中外的三类共同体,即观念论的界定式共同体、契约论共同体和生命交合共生共同体,指出三种共同体的中心分别对应"我""众我""我们"。香港中文大学黄勇教授认为当代美德伦理呈现出多元化形态,美德伦理学家也开始反思自身的不足,试图从儒家美德伦理传统中发掘资源。

三、智库论坛:文化战略建构的文化规律与前沿理论

与会学者围绕"伦理道德"概念辨析、如何开展马克思主义伦理学研究以及跨学科研究等议题展开讨论。中国人民大学姚新中教授认为,"伦理道德"可以区分为伦理关系和道德品质,伦理关系带有普遍性和滞后性,道德品质则具有一定的主观性,两者都会随着时代的发展而发生变化。浙江师范大学李建华教授深入比较了伦理与道德含义的同异,主张应在明晰概念的基础上开展研究。北京师范大学田海平教授对"什么是伦理学的中国问题"进行反思,主张实现好的世界和好的生活之统一。华东师范大学付长珍教授对"情"的概念史进行了追溯,倡导回归一种"温暖的"情感伦理学。

复旦大学邓安庆教授从文化哲学角度反思马克思主义哲学自身的解放历程,认为这一历程促进了知识体系的开放,中国哲学界开始按照国际通行的伦理学概念、话语和逻辑来思考问题。东南大学高广旭教授认为探讨一种规范性的马克思主义伦理学是可能的,这一可能性即建基于对现代性道德难题及中国伦理问题的回应。吉林大学曲红梅教授主张关注马克思主义伦理学中的“重要之事”,以对“马克思主义伦理观”的研究超越规范理论的传统视角。清华大学李义天教授认为马克思主义伦理思想是对现实和实践的追问,应当在实践中找寻作为方法的马克思主义。东南大学范志军教授返回元伦理学视域,尝试从马克思的道德概念出发为马克思主义伦理学发展提供新的思路。首都师范大学王淑芹教授思考了当代道德的“入场”方式问题,指出未来的伦理学研究将围绕道德的重新“进场”方式而展开。中国人民大学焦国成教授聚焦人工智能时代人们遭遇的身份伦理难题,强调应当警惕未来人沦为机器的伦理风险。中国社会科学院孙春晨研究员从伦理人类学视角出发分析了中华民族道德文化如何参与世界道德文化版图的多样性建构问题。南京师范大学王露璐教授运用多种实证研究方法关注当代中国乡村伦理的现状与转型,探索中国特色的乡村现代化发展道路。

人类命运共同体与经济伦理学论坛

参加人员:近60位国内专家学者

主办单位:上海师范大学马克思主义学院、上海师范大学经济伦理研究中心与中国伦理学会经济伦理专业委员会、上海市伦理学会主办

时间:2019年12月7日

地点:长沙

主要议题:以“人类命运共同体与经济伦理学”为主题展开讨论。

一、人类命运共同体的经济伦理基础

陆晓禾研究员认为,人类命运共同体,即由生死与共的联系结合一起的人类共同体。这种联系早就存在,只是没有明确提出过。与历史上作为个体社会性存在方式的共同体一样,人类共同体也需要有经济基础,但不同于以往,这种经济基础应该是以人类整体而非部分的生存为根本原则。中国还在血缘、家文化阶段就提出了天下大同、民胞物与,超越了血缘局限性,但这种超越也有不足,即自己的权利难以靠别人履行义务来实现。因此,中国对人类命运共同体经济伦理能够做的贡献,应该是将传统的义务伦理转换为新的权利与义务相结合的伦理。

上海财经大学徐大建教授认为,人类命运共同体的基础是全球经济贸易一体化,因此,中国承认并加入的世界贸易组织(WTO)的宗旨以及由此表现出来的价值取向和贸易原则,可以成为人类命运共同体的伦理原则的基础。他通过分析指出,WTO的宗旨和贸易原则体现了功利主义“最大多

数人的最大幸福”原则与罗尔斯有利于弱者的“正义”分配原则的一种综合。

二、人类命运共同体与中国特色社会主义

张志丹教授认为，人类命运共同体思想使得习近平新时代中国特色社会主义思想才是真正的当代中国马克思主义，才是真正的21世纪马克思主义。有了人类命运共同体思想，中国梦和世界梦的有机对接在当代才有了答案。有了人类命运共同体思想，我们才能真正体现强起来的大国的大样子、大情怀、大视野、大担当，有了人类命运共同体思想，中国道路才完整，其世界意义才能充分彰显。概括而言，硬实力、大智慧、正价值和好话语，托举我们人类命运共同体思想，使我们意识形态国际话语权在世界范围内的声音越来越大，影响越来越大。

三、人类命运共同体是真理性和道义性的统一

周中之教授认为，历史向世界历史的转变是人类历史发展的规律。人类命运共同体反映了对这一人类历史发展规律的正确认识。构建人类命运共同体，是人类文明进步的道义所在。人类命运共同体理念建立在共同价值观基础上，具有强大的道义力量；人类命运共同体反映了各国人民的愿望与要求，具有深厚的道义基础；人类命运共同体彰显了共建共享的公正理念，具有坚实的道义支撑。

上海师范大学苏令银副教授认为，人类命运共同体的伦理意蕴体现在五个方面：一是针对经济全球化过程的“竞争博弈模式”，倡导“合作共赢”模式；二是追求国际公平正义；三是追求国际关系民主化；四是追求持久和平；五是彻底打破了国强必霸的逻辑。

上海师范大学周治华副教授认为，人类命运共同体作为一种理念，是在日益严重的全球生态环境问题的时代背景下提出的，是以建设清洁美丽的世界为重要目标的。构建人类命运共同体作为一种实践，以弘扬人类的整体利益作为出发点和归宿，不仅避免了“见物不见人”的抽象争论，使国际社会共谋人与自然的和谐发展之道成为可能，也展现了中国在全球环境治理中的影响力，有利于构建和张扬中国特色环境伦理话语。

四、由类伦理来审视人类命运共同体

湖南文理学院周忠华副教授认为，在推进人类命运共同体建设的过程中，差异的主体应有共同的命运想象。以类伦理来审视之，于种际关系，自然中心主义、人类中心主义各自的偏颇正是对方所需要吸取、整合并超越的，故而应以人的非中心化为外在手段来实现人的中心化的内在目的，走向无中心的人类中心主义；于国际关系，由于群体的对立必会超越类同一性的界线,进而会给人类带来深重灾难,所以要打破基于殖民主义和地域中心主义立场所构建的世界旧格局,在面向未来的进程中,每一个民族国家都被置放在平等的地位上,彼此予以平等的关照;于代际关系,只有抛弃对不在场者的疏远性,由关照在场者走向面对不在场者,与其休戚与共,“我们才是真正的人”。

此外,分论坛还探讨了传统伦理与人类命运共同体、美好生活与人类命运共同体的关系、人类命运共同体的客观性、人类命运共同体与世界主义等热点话题。周中之教授的论文《人类命运共同体:站在经济伦理的道义制高点上》荣获“2019 年度中国伦理学大会优秀论文奖”。上海师范大学荣获“2019 年度中国伦理学大会团体会员”荣誉。

2019 年中国伦理学大会法律职业伦理论坛

参加人员:来自全国各地高校、公检法司以及律师界约 100 位嘉宾

主办单位:中国伦理学会主办,北京市京都律师事务所、中国人民大学伦理学与道德建设研究中心、北京师范大学法学院承办

时间:2019 年 12 月 7 日

地点:长沙

主要议题:从法律职业共同体和法律职业伦理等方面进行了深入交流。

本次论坛共设置九大议题,内容聚焦行业热点话题。关于法律伦理与法律人的关系,全国律协刑事业务委员会主任、北京市京都律师事务所名誉主任田文昌在致辞中提到,法律界目前出现的一些问题是因为律师的伦理观没有解决,或者说最基本的律师职责定位没有解决。他说:“伦理学的研究提上日程是一件非常重要的大事。中国律师制度刚刚走过一个生成期,还处在初级阶段,问题非常多。基本问题不解决,伦理问题不解决,很难向前发展。”

在关于法律职业共同体与法律职业伦理的问题上,中国政法大学法学院法律职业伦理研究所主任王进喜在演讲中提到,法律职业伦理的重要性主要体现在三个方面:一是法律职业伦理是法律职业人员自身利益的需要;二是法律职业行为规则具有保护法律工作者的作用;三是法律职业伦理是法律职业共同体建设的一个重要前提条件。

在大家比较关注的刑事律师职业伦理上,北京市京都律师事务所高级合伙人梁雅丽从刑辩律师的角色定位、刑辩律师的职责、刑辩律师的功能

等角度出发，分析了一个刑辩律师应该具备什么样的职业伦理，明确指出刑事辩护首先是基于当事人的委托，刑辩律师与当事人之间的信赖关系是最基础的伦理要求，也是律师刑事辩护制度最基本的一个根基。

本次大会不但探讨和阐述了法律职业伦理的内涵、作用、价值、解构等等，提出了建设法律职业共同体、法律职业共同规则的命题，提出了对司法人员职业伦理的一些基本原则和看法，从律师与当事人的关系模式等具体角度对法律职业伦理进行了一些微观性的解读，还对法律职业伦理的历史演变过程进行了深入分析，提出了目前法治伦理建设中存在的一些具体问题，为今后法律职业伦理学科的建设发展、教学研究以及实物探讨提供了多个方向。

2019 中国伦理学大会

参加人员：本次会议与会人员达 800 余人

主办单位：中国伦理学会和中共长沙市委宣传部共同主办，长沙市社会科学界联合会和湖南省伦理学会共同协办，中国伦理学会秘书处承办，中国马克思主义研究基金会、华民慈善基金会、清华大学道德与宗教研究院、中国人民大学伦理学与道德建设研究中心、中南大学、湖南师范大学、上海师范大学、浙江师范大学、陕西师范大学、河北经贸大学、井冈山大学、温州医科大学、海南医学院、北京市京都律师事务所等予以支持

时间：2019 年 12 月 7 日

地点：长沙

主要议题：大会主题为伦理学与人类命运共同体。

中国伦理学会会长万俊人指出，在全球化的进程中构建人类命运共同体需要"问苍茫大地，谁主沉浮"的气魄，伦理学人需要承担在这个起承转合的时代赋予的道德使命，不断进行创新和突破。在会议颁奖仪式中，靳凤林教授的《教堂与祠堂：中西传统核心价值观比较研究》、李建华教授的《社会主义核心价值观构建与践行研究》、曾建平教授的《自然之境："消费—生态"悖论的伦理学研究》、韩桥生教授的《道德风险论》、秦红岭教授的《建筑伦理学》、曾钊新教授的《道德心理学》、陈俊教授的《正义的排放——全球气候治理的道德基础研究》、程海英教授的《处境伦理研究》、余玉花教授的《转型时期中国诚信文化建设研究》、黄正华教授的《伦理学基础》被列为"2017—2018 年度十本好书"。

江苏社会科学院副院长樊浩在"调查中研究中发现伦理道德发展的

‘中国问题’及其理论前沿”的主题演讲中指出,中国正处在回归共识与现代伦理型文化的自觉自信的时期,需要转型共识和建设伦理道德的中国精神哲学形态,进而发展共识和完成伦理道德的文化自立。而伦理道德始终是中国人的终极关怀、终极忧患和终极批评,伦理道德的创造也是中华民族对人类世界最大的贡献。中国社会科学院学部委员赵汀阳在“《三体》的零道德世界和安全声明”的主题演讲中指出,《三体》中文明的动机以生存为基础进行扩张导致了整个宇宙体系成为零道德世界。但人类文明是有道德的,人类因为自身的脆弱性创造了道德的奇迹。华民慈善基金会理事长卢德之在“文明互鉴,走向共享”的主题演讲中指出,人类社会是一个逐渐走向共享的社会,这既是人类的愿景也是世纪发展的必然趋势。

新兴科技伦理治理问题研讨会第一次会议

参加人员:与会人员近 60 人

主办单位:中国医学科学院/北京协和医学院生命伦理学研究中心、中国医学科学院科技管理处、中国科协自然辩证法研究会生命伦理学专业委员会主办,中国社会科学院应用伦理研究中心、华中科技大学生命伦理学研究中心、中国人民大学伦理学与道德建设研究中心生命伦理学研究所、上海市临床研究伦理委员会、昆明医科大学医学人文教育和研究中心以及厦门大学医学院生命伦理学研究中心协办

时间:2019 年 12 月 15 日

地点:北京

主要议题:会议讨论的焦点围绕两个主要议题:① 伦理治理的概念,包括管理(management)、监管或规制(regulation)与治理(governance)的异同,治理与伦理治理(ethical governance)的区别,伦理治理的作用和评估;② 伦理治理的基本伦理原则。

一、伦理治理的概念

会议经热烈的讨论和辩论就以下问题达成如下共识。与监管或规制、治理相比,管理是最下位的概念。任何一个组织或机构,包括研究机构都需要管理,它们的管理会按照政府相关部门规章或自身的章程进行。监管或规制这一术语虽然也有人将其泛化为自我监管、机构监管、政府监管,但过去主要还是指政府或政府部门对其所管单位的监督管理,从“监管”或“规制”两个术语显示出这是来自外部的或自上而下的干预。监管需要有广义的法律效力的规定,英文称“regulations”,我们较多地翻译为“管理办

法”。因此，在法律上与管理相比，监管处于上位。后来发展的“治理”概念，则处于比监管更高的位置，因为它具有宏观性、政策性和战略方向性。有了“治理”概念以后，人们就提出了善治(good governance)和恶治(bad governance)这两个相对的概念。越来越多的人认为，“恶治”是我们社会内部万恶之源。2009年联合国亚太经济和社会理事会(United Nations Economic and Social Commission for Asia and Pacific，缩写为UNESCAP)指出，善治有八个主要特征：参与、法治、透明、反应及时、共识、公平和包容、有效和效率、问责。

伦理治理就是将与科技相关的伦理原则纳入治理之中。将与科技相关的伦理原则纳入治理之中，就会丰富治理的目标以及修改或增添治理的手段。每个人对个人行动或其决策都有判断是非对错的标准，但这个标准可能是直觉的，没有经过理性检验的。伦理学就是对人的行动或其决策(每个人行动之前都先有决策)的研究，对行动或其决策的是非对错标准进行理性研究的学科。经过伦理学研究制订的伦理原则都有经验的基础和经过理性的检验，它们既是受治理者或机构及治理者或机构应尽的伦理义务，也是判断行动或其决策是非对错的标准。

二、伦理治理的基本伦理原则

一是人的福祉(human wellbeing)。与会者一致认为应该将这一基本伦理原则置于首位，就是要指出发展新兴科技的根本目的是增进人的福祉，以人的福祉为首位原则与我国“以民为本”的基本理念相一致，强调我们所做的一切皆为改善和增加民生。二是尊重人(respect for person)。尊重人是生命伦理学的基本原则，包括尊重人的自主性，要求将知情同意作为我们的伦理规范，并进一步成为法律规范。知情同意的形式可随干预或科研的行动引致的风险大小而异，与科研发展的需求相平衡。尊重人也包括尊重人的尊严，将人看作目的自身，而不把人看作仅仅是手段或工具。三是公正(justice)。公正包括分配的公正、程序的公正、回报的公正和修复的公正。四是负责(responsibility)。“负责”具有多种意义。一种意义是应负责地发展这些新兴科技，在创新和研发时必须坚持科研诚信，反对不端行为；另一种意义是当发生有伤害人和破坏环境事件时，我们能够追查到何人负责，即能够“问责”。五是透明性(transparency)。透明性是防止科研人员违反科研诚信、损害受试者和消费者等不端行为的好办法，也是进行伦理和法律治理，预防违规的有效办法。六是公众参与(public participation)。有专业知识的人文社会科学工作者和公众代表以及关注新兴科技创新的民间组织积极参加决策过程已经成为科技伦理治理的共识。对社会和人类有重大影响的研究项目和课题不仅需要科学共识,而且需要达成社会共识。

“新时代公民道德建设与美好生活”学术研讨会暨湖北省伦理学学会2019年会

参加人员:来自武汉大学、华中科技大学、华中师范大学、武汉理工大学、武汉工程大学、湖北工业大学、湖北大学、湖北师范大学以及河南财经政法大学等近百名专家学者

主办单位:湖北省伦理学学会与华中师范大学马克思主义学院联合主办、华中师范大学道德治理研究中心承办

时间:2019年12月21日

地点:武汉

主要议题:以“新时代公民道德建设与美好生活”为主题,专家学者围绕“社会主义核心价值观与新时代公民道德建设”“新时代网络空间道德建设”“新时代社会主义法治与道德建设”等主题展开了深入研讨,助力新时代中国特色社会主义道德建设。

一、第一场发言

武汉大学张传有教授做了关于西方伦理思想史的主题报告。华中科技大学韩东屏教授对道德、人心、制度三者的关系以及道德对社会经济效益的影响进行了阐述、分析。华中师范大学龙静云教授以“新时代公民道德建设与公民道德境界跃迁”为题做汇报。她阐述了公民道德境界的概念与不同层次,指出新时代公民道德建设的重要目标之一在于促进公民道德境界跃迁和升华。她强调,新时代公民道德建设和公民道德境界提升应把握“以维护公民权利为起点,以树立公民道德信仰为重心,以法律、制度和其他资源供给为保障,以知行合一为原则”四个重点。武汉大学倪素香教授紧密围绕“新时代公民道德建设实施纲要”的内容,阐述了公民道德建设的政治指导方向、重点任务、实施的具体举措与策略。华中师范大学石先钰教授、武汉工程大学吴秋凤教授分别针对法律职业伦理学科的建设、人脸识别技术伦理问题做了报告。

二、第二场发言

华中师范大学唐克军教授对平等、谦卑与德性之间的关系进行了深刻的分析。武汉大学方永副教授对大德、公德与私德进行了细致的比较与分

析。湖北师范大学江峰教授分析了红色廉政文化的内涵及其特点。湖北工业大学孙厚权教授则围绕新时代文艺工作的思想道德建设展开论述。湖北大学李家莲副教授做了关于美德伦理学的缘起、理论展开、路径选择、新发展与新成就的报告。湖北大学杨海军副教授探讨了新媒体视域下大学生网络道德失范的几个现象及教育对策探究。

三、第三场发言

湖北大学江畅教授以“中国伦理学的构建意义”为题做了主旨发言，提出了中国伦理学是基于中国传统的伦理学，它的发展带有鲜明的民族特色。同时中国伦理学又是具有当代特色的伦理学，服务于新时代中国特色社会主义建设，也在世界范围内贡献中国的道德智慧。因此，中国伦理学应从传承中国传统伦理学的优秀基因、着力提炼时代的道德精神、坚守哲学研究视域下的伦理学学科性质三个层面进行建设和发展。江教授的观点引起了在场专家的深思与共鸣。武汉工程大学操菊华副教授主要从绿色生活方式的三重意蕴、当前大学生消费行为的现状与分析以及绿色生活方式理念下大学生消费行为的治理路径三个方面展开探讨分析。武汉理工大学马克思主义学院杨永清副教授分析了王安石国家治理的伦理维度及其启示。华中师范大学薛惠副教授对社会公德治理的内涵、意义及治理路径进行了深刻阐释。湖北工业大学冯旺舟副教授做了题为“后现代主义对新时代公民社会主义核心价值观的消解效应”的报告。武汉工程大学彭颜红副教授提出法制教育对大学生引导的重要性。华中师范大学张卫副教授阐述了技术伦理学“外在主义”与“内在主义”的两种进路及其关系。荆门市东宝区延安精神研究会何显斌副会长提出中国共产党人精神对新时代公民道德的影响。

四、第四场发言

来自华中师范大学、武汉理工大学、湖北大学、武汉工程大学等高校的研究生们围绕着中华传统美德、新时代高校道德建设、新时代大学生网络道德等议题进行了一系列报告。

此次会议是反映新时代公民道德建设最新成果的交流大会。它的成功举办，既体现了湖北省伦理学学会开展会员活动的前瞻性、深刻性和交叉融合性，同时也彰显了华中师范大学马克思主义学院作为全国重点马院在道德建设领域的理论研究成果，为进一步推进新时代公民道德建设基础理论及实践研究注入新的活力。

2019年湖南省伦理学学会学术年会

参加人员:来自省内外各个高校、科研院所近150名专家学者与研究生

主办单位:湖南省伦理学学会主办、湖南师范大学道德文化研究院承办

时间:2019年12月21日

地点:长沙

主要议题:聚焦"全球治理与国际伦理"主题,进行了深入的交流、探讨。

湖南省伦理学学会会长李建华教授在开幕式上致辞,对学者们的到来表示热烈欢迎,并对学会2019年工作进行总结并展望新一年的工作,他指出:"湖南省伦理学学会本着弘扬湖湘伦理精神、服务湖南伦理事业的宗旨,在各位来自高校、科研院所伦理学工作者的支持下,积极开展各项工作,不断扩大湖湘伦理的学术影响。"会议邀请广西大学杨通进教授做了题为"构建人类命运共同体的国际伦理基础"主旨报告。会议期间,左高山教授、易小明教授、陈万球教授、罗成翼教授、彭柏林教授、文贤庆教授、刘镇江教授、贺汉魂教授、何良安教授等九位学者分别围绕"全球治理和国家治理""自由是否是对必然的认识""德性能否复制:道德增强技术的三种质疑""面向新时代的我国公益慈善伦理研究""环境的全球治理与环境正义""习近平核安全观伦理特征及其时代价值探析""按劳分配的正义追问""中华文化和人类命运共同体构想"等主题做了学术报告。

湖南省伦理学学会执行会长王泽应教授在闭幕式做总结发言,认为各位学者的主旨报告创新性很强,具有重大的理论和实践意义,同时他指出湖南伦理学人在历史上就秉持着宽广的国际视野和世界眼光,新时代的伦理学人应更进一步将理性的文化自信、清醒的学术自觉和强大的开放意识有机结合,为世界文化"各美其美,美人之美,美美与共,天下大同"寻求方法、路径和学理。

主要课题

立项课题

1. 当代西方伦理批评文献的整理、翻译与研究，国家社科基金重大项目，杨革新，浙江大学

2. 伦理学知识体系的当代中国重建，国家社科基金重大项目，付长珍，华东师范大学

3. 中国共产党政党伦理建设百年史研究(1921—2021)，国家社科基金重大项目，左高山，中南大学

4. 西方百年元伦理学史研究，国家社科基金重大项目，陈真，南京师范大学

5. 中国共产党的集体道德记忆研究，国家社科基金重大项目，向玉乔，湖南师范大学

6. 中国人道德认知和情绪特点的心理、脑与人工智能跨学科研究，国家社科基金重大项目，刘超，北京师范大学

7. 构建人类命运共同体的生态伦理研究，国家社科基金重点项目，柴艳萍，河北经贸大学

8. 医学伦理委员会及其伦理审查能力建设研究，国家社科基金重点项目，刘婵娟，温州医科大学

9. 新媒体环境下公共传播的伦理与规范研究，国家社科基金重点项目，吴飞，浙江大学

10. 改革开放以来道德生活形态变迁研究，国家社科基金重点项目，谈际尊，东南大学

11. 当代英美马克思主义者对资本主义的道德批判研究，国家社科基金重点项目，吕梁山，辽宁大学

12. 新时代加强道德立法的理据与进路研究，国家社科基金重点项目，蔡宝刚，扬州大学

13. 分析的西方哲学史研究，国家社科基金重点项目，江怡，山西大学

14. 玛丽·雪莱小说中的科技伦理思想研究，国家社科基金一般项目，

朱岩岩,北京交通大学

15. 大数据应用中的信息流动和伦理问题研究,国家社科基金一般项目,郑保章,大连理工大学

16. 康德"道德的政治"伦理思想及其当代意义研究,国家社科基金一般项目,刘静,东北师范大学

17. 16—19世纪西方对"四书"儒家伦理诠释研究,国家社科基金一般项目,潘琳,福建师范大学

18. 古苗疆走廊各民族伦理规训及现代转化研究,国家社科基金一般项目,余文武,贵阳学院

19. 宋代儒家事功伦理思想研究,国家社科基金一般项目,李雪辰,河北师范大学

20. 新时代公务员行政伦理建设研究,国家社科基金一般项目,周鸿雁,湖北大学

21. 变译伦理系统建构研究,国家社科基金一般项目,杨荣广,湖北汽车工业学院

22. 人类基因编辑的伦理学研究,国家社科基金一般项目,毛新志,湖南师范大学

23. 现实关照下国际难民文学的伦理学批评研究,国家社科基金一般项目,李昀,华南理工大学

24. 西方责任伦理思想形成与发展研究,国家社科基金一般项目,王玉静,华南理工大学

25. 现代科技发展的伦理向度与法律规制研究,国家社科基金一般项目,何士青,华中科技大学

26. 秦汉基层社会伦理秩序的建构与演变研究,国家社科基金一般项目,薛洪波,吉林师范大学

27. 大数据营销传播的伦理治理体系研究,国家社科基金一般项目,杨先顺,暨南大学

28. 中西方宗教伦理与经济伦理之关系的比较研究,国家社科基金一般项目,彭睿,南昌大学

29. 公共信任建设的伦理基础研究,国家社科基金一般项目,卞桂平,南昌工程学院

30. 制度激励视角下的法官职业伦理研究,国家社科基金一般项目,邹立君,南京大学

31. 医学伦理视角下的日军侵华细菌战研究，国家社科基金一般项目，吕晶，南京大学

32. 生命共同体视域下中国特色动物伦理理论构建和实践应用研究，国家社科基金一般项目，黄雯怡，南京林业大学

33. 先秦儒家伦理的情感逻辑研究，国家社科基金一般项目，李超，南京医科大学

34. 叙事伦理视角下的安吉拉·卡特小说研究，国家社科基金一般项目，吴颉，上海交通大学

35. 数据记忆的伦理问题及治理研究，国家社科基金一般项目，闫宏秀，上海交通大学

36. 亚里士多德德性伦理学与现代性精神生活困境的化解研究，国家社科基金一般项目，傅鹤鸣，深圳大学

37. 1949 以来中国共产党伦理思想研究，国家社科基金一般项目，沈永福，首都师范大学

38. 党组织嵌入视阈下的国有企业非伦理行为及其治理机制研究，国家社科基金一般项目，代彬，四川外国语大学

39. 藏族文学性别伦理和家园情怀的中华民族共同体意识研究，国家社科基金一般项目，徐美恒，西藏民族大学

40. 列维纳斯的政治思想及其与伦理学神学的内在关系，国家社科基金一般项目，林华敏，西南大学

41. 新闻推荐算法的把关机制、伦理问题及其对策研究，国家社科基金一般项目，苏俊斌，厦门大学

42. 全球化时代中国影视文化的伦理问题研究，国家社科基金一般项目，孙燕，浙江传媒学院

43. 人工智能的算法风险与伦理审查研究，国家社科基金一般项目，张旺，中共湖南省委党校

44. 权力与资本良性互动的伦理规则研究，国家社科基金一般项目，靳凤林，中共中央党校(国家行政学院)

45. 生命伦理学语境中的道德地位问题研究，国家社科基金一般项目，李亚明，中国社会科学院哲学研究所

46. 美国新世纪戏剧的对话性伦理研究，国家社科基金一般项目，李晶，中南财经政法大学

47. 团队锦标赛中代理人非伦理行为的形成机理与治理途径研究，国

家社科基金一般项目,闫威,重庆大学

48. 互联网平台企业非伦理行为涌现的过程机制及协同治理研究,国家社科基金一般项目,王晓辰,浙江工商大学

49. 基于“核安全命运共同体”视角的核伦理研究,国家社科基金一般项目,冯昊青,浙江师范大学

50. 荀子道德哲学的形上学基础研究,国家社科基金一般项目,王楷,北京师范大学

51. 马克思对现代性道德的批判及其意义研究,国家社科基金一般项目,黄学胜,南昌大学

52. 德性解构背景下的西方现代道德话语研究,国家社科基金一般项目,马万东,南方医科大学

53. 共和主义视野中的德性与政体问题研究,国家社科基金一般项目,刘训练,天津师范大学

54. 西方政治哲学中尊重理念与政治道德基础问题研究,国家社科基金一般项目,陈肖生,南京大学

55. 佛教戒律中国化的范式建构及其道德功能的作用与影响研究,国家社科基金一般项目,王建光,南京农业大学

56. 中国传统道德榜样的核心价值观念及其新时代传承创新研究,国家社科基金一般项目,孙泊,南通大学

57. 马克思主义实践生存论视域下法治的道德根基研究,国家社科基金一般项目,陈福胜,扬州大学

58. 新时代中国特色社会主义法治文化建设的道德支撑问题研究,国家社科基金一般项目,魏长领,郑州大学

59. 当代社会正义理论之空间转向及规范重建研究,国家社科基金一般项目,任政,上海社会科学院

60. 资本逻辑语境中的劳动正义及其当代中国意义研究,国家社科基金一般项目,毛勒堂,上海师范大学

61. 网络战的正义性研究,国家社科基金一般项目,赵阵,国防科技大学

62. 马克思正义观研究,国家社科基金一般项目,陈雷,信阳师范学院

63. 等级的和非等级的正义研究,国家社科基金一般项目,谌林,浙江师范大学

64.“他者”视域下新时代价值共识研究,国家社科基金一般项目,赵静

波，海南大学

65. 马克思对施蒂纳虚无主义的批判及其当代价值研究，国家社科基金一般项目，姜海波，杭州师范大学

66. 科技创新驱动乡村振兴的路径研究，国家社科基金一般项目，陈印政，天津大学

67. 列宁政治哲学及其当代价值研究，国家社科基金一般项目，袁芳，中共上海市委党校

68. 现象学运动中的亨利生命现象学及其价值研究，国家社科基金一般项目，刘宏，深圳大学

69. 人工智能的责任伦理研究，国家社科基金一般项目，曲蓉，宁波大学

70. 康德形式伦理学的空洞性问题与人性价值研究，国家社科基金青年项目，郭宇航，北京大学

71. 基于“开放科学”的数据伦理及治理研究，国家社科基金青年项目，廖苗，长沙理工大学

72. 伊壁鸠鲁学派伦理学思想研究，国家社科基金青年项目，仇彦斌，福建师范大学

73. 互联网时代法官职业伦理面临的挑战及其应对研究，国家社科基金青年项目，邹梅珠，赣南师范大学

74. 新世纪英国战争小说创伤叙事和伦理反思研究，国家社科基金青年项目，刘胡敏，广东外语外贸大学

75. 维特根斯坦的伦理学思想研究，国家社科基金青年项目，吴杨义，桂林理工大学

76. 国家治理的制度伦理问题研究，国家社科基金青年项目，李思然，黑龙江大学

77. 康德式构建主义的元伦理学研究，国家社科基金青年项目，赵志坚，华中科技大学

78. 中国近现代新闻从业者伦理观念的发生、演变及其当代价值研究，国家社科基金青年项目，操瑞青，南京师范大学

79. 元伦理学中“道德难题”及其解决方案研究，国家社科基金青年项目，杨征源，南京邮电大学

80. 泰州学派文献搜集整理及其伦理思想研究，国家社科基金青年项目，唐新林，南通大学

81. 战后日本经济伦理思想研究(1945—1989),国家社科基金青年项目,曹希,山西财经大学

82. 跨文化视角下人工智能的伦理嵌入机制研究,国家社科基金青年项目,王亮,西安交通大学

83. 生物增强技术的身体伦理研究,国家社科基金青年项目,张灿,中国矿业大学

84. 后基因时代中的道德哲学革命研究,国家社科基金青年项目,柴琳,吉林师范大学

85. 人工智能时代人体增强问题的道德哲学研究,国家社科基金青年项目,江璇,江苏第二师范学院

86. 道德哲学视域下的王阳明思想及其现代意义研究,国家社科基金青年项目,苏晓冰,西安电子科技大学

87. 新型城镇化背景下的城乡空间正义问题研究,国家社科基金青年项目,曹琳琳,常州大学

88. 批判实在论马克思主义的正义观及其当代价值研究,国家社科基金青年项目,蒋天婵,东南大学

89. 生态正义理念研究,国家社科基金青年项目,张子玉,浙江工业大学

90. 大湄公河次区域ART跨国应用的伦理及法律问题研究,国家社科基金西部项目,王众,昆明理工大学

91. 当代西方天主教托马斯主义美德伦理学研究,国家社科基金西部项目,林庆华,四川大学

92. 祁连山鱼域少数民族生态伦理观与生态文明建设的耦合性研究,国家社科基金西部项目,马蓓,中共甘肃省委党校(甘肃行政学院)

93. 马克思主义视域下人工智能时代的分配正义原则与实现机制研究,国家社科基金西部项目,姚伟,西南科技大学

94. 中国社会治理现代化的权利正义基础研究,国家社科基金西部项目,胡波,重庆社会科学院

95. 儒学义利之辨的多向度展开对新时代社会道德建设的启示研究,国家社科基金西部项目,李军时,西北工业大学

96. 儒家经典整理与研究,教育部人文社会科学重点研究基地重大项目,刘玉才,北京大学

97. 西方哲学经典与名著解读,教育部人文社会科学重点研究基地重

大项目，赵敦华，北京大学

98. 价值观基础理论研究，教育部人文社会科学重点研究基地重大项目，吴向东，北京师范大学

99.“西方马克思主义”在中国的传播史研究，教育部人文社会科学重点研究基地重大项目，陈学明，复旦大学

100. 马克思主义经典作家关于哲学社会科学相关学科的重要思想和理论观点研究，教育部哲学社会科学研究重大课题攻关项目，胡海波，东北师范大学

101. 新时代马克思主义政治哲学话语体系构建研究，教育部哲学社会科学研究重大课题攻关项目，王岩，上海交通大学

102. 社会主义核心价值观更好融入大中小学课程教材研究，教育部哲学社会科学研究重大课题攻关项目，秦在东，华中师范大学

103. 鲁迅杂文的思想政治教育价值研究，教育部人文社会科学研究规划基金项目，马文萍，大连交通大学

104. 人类命运共同体价值认同的基础与实现路径研究，教育部人文社会科学研究规划基金项目，潘柳燕，广西大学

105. 新时代伦理精神发展策略研究，教育部人文社会科学研究规划基金项目，杜灵来，河南师范大学

106. 新时代中国共产党历史使命的理论渊源、实践路径和时代价值研究，教育部人文社会科学研究规划基金项目，肖桂平，江西师范大学

107. 新时代中国特色乡村治理体系现代化研究，教育部人文社会科学研究规划基金项目，邱春林，临沂大学

108.“网络红人”现象对青少年价值观的影响及对策研究，教育部人文社会科学研究规划基金项目，康洁，宁波大学

109. 习近平新时代中国特色社会主义经济思想研究，教育部人文社会科学研究规划基金项目，刘雅静，山东大学

110. 中国审美主义传统对“美好生活”的哲学阐释及其教育价值研究，教育部人文社会科学研究规划基金项目，赵景阳，泰山学院

111. 民族地区红色文化传承和社会主义核心价值观培育践行实证研究，教育部人文社会科学研究规划基金项目，陈颜，西南民族大学

112. 中英大学生价值观教育比较及现实启示研究，教育部人文社会科学研究规划基金项目，包雅玮，盐城工学院

113. 人工智能体的道德责任困境研究，教育部人文社会科学研究规划

基金项目,简小烜,长沙学院

114. 新时代环境公平的空间建构研究,教育部人文社会科学研究规划基金项目,樊宏法,常州大学

115. 传统礼乐之哲学义理研究,教育部人文社会科学研究规划基金项目,成守勇,淮阴师范学院

116. 儒家性恶思想研究,教育部人文社会科学研究规划基金项目,王军,江苏科技大学

117. 代际气候正义研究,教育部人文社会科学研究规划基金项目,史军,南京信息工程大学

118. 疫苗接种的伦理研究,教育部人文社会科学研究规划基金项目,柳琴,南京信息工程大学

119. 实践智慧视野下的冯契哲学研究,教育部人文社会科学研究规划基金项目,蔡志栋,上海师范大学

120. 宋明理学乡村治理思想研究,教育部人文社会科学研究规划基金项目,冯会明,上饶师范学院

121. 新媒体语境下中国老人媒介身份建构的伦理语用学研究,教育部人文社会科学研究规划基金项目,景晓平,南京理工大学

122. 新时期小城镇小说的经济生活和经济伦理研究,教育部人文社会科学研究规划基金项目,王军,南京审计大学

123. 现代道德哲学的文学化:爱丽丝·默多克文学哲学思想研究,教育部人文社会科学研究规划基金项目,徐明莺,大连理工大学

124. 当代英美科幻小说中的人工智能伦理研究,教育部人文社会科学研究规划基金项目,王建香,湘潭大学

125. 好心一定会有好报吗?个性化契约对核心员工亲组织不道德行为的影响机理研究,教育部人文社会科学研究规划基金项目,王国猛,湖南师范大学

126. 基于协同演进的平台企业社会责任治理及价值获取机制研究,教育部人文社会科学研究规划基金项目,辛杰,山东大学

127. 社会工作督导伦理守则建构之研究——基于上海经验的实证探析,教育部人文社会科学研究规划基金项目,沈黎,上海师范大学

128. 新媒体时代青少年道德社会化所面临的复杂境遇及其教育应对研究,教育部人文社会科学研究规划基金项目,杨淑萍,辽宁师范大学

129. 大学教师教学实践中的教学伦理建构研究,教育部人文社会科学

研究规划基金项目，李菲，陕西师范大学

130. 当代道德教育的理性进路及其效应研究，教育部人文社会科学研究规划基金项目，胡军良，西北大学

131. 马克思“人类笔记”的哲学思想及其当代价值研究，教育部人文社会科学研究青年基金项目，贾向云，福建师范大学

132. 当代中国价值观念国际传播的有效性研究，教育部人文社会科学研究青年基金项目，姚兰，南京理工大学

133. 新时代我国社会主要矛盾转换中的分配正义问题研究，教育部人文社会科学研究青年基金项目，王倩，三峡大学

134.“构建人类命运共同体”的政治伦理精神研究，教育部人文社会科学研究青年基金项目，潘坤，四川农业大学

135. 当代欧洲左翼政党价值观教育思想及其启示研究，教育部人文社会科学研究青年基金项目，孙喜香，西南大学

136. 21世纪以来英美学者对马克思主义伦理学的重构及其对中国的启示研究，教育部人文社会科学研究青年基金项目，韦庭学，厦门大学

137. 亚里士多德必然性思想研究，教育部人文社会科学研究青年基金项目，王纬，复旦大学

138. 生态学马克思主义发展伦理思想研究，教育部人文社会科学研究青年基金项目，蒋谨慎，贵州医科大学

139. 人道主义根源性问题研究，教育部人文社会科学研究青年基金项目，崔昆，河北经贸大学

140. 柏拉图神话的哲学功能与哲学诠释研究，教育部人文社会科学研究青年基金项目，盛传捷，吉林大学

141. 马克思道德哲学基础问题纵深研究，教育部人文社会科学研究青年基金项目，杨荣，兰州大学

142. 精准医学的伦理困境及其规制研究，教育部人文社会科学研究青年基金项目，陶应时，南华大学

143. 学衡派伦理建构研究，教育部人文社会科学研究青年基金项目，方旭红，南京信息工程大学

144. 生态正义实践与生态现代化研究，教育部人文社会科学研究青年基金项目，张建辉，山西财经大学

145. 心学道德直觉中时间问题研究，教育部人文社会科学研究青年基金项目，陆畅，苏州科技大学

146. 保罗·利科的伦理思想研究,教育部人文社会科学研究青年基金项目,张诏阳,西南医科大学

147. 欧美哥特电影美学及其文化价值研究,教育部人文社会科学研究青年基金项目,张雷,扬州大学

148. 当代英美伦理美学与批评思潮研究,教育部人文社会科学研究青年基金项目,范昀,浙江大学

149. 古希腊晚期哲学对奥古斯丁意志理论影响研究,教育部人文社会科学研究青年基金项目,杨小刚,中山大学

150.“网瘾”作为疾病:赛博格视角下的医学哲学研究,教育部人文社会科学研究青年基金项目,杨小刚,中山大学

151. 族群关系视角下的《希伯来圣经》正义问题研究,教育部人文社会科学研究青年基金项目,孟振华,南京大学

152. 美国“9·11”小说的记忆书写伦理转向研究,教育部人文社会科学研究青年基金项目,王薇,青岛大学

153. 德拉布尔作品中的神话诗学与伦理共同体研究,教育部人文社会科学研究青年基金项目,盛丽,西安外国语大学

154. 企业家道德提升的内在机制及路径研究:基于道德认同和认知神经视角,教育部人文社会科学研究青年基金项目,范培华,上海外国语大学

155. 被打开的潘多拉魔盒:非道德亲组织行为对偏离行为的影响及作用机制研究,教育部人文社会科学研究青年基金项目,王桃林,四川大学

156. 基于医学伦理视角的患者知情同意权问题研究,教育部人文社会科学研究青年基金项目,曾见,江苏大学

157. 人工智能背景下媒介伦理及技术规范建构研究,教育部人文社会科学研究青年基金项目,李志敏,暨南大学

158. 人工智能哲学视阈中的新闻传播法规伦理困境及其调适研究,教育部人文社会科学研究青年基金项目,徐尚青,江苏警官学院

159. 冻融胚胎的伦理、法律与社会意蕴(ELSI)研究,教育部人文社会科学研究青年基金项目,廖晨歌,滨州医学院

160. 大数据时代数据伦理教育的德育价值及实践路径研究,教育部人文社会科学研究青年基金项目,谢娟,济南大学

161. 感性、德性与法性:三维电影艺术三大元问题研究,教育部人文社会科学研究青年基金项目,苏月奂,青岛大学

162. 明末清初“儒”“耶”“穆”伦理会通模式及其现代价值研究,教育部

人文社会科学研究青年基金项目，臧政，中南财经政法大学

163. 全面从严治党的公正价值追求及其伦理路径研究，教育部人文社会科学研究青年基金项目，刘晓华，广西民族大学

164. 历史唯物主义视域中的“马克思与正义”研究，教育部哲学社会科学研究后期资助项目（一般项目），张晓萌，中国人民大学

165. 马克思正义理论研究，教育部哲学社会科学研究后期资助项目（一般项目），陈飞，重庆大学

166. 新时代中国特色社会主义意识形态的自治性及其价值化过程，教育部哲学社会科学研究后期资助项目（一般项目），张国启，华南理工大学

167. 环境伦理研究，教育部哲学社会科学研究后期资助项目（一般项目），周国文，北京林业大学

168. 教学专业伦理的理论与实践研究，教育部哲学社会科学研究后期资助项目（一般项目），王晓莉，华南师范大学

169. 政治仪式与社会主义核心价值观认同教育研究，教育部人文社会科学研究专项任务项目（高校思想政治工作）辅导员骨干专项，吴帆，广东药科大学

170. 新时代大学生社会主义核心价值观认同隐性教育研究——基于积极心理学与情境创设理论，教育部人文社会科学研究专项任务项目（高校思想政治工作）辅导员骨干专项，王敬国，哈尔滨师范大学

171. 融媒体视域下朋辈互溢式价值观养成模式研究，教育部人文社会科学研究专项任务项目（高校思想政治工作）辅导员骨干专项，赵东方，吉林师范大学

172. 优秀传统家训涵养当代大学生社会主义核心价值观研究，教育部人文社会科学研究专项任务项目（高校思想政治工作）辅导员骨干专项，陈义，福州大学

173. 社会主义核心价值观认同教育过程中辅导员工作角色实现机制研究，教育部人文社会科学研究专项任务项目（高校思想政治工作）辅导员骨干专项，徐海楠，无锡职业技术学院

174. 道德主体性视域下优秀传统文化与大学生社会主义核心价值观培育研究，教育部人文社会科学研究专项任务项目（高校思想政治工作）辅导员骨干专项，高琼，西安交通大学

175. 文化自信视阈下社会主义核心价值观认同教育的内容构建与实践创新研究，教育部人文社会科学研究专项任务项目（高校思想政治工作）

辅导员骨干专项,郭维刚,西安体育学院

176. 大学生心理健康教育的伦理规约研究,教育部人文社会科学研究专项任务项目(高校思想政治工作)辅导员骨干专项,陈小芳,浙江财经大学

177. 社会主义核心价值观融入法治建设的实现路径研究,教育部人文社会科学研究专项任务项目(中国特色社会主义理论体系研究),钱国君,成都师范学院

178. 粤港澳青年价值观教育的历史进程与实现路径比较研究,教育部人文社会科学研究专项任务项目(中国特色社会主义理论体系研究),王翠华,广州大学

179. 自媒体对大学生社会主义核心价值观形成的影响与对策研究,教育部人文社会科学研究专项任务项目(中国特色社会主义理论体系研究),徐金超,河南工程学院

180. 生命共同体理念的时代价值及中国实践研究,教育部人文社会科学研究专项任务项目(中国特色社会主义理论体系研究),张保伟,河南师范大学

181. 延安时期中国共产党政治生态建设的理论与实践及其当代价值研究,教育部人文社会科学研究专项任务项目(中国特色社会主义理论体系研究),杨俊,湖北工业大学

182. 以人民为中心的发展思想的伦理意蕴研究,教育部人文社会科学研究专项任务项目(中国特色社会主义理论体系研究),许银英,湖南第一师范学院

183. 大数据背景下社会主义核心价值观精准传播研究,教育部人文社会科学研究专项任务项目(中国特色社会主义理论体系研究),朱琳,吉林财经大学

184. 奋斗幸福观的理论内涵及当代价值研究,教育部人文社会科学研究专项任务项目(中国特色社会主义理论体系研究),刘诗贵,井冈山大学

185. 新时代党内政治文化的价值导向功能研究,教育部人文社会科学研究专项任务项目(中国特色社会主义理论体系研究),房世刚,山东大学

结项课题

1. 当代中国劳资伦理法律规制问题研究，国家社科基金年度项目重点项目，秦国荣，南京审计大学，良好

2. 循环经济：一种新经济发展战略的伦理学证明，国家社科基金年度项目重点项目，柴艳萍，河北经贸大学，合格

3. 儒家生生伦理学引论（两卷本），国家社科基金年度项目重点项目，杨泽波，复旦大学，良好

4. 当代中国公民道德状况跟踪调查和突出问题治理对策研究，国家社科基金年度项目重点项目，吴潜涛，清华大学，合格

5. 中国民间家书的文化价值与抢救性收藏研究，国家社科基金年度项目重点项目，张丁，中国人民大学，良好

6. 传统礼制及其现代价值，国家社科基金年度项目重点项目，陈戍国，湖南大学，合格

7. 创新当代大学生社会主义核心价值观培育模式研究，国家社科基金年度项目重点项目，郑少南，大连海事大学，合格

8. 中医文化核心价值体系及其现代转型，国家社科基金年度项目重点项目，何裕民，上海中医药大学，合格

9. 弘扬中华优秀传统文化与中国梦价值认同研究，国家社科基金年度项目重点项目，詹小美，中山大学，良好

10. 中国传统政治思想现代转型的价值重构研究，国家社科基金年度项目重点项目，孙晓春，南开大学，合格

11. 网络语言对话语权、社会情绪、价值观的影响研究，国家社科基金年度项目重点项目，隋岩，中国传媒大学，优秀

12. 机器人伦理问题研究，国家社科基金年度项目一般项目，杜严勇，上海交通大学，良好

13. 西南边疆民族地区公民政治认同的民族伦理基础，国家社科基金年度项目一般项目，王茂美，云南师范大学，合格

14. 沉默权、真实陈述义务和诚信原则立法的伦理基础研究，国家社科基金年度项目一般项目，唐东楚，中南大学，合格

15. 公共精神培育的伦理基础研究，国家社科基金年度项目一般项目，卞桂平，南昌工程学院，合格

16. 基于新语言分析方法的伦理学研究，国家社科基金年度项目一般项目，黄正华，福建师范大学，合格

17. 他者伦理研究,国家社科基金年度项目一般项目,吴先伍,安徽师范大学,合格

18. 法治思维框架下我国法律职业伦理体系构建研究,国家社科基金年度项目一般项目,冀宗儒,对外经济贸易大学,合格

19. 历史主义视角下的新文学伦理学批评研究,国家社科基金年度项目一般项目,李昀,华南理工大学,合格

20. 20 世纪 90 年代以来中国电视剧的伦理价值取向及其对受众的影响研究,国家社科基金年度项目一般项目,贺艳,西南政法大学,合格

21. 大数据伦理问题与治理研究,国家社科基金年度项目一般项目,宋吉鑫,沈阳工程学院,良好

22. 文化伦理视域下新移民女作家小说研究,国家社科基金年度项目一般项目,刘红英,浙江越秀外国语学院,良好

23. 马克思实践哲学的伦理向度研究,国家社科基金年度项目一般项目,牛小侠,吉林师范大学,良好

24. 社会与政治的伦理表达——萧伯纳戏剧研究,国家社科基金年度项目一般项目,刘茂生,江西师范大学,良好

25. 老龄化社会与老年健康伦理研究,国家社科基金年度项目一般项目,刘玮玮,天津医科大学,合格

26. 城市空间伦理问题研究,国家社科基金年度项目一般项目,高春花,北京建筑大学,合格

27. 中国城镇化问题的公共伦理研究,国家社科基金年度项目一般项目,杨秀香,辽宁师范大学,良好

28. 人胚胎伦理问题及其监管政策研究,国家社科基金年度项目一般项目,李才华,合肥工业大学,合格

29.“后经验转向”时代的技术伦理规约机制及模式研究,国家社科基金年度项目一般项目,张成岗,清华大学,合格

30. 转型期公众道德需求的司法应对研究,国家社科基金年度项目一般项目,秦策,南京师范大学,合格

31. 当代英美关于马克思主义与道德关系的论争研究,国家社科基金年度项目一般项目,吕梁山,辽宁大学,优秀

32. 医患信任关系的社会和道德基础研究,国家社科基金年度项目一般项目,朱伟,复旦大学,合格

33. 英国唯美主义思想中的道德精神,国家社科基金年度项目一般项

目,陈丽,华东理工大学,合格

34. 青少年道德信仰认同模式与生成路向研究,国家社科基金年度项目一般项目,魏雷东,河南师范大学,良好

35. 大国体育道德责任研究,国家社科基金年度项目一般项目,龚正伟,上海体育学院,合格

36. 比较视野下的儒家哲学基本问题研究,国家社科基金年度项目一般项目,沈顺福,山东大学,良好

37. 乔治·赫伯特美德诗学研究,国家社科基金年度项目一般项目,吴虹,绍兴文理学院,合格

38. 马克思分配正义理论及其当代价值研究,国家社科基金年度项目一般项目,李志江,南京信息工程大学,合格

39. 社会主义核心价值观与社会民主主义基本价值观比较研究,国家社科基金年度项目一般项目,薛新国,西华大学,合格

40. 社会主义核心价值体系引领社会主义文化建设路径研究,国家社科基金年度项目一般项目,吴琳,中共吉林省委党校,合格

41. 当代中国农民价值观变迁研究,国家社科基金年度项目一般项目,董磊明,北京师范大学,免于鉴定

42. 青年毛泽东价值观研究,国家社科基金年度项目一般项目,詹小平,湖南第一师范学院,合格

43. 多元文化环境下大学生价值导向研究,国家社科基金年度项目一般项目,谢宏忠,福建师范大学,合格

44. 农村文化礼堂在培育社会主义核心价值观中的重要作用研究,国家社科基金年度项目一般项目,李勇华,浙江农林大学,合格

45. 微文化背景下大学生社会主义核心价值观培育研究,国家社科基金年度项目一般项目,唐平秋,广西大学,良好

46. 青海藏族优秀传统文化与社会主义核心价值观建设研究,国家社科基金年度项目一般项目,孙舒景,青海大学,良好

47. 安多藏区圣地文化对高原生态文明建设的价值及意义研究,国家社科基金年度项目一般项目,曾吉卓玛,青海师范大学,合格

48. 社会主义核心价值体系认同的文化回归研究,国家社科基金年度项目一般项目,王仕民,中山大学,合格

49. 社会主义核心价值观的提炼与内化研究,国家社科基金年度项目一般项目,曹健华,邵阳学院,良好

50. 两岸关系和平发展视阈中两岸青年价值观比较研究,国家社科基金年度项目一般项目,石勇,中国社会科学院台湾研究所,良好

51. 红色文化对培育社会主义核心价值观的作用及其实现机制研究,国家社科基金年度项目一般项目,韩玲,江西师范大学,良好

52. 儒学核心价值观视野中的古代书论整理,国家社科基金年度项目一般项目,曹建,西南大学,良好

53. 当代艺术类大学生社会主义核心价值观培育机制探析,国家社科基金年度项目一般项目,申淑征,沈阳音乐学院,良好

54. 青年公务员社会主义核心价值观调查研究,国家社科基金年度项目一般项目,刘泾,中共上海市委党校,合格

55. 税收公平正义价值下房地产税立法的顶层设计研究,国家社科基金年度项目一般项目,张富强,华南理工大学,良好

56. 当代大学生自由、平等与公正观教育研究,国家社科基金年度项目一般项目,张二芳,山西财经大学,合格

57. 制度正义的理念研究,国家社科基金年度项目一般项目,姚大志,吉林大学,良好

58. 正义概念:从《理想国》到《罗马书》,国家社科基金年度项目一般项目,谢文郁,山东大学,合格

59. 世界主义全球正义研究,国家社科基金年度项目一般项目,杨通进,广西大学,合格

60. 社会转型中高等教育公正促进社会流动的机制研究,国家社科基金年度项目一般项目,徐水晶,南京邮电大学,合格

61. 资本与自由——马克思政治哲学研究,国家社科基金年度项目一般项目,白刚,吉林大学,优秀

62. 柏拉图与古典幸福论研究,国家社科基金年度项目一般项目,包利民,浙江大学,优秀

63. 马克思恩格斯生态思想的诠释与重构研究,国家社科基金年度项目一般项目,崔永杰,山东师范大学,优秀

64. 哲学诠释学视域下技术伦理研究,国家社科基金年度项目一般项目,文成伟,东北大学,合格

65. 中国传统政治思想现代转型逻辑及其价值选择研究,国家社科基金年度项目一般项目,王光,东北大学,合格

66. 社会主义核心价值观融入公共生活基本问题研究,国家社科基金

年度项目一般项目,喻文德,吉首大学,合格

67. 价值论视域下学生体育素养的要素构成与培养对策研究,国家社科基金年度项目一般项目,元文学,大连理工大学,良好

68. 中国医疗卫生体制改革进程及前景的生命伦理学思考与审视,国家社科基金年度项目一般项目,边林,河北医科大学,优秀

69. 新媒体背景下儿童道德共识构建研究,国家社科基金年度项目一般项目,谢翌,江西师范大学,合格

70. 新兴技术的伦理争议研究,国家社科基金青年项目,胡明艳,中共中央党校,良好

71. 阿佩尔伦理思想研究,国家社科基金青年项目,罗亚玲,复旦大学,合格

72. 基于网络舆情的政府公信力伦理构建研究,国家社科基金青年项目,唐土红,长沙理工大学,良好

73. 古希腊城邦伦理与公民美德,国家社科基金青年项目,陶涛,南京师范大学,合格

74. 中国古代"家本主义"伦理学及其当代意义研究,国家社科基金青年项目,燕连福,西安交通大学,合格

75. 大卫·哈维与空间伦理研究,国家社科基金青年项目,吴红涛,上饶师范学院,良好

76. 优化与退化——土家族伦理文化现代变迁研究,国家社科基金青年项目,周忠华,吉首大学,合格

77. 劳动伦理与当代企业核心竞争力研究,国家社科基金青年项目,夏明月,上海财经大学,合格

78. 改革开放以来乡村伦理的变迁与重建研究,国家社科基金青年项目,贺新春,赣南师范大学,合格

79. 我国公务员职业道德建设的外部途径研究,国家社科基金青年项目,刘雪华,吉林大学,合格

80. 消费的道德风险及其防范研究,国家社科基金青年项目,董玲,重庆大学,良好

81. 道德相对主义的挑战与克服,国家社科基金青年项目,张言亮,兰州大学,合格

82. 传统启蒙教育中的道德养成与价值观建构研究,国家社科基金青年项目,班高杰,北京工商大学,合格

83. 道德崩溃与现代性危机——围绕阿伦特、列维纳斯与帕托什卡，国家社科基金青年项目，刘文瑾，华东师范大学，良好

84. 儒家心学中的道德情感现象学研究，国家社科基金青年项目，卢盈华，浙江工商大学，良好

85. 牟宗三美学思想的道德精神研究，国家社科基金青年项目，张海燕，长沙理工大学，合格

86. 雅典民主兴衰中的政治道德，国家社科基金青年项目，冯金朋，天津师范大学，良好

87. 西方公民道德教育模式的逻辑演进对我国思想政治教育的启示研究，国家社科基金青年项目，赵义良，北京航空航天大学，合格

88. 苏联解体后俄罗斯传统价值的现代转型研究，国家社科基金青年项目，郭丽双，上海社会科学院，合格

89. 转型期中国消费文化创新的价值选择与现实路径研究，国家社科基金青年项目，李雨燕，长沙理工大学，合格

90. 当代艺术批判与文化价值观重构研究，国家社科基金青年项目，陈蓓洁，上海外国语大学，合格

91. 社会主义核心价值体系融入国民教育的新途径研究，国家社科基金青年项目，翁文艳，中国浦东干部学院，合格

92. 中国与新加坡核心价值观教育比较研究，国家社科基金青年项目，卢艳兰，南昌航空大学，良好

93. 青年公务员社会主义核心价值观认同的内在差异与培育机制研究，国家社科基金青年项目，孙秀艳，中共福建省委党校，良好

94. 培育社会主义核心价值观的红色路径研究，国家社科基金青年项目，袁秀，河北省社会科学院，合格

95. 社会平等对幸福感的影响研究，国家社科基金青年项目，李丁，西南财经大学，合格

96. 卢梭平等观在清末民初思想界的引入和诠释研究，国家社科基金青年项目，文雅，中央财经大学，良好

97. 被追诉人的程序平等权研究，国家社科基金青年项目，崔凯，湖北经济学院，合格

98. 国际前沿理论中的马克思主义公正观演进逻辑研究，国家社科基金青年项目，张晓萌，中国人民大学，合格

99. 教育质量不平等的社会效应及调节机制研究，国家社科基金青年

项目,许庆红,云南大学,合格

100. 我国公民社会公正感调查与政府促进社会公平正义,国家社科基金青年项目,彭斌,吉林大学,合格

101. 政治经济学语境下的马克思正义观研究,国家社科基金青年项目,高广旭,东南大学,良好

102. 基于程序正义的人大监督程序及其完善途径研究,国家社科基金青年项目,苏新建,浙江工商大学,合格

103. 功利主义正义观研究,国家社科基金青年项目,晋运锋,吉林大学,良好

104. 代际正义论研究,国家社科基金青年项目,郭琰,华中农业大学,良好

105. 马克思政治哲学视阈中的分配正义及实践路径研究,国家社科基金青年项目,涂良川,东北师范大学,良好

106. 当代中国公正话语体系构建研究,国家社科基金青年项目,亓光,中国矿业大学(徐州),优秀

107. 现象学运动中情感与价值问题研究,国家社科基金青年项目,钟汉川,南开大学,良好

108. 全球化视阈下社会主义核心价值观培育机制研究,国家社科基金青年项目,邱仁富,上海大学,免于鉴定

109.“微文化”对大学生价值观的影响及实证研究,国家社科基金青年项目,周静,广东工业大学,合格

110. 社会主义核心价值观培育与践行研究,国家社科基金青年项目,张伟,南京大学,合格

111. 市场化进程中的结构紧张与收入不公平感研究,国家社科基金青年项目,魏钦恭,中国社会科学院科研局,良好

112. 超越物质主义的幸福追寻研究,国家社科基金青年项目,马妮,吉林省社会科学院,优秀

113. 动画伦理理论建构研究,国家社科基金西部项目,高晨,三亚学院,合格

114. 基础建设工程高速增长中的工程伦理问题研究,国家社科基金西部项目,樊勇,昆明理工大学,合格

115. 秦国崛起原因的责任伦理角度研究,国家社科基金西部项目,王兴尚,宝鸡文理学院,良好

116. 二十世纪英美乌托邦文学中的伦理指向与社会道德重构研究,国家社科基金西部项目,李小青,四川外国语大学,良好

117. 生态文明建设的基本伦理问题研究,国家社科基金西部项目,樊小贤,长安大学,合格

118. 戴震道德哲学研究,国家社科基金西部项目,魏冰娥,重庆师范大学,良好

119. 中国西部少数民族道德生活研究,国家社科基金西部项目,邢建民,青海大学,合格

120. 邓小平生态文明建设思想及其当代价值研究,国家社科基金西部项目,李学林,西南石油大学,良好

121. 交互自媒体价值观传播机制及其导向策略研究,国家社科基金西部项目,代征,重庆邮电大学,良好

122. 大数据时代青年社会主义核心价值观培育路径与方法创新研究,国家社科基金西部项目,邹绍清,西南大学,良好

123. 大学生社会主义核心价值观认同研究,国家社科基金西部项目,谢安国,安康学院,良好

124. 白族传统文化精神与社会主义核心价值观"共生共谐"机制研究,国家社科基金西部项目,田夏彪,大理大学,合格

125. 新疆少数民族社会主义核心价值观培育研究,国家社科基金西部项目,张泰琦,塔里木大学,合格

126. 配置正义与关系正义双重视域中云南民族地区教育均衡发展研究,国家社科基金西部项目,杨建朝,红河学院,良好

127. 竞技正义研究,国家社科基金西部项目,杨其虎,遵义师范学院,合格

128. 城市社区体系演化与农民工城市融入公正机制研究,国家社科基金西部项目,杨晓俊,西安外国语大学,合格

129. 多元社会思潮下大学生社会主义核心价值观确立的路径研究,国家社科基金西部项目,李继兵,玉林师范学院,合格

130. 马克思资源哲学思想及其当代价值研究,国家社科基金西部项目,肖安宝,广西大学,良好

131. 基于社会主义核心价值观的新疆公民教育研究,国家社科基金西部项目,闫卫华,石河子大学,合格

132. 环境危机中的利益——风险分配逻辑及其道德效应研究,国家社

科基金西部项目，郁乐，重庆文理学院，合格

133.《穀梁》政治伦理探微，国家社科基金后期资助项目，黎汉基，中山大学

134. 先秦道家个体性思想研究，国家社科基金后期资助项目，王敏光，洛阳师范学院

135. 胡培翚《仪礼正义》研究，国家社科基金后期资助项目，陈功文，商丘师范学院

136. 庄子"虚己之道"的政治哲学解析，国家社科基金后期资助项目，储昭华，武汉大学

137. 道家生命伦理的传统视阈与现代转型，国家社科基金后期资助项目，李红文，湖南中医药大学

138. 王船山遵礼之道研究，国家社科基金后期资助项目，陈力祥，湖南大学

139. 柏拉图法哲学思想研究，国家社科基金后期资助项目，林志猛，浙江大学

140. 朱熹礼乐哲学思想研究，国家社科基金后期资助项目，冯兵，华侨大学

141. 马克思的劳动概念及其当代价值，国家社科基金后期资助项目，熊来平，井冈山大学

142. 道公学私：章学诚思想研究，国家社科基金后期资助项目，章益国，上海财经大学

143. 技艺与身体：斯多亚派治疗哲学研究，国家社科基金后期资助项目，于江霞，浙江财经大学

144. 道德能力研究，国家社科基金后期资助项目，李金鑫，浙江财经大学

145. 后果主义理论研究，国家社科基金后期资助项目，解本远，首都师范大学

146. 社会主义核心价值观培育的逻辑与实践路径研究，国家社科基金后期资助项目，潘建红，武汉理工大学

147. 尼古拉·库萨哲学及其历史意义研究，国家社科基金后期资助项目，李华，西安邮电大学

148. 社会信任、企业社会责任履行与企业价值：基于企业慈善捐赠视角的研究，教育部人文社会科学研究青年基金项目，张雯，北京信息科技

大学

149. 弱公度性美德规则思想研究,教育部人文社会科学研究青年基金项目,周玉梅,东北师范大学

150. 电视媒体与社会核心价值观传播研究,教育部人文社会科学研究青年基金项目,魏正聪,湖北工业大学

151. 政治伦理视域中的朱迪斯·巴特勒思想研究,教育部人文社会科学研究青年基金项目,何磊,首都经济贸易大学

152. 马克思人与科技关系思想研究,教育部人文社会科学研究青年基金项目,张媛媛,天津大学

153. 价值观错位视角下新生代矿工安全管理制度遵从决策机制研究,教育部人文社会科学研究青年基金项目,芦慧,中国矿业大学

154. 社会转型期俄罗斯大学生政治价值观教育问题研究,教育部人文社会科学研究青年基金项目,雷蕾,东北师范大学

155. 新媒体语境下大学生精神追求态势的调查研究,教育部人文社会科学研究青年基金项目,朱白薇,广东药科大学

156. I. A. 理查兹的意义理论研究,教育部人文社会科学研究青年基金项目,陈四海,河南师范大学

157. 政治哲学中的"康德式"建构主义理论研究,教育部人文社会科学研究青年基金项目,张祖辽,江南大学

158. 困境与探索:思想政治教育人学取向研究分析,教育部人文社会科学研究青年基金项目,陶磊,南京医科大学

159. 生态学实验"伪重复"与可重复性之关联研究,教育部人文社会科学研究青年基金项目,林祥磊,曲阜师范大学

160. 与环境污染相关的我国居民健康不平等研究,教育部人文社会科学研究青年基金项目,盛鹏飞,河南大学

161. 中华优秀传统文化对社会主义核心价值观的涵养功能研究,教育部人文社会科学研究青年基金项目,王新刚,河南理工大学

162. 现代性视域下严复科学观研究,教育部人文社会科学研究青年基金项目,赵云波,山西大学

163. 分析哲学思想的溯源研究——从康德、波尔查诺到弗雷格,教育部人文社会科学研究青年基金项目,王策,西安邮电大学

164. 偏好与价值——民主的双重使命及其兼容性问题研究,教育部人文社会科学研究青年基金项目,薛洁,吉林大学

165. 平等与偏爱:道德不偏不倚理论与偏爱性关系研究,教育部人文社会科学研究青年基金项目,崔微,山东大学

166. 如何克服"虚无"? ——马克思与西方虚无主义思想谱系及其表现形态的关系研究,教育部人文社会科学研究青年基金项目,乔戈,西南政法大学

167. 金融化:21 世纪资本权力的经济哲学批判,教育部人文社会科学研究青年基金项目,宁殿霞,西安翻译学院

168. 设计关怀贫困群体的伦理考量与实践研究,教育部人文社会科学研究青年基金项目,韩超,湖州师范学院

169. 后物质主义视角下绿色广告对受众环境观念影响的实证研究,教育部人文社会科学研究青年基金项目,刘于思,浙江大学

170. 金融化生存世界中的经济正义研究,教育部人文社会科学研究青年基金项目,严静峰,浙江金融职业学院

171. 海德格尔与伽达默尔"历史性的解释学"思想研究,教育部人文社会科学研究青年基金项目,李永刚,长江大学

172. 生态伦理大众认同与践行机制研究,教育部人文社会科学研究青年基金项目,宫丽艳,黑龙江科技大学

173. 世界主义国际伦理批判,教育部人文社会科学研究青年基金项目,张永义,岭南师范学院

174. 新生代知识型员工敬业度研究:基于个人—组织价值观契合的视角,教育部人文社会科学研究青年基金项目,冯利伟,内蒙古财经大学

175. 自我存在的文化根基:由查尔斯·泰勒展开,教育部人文社会科学研究青年基金项目,韩升,山东大学

176. 恰达耶夫命题与 19 世纪俄国哲学的发展,教育部人文社会科学研究青年基金项目,刘超,山东第一医科大学

177. 鲍德温创作中的伦理困境研究,教育部人文社会科学研究青年基金项目,钟京伟,山东建筑大学

178. 基于情感计算的弱势群体情感交互设计研究,教育部人文社会科学研究青年基金项目,窦金花,天津理工大学

179. 海德格尔哲学中的身体问题及其思想效应:探寻现象的深度,教育部人文社会科学研究青年基金项目,王珏,西安电子科技大学

180. 儒家"孝"伦理的精神哲学研究,教育部人文社会科学研究青年基金项目,王健崭,中国药科大学

181. 食品供应链道德风险的协同治理研究,教育部人文社会科学研究青年基金项目,魏新强,河南理工大学

182. 思孟学派礼学思想研究,教育部人文社会科学研究青年基金项目,吴信英,南阳师范学院

183. 改革开放以来中国政治价值变迁研究,教育部人文社会科学研究青年基金项目,庄仕文,山东交通学院

184. 当代农民财富伦理观的价值取向与引导路径研究,教育部人文社会科学研究青年基金项目,侯红霞,山西大学

185. 中学历史教科书价值取向研究,教育部人文社会科学研究青年基金项目,张利娟,四川师范大学

186. 市场经济自由的限度与生态转向研究,教育部人文社会科学研究青年基金项目,黄翠新,台州学院

187. 转型时期农村居民旅游消费行为的影响机制与价值取向研究,教育部人文社会科学研究青年基金项目,余凤龙,扬州大学

188. 环境正义视角下的邻避冲突治理研究,教育部人文社会科学研究青年基金项目,邵青,安徽工业大学

189. 施蒂纳新人学思想研究,教育部人文社会科学研究青年基金项目,姜海波,杭州师范大学

190. 风险社会视域下当代中国道德失范问题研究,教育部人文社会科学研究青年基金项目,李清聚,河南科技大学

191. 西汉儒家性情论研究,教育部人文社会科学研究青年基金项目,闫利春,河南科技大学

192. 明清儒者修身思想研究:以日记、省过簿类文本为核心,教育部人文社会科学研究青年基金项目,焦自军,湖南科技大学

193. 社会主义核心价值观的文化结构及其对文化生态建设的启示,教育部人文社会科学研究青年基金项目,张建忠,华东政法大学

194. 社会系统的自组织协同机制及其哲学基础研究,教育部人文社会科学研究青年基金项目,刘益宇,华南师范大学

195.“圆道”观念与先秦哲学之研究,教育部人文社会科学研究青年基金项目,孙功进,曲阜师范大学

196. 价值的意义建构和跨期理性对伦理困境评判及决策的影响研究,教育部人文社会科学研究青年基金项目,李倩倩,上海大学

197. 亚里士多德的定义理论,教育部人文社会科学研究青年基金项

目,吕纯山,天津外国语大学

198. 中后期中世纪哲学与亚里士多德主义关系研究,教育部人文社会科学研究青年基金项目,王成军,中南财经政法大学

199. 虚无主义思潮对当代中国价值观的影响及其对策研究,教育部人文社会科学研究青年基金项目,赵亮,北京理工大学

200. 阿尔都塞与当代激进政治哲学,教育部人文社会科学研究青年基金项目,林青,复旦大学

201. 社会制度的道德证成理论研究,教育部人文社会科学研究青年基金项目,任俊,江南大学

202. 康有为《四书》新解与儒学的现代转向,教育部人文社会科学研究青年基金项目,刘星,聊城大学

203. 亚里士多德友爱哲学的现象学效应,教育部人文社会科学研究青年基金项目,陈治国,山东大学

204. 现代性的欲望拓扑学:拉康伦理思想研究,教育部人文社会科学研究青年基金项目,胡成恩,温州医科大学

205. 马克思正义理论视域下共享发展理念及其实践路径研究,教育部人文社会科学研究青年基金项目,苗瑞丹,厦门大学

206."美"的政治哲学探源:柏拉图《希琵阿斯前后篇》的翻译、集注和义疏,教育部人文社会科学研究青年基金项目,王江涛,华东政法大学

207.《左传》"以礼解经"研究,教育部人文社会科学研究青年基金项目,王竹波,华南农业大学

208. 现代医疗环境中"医患"文化冲突问题及对策研究,教育部人文社会科学研究青年基金项目,郁辉,山东第一医科大学

209. 财富与信仰的冲突及其化解——生态幸福论的价值逻辑,教育部人文社会科学研究青年基金项目,董辉,陕西师范大学

210. 科马克·麦卡锡小说的伦理思想研究,教育部人文社会科学研究青年基金项目,单建国,上海对外经贸大学

211. 证券市场异常波动背景下价格限制类交易机制对市场质量的影响:基于效率与公平的视角,教育部人文社会科学研究青年基金项目,李梦雨,北京工商大学

212. 当代大学生价值观自信教育与引导研究,教育部人文社会科学研究规划基金项目,赵爱玲,北京信息科技大学

213. 当代中国社会风气的守与变,教育部人文社会科学研究规划基金

项目,李玉林,九江学院

214. 马克思公平正义视域下的意识形态安全研究,教育部人文社会科学研究规划基金项目,王丽英,浙江金融职业学院

215. 新生代员工工作价值取向的结构内容、形成机制与影响效应研究:一项跨层次研究,教育部人文社会科学研究规划基金项目,李焕荣,广东财经大学

216. 大学生道德教育中道德理性培育机理的研究,教育部人文社会科学研究规划基金项目,洪明,华中科技大学

217. 维特根斯坦语言哲学研究与文献翻译,教育部人文社会科学研究规划基金项目,李国山,南开大学

218. 大学生幸福观教育的价值维度与实现路径,教育部人文社会科学研究规划基金项目,徐晓宁,安庆师范大学

219. 实践知性与行动动机,教育部人文社会科学研究规划基金项目,颜青山,华东师范大学

220. 女性主义视域中的正义——以南希·弗雷泽的性别正义观为例的研究,教育部人文社会科学研究规划基金项目,秦美珠,华东理工大学

221. 私法与伦理:交融与距离——以私人自治为中心,教育部人文社会科学研究规划基金项目,兰仁迅,华侨大学

222. 我国居住建筑交往空间缺失的伦理学研究,教育部人文社会科学研究规划基金项目,杨航征,西安建筑科技大学

223. 马克思人学语境中的社会主义核心价值观弘扬范式研究,教育部人文社会科学研究规划基金项目,汪盛玉,安徽师范大学

224. 情绪调节对个体道德决策的影响及其作用机制,教育部人文社会科学研究规划基金项目,李中权,南京大学

225. 公正与尊严——乔治·奥威尔的人文观,教育部人文社会科学研究规划基金项目,王小梅,北京外国语大学

226. 欧美"波普享乐主义"对我国的危害与对策,教育部人文社会科学研究规划基金项目,程立涛,河北师范大学

227. 先秦两汉儒家乐论若干疑难问题辨正研究,教育部人文社会科学研究规划基金项目,王虹霞,曲阜师范大学

228. 媒介道德恐慌及其治理研究,教育部人文社会科学研究规划基金项目,邱杰,上海应用技术大学

229. 马克思市场批判理论及其当代价值,教育部人文社会科学研究规

划基金项目，徐俊峰，上海政法学院

230. 新农村建设视阈下农民社会主义核心价值观培育与践行研究，教育部人文社会科学研究规划基金项目，唐萍，盐城师范学院

231. 马克思实践观的精神维度与社会主义“精神富有”解读，教育部人文社会科学研究规划基金项目，孙定建，浙江师范大学

232. 柏应理《中国哲学家孔子》(1687 年)的翻译及研究，教育部人文社会科学研究规划基金项目，梅谦立，中山大学

233.“德性”竞争与道德教育，教育部人文社会科学研究规划基金项目，尹伟，江苏理工学院

234. 当代西方左翼女性主义正义理论研究，教育部人文社会科学研究规划基金项目，鹿锦秋，山东理工大学

235. 罗尔斯正义原则视角下我国农村金融体系独立性重构研究，教育部人文社会科学研究规划基金项目，王劲屹，五邑大学

236. 高校中华优秀传统文化与社会主义核心价值观融合教育机制研究，教育部人文社会科学研究规划基金项目，佘远富，扬州大学